전자기학
Electromagnetics

남충모 지음

전자기학은 전기 및 전자공학의 핵심과목이지만 매우 어렵다.

전자기학(電磁氣學)은 전기 및 전자공학의 핵심 과목이다. 전자기학을 구성하는 다양한 법칙들이 1700년대 유럽의 과학문명의 발전과 더불어 확립된 고전학문(古傳學文)이지만, 오늘날에 있어서도 많은 전기전자제품에 그 법칙들이 적용되었고, 앞으로도 적용될 실제학문이다. 매우 다양한 방식으로 전자기학의 원리나 법칙들이 우리들 곁에서 생생하게 이용되고 있음에도 불구하고, 전자공학을 전공한 필자의 경험을 비추어 보면 전자기학은 다른 필수 교과목(전자회로, 회로이론, 제어공학, 물리전자, 디지털공학 등)에 비해 상대적으로 그 법칙과 개념을 이해하기가 결코 쉽지도 않고 만만하지도 않다.

실제 전자기학을 이해하기 위해 첫 단계에서 알아야 할 전계(電界) E와 자계(磁界) H는 눈에 보이지도 않으며, 전자회로처럼 실험적으로 이해할 수도 없고 개념적으로 이해하기에도 매우 어렵다. 또한, 그 본질을 파악하기도 쉽지 않을 뿐더러 이를 잘 설명해줄 수 있는 교수님들도 많지 않을 것으로 생각한다. 또한, 전자기학은 벡터라는 대학수학이 적용되고, 어려운 미적분이 전자기학을 가득 채우고 있는 등 수많은 수학적 수식들로 인해 수학적인 기본 지식을 가지고 있지 않고서는 더욱 더 공부하기가 힘든 과목이어서 쉽게 넘을 수 있는 산(山)도 아니다.

그러나, 전자기학은 매우 중요하다.

역설적으로, 전자기학을 공부하기 전에 대학 1, 2학년에서 배우는 벡터, Stoke 정리(定理), Gauss 정리, 미분과 적분(선적분, 면적분, 체적적분), 미분방정식 등의 난해한 대학수학(大學數學)을 가장 많이 활용하는 과목이 전자기학이다. 이는 전자기학을 배우기 위해서 중학교, 고등학교와 1년 정도 힘든 대학수학을 배워야 했다는 말이며, 전기 및 전자공학과에서 개설된 전공 교과목 중에서 대학수학을 가장 많이 활용하는 과목이기도 하다. 전자기학을 배우기 위해 힘든 수학을 공부하였다고 하면, 너무나도 과장된 표현인가?

결론적으로, 필자가 생각하는 전자기학의 필요성 내지 중요성을 요약하면 다음과 같다.

① **중요법칙과 개념** – 전기 및 전자공학에서 반드시 알아야 하는 법칙들(가우스(Gauss) 법칙, 옴(Ohm) 법칙, 암페어(Ampere) 법칙, 패러데이(Faraday) 법칙 등)과 개념들(전하, 전류, 전압, 전기에너지, 전력 등)이 전자기학에 담겨 있다.

② **수동소자의 원리** – 저항(resistor)과 커패시터(capacitor)와 인덕터(inductor) 등의 수동소자의 도입과 원리와 수식 등을 가장 심도 있게 다루는 과목이 전자기학이다.

③ **전자, 전계 및 자계, 전자파의 원리** – 원자핵으로부터 자유로이 떨어져 다니는 자유 전자(電子)와 인가전압에 의한 전계현상, 원자핵 주변을 공전하고 있는 속박전자와 인가 전류에 의한 자계현상, 전계와 자계에 의한 전자기파의 생성, 무선통신(無線通信)을 체계적으로 다루고 있는 중요 학문이다.

④ **전기재료학적 접근** – 전류가 거의 흐르지 않는 부도체와 전류가 잘 흐르는 도체 및 전기쌍극자의 성질을 가지고 있는 유전체, 자계를 생성할 수 있는 자성체 등 전기재료적인 접근이 요구되는 유일한 과목이다.

그럼, 이 책은 기존의 전자기학 책과 어떻게 다른 것인가?

이렇게 전자기학이 중요함에도 전기 및 전자공학을 전공하는 학부학생들의 인식(認識)에는 전자기학이 공부하기 어렵고 힘들며, 그 내용을 몰라도 아무런 문제가 없다는 생각이 지배적이다. 이러한 젊은 공학도들에게 전자기학은 공부할 만한 것이고, 정말 필요한 것이라는 생각을 갖게 하기 위해 필자(筆者)는, 수년 동안의 강의를 통해 많은 고민을 하였다. 전자기학을 어떻게 접근함으로써 효과적으로 쉽게 이해시킬 수 있을까?

이러한 관점에서 전자기학의 본래 내용을 보다 알기 쉽게 설명하기 위해 국내에 존재하는 수십 권의 다른 전자기학 책들과의 뚜렷한 차이점을 요약하면 다음과 같다. 이 차이점은 첫째도 둘째도 실용적인 전자기학을 쉽게 이해하기 위한 방편일 뿐이다.

① 오른손만의 사용 – 일반 오른손 나사법칙을 활용하여 전자기학에 나오는 모든 벡터의 방향을 결정하도록 노력하였다.

② 전자계 상대개념의 도입 – 전류의 상대개념은 전압, 전계의 상대개념은 자계, 커패시터(capacitor)의 상대개념은 인덕터(inductor)라는 전기계(電氣界)와 자기계(磁氣界)의 상대 개념을 처음으로 도입하여 전계와 관련된 각종 법칙이 자계의 여러 법칙에 그대로 활용되고 있음을 강조하였다. 이는 3장의 전계 부분만 잘 배운다면, 5장의 자계 부분에서의 중요 법칙과 관련 수식을 쉽게 유도할 수 있다는 것을 의미하고, 전계와 자계에 대한 통찰력을 가질 수 있을 것으로 기대한다.

③ 활용사례의 도입 – 고전적인 학문으로만 취급되는 전자기학이 현재에도 많이 활용되고 있음을 몇몇 활용 사례(capacitor와 inductor, 무선충전방식 등)를 통해 현재에도 살아 숨 쉬고 있는 학문임을 알도록 노력했다.

④ 수식 전개의 단순화 – 기존 전자기학 책에서 설명한 수식 전개를 최대한 간편하게 유도하도록 노력하였다.

⑤ 핵심요약과 실용적 연습문제의 도입 – 전자기학의 실용적인 내용을 제대로 알고 있는지 본문 내용에 문제와 해답(solution)을, 각 장 말미에 핵심요약, 연습문제의 답을 내기 위한 풀이과정(hint)과 정답(answer)을 넣어서 전자기학을 좀 더 잘 이해하도록 기술하였다. 특히, 매우 어려운 연습문제는 지양하였다.

이러한 접근 방법을 통해 전자기학을 보다 더 완벽히 이해하고, 전체적인 중요 개념을 통찰하며, 개념과 법칙을 실용적으로 활용할 수 있기를 희망(希望)한다.

이 책은 나만의 힘으로 만들어진 것이 결코 아니다.

보 잘 것 없는 내용을 편집하느라 고생하신 우일미디어의 홍은주 과장님과 이 책의 출판을 위해 여러모로 힘써주신 도서출판 ITC 최규학 대표님 이하 직원들에게도 감사를 드린다. 이 책의 초안그림과 오자와 탈자교정 및 연습문제, 도표 작성을 도와준 윤혜진, 이한열, 권오빈, 조현수 학생과 이름을 적지는 않았지만 여러 도움을 준 많은 학생들이 있다. 이들의 도움이 없었다면 이 책은 나의 머릿속에만 있었을 뿐, 이 세상의 빛을 결코 보지 못했을 것이다.

출판에 앞서, 가능하면 간결한 표현과 그림으로 이해를 돕고자 많은 노력을 기울였으나 혹여 틀린 내용이 있지 않나 두려움이 앞선다. 그럼에도 불구하고, 10여년의 강의 경험과 아무것도 모르는 무지(無知)의 용기(勇氣)로 책의 머리말을 적어 나간다. 끝으로, 삶에 큰 영향을 주신 존경하는 나의 은사님 고(故) 권영세(權寧世) 교수님 영전(靈前)에 이 책을 바치며, 결코 바쁘지 않았음에도 잘 연락드리지 못한 게으름과 지울 수 없는 죄송함으로 가슴이 에인다.

모쪼록, 전자기학을 공부하는 여러분들의 건승(健勝)을 기원하며, 이 책이 전자기학 이해에 작은 도움이라도 된다면 나의 죄(罪)가 조금이나마 줄어들 수 있을까?

2012년 8월 7일
남충모(南冲模)

Chapter 01 전자기학 개론

Chapter 02 벡터와 좌표계

Chapter 03 전계

차
례

Chapter 04 전류

Chapter 05 자계

Chapter 06 전자유도와 전자기파

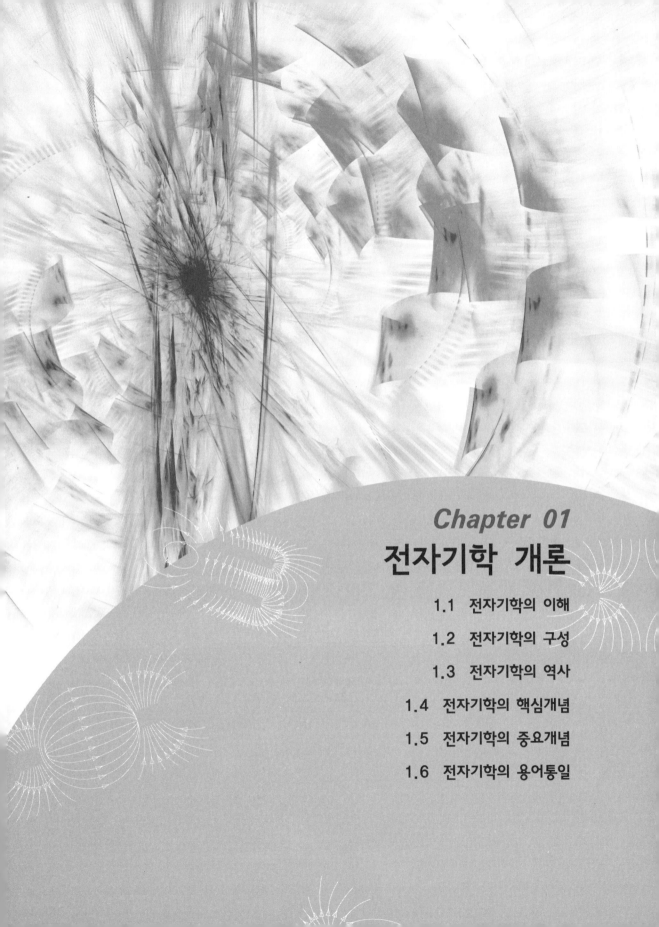

Chapter 01
전자기학 개론

1.1 전자기학의 이해

전자기학은 현대 전기 전자 문명을 이끌어낸 원리와 법칙이 함축되어 있으며, 원자핵을 중심으로 공전하고 있는 속박전자 및 자유전자와 밀접한 연관이 있고, 유전체, 저항체, 자성체 등의 재료학적인 접근이 필요하며, 전계와 자계, 전류와 전압과 관련된 매우 중요한 학문 분야라고 말하고 싶다.

그런데 여러분은 왜 전자기학을 공부하는가? 전자공학 혹은 전기공학 관련 전공자에게는 매우 중요한 과목이라는 인식 혹은 주변의 여러 사람이 꼭 배워야 할 전공과목이라는 얘기를 들어본 적은 있는가? 대학교 및 학과 특성에 따라 전공 필수 과목 때문에 아무런 생각 없이 강의를 듣고 있지는 않은가? 혹은 자격증 시험에 포함된 과목이기 때문에 억지로 공부하고 있지는 않은가?

이러한 물음에, 전자기학은 전기(電氣)를 사용하는 현대문명(現代文明)에서 전기 전자분야의 기본 핵심 원리를 제공하는 기초 과목임을 밝혀둔다.

직류 혹은 교류 전원 등의 전기에너지를 소비하는 전기기기 혹은 전자기기들, 예를 들어 전동기(Motor), MP3, LCD TV, 휴대전화와 전기를 만들어내는 발전기 등 여러분이 현재 살고 있는 현대문명의 전기 및 전자기기에 전자기학의 원리가 숨어 있다는 것이다. 다른 말로 전자기학의 이론과 원리가 발견되지 않았다면 이러한 원리를 활용하여 인간에게 편리한 전기 혹은 전자기기가 만들어지지 않았을 것이다. 또한 우리는 아직까지도 전기 없는 원시시대의 세상을 살고 있지는 않을까?

전자기학은 전기(電氣)와 자기(磁氣)뿐만이 아니라 전류와 전압, 유전체(誘電體)와 커패시터(Capacitor), 저항체(抵抗體)와 저항(Resistor), 자성체(磁性體)와 인덕터(Inductor)의 개념과 원리, 수식을 가장 자세히 알려주는 전기 혹은 전자공학 분야의 대표적 학문분야이다. 모든 물질이 원자로 구성되며, 원자를 구성하고 있는 양성자와 중간자, 미립자, 소립자, 전자에서 전자를 중심으로 전자기학이 구성되어 있다는 것도 알려준다.

이렇게 중요한 기본 과목임에도 '전자기학은 필요 없다'라는 생각을 가지고 있는 사람이 상당수 있으며, 이러한 생각을 하는 것은 다음과 같은 이유일 것이다.

① 전자기학에 사용되는 벡터 및 미적분 등의 수식이 복잡하고 어려우며 이해가 잘 되지 않는다.
② 눈에 보이지 않는 전기, 자기에 대한 개념이 모호하고 생소하다.
③ 1800년대부터 만들어진 전자기학의 원리나 법칙이 구시대(舊時代)적이고, 지금과 같이 눈부시게 발전하는 현대사회와 맞지 않는 것 같다.
④ 전자기학의 원리가 구체적으로 어디에 사용되는지 설명되어 있지 않다.
⑤ 전자회로, 회로이론, 프로그래밍 언어 등의 다른 과목에 비해 실용적이지 않다.

필자도 대학 2학년 때 전자기학을 배우면서 이것을 왜 배워야 하는지 많은 의구심을 가졌다. 확실한 것은 여러분이 그동안 초등학교부터 중학교, 대학교 1, 2학년 때까지 힘들게 배웠던 수학, 대학수학 혹은 공업수학을 가장 많이 활용하는 과목이 전자기학이라는 것이다.

하지만 국내에서 출간된 많은 책은 어려운 수식만을 가득 채우거나 이론만을 구구절절이 표현하거나, 단순 학습과 시험만을 위한 책으로 전락하고 있음을 그동안 전자기학 강의를 하면서 안타깝게 여겨왔다.

이 책은 전자기학의 원리를 쉽게 설명하고 이를 어디에 활용하고 있는지를 알려줌으로써 전자기학이 어렵고 혼란스러운 것이 아님을, 그리고 과거의 학문이 아닌 오늘날과 미래의 활용될 과목임을 알리고자, 되도록 쉬운 내용으로 담으려고 노력하였으며, 이를 여러분과 함께 나누고자 한다.

결론적으로, 전자기학은 전기·전자 분야의 기초과목이자 다양한 원리가 함축되어 있으며, 오늘날까지도 사용되고 있는 실용학문(實用學問)이다.

1.2 전자기학의 구성

전자기학을 잘 이해하기 위해서는 기본적으로 전하를 띠고 있는 전자와 전자의 흐름인 전류, 전류를 발생시키는 전압인가에 따른 전계의 생성, 발생된 전류에 의한 자계 생성의 기본 개념 및 영구자석의 원리가 되는 자자(磁子)의 개념을 알고 있어야 한다.

전계와 자계의 상호 연관성 또한 매우 중요한 개념이다. 저항체에 전압을 인가할 경우, 전압에 의해 저항체 내부에 전계가 발생하며, 전계에 의해 저항체 내부에 존재하는 자유전자가 쿨롱의 힘을 받음으로써 자유전자의 이동이 발생하고, 이것이 결국 전류를 일으키게 된다. 또한, 전압에 의해 발생한 전류는 자계를 자연 발생적으로 만들어냄으로써, 결국 전압에 의해 전계와 전류가 발생하고, 전류에 의해 자계가 발생하므로 전계와 자계가 서로 독립적인 현상이 아닌 상호 연관성이 있는 현상임을 알아야 한다.

이를 잘 이해하기 위하여 본 교재는 다음과 같이 구성이 되어 있다.

❶ 제3장 전계

3장에서는 전계와 관련해서 자세히 공부하는데, 전하, 전기력, 전압, 전기에너지, 유전율과 유전체, 커패시터(capacitor), 전속밀도, 전기쌍극자, 분극도, 정전에너지 등이 전계와 관련된 중요한 물리량이며, 중요하게 다루는 법칙으로는 전계를 구하기 위한 Gauss의 발산 법칙이 대표적이다.

❷ 제5장 자계

5장에서는 자계와 관련해서 자세히 공부하는데, 자하(자속), 자기력, 전류, 투자율과 자성체, 인덕터, 자속밀도, 자기쌍극자, 자화도, 유도에너지, 회전에너지(Torque) 등이 자계와 관련된 중요한 물리량이며, 중요하게 다루는 법칙으로는 자계를 구하기 위한 Ampere의 주회적분 법칙이 대표적이다.

특히, 3장에서 다루게 될 전계 및 5장에서 다루게 될 자계는 앞서 밝힌 바와 같이 상호 연관성이 있다는 것이 정답이지만, 매우 상대적인 물리량임을 6장에서 총괄적으로 배우게 될 것이다.

③ 제4장 전류

4장에서는 전류와 관련된 **전류밀도, 전도도, 저항률과 저항체, 전력** 등이 중요한 물리량이며, 중요하게 다루는 법칙으로는 전압과 전류의 관계를 나타내는 Ohm의 법칙이 대표적이다. 유전체와 관련된 분극전류밀도는 시변 전계(시간에 따른 변하는 전계)와 관련이 있다는 것도 지나쳐서는 안 될 중요 개념이다.

④ 제6장 전자유도와 Maxwell 전자기파

6장에서는 전자파와 관련된 **파장(wave length), 전파속도(velocity of wave propagation), 특성임피던스(characteristic impedance), 전자파에너지, 포인팅 벡터(poynting vector)** 등이 중요한 물리량이며, 중요하게 다루는 법칙으로는 자속의 시간적인 변화가 전압을 발생시킨다는 Faraday의 유도전압 발생 법칙이 대표적이다.

특히, Faraday 법칙은 시변 자계(시간에 따른 변하는 자계)와 관련이 있으며, 특히 6장은 앞서 배운 3, 4, 5, 6 장의 중요 법칙들로 구성된 Maxwell 방정식으로 정리되는데, 이를 바탕으로 만들어진 Maxwell 전자기파 방정식도 중요한 내용이다.

마지막으로 6장 끝에서는 본 저자가 주장하는, 전자계 상대 법칙은 전계 및 자계와 관련된 물리량들이 정확하게 서로 상대적인 물리량 관계가 있음을 명확하게 밝혀줄 것으로 기대한다.

⑤ 제2장 벡터와 좌표계

전자기학에 나오는 다양한 물리량에는 그 크기와 방향을 나타내야만 비로소 완전한 물리량 즉, 벡터(vector)가 자주 등장하는데 이를 위해 2장에서는 벡터와 관련된 연산자인 벡터의 내적과 외적, 발산과 회전, 기울기와 라플라시안(laplacian)에 대해 언급하고 있으며, 좌표계와 미소체적도 전자기학을 설명하는

데 필요한 중요 내용이다.

중요하게 다루는 수학적 정리(定理)로는 Stoke 정리와 Gauss 정리가 대표적이다.

특히, 2장은 전자기학을 설명하는 데 필요한 수학적 도구들이며, 이에 대한 명확한 이해가 선행되어야 한다. 이를 자기의 것으로 받아들이지 못한다면 많은 수학적 표현으로 이루어진 전자기학을 100% 알고 있다고 할 수 없을 것이다.

⑥ 제1장 전자기학 개론

1장은 전자기학 전체를 잘 이해하기 위한 목적을 서술한 것으로 다음과 같이 총 네 가지 요소로 구성하였다.
- 전자기학의 이해
- 전자기학의 구성(내용 편성)
- 선행 학습으로 전자기학 역사, 핵심 개념, 중요 개념
- 용어 통일에 대한 내용

첫 번째와 두 번째는 진행되고 있으므로 세 번째부터 설명한다면,

✔ 역사

먼저 여러 가지 법칙으로 구성된 전자기학에서, 전자기학의 법칙이 탄생한 역사적 관점도 전자기학의 내용을 이해하기에 필요한 요소로 작용하고 있다는 판단에 전자기학의 역사(歷史)를 정리하였다.

✔ 핵심 개념

전자기학을 잘 이해하는 데 필요한 핵심 개념으로 속박전자와 자유전자, 전류와 전압, 전계와 자계의 연관성, 에너지 보존의 법칙 및 전하 보존의 법칙, 수동소자에 대한 내용이 바로 그것이다.

✔ 중요 개념

미리 알고 있으면 전자기학 이해에 도움이 되는 선행적 중요 개념으로, 여러 가지 것들이 있는데 SI 단위계, 세 가지 보편상수(광속, 진공 중의 유전율 상수, 진공 중의 투자율상수), 네 가지 기본 전자물리량(전계, 자계, 전속밀도, 자속밀도), 평면각과 입체각, SI 접두어와 그리스문자, 전자기학에 사용되는 중요 물리량(총 38개)이 바로 그것이다.

여기서 어느 하나 중요하지 않은 선행적 기타 개념은 없지만, 단시간 내에 전자기학을 이해하려면 1초의 망설임 없이 전자기학에 사용되는 총38개 물리량을 정리한 표 1-6을 선택해야 할 것이다. 이 표 1-6에 나오는 물리량을 완전히 이해하고 있다면, 80% 이상 전자기학을 알고 있다고 해도 될 만큼 중요한 도표이다.

✔ 용어 통일

마지막으로 다루려고 하는 용어 통일은 국내 수십 권의 전자기학 책들이 표방하는 용어들이 서로 달라 이것을 모아 간단히 정리한 것으로, 다른 책을 참조할 때나 보충공부를 하고자 할 때 용어의 다름에서 발생하는 혼란을 예방하고자 하는 목적이 있으며, 다른 책에서 나오는 개념의 오류를 바로잡고자 별도의 내용으로 정리한 것이다.

1.3 전자기학의 역사

전자기학의 역사는 전자기학에 서술된 여러 가지 기본 원리와 법칙(法則)의 발견에서, 시간적 순서에 따른 체계를 보여주는 데 그 의미가 있다.

기원전 600년, 그리스 과학자 **탈레스(Thales)**에 의해 두 유전체(부도체)에서 발생하는 대전 현상과 두 자철광 사이에 발생하는 자기력과 관련된 자화 현상이 역사적 기록으로 전해져 내려오고 있다.

이후, 유럽의 근세 시대인 1785년 프랑스 과학자 **쿨롱(Coulomb)**의 전기력과 자기력에 대한 실험을 통해 전자기학의 새로운 지평을 열었고, 1799년 이탈리아 과학자 **볼타(Volta)**가 화학 전지를 발명함으로써 도선(導線)에 전류를 인가하는 것이 가능하게 된다. 그리고 1820년 덴마크 과학자 **오스테드(Oersted)**가 전류에 의한 자계의 발생(자기작용)을 우연히 발견함으로써, 1821년 프랑스 과학자 **비오–사발트(Biot-Savart)**의 전류소에 의한 자계의 세기에 관한 법칙과 프랑스 과학자 **암페어(Ampere)**의 세 가지 중요 법칙(오른손 나사 법칙, 주회적분 법칙, 자기력에 관한 법칙)이 더해져 전자기학에 관련된 법칙이 풍성해지게 된다.

1831년 영국 과학자 **패러데이(Faraday)**는 미국의 과학자 헨리(Henry)와 거의 동시에 자속의 변화에 따른 유도 전압 발생에 관한 법칙을 발견함으로써 인류가 운동에너지로부터 전기에너지를 창출할 수 있는 이론적 토대를 마련하게 된다. 이것은 전기 문명사회를 이룩하는 데 결정적인 계기를 만들었다. 그리고 1831년 독일 과학자 **가우스(Gauss)**는 웨버(Weber)와 함께 지구 지자기의 관한 자계 연구를 하였으며, 특히 Gauss의 정리와 Gauss의 전하 발산에 관한 법칙은, 1873년 영국 과학자 **맥스웰(Maxwell)**의 방정식과 전자기파 파동방정식을 완성하는 데 큰 기여를 하며, 전자기파의 출현을 예견하는 단계에 이르게 된다. 이후, 1888년 독일 과학자 **헤르쯔(Hertz)**는 인류 최초의 무선 송수신기를 제작하여 시험에 성공함으로써 최초로 전자기파를 만든 과학자가 되었고, 1896년 이탈리아 과학자 **마르코니(Marconi)**는 미국의 에디슨(Edison)이 발명한 3극

진공관을 이용하여 높은 출력의 전자기파를 이용해 미국과 유럽을 연결하는 장거리 무선 전송의 시대를 열게됨으로써 상업적 이용을 하게 된다.

앞서 열거한 과학자의 상당수 이름이 오늘날 중요한 물리량의 물리단위로 사용되고 있으며, 그 예를 설명하면 다음과 같다.

◉ 쿨롱(Coulomb) : 전하(Q)의 물리단위가 되는 쿨롱[C]
◉ 볼타(Volta) : 전압(V)의 물리단위가 되는 볼트[V]
◉ 암페어(Ampere) : 전류(I)의 물리단위가 되는 암페어[A]
◉ 옴(Ohm) : 저항(R)의 물리단위가 되는 옴[Ω]
◉ 패러데이(Faraday) : 정전용량(capacitance) C의 물리단위가 되는 패럿[F]
◉ 헨리(Henry) : 유도용량(inductance) L의 물리단위가 되는 헨리[H]
◉ 가우스(Gauss) : 자속밀도(B)의 물리단위가 되는 가우스[gauss]
◉ 웨버(Weber) : 자하(자속) Φ의 물리단위가 되는 웨버[Wb]
◉ 헤르츠(Hertz) : 전자기파(신호)의 주파수 f의 물리단위가 되는 헤르츠[Hz]

표 1-1 ● 전자기학 관련 과학자명을 차용한 물리량과 물리단위

과학자명	물리량	대표기호	물리단위	연관 chapter
쿨롱(Coulomb)	전하(electric charge)	Q	[C]	3장
볼타(Volta)	전압(voltage)	V	[V]	3장, 6장
암페어(Ampere)	전류(current)	I	[A]	4장, 5장
옴(Ohm)	저항(resistance)	R	[Ω]	4장
패러데이(Faraday)	정전용량(capacitance)	C	[F]	3장
헨리(Henry)	유도용량(inductance)	L	[H]	5장
가우스(Gauss)	자속밀도	B	[gauss]	5장
웨버(Weber)	자하(자속)	Φ	[Wb]	5장
헤르츠(Hertz)	주파수(frequency)	f	[Hz]	6장

과거 유럽과 미국 등 여러 나라의 과학자들이 발견한 여러 중요 법칙들이 전자기학의 핵심 요소로 구성되어 있으며, 유럽의 근대화와 더불어 발전된 전자기학 혹은 전기 문명은 아프리카와 아시아, 중남미 대륙에 비해 선진화를 이룩하였고, 이러한 선진 과학은 여러 나라에 자행(恣行)된 식민지 시대의 뼈아픈 역사와 연관이 없지 않으며, 우리나라 또한 유럽 문물을 일찍 받아들여 근대화된 일본의 식민지가 되었음을 부인할 수 없을 것이다.

1.3.1 탈레스의 발견과 기록(기원전 600년 경)

전자기학의 시초는 기원전(BC) 600년경 그리스의 철학자 탈레스로 시작된다. 고대 그리스의 철학자 아리스토텔레스(Aristoteles)의 저술에 의하면 탈레스가 호박(琥珀, 소나무의 송진이 오랜 시간 동안 압력과 열에 의해 딱딱하게 굳은 보석의 일종)을 아주 가벼운 모피에 문지른 후, 호박이 모피를 끌어당길 수 있는 기이한 현상(그 당시에는)을 발견했다고 한다. 호박은 그 당시 그리스 사람들이 일렉트론(electron)이라고 불렀으며, 일렉트론이 오늘날 전계(Electric field) 혹은 전자(Electron)와 관련된 어원(語源)이 되었다. 또한, 탈레스는 그리스의 마그네시아(Magnesia) 지방에서 많이 발견된 자철광석(용암 상태에서 서서히 굳으며 지자기축의 방향으로 자기쌍극자가 일정 방향으로 배열됨으로써 영구 자석화된 철성분이 다량 포함된 광석) 두 개가 서로 끌어당기거나 반발하는 또 하나의 기이한 현상을 발견하게 되었고, 자철광석이 많이 발견된 magnesia가 자계(Magnetic field) 혹은 자석(Magnetic)의 어원(語原)이 되었다.

Thales가 처음 발견한 두 물질 간의 인력(引力) 현상을 당시에는 과학적으로 설명하지 못했지만, 호박 내에 존재하는 속박전자가 호박과 모피의 마찰로 인한 마찰열(마찰에너지)을 속박전자가 흡수함으로써 더욱 높은 에너지 상태를 가지는 자유전자로 변화하게 되었다. 이 자유전자가 모피로 이동함으로써 자유전자를 잃은 호박은 (+)전하를 띠게 되고, 자유전자를 받은 모피는 (−)전하를 띠게 되며, (+)전하의 호박과 (−)전하의 모피는 **쿨롱**(Coulomb)의 전기력에 의해 상호 끌어당기는 힘이 발생한 것임을 알게 되었다.

모든 물질은 통상 전기적으로 중성(원자 내의 양성자와 전자의 총 전하량은 서로 같음)인데, 마찰열에 의해 원자핵에 속박된 속박전자가 자유전자로 변화하여 다른 물질로 전이되는 현상을 대전현상(帶電現象, 통상 대전현상은 전기적으로 중성인 물체가 전기를 띠는 현상이라고 말해도 무방하다)이라 한다. 마그네시아에 발견된 자철광은 철성분이 다량 포함된 광석(鑛石)으로 활화산(活火山)의 높은 압력과 열에 의해 철 성분이 가지고 있는 자기쌍극자(원자핵 주변을 돌고 있는 속박전자에 의해 만들어진 미약한 자기와 관련된 물리량)가 지구(地球) 자체가 가지고 있는 북극과 남극의 지자기(地磁氣)에 의해 자화(磁化)된 일종의 영구자석으로, 자철광 상호 간에 인력 혹은 척력이 발생한 것이다.

탈레스가 발견하여 최초의 기록으로 남겨진 대전현상에 의한 전기적 인력, 자화현상에 의한 자기적 인력 혹은 척력의 두 가지 현상은, 당시에 왜 이러한 현상이 발생하는지에 대한 설명을 하지 못했지만, 전기(電氣)와 자기(磁氣)의 어원이 된 것은 매우 중요한 부분이다.

1.3.2 쿨롱의 전기력과 자기력 법칙(1785년)

전자기학의 역사는 유럽의 과학사와 밀접한 연관이 있다. 1785년 프랑스의 과학자 쿨롱은 두 개의 대전체(호박에 모피를 문질렀을 때)에서 둘 사이의 거리간격을 $r\,[m]$이라고 했을 때, 이 거리간격을 절반으로 줄일 경우 두 대전체 사이에 발생하는 반발력의 세기를 측정한 결과, 처음보다 네 배의 반발력이 생긴다는 것을 실험을 통해 확인하였으며, 이를 다음과 같은 수식을 사용하여 표현하였다.

$$\text{두 대전체의 반발력(척력)} \quad F \propto \frac{1}{r^2} \tag{1.1}$$

이러한 사실은 거리간격의 제곱에 반비례한다는 것뿐만 아니라, 이후 두 대전체가 가지고 있는 전하량을 각각 $Q_1[C]$과 $Q_2[C]$라고 했을 때, 두 대전체의 반발력은 대전체가 포함하고 있는 전하량 각각 크기에 각각 비례한다는 것을 발견하게 되었고, 이를 다음과 같은 수식으로 표현하였다. 즉, 두 대전체(혹은 전하) 사이의 전기력(인력 혹은 척력)은

$$\text{Coulomb의 전기력} \quad F_e = K\frac{Q_1 Q_2}{r^2} = \frac{Q_1 Q_2}{4\pi\epsilon r^2} \quad [N] \tag{1.2}$$

이와 같이 대전체 상호 간에 작용하는 인력 또는 척력을 세밀한 실험과 관찰에 의해 수학적인 식으로 처음 기술한 것으로 높은 의미가 있으며, 이를 Coulomb의 전기력에 관한 법칙이라 한다. 또한, 두 영구자석 간의 자기력에 관해서도 Coulomb의 자기력에 관한 법칙이 존재한다.

$$\text{Coulomb의 자기력} \quad F_m = K\frac{\Phi_1 \Phi_2}{r^2} = \frac{\Phi_1 \Phi_2}{4\pi\mu r^2} \quad [N] \tag{1.3}$$

전하량의 단위를 $[C]$(쿨롱)이라 하는데, 이는 쿨롱(Coulomb)의 이름에서 가져온 것이다.

1.3.3 비오-사발트의 법칙(1821년)

1799년 이탈리아의 과학자 볼타가 원시적인 화학적 전지(電池)를 발명함으로써 인류 최초로 전하의 흐름인 전류 $I[A]$를 만들어내게 된다. 전지를 발명했다는 것은 두 금속 도선에 전류를 흘릴 수 있다는 것을 의미하는데, 이로부터 21년이 지난 1820년에 덴마크의 **오스테드**가 전류가 흐르는 도선에서 자기가 생성된다는 것을 우연히 발견하였으며, 1년 후인 1821년 프랑스의 **비오-사발트**가 전류소(電流素, 전류가 흐르는 도선을 무한히 잘게 나눈 미세도선에 전류를 곱한 것, $I\,dl\,[A-m]$)의 개념을 도입하고, 미소 자계의 세기 $dH\,[A/m]$를 수학적인 수식으로 완전히 표현하였다. 이를 Biot-Savart 법칙이라 하고, 미소 자계 벡터 $\vec{dH}$는 아래와 같다.

$$\text{Biot-Savart 법칙} \qquad \vec{dH} = \frac{I\,\vec{dl} \times \hat{a_r}}{4\pi r^2} = \frac{I}{4\pi}\frac{\vec{dl} \times \hat{a_r}}{r^2}\quad [A/m] \qquad (1.4)$$

Biot-Savart의 법칙을 전류소 $I\,\vec{dl}\,[A-m]$에 의한 자기의 세기에 관한 법칙이라 하는데, 이는 전류의 세기뿐만이 아니고, 전류도선의 길이에 의한 어떤 특정지점에 자기의 세기를 표현할 수 있는 가장 최초의 수식이 되었으며, 전류와 자기 관계를 아주 명확하게 표현한 식이다.

Volta의 전지가 발명되고, 21년이 흐른 다음에서야 전류에 의한 자기현상이 발견되고, 이어 1년 만에 Biot-Savart에 의해 전류와 자계의 관계를 나타내는 정확한 수학식이 완성되었다는 것은 매우 급속한 전자기학의 발전이라고 아니할 수 없다.

1.3.4 암페어의 세 가지 법칙(1822년)

1820년에 덴마크의 오스테드가 우연히 전류에 의한 자기작용을 발견한 이후, 프랑스 과학자 암페어는 전류에 의한 자기작용을 여러 가지 실험을 통해 수학적으로 체계화하여 Ampere의 오른손 나사 법칙, Ampere의 주회적분 법칙, Ampere의 자기력에 관한 법칙 등 세 가지 중요한 법칙을 제시하였다.

❶ Ampere 오른손 나사 법칙

이 법칙은 오른손의 엄지손가락을 세우고, 나머지 네 개의 손가락을 동그랗게 말았을 때의 형상에서, 꼿꼿이 세운 엄지손가락의 방향이 전류의 방향일 때, 동그랗게 말은 네 개의 손가락 방향(원모양의 방향)이 바로 자계의 방향 또는 자기력선의 방향이라는 것을 나타내는 법칙이다. 이 책에서는 이를 범용 오른손 나사 법칙(The general law of right hand screw)으로 통용하여 사용하기로 한다.

범용 오른손 나사 법칙은 그림 1-1에서와 같이 다음 세 가지 경우에서 특정 방향을 알아낼 때 보편적으로 사용될 수 있는 매우 유용한 방법이다.

✔ 전류와 자계의 방향 결정 : Ampere의 오른손 나사 법칙으로 표현할 때, 전류의 방향이 네 개의 손가락 방향(회전하는 방향)일 때, 자계의 방향은 엄지손가락 방향(직선 방향)이 된다.
반대로, 전류의 방향이 엄지손가락 방향(직선 방향)일 때, 자계의 방향은 네 개의 손가락 방향(회전하는 방향)이 되기도 한다.

✔ 벡터곱(Vector Product) 연산 : 벡터곱 연산에서 두 벡터 $\vec{A}$와 $\vec{B}$의 벡터곱에서 벡터 $\vec{A}$를 기준으로 벡터 $\vec{B}$쪽으로 회전방향(네 개의 손가락 방향)이 설정되면 두 벡터의 벡터곱 $\vec{A} \times \vec{B}$ 의 방향은 엄지손가락 방향(직선 방향)이 된다.

✔ 직각좌표계 방향 결정 : 직각좌표계에서 x, y, z축의 순서로 표현할 때 사용될 수 있다. 이는 x축에서 y축으로 회전하는 방향(네 개의 손가락 방향)이면, z축은 엄지손가락 방향(직선 방향)이어야만 한다.

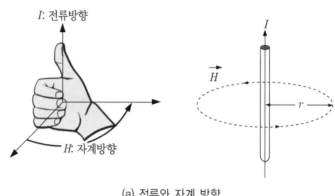

(a) 전류와 자계 방향

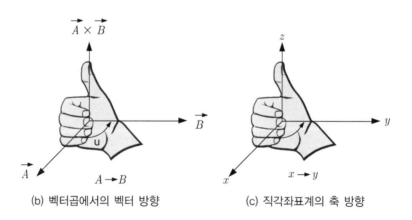

(b) 벡터곱에서의 벡터 방향   (c) 직각좌표계의 축 방향

그림 1-1 • 범용 오른손 나사 법칙에서의 엄지손가락 방향(직선 방향)과 네 개의 손가락 방향(회전 방향)

② Ampere의 자기력에 관한 법칙

도선에 전류가 흐르고 있을 때 도선의 전류 방향을 가지는 도선의 길이벡터 $\vec{l}\,[m]$와 외부에서 인가된 자속밀도벡터 $\vec{B}\,[Wb/m^2]$의 벡터곱으로, 도선에 자기력 $\vec{F_m}\,[N]$이 작용하게 되는데, 이를 수식으로 표현하면 다음과 같다.

$$\boxed{\text{Ampere 자기력 법칙} \qquad \vec{F_m} = I\,\vec{l} \times \vec{B} = \mu I\,\vec{l} \times \vec{H} \quad [N]} \qquad (1.5)$$

이 수식은, 결국 전류 I와 외부에서의 자계벡터 $\vec{H}$에 의한 전기에너지가 운동에너지 또는 회전에너지로 변환되는 것을 설명하는 법칙으로 이를 활용한 대표적인 경우가 **전기모터**이다. 즉, 전기모터는 전기에너지를 받아 운동에너지로 변환시켜주는 전기기기이다. 운동에너지가 전기에너지로 변환되는 패러데이의 전자유도전압 법칙을 활용한 **발전기**와 아울러 전기에너지를 이용하여 운동에너지를 이끌어내는 전기모터는 오늘날 전기 문명 세계에서 가장 널리 사용되고 있는 전기전자제품이라고 할 수 있다.

❸ Ampere 주회적분 법칙

Oersted가 전류에 의한 자기작용을 발견하기 전까지, 자계 H는 오로지 영구자석에서만 나온다고 믿었다. 자계의 길이를 선적분한 결과가 인가된 전류의 세기와 같다는 것을 Ampere의 주회적분(周回積分) 법칙이라 하는데, 전자기학 법칙 중에서 매우 중요하게 다루는 법칙이다.

$$\boxed{\text{Ampere 주회적분 법칙} \qquad \int_l \vec{H} \cdot \vec{dl} = \oint_l \vec{H} \cdot \vec{dl} = I \quad [A]} \qquad (1.6)$$

이처럼, Ampere의 세 가지 법칙은 전자기학의 역사에 있어서 매우 중요한 위치를 차지하고 있으며, 전자기학에 기념비적인 업적을 이룩하였다. 특히, 전기 및 전자기기를 작동시키는 전류 I에 있어서, 전류의 단위가 되는 암페어[A]를 Ampere 이름에서 차용(借用)한 것은 Ampere가 발견한 전자기학의 업적에 비추어볼 때 당연한 일이다.

1.3.5 Ohm 전기저항 법칙(1827년)

1827년 독일의 과학자 옴이 제시한 법칙으로, Ohm은 다양한 길이와 재질을 가지는 여러 도선에 흐르는 전류를 측정하기 위해 셀 수 없이 많은 실험을 하였고, 실험 결과를 종합하여 도선에 인가전압을 증가시킬수록 더 많은 전류가 흐른다는 결론을 얻었으며, 이를 Ohm의 법칙이라고 하고 전자기학뿐만이 아닌 전자회로, 회로이론 과목에서도 매우 중요한 법칙으로 다루어지고 있다.

$$\text{Ohm 전기전항 법칙} \qquad V = I R \quad [V] \tag{1.7}$$

1.3.6 Faraday 전자유도전압 법칙(1831년) – 발전의 기원

1831년 8월 29일에 영국 과학자 패러데이는 1차 솔레노이드 코일(solenoid coil, 전류가 잘 흐를 수 있는 도체선을 둥글게 감은 것)에 전류의 시간적인 변화 혹은 자속(磁束)의 시간적인 변화를 주면, 1차 코일에서 발생한 자속의 변화가 2차 코일에 전류를 유도하거나 혹은 전압을 발생시킬 수 있다는 전자유도전압의 법칙을 발견하게 된다. 즉, 영구자석을 코일 주변에 가까이 붙였다 멀리 떨어트렸다 반복하면 코일 주변의 영구자석에서 나오는 자속이 코일에 변화를 일으키게 되고, 이 자속의 변화가 코일의 전류를 발생시킨다. 전류 I 가 발생한다는 것은 코일 양단간의 전압 V 가 생성된다는 것으로 전압과 전류를 곱한 값인 전력 $P[W]$ 이 생성된다는 것이다. 이것은, 에너지 보존 법칙의 관점에서 영구자석을 움직이는 운동에너지가 전기에너지로의 에너지 변환이 된 것으로 볼 수 있다. 즉, Faraday의 법칙은 운동에너지를 전기에너지로 변환할 수 있는,

오늘날 인류가 발전(發電)에 의해 전기를 사용할 수 있게 되었다는 기념비적인
법칙이다.

Faraday의 전자유도전압의 법칙을 수학적인 식으로 표현하면, 자속의 시간적
인 변화에 의해 발생되는 코일 양단간의 전압(전류를 발생시킬 수 있는 출력전
압)은 다음과 같다.

$$\text{Faraday 전자유도전압 법칙} \qquad V = -\frac{d\Phi}{dt} \; [V] \tag{1.8}$$

오늘날 전기발전의 시초가 되는 Faraday 법칙(1차 코일에서 2차 코일로 전기
적 에너지가 전달되는 원리)은 다양한 전기제품들에 지금도 사용되고 있다. 미
국의 헨리도 Faraday와 거의 동시에 전자유도전력의 법칙에 관한 연구를 진행
했다고 알려졌으며, Henry보다 Faraday가 조금 일찍 법칙을 공식화하여 발표
함으로써 교류 전기발전의 효시가 되는 전자유도전압의 법칙이 Faraday의 법
칙으로 알려지게 되었다. 앞서 밝힌 바와 같이 Henry는 인덕터의 물리단위가
되는 $[H]$에 사용된다.

1.3.7 Maxwell 전자파 예견(1873년)

영국의 천재적 수학자인 맥스웰은 전자기학과 관련된 다음과 같은 네 가지 자연법칙(自然法則)을 발견하였다.

① Gauss 전하발산의 법칙

② 자계의 연속성에 관한 법칙

③ Faraday 전자유도전압의 법칙

④ Ampere 주회적분 법칙

네 개의 Maxwell 방정식(미분형)에서 전자파의 파동방정식을 유도하여 만들었고, 이 파동방정식을 만족하는 전자기파(파동방정식을 풀면 평면전자파가 나오게 됨)를 도출함으로써, 1873년에 전자기파의 출현을 예견하였다. 이는 독일의 헤르츠가 인류 최초의 무선 송수신기를 1888년에 제작하여 성공적인 실험으로 Maxwell의 전자기파가 존재함을 15년 만에 증명하였고, 이탈리아의 마르코니(Marconi)는 Maxwell 전자기파를 장거리 전송에 상업적으로 이용하였다. 오늘날 스마트폰(smartphone)과 인공위성, 안테나 등에 빛의 속도와 유사한 전자기파를 인류가 통신수단으로 편리하게 사용할 수 있게 된 것은 앞서 언급한 전자기학에서 발견된 네 가지 법칙들과 전자기파의 이론적 탄생 및 전자기파에 대한 끊임없는 노력과 열정의 연구 업적에서 유래되었음을 부정할 수 없다.

1.4 전자기학의 핵심개념

1.4.1 자유전자 – 전류를 형성하는 전기를 띠고 있는 입자

현대 전자기학은 전기(電氣)와 자기(磁氣)를 다루는 학문이지만, 전기를 만들어내는 원천인 전하(電荷) Q와 자기를 만들어내는 원천인 자하(磁荷) Φ를 빼놓을 수 없다. 하지만 전하와 자하는 실질적으로 원자핵 주변을 공전하고 있는 전자(원자핵에 속박된 전자)와 밀접한 관련이 있다. 또한, 이 전자에 대해 외부의 에너지(광에너지, 열에너지, 마찰에너지, 전기에너지 등)를 인가할 때 속박전자는 원자핵의 속박에서 벗어나 자유로이 움직일 수 있는 자유전자(自由電子)로 변환될 수 있고, 이러한 자유전자에 전압 V이라는 전기적 도구를 인가함으로써 자유전자를 움직일 수 있다. 이러한 자유전자의 흐름이 곧 전류 I를 형성하게 된다. 전류가 흘러야만 LED(발광다이오드)에 빛을 낼 수 있고, 니켈크롬(NiCr) 저항선에서 열을 낼 수 있다. 즉, 전류가 흘러야만 인간이 사용하는 모든 전자기기가 작동한다. 일반적으로 전류가 잘 흐르는 도체는 대부분이 금속물질(금, 은, 구리, 알루미늄, 철, 니켈, 텅스텐 등)이고 이러한 금속물질 내에는 원자핵의 속박에서 벗어나 있는 자유전자들이 엄청나게 존재하고 있다.

모든 물질은 **원자**(原子)로 구성되는데, 원자핵의 공전궤도에 속박된 전자를 속박전자라 하고, 원자핵 내에 있는 속박전자보다 더 높은 에너지를 가지고 있어서 원자핵의 구속에서 벗어나 전압인가에 의해 전류 발생을 일으키는 전기를 띤 입자를 자유전자라고 하며, 이들 모두를 **전자**(電子)라고 통칭한다. 여기서, 자유전자는 원자핵의 구속에서 벗어나 있어 물질을 구성하는 원자들 간의 공간을 쉽게 옮겨 다닐 수 있는 (−)전기를 띠는 작은 알갱이를 말하며, 전류를 구성하는 매우 중요한 요소이다. 전자 질량(m_e)은 약 $9.1 \times 10^{-31}[kg]$으로 알려져 있고, 전자는 (−)전기가 있다고 정의하였는데, 이 전자가 가지고 있는 전하량(Q)은 약 $-1.6 \times 10^{-19}[C]$으로 알려져 있다.

여기서, 전하량을 나타내는 물리량 $[C]$은 쿨롱이라는 전하 단위의 약자로, 전하의 전기력과 자하의 자기력을 발견한 프랑스 물리학자 Coulomb의 이름을 빌리고 있다.

자유전자는 전기를 가지고 있다고 하는데, 왜 전기를 가지고 있어야 할까? 왜 가지고 있는지 왜 가져야만 하는지는 그 누구도 알 수 없는 **자연현상**이다. 다만, 원자 내에서 전자가 가지고 있는 (−)전기의 양과 상반된 (+)전기를 가지고 있는 원자핵 내의 양성자, (−)전기를 가지고 있는 속박전자는 서로 끌어당기려고 하는 전기력(전기력의 존재도 자연현상)이 있다는 것과 원자핵 주변을 공전하는 전자는 전기력(구심력)과 같은 크기의 공전에 의한 원심력에 의해 일정한 궤도를 돌고 있다는 것을 알고 있다. 하지만 전기를 띠고 있는 전자 혹은 양성자 사이에 왜 전기력이 존재하는지에 대한 대답은 그 누구도 말할 수 없는 이 또한 자연현상이다. 20세기 유명한 핵물리학자 아인슈타인(Einstein) 박사도 자연현상을 설명할 수 없다.

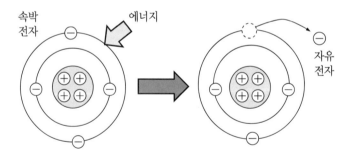

그림 1-2 • 원자핵에서 에너지를 받은 속박전자의 자유전자 변환

1.4.2 전압에 의한 전류의 발생

전기(電氣) 혹은 전계(電界)라는 것이 무엇인가? 전기라는 것은 축전지(蓄電池)나 교류전원의 전압에 의해 발생하는 전류(자유전자의 흐름)를 말한다. 이는 가정에 수압이 있는 수도관에서 수도꼭지를 열면 수돗물이 나오는 것처럼 전압이 걸려있는 전기도선에 스위치를 연결하면 구리선과 같은 도전체에 전류가 발생한다. 우리가 먹고 마시는 수돗물은 전기회로에서의 전류와 유사하고, 수돗물을 공급하는 일종의 위치에너지와 유사한 수압은 전기회로에서의 전압과 유사하다고 한다면 결코 틀린 개념이 아니다.

좀 더 구체적으로 비유를 더 붙인다면 다음과 같다.

◎ 수압(水壓) ≅ 전압(電壓)
◎ 수도관(水道棺) ≅ 도선(導線)
◎ 수도꼭지 ≅ 전기 스위치(switch)
◎ 수돗물 ≅ 전류(電流)
◎ 수돗물 구성성분은 물분자(H_2O) ≅ 전류 구성성분은 자유전자 e

그런데 전류가 흐르면 자연적으로 자계가 발생한다. 곧 전압(전압의 세기에 도선의 길이를 나눈 것이 전계의 세기)에 의해 전계가 발생하며, 이 전계로 말미암아 전류가 발생한다. 전계가 도선의 자유전자에 Coulomb의 전기력이 작용함으로써 자유전자가 가속, 이동을 통해 전류가 형성되는 것이다. 또한, 전류에 의해 자계가 자연적으로 발생한다(Ampere 주회적분 법칙). 즉, 전압에 의해 전계와 전류가 발생하고 전류에 의해 자계가 발생한다는 결론을 내릴 수 있다.

전계가 있으면 자계가 있는 것이고, 자계가 있는 경우 전계가 있다는 이 결론은 전계와 자계는 서로 독립적으로 분리되어 있지 않고 상호 연관성이 있다. 결론적으로, 전기는 전류와 전압에 따른 현상이고, 전류와 전압에 의해 자계와 전계가 발생한다는 것을 3장과 5장에서 충분히 다루어질 것이다.

1.4.3 전류에 의한 자계의 발생

두 개의 영구자석에서 같은 극성일 경우 서로 반발하는 힘, 곧 척력(斥力)이 발생하는데, 이러한 눈에 보이지는 않지만, 영구자석 상호 간에 척력을 만들어 주는 영구자석 간의 간격 사이의 공간상에 존재하는 것이 바로 **자계**(영구자석의 내부에도 자계는 존재한다)이다. 그런데 전압에 의해 도선에 전류가 흐르면 도선 주변에 자계가 발생한다. 왜 전류가 흐르면 자계가 발생하는지에 대한 근본적인 원리는 인간이 아직 밝혀내지 못하는 자연현상이다. 다만, 물이 높은 곳에서 낮은 곳으로 중력에 의해 발생하는 것일 뿐, 중력이 왜 발생하는가를 설명하지 못하는 것처럼 자연적인 현상으로 취급될 수밖에 없다.

좀 더 자세히 설명하면, 금속도선에 전류가 흐르고 있을 때(자유전자가 이동하고 있을 때) 도선 주변을 휘도는 자기가 생성된다. 간단한 예로, 니켈크롬(NiCr) 금속도선(상온에서 자유전자가 NiCr 금속 내에 이미 상당한 양으로 존재하고 있음)에 전류가 발생하고, 이 전류는 NiCr 금속도선 주변에 자계를 형성하며, 전류를 발생시킨 인가전압에서 금속도선의 길이로 나눈 것이 바로 전계의 세기임이다.

금속도선에 전류가 흐르는 것은 인가전압에 의한 전기가 쿨롱의 힘에 의해 전자를 움직이는 것(인가된 전기에너지가 전자의 이동할 수 있게 하는 전자의 운동에너지로의 에너지 변환과정)이고, 전자(엄밀하게 자유전자)가 흐르면 자기가 생성된다고 했는데, 그럼 전계와 자계가 깊은 연관성이 있는 것이 아닐까?

앞서 언급한 바와 같이 과거에는 전기와 자기가 서로 연관성이 없는 독립적인 현상으로 취급되었지만, 현재의 전기와 자기는 매우 밀접한 관련성이 있다는 것이다. '공즉시색(空卽是色), 색즉시공(色卽是空)'이라는 말이 있는 것처럼 자기는 전기와 관련이 있고, 전기는 자기와 깊은 관련이 있음을 Ampere의 주회적분 법칙과 Faraday의 전자유도전압 법칙에서 자세히 설명할 수 있다. 전계즉자계(電界

卽磁界) 즉, 인가전압에 의해 전계와 전류가 발생하고 전류에 의해 자계가 형성되므로 전계와 자계는 서로 동시에 발생한다는 것이다.

여기서, 금속도선에 전계를 인가(전압을 인가 혹은 전기에너지를 인가)할 때 전자의 운동을 일으키게 되고, 이러한 전자의 일정 방향으로 흐름이 전류가 되는 것이며, 이러한 전류에 의해 자계가 도선 주변에 원형 모양으로 발생함을 명심하라.

전계는 독립된 전하에 의해 생성되거나 인간이 만들어낸 생성전압(전류를 생성할 수 있는 전계의 세기를 도선의 길이로 곱한 물리량)에 의해 자연 발생하고, 자계는 자성체 내에 존재하는 독립된 자하(영구자석 혹은 전자석에서 발생) 또는 인가전압에 의한 전류로부터 자연 발생하는 물리량으로 이를 정확히 표현하기 위해서는 크기가 방향을 가지고 있는 벡터(Vector) 물리량으로 표현해야 한다. 전계와 자계를 발생시키는 원천은 각각 두 가지 종류가 있는데, 전자기학에서 매우 기본적 개념이 된다.

① 전계 E를 만들어 내는 원천 = 독립된 전하(대전체)와 인가전압 V
② 자계 H를 만들어 내는 원천 = 원자핵을 공전하는 전자와 인가전류 I

1.4.4 에너지 보존의 법칙과 전하 보존의 법칙 - 전자기학의 기본 법칙

물리학의 기본 법칙인 에너지 보존(conservation of energy)의 법칙과 전하 보존(conservation of electric charge)의 법칙은 물리학의 기본적인 법칙으로 되어 있다. 에너지 보존의 법칙은 에너지 변환과정에서 변환 전과 후의 에너지 총량은 일정하다는 것으로, 새롭게 에너지가 생성되거나 소멸하지 않는다는 것을 이미 물리학을 통해 배웠을 것이다. 마찬가지로 전하 보존의 법칙은 새롭게 전하가 생성되거나 소멸하지 않는다는 법칙이다. 즉, 지구 혹은 전체 우주를 구성하고 있는 원자를 기본으로 하는 전체 물질이 가지고 있는 전하량은 유한한 것이며, 이 원자가 핵융합 혹은 핵분열 또는 다른 형태로의 전환이 있다고 하더라도 원자핵이 가지고 있는 양성자, 전자의 개수는 전과 동일하다는 기본 전제가 있다. 이러한 두 가지 자연법칙은 다른 법칙으로부터 유추되거나 관계로부터 구할 수 없으며, 전자기학 내에서도 기본적으로 적용되고 있고 이를 위배하는 경우는 결단코 없음을 알아야 한다.

1.4.5 전기적 재료와 수동소자

전자기학은 단순한 법칙과 수식을 나열한 것이 아니고, 실제로 전자회로에 많이 사용되는 수동소자(passive device)를 가장 원리적으로 또한 재료학적인 접근을 하는 실제적 학문이다. 수동소자라 함은 전자회로에서 많이 사용되는 저항(resistor), 커패시터(capacitor), 인덕터(inductor)를 말하며, 이 소자들은 필터(filter), 전류제한, RF(radio frequency) 회로에서의 입출력 정합(matching) 등등 다양한 용도로 사용된다.

① Capacitor 제작에 사용되는 전기적 재료는 부도체(절연체) 중에서 비유전율 상수 ϵ_r이 비교적 높은 유전체이며, 이는 분극작용 및 전기쌍극자와 관련이 많다. capacitor는 인가전압 V에 의해 전하 Q를 발생 혹은 소모하며, 평판 capacitor의 정전용량 C와 관련된 중요 공식은 아래와 같다.

$$Q = CV \, , \, D = \epsilon E \, , \, C = \epsilon \frac{A}{d} = \epsilon_0 \epsilon_r \frac{A}{d} \, [F] \tag{1.9}$$

특히, 정전용량 C 는 비유전율 상수 ϵ_r (유전체 재료에 따라 그 값이 다름)과 평판 capacitor의 구조적 함수인 평판 간격 d, 평판 면적 A 에 따라 그 값이 결정되며, 결코 인가전압 V 에 의해 그 값이 결정되지 않는다. Capacitor는 3장에서 주로 다루어진다.

② Resistor 제작에 사용되는 전기적 재료는 적절한 인가전압 V 에 적절한 전류 I 가 흐르는 니켈크롬(NiCr) 또는 텅스텐(W) 등이 저항 제작에 많이 사용되는 전기적 재료이다. 저항 R 과 관련된 중요공식인 유명한 옴(Ohm)의 법칙은 아래와 같다.

$$V = I\,R \ , \ J = \sigma E, \ G = \frac{1}{R} = \sigma \frac{A}{l} \quad [\,\Omega\,] \tag{1.10}$$

특히, 저항 R 의 역수 컨덕턴스(conductance) G 는 전도도 상수 σ(도전체의 재료에 따라 그 값이 다름)와 저항의 구조적 함수인 저항의 길이 l, 저항의 단면적 A 에 따라 그 값이 결정되며, 결코 인가전압 V 에 의해 그 값이 결정되지 않는다. Resistor는 4장에서 주로 다루어진다.

③ Inductor 제작에 사용되는 전기적 재료는 자성체 중에서 비투자율 상수 μ_r 이 매우 높은 강자성체이며, 이는 자화작용, 자기쌍극자와 관련이 많다. Inductor는 인가전압 V 에 의해 자하 Φ 를 발생하며, 환형솔레노이드 (토로이드)의 유도용량 L 과 관련된 중요공식은 아래와 같다.

$$\Phi = L\,I \ , \ B = \mu H, \ L = \mu \frac{A}{l} N^2 = \mu_0 \mu_r \frac{A}{l} N^2 \ [H] \tag{1.11}$$

특히, 유도용량 L 은 비투자율 상수 μ_r (자성체 재료에 따라 그 값이 다름)와 토로이드의 구조적 함수인 환형 길이 l, 토로이드 단면적 A 와 무차원상수인 권선수 N (권선수, 자성체에 감은 도선의 회전수)에 따라 그 값이 결정되며, 결코 인가전압 V 에 의해 그 값이 결정되지 않는다. Inductor는 5장에서 주로 다루어진다.

Capacitor, resistor, inductor는 결국 재료적 함수(비유전율 상수 ϵ_r, 전도도 상수 σ, 비투자율 상수 μ_r)와 구조적 함수(길이 d 혹은 l, 단면적 A, 권선수 N)에 의해서만 그 값이 결정될 뿐이지 인가전압 V 혹은 인가전류 I 에 의해 그 값이 결정되지 않는다는 것을 명심하자.

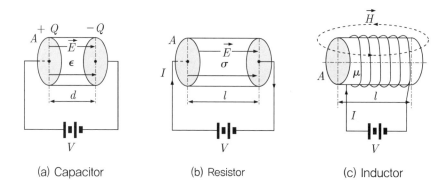

(a) Capacitor   (b) Resistor   (c) Inductor

그림 1-3 • 수동소자의 재료 및 구조적 함수

표 1-2 • 수동소자 요약표

수동소자	재료 함수		구조적 함수		공식	단위
	전자재료	재료상수	단면적	길이		
capacitor	유전체	유전율 ε	A	d	$C = \epsilon A/d$	[F]
resistor	저항체	도전율 σ	A	l	$R = 1/G = l/(\sigma A)$	[Ω]
inductor	자성체	투자율 μ	A	l	$L = \mu A/l$	[H]

1.5 전자기학의 중요개념

1.5.1 SI 단위계(MKSA)

전자기학에서 다루는 물리량은 그 수와 단위를 이용하여 정확하게 나타내어야 한다. 예를 들어 LED(Light Emitting Diode)의 구동전류를 230이라고 표현한다면 공학(工學)적으로 매우 잘못된 것이다. 이 분야의 엔지니어라면 통상 $230[mA]$라고 유추할 수 있겠지만, 이 분야의 통상적인 지식이 없는 엔지니어의 경우 $230[A]$라고 할 수 있고(약간 이상할 수 있지만), $230[\mu A]$라고 이해할 수도 있기 때문이다. 또한 구동전류가 $230[mA]$라고 해야 할 때 $230[mA/mm^2]$이라고 기술하는 것 또한 명백한 오류다. $230[mA/mm^2]$는 $1[mm^2]$ 면적을 가지는 LED의 구동전류를 나타내는 전류밀도를 의미하는 것으로, 구동전류와는 물리량이 완전히 다르다.

물리적 양의 측정은 수(혹은 세기)와 단위의 표현으로 나타내야 하는데, 물리역학에서는 길이$[m]$, 무게$[kg]$, 시간$[second]$을 기본단위로, 물리역학 내의 모든 물리량의 표현이 가능하다. 전자기학에서는 앞의 세 가지 물리역학 기본단위에 전류$[A]$를 추가함으로써 전자기학에서 사용되는 모든 물리단위의 표현이 가능하다. 예를 들어, 전하의 단위 coulomb$[C]$는 ampere-second$[A-sec]$로 표현할 수 있고$(I=Q/t)$, 전계의 단위는 $[V/m]$이지만 $[kg-m/A-s^3]$으로도 표현$(E=V/l=F/Q=ma/Q)$할 수 있다. 국제단위계 SI(International System of Units)는 앞서 열거한 네 가지 기본 단위로 형성된 MKSA(m, kg, sec, A) 시스템이다.

1.5.2 전자기학의 세 가지 보편 상수

또한, 전자기학에는 앞서 열거한 SI 단위계에, 추가로 세 개의 보편화한 상수들이 존재하는데 이는 자유공간(진공)과 관련이 있다. 이 세 가지는 다음과 같다.

① 자유공간에서의 전자파(빛도 전자파의 일종이다)의 속도 $c\,[m/\sec]$
② 자유공간에서의 유전율 상수(permittivity) $\epsilon_0\,[F/m]$
③ 자유공간에서의 투자율 상수(permeability) $\mu_0\,[H/m]$

빛의 속도를 측정하기 위해 많은 실험이 진행되었는데, 현재 알려진 자유공간 상에서의 빛의 속도는 진공 중에서의 유전율 상수 및 투자율 상수와 연관되어 다음과 같다.

$$\text{광속(光速)} \quad c = \frac{1}{\sqrt{\mu_0 \epsilon_0}} = \frac{1}{\sqrt{4\pi \times 10^{-7} \times \frac{1}{36\pi} \times 10^{-9}}} = 3 \times 10^8 \quad [m/\sec]$$

$$(1.12)$$

또한, 전자기학에서 사용되는 유전율 상수 ϵ와 투자율 상수 μ는 전기현상과 자기현상에 연관되어 있는데, 진공 중에서의 유전율 상수는 다음과 같다.

$$\text{진공 중의 유전율 상수} \quad \epsilon_0 = \frac{1}{36\pi} \times 10^{-9} = 8.854 \times 10^{-12} \quad [F/m]$$

$$(1.13)$$

여기서, $[F/m]$는 $[farad/meter]$의 약자로 커패시터의 단위가 되는 $[F]$과 연관되어 있으며, $[F]$는 과학자 Faraday의 이름을 차용한 것이다.

진공 중에서의 투자율 상수는 다음과 같다.

$$진공 \ 중의 \ 투자율 \ 상수 \quad \mu_0 = 4\pi \times 10^{-7} \quad [H/m] \tag{1.14}$$

여기서, $[H/m]$는 $[henry/meter]$의 약자로 인덕터(inductor)의 단위가 되는 $[H]$와 연관되어 있으며, $[H]$는 과학자 Henry의 이름을 차용한 것이다.

표 1-3 • 전자기학에 사용되는 물리상수

상수명	약어 및 크기
전자파(빛)의 속도	$c = 2.997925 \times 10^8 \ [m/s]$
전자의 정지 질량	$m_e = 9.10955 \times 10^{-31} \ [kg]$
전자의 전하량	$e = -1.60219 \times 10^{-19} \ [C]$
전자의 비전하	$e/m = 1.7558802 \times 10^{11} \ [C/kg]$
양자의 질량	$m_p = 1.67252 \times 10^{-27} \ [kg]$
중성자의 질량	$m_n = 1.6749543 \times 10^{-27} \ [kg]$
진공의 유전율	$\epsilon_0 = 1/\mu_0 c^2 = 8.854187817 \times 10^{-12} \ [F/m]$
진공의 투자율	$\mu_0 = 4\pi \times 10^{-7} = 1.25663706144 \times 10^{-6} \ [H/m]$

※ 참조: 이 도표는 변수가 아닌 고정 상수임.

1.5.3 전자기학의 기본적인 벡터 물리량들

전자기학은 네 가지의 기본적인 물리량을 표현하기 위해 기본적인 벡터가 정의되는데,

① 전계(electric field) $E\,[V/m]$
② 전속밀도(electric flux density) 혹은 전계변위(electric displacement) $D\,[C/m^2]$
③ 자계(magnetic field) $H\,[A/m]$
④ 자속밀도(electric flux density) $B\,[Wb/m^2]$

등이 그것이다.

전계 $E\,[V/m]$는 자유공간에서 정지된 전하 Q로부터 시험전하 q에 발생하는 힘을 설명하기 위해 도입된 것으로, 단위 길이당 전압(V/l)으로 나타낼 수 있다. 그리고 전속밀도 $D\,[C/m^2]$는 유전체 매질의 전계를 다룰 때 필요한 물리량이며, 전계와 전속밀도는 벡터로 표시하는데 이 둘 사이의 관계식은 다음과 같다.

$$\boxed{\text{전속밀도벡터 정의} \quad \vec{D} = \epsilon \vec{E} \quad [C/m^2]} \tag{1.15}$$

여기서, 전속밀도의 단위 $[C/m^2]$는 단위면적당 전하량을 나타내는 것으로, 전속밀도벡터 $D\,[C/m^2]$의 물리적 의미는 capacitor에 일정 전압이 인가되었을 때, capacitor에 존재하는 전하량에 단위면적당 얼마의 전하가 존재하느냐는 것이며, 이는 면전하 밀도 물리단위와 동일하다. 또한, 일반적인 유전체를 가지는 매질에서의 유전율(permittivity)은

$$\text{유전체의 유전율 상수} \qquad \epsilon = \epsilon_0\,\epsilon_r \quad [F/m] \qquad\qquad (1.16)$$

로 나타낼 수 있는데, ϵ_r은 유전체 물질에 따라 결정되는 비유전율 상수로서 그 물리량은 가지고 있지 않으며, 1보다 큰 값을 가진다. 유사하게 자계 세기 혹은 줄여서 자계 $H\,[A/m]$는 자계의 원천인 전류에 의해 발생하는 자계 또는 영구자석으로부터 발생하는 자기력을 표현하기 위해 도입된 물리량이다. 자속밀도 $B\,[Wb/m^2]$는 단위면적당 자속을 나타내는 물리량으로, 자계 $H\,[A/m]$와 밀접한 관련이 있는데 자성체 물질이 가지고 있는 투자율에 따라 그 값이 결정되는 물리량이며 자계와 자속밀도 관계식은 다음과 같다.

$$\text{자속밀도벡터 정의} \qquad \vec{B} = \mu\,\vec{H} \quad [Wb/m^2] = [tesla] = [T] = [10^4 gauss]$$

$$(1.17)$$

여기서 $[Wb/m^2]$의 $[Wb]$는 19세기 독일의 과학자 웨버의 이름을 차용한 것으로 자속 혹은 자하 Φ의 물리단위이다.

따라서 자속밀도 $B\,[Wb/m^2]$의 단위는 자성체 혹은 전류로부터 발생하는 자하를 단위면적으로 나눈 물리량을 의미한다. 또한, 일반적인 자성체를 가지는 매질에서의 투자율은

$$\text{자성체의 투자율 상수} \qquad \mu = \mu_0\,\mu_r \quad [H/m] \qquad\qquad (1.18)$$

로 나타낼 수 있는데, μ_r은 자성체 물질에 따라 결정되는 비투자율 상수로서 그 물리량은 가지고 있지 않으며, 자성체의 재질에 따라 0보다 큰 다양한 값을 지니고 있다.

1.5.4 평면각과 입체각

전자기학에서 MKSA로 표현하기가 곤란한 무차원의 수학적 단위들이 있는데, 이를 보충 단위(supplementary unit)라고 하며, 이 보충 단위에는 평면각과 입체 각이 있다.

평면각은 2차원의 원에서 원의 원주길이 $a[m]$를 반지름 길이 $r[m]$로 나눈 것으로 이를 식으로 표현하면 다음과 같다.

$$\text{평면각(무차원 변수)} \quad \theta = \frac{a}{r} \, [rad] = [m/m] = [\ \ ] \tag{1.19}$$

만약 원주의 길이가 전체 원의 길이일 때, 우리가 잘 알고 있는 원주의 길이 는 반지름의 두 배(지름)에 원주율 π를 곱한 $2\pi r[m]$이 될 것이다. 이때 평면 각은 원주의 길이 $2\pi r$을 반지름 $r[m]$로 나눈 2π로 나타내며, 이는 $360\,°$ (도) 의 각에 해당함을 익히 알고 있다. 평면각의 단위는 $[rad]$으로 나타낼 수 있는 데, 이를 라디안이라고 읽는다. 라디안 자체는 원주의 길이 $a[m]$를 반지름의 길이 $r[m]$로 나눈 것에 해당하므로, 당연히 무차원의 단위를 가진다고 할 수 있다.

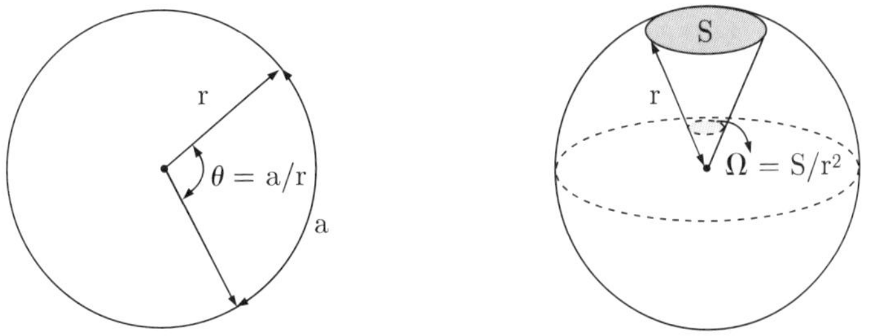

(a) 평면각

(b) 입체각

그림 1-4 • 평면각과 입체각의 정의

입체각은 3차원의 구(球)에서 구가 차지하는 구의 표면적 $S\,[m^2]$을 반지름의 제곱 $r^2\,[m^2]$으로 나눈 것으로, 입체각을 식으로 표현하면 다음과 같다.

$$입체각(무차원\ 변수)\quad \Omega = \frac{S}{r^2}\,[rad] = [\,m^2/m^2\,] = [\ ] \tag{1.20}$$

만약 표면적이, 원구의 전체 면적인 $4\pi r^2\,[m^2]$일 경우 원구의 입체각은 4π가 될 것이다. 입체각 또한 원구의 표면적$[m^2]$을 반지름의 제곱$[m^2]$으로 나눈 것으로, 그 물리량은 무차원이면서도 변수가 된다.

1.5.5 SI 접두어와 그리스 문자

비단 전자기학뿐만이 아니고 공학에서는 SI 접두어를 많이 사용한다. 예를 들어 길이의 보편적 물리단위인 $1[m]$의 10^{-3}인 $10^{-3}[m]$보다는 10^{-3}을 의미하는 $1m[m]$ 혹은 $1[mm]$를 보편적으로 많이 사용한다. 수학적으로 지수함수를 사용할 때 지수는 매우 작은 숫자로 표시해야 하므로, 매우 중요한 숫자임에도 눈에 잘 보이지 않는 경우가 있고, 10의 지수로 표시하는 것보다 SI 접두어가 더 간결하기 때문이다.

그러므로 표 1-4의 SI 접두어를 사용하기를 권고한다. 전자기학은 많은 수학적 공식과 그에 따른 계산 능력의 배양이 필요하다. 따라서 사용하기 편리한 SI 접두어를 반드시 숙지하는 것이 좋다. 또한, 전자기학에서는 전자기학의 중요한 물리량 도표에서 본 바와 같이 영어 알파벳 문자와 그리스 문자를 많이 사용한다. 따라서 전자기학에서 많이 사용하는 그리스 문자의 표기와 명칭을 숙지해야만 한다.

표 1-4 • SI 접두어

약어	크기	접두어 호칭
E	10^{18}	exa (엑사)
P	10^{15}	peta (페타)
T	10^{12}	tera (테라)
G	10^{9}	giga (기가)
M	10^{6}	mega (메가)
k	10^{3}	kilo (킬로)
m	10^{-3}	milli (밀리)
μ	10^{-6}	micro (마이크로)
n	10^{-9}	nano (나노)
p	10^{-12}	pico (피코)
f	10^{-15}	femto (펨토)
a	10^{-18}	atto (아토)

※ 참조: c(센티) $= 10^{-2}$

표 1-5 ● 그리스 문자와 명칭

문 자		명 칭	문 자		명 칭
A	α	alpha (알파)	N	ν	nu (뉴)
B	β	beta (베타)	Ξ	ξ	xi (크사이)
Γ	γ	gamma (감마)	O	o	omicron (오미크론)
Δ	δ	delta (델타)	Π	π	pi (파이)
E	ϵ	epsilon (엡실론)	P	ρ	rho (로)
Z	ζ	zeta (지타)	Σ	σ	sigma (시그마)
H	η	eta (이타)	T	τ	tau (타우)
Θ	θ	theta (세타)	Y	υ	upsilon (입실론)
I	ι	iota (요타)	Φ	ϕ	phi (파이)
K	κ	kappa (카파)	X	χ	chi (카이)
Λ	λ	lambda (람다)	Ψ	ψ	psi (프사이)
M	μ	mu (뮤)	Ω	ω	omega (오메가)

1.5.6 전자기학에 사용되는 SI 유도단위들

전자기학에 사용되는 네 개의 기본적인 물리량 단위를 포함하여, 전자기학의 원리(原理)와 법칙(法則)을 설명하기 위해 도입된 물리량을 정리하면 표 1-5와 같다. 이 단위들은 앞서 언급한 MKSA로 모두 변환하여 유도할 수 있는 단위들로, 크기만을 나타내는 스칼라(scala)인지 방향과 크기를 표시해야 하는 벡터 (vector)인지를 잘 인지해야 한다. 특히, 길이 $l\,[m]$ 혹은 미소 길이 $dl\,[m]$와 면적 $A\,[m^2]$ 혹은 미소 면적 $da\,[m^2]$는 전자기학에서 벡터로 많이 사용된다.

3장의 전계(電界)에서 다루는 중요 물리량으로는 다음과 같은 것들이 있다.

① 마찰 에너지로부터 발생하는 전하 $Q[C]$

② 두 대전된 전하로부터 발생하는 쿨롱의 전기력 $F_e[N]$

③ 유전체의 매질에 따라 다른 값을 가지는 유전율 $\epsilon[F/m]$

④ 전하 혹은 인가전압 $V[V]$에서 발생하는 전계 $E[V/m]$

⑤ 인가전압에 따라 전하의 충방전이 가능한 capacitor의 정전용량 $C[F]$

⑥ 외부 전계에 의해서 유전체에 발생하는 전기쌍극자 $p[C-m]$

⑦ 전기쌍극자의 단위 체적당 개수를 의미하는 분극도 $P[C/m^2]$

⑧ 단위면적당 전하를 의미하는 전속밀도 $D[C/m^2]$

4장의 전류(電流)에서는 다음과 같은 유도물리량을 배운다.

① 전류 $I[A]$, 전류를 단위면적으로 나눈 전류밀도 $J[A/m^2]$

② Ohm 법칙에서 표현되는 저항 $R[\Omega]$ 혹은 저항율 $\rho[\Omega-m]$

③ 저항과 관련되는 도전율 $\sigma[1/\Omega-m]$

④ 전류에 의해 열이 발생하는 주울열(에너지) $E_J[J]$

⑤ 전류 $I[A]$와 전압 $V[V]$의 곱인 전력 $P[W]$

5장의 자계(磁界)에서 배우게 되는 유도 물리량은 다음과 같다.

① 자하 $\Phi[Wb]$

② 자하로부터 발생되는 Coulomb 자기력(힘) $F_m[N]$

③ 자성체의 매질에 따라 다른 값을 가지는 투자율 $\mu[H/m]$

④ 자하 또는 전류에 의해 발생되는 자계 $H[A/m]$

⑤ 인가전류에 따라 자속의 발생이 가능한 inductor의 유도용량 $L[H]$

⑥ 속박전자의 공전과 스핀(spin)에 의해 자기쌍극자 $m[A-m^2]$

⑦ 자기쌍극자의 단위 체적당 개수를 의미하는 자화도 $M[A/m]$

⑧ Inductor의 단면적에서 발생되는 단위면적당 자속을 의미하는 자속밀도
$B[Wb/m^2]$

6장의 전자기파 영역에서 다루는 물리량은 다음과 같다.

① 단위면적당 전력의 물리량을 가지는 전력밀도 혹은 포인팅(pointing) 벡터

   $S\,[W/m^2]$

② 주파수 $f\,[Hz]$

③ 주기 $T\,[\sec]$

이상이 전자기학에서 다루는 물리량이다. 여기서 주파수 $f\,[Hz]$와 주기 $T\,[\sec]$의 관계식 및 주파수 $f\,[Hz]$와 파장 $\lambda\,[m]$의 관계식은 다음과 같다.

$$\text{주파수와 주기, 파장의 관계식} \qquad f = \frac{1}{T} = \frac{c}{\lambda}\ \ [Hz] \tag{1.21}$$

여기서 주기는 전자파가 한 번 진동하는 데 걸리는 시간을 말하며, 주파수는 $1\,[\sec]$에 전자파가 몇 번이나 진동하는가를, 파장은 전자파의 1주기 동안의 실제 길이를 말한다. 전자기학을 충분히 잘 학습하기 위해서는 전자기학에서 다루는 각종 물리량을 표시한 표 1-6을 잘 알아두는 것이 매우 중요하다.

문제 1

A 통신회사는 휴대폰 사용 주파수가 $2.0\,[GHz]$이라고 한다. 이때 전자파의 주기 $T\,[\sec]$와 파장 $\lambda\,[m]$를 구하라.

Solution $T = \dfrac{1}{f} = \dfrac{1}{2\,G} = 0.5\,[nsec], \qquad \lambda = \dfrac{c}{f} = \dfrac{3 \times 10^8}{2\,G} = 0.15\,[m]$

표 1-6 • 전자기학에서 사용되는 물리량(S = Scalar, V = Vector)

물리명칭	대표 기호	물리 단위	스칼라 / 벡터	물리명칭	대표 기호	물리 단위	스칼라 / 벡터
힘	F	[N]	V	Joule 열	H	[J]	S
속도	v	[m/sec]	V	길이	l	[m]	S, V
무게	m	[kg]	S	면적	S(A)	[m^2]	S, V
가속도	a	[m/sec^2]	V	부피	τ(V)	[m^3]	S
Coulomb 전기력	Fe	[N]	V	Coulomb 자기력	Fm	[N]	V
전하	Q	[C]	S	자하(자속)	Φ	[Wb]	S
전계	E	[V/m]	V	자계	H	[A/m]	V
유전율	ϵ	[F/m]	S	투자율	μ	[H/m]	S
정전용량	C	[F]	S	유도용량	L	[H]	S
전위(전압)	V	[V]	S	전류	I	[A]	S
전속밀도	D	[C/m^2]	V	자속밀도	B	[Wb/m^2]	V
전기쌍극자	p	[C−m]	V	자기쌍극자	m	[$A−m^2$]	V
분극도	P	[C/m^2]	V	자화도	M	[A/m]	V
정전에너지	We	[J]	S	유도에너지	Wm	[J]	S
전류밀도	J	[A/m^2]	V	회전에너지 (Torque)	T	[J]	V
저항	R	[Ω]	S	헤밀턴 미분연산자	∇	[1/m]	V
전도도	σ	[℧/m]	S	포인팅벡터	S	[W/m^2]	V
비저항율	ρ	[$\Omega−m$]	S	주파수	f	[Hz]	S
전력	P	[W]	S	주기	T	[sec]	S

1.6 전자기학의 용어통일

국내에 나와 있는 수십 권의 전자기학 책을 보면 나름대로 좋은 내용을 잘 설명하고 있다. 그러나 책마다 그 용어가 다르거나, 잘못된 용어의 선택으로 혼란을 일으킬 수 있는 것들이 다수 있음을 지적하지 않을 수 없다. 기존의 전자기학 책들에 사용된 용어에서, 본 전자기학 책과는 서로 다르게 표현하는 것들과 잘못 표기된 용어들을 정리하면 다음과 같다.

1.6.1 상이(相異)한 표현

① 기본벡터(unit vector)

직각 좌표계에서 x축, y축, z축의 방향을 나타내는 크기가 1인 벡터를 말한다.

$$\hat{i}, \ \hat{j}, \ \hat{k} \ \Leftrightarrow \ \hat{a_x}, \ \hat{a_y}, \ \hat{a_z} \ \text{또는} \ \hat{x}, \ \hat{y}, \ \hat{z} \tag{1.22}$$

$\hat{i}$는 x축으로 향하는 방향의 기본벡터, $\hat{j}$는 y축으로 향하는 방향의 기본벡터, $\hat{k}$는 z축으로 향하는 방향의 기본벡터를 의미한다. 이 책을 저술할 때, 사실은 기본벡터를 $\hat{x}, \ \hat{y}, \ \hat{z}$을 사용할지 말지에 대한 고민이 없었던 것은 아니지만 $\hat{x}, \ \hat{y}, \ \hat{z}$가 x축, y축, z축을 의미할 수 있다는 우려에서 $\hat{i}, \ \hat{j}, \ \hat{k}$를 사용하였다. 특히, $\hat{\ }$(hat) 표기는 크기가 1인 기본벡터에서만 사용할 수 있음을 알아야 한다.

② 벡터의 발산

벡터의 발산은 벡터의 회전과 아울러 발산의 유무에 따라 벡터의 개략적인 모양을 유추하거나 전계 E의 특성을 이해하는 데 필수적인 벡터 연산으로 아래와 같이 표현한다.

$$발산 \quad \nabla \cdot \quad \Leftrightarrow \quad div \tag{1.23}$$

해밀턴의 편미분 연산자 델(del) ∇은 벡터이면서 $[1/m]$의 물리량을 가지는 전자기학에서 매우 중요한 연산자이며, 벡터내적을 나타내는 $\cdot$(dot)은 벡터에서만 적용할 수 있는 연산자로 각각 의미하는 바가 크기 때문에 div(발산, divergence)를 이 책에서는 사용하지 않고, $\nabla \cdot$을 사용하였다.

③ 벡터의 회전

벡터의 회전은 벡터의 발산과 마찬가지로 회전하거나 회전하지 않음에 따라 벡터의 개략적인 모양을 유추하거나 자계 H의 특성을 이해하는 데 필수적인 벡터 연산으로 아래와 같이 표현한다.

$$회전 \quad \nabla \times \Leftrightarrow \quad curl, \ rot \tag{1.24}$$

$\times$(cross)는 두 벡터 사이에서만 적용할 수 있는 벡터외적을 의미하는 연산자로 벡터의 일종인 ∇과 같이 사용할 때는 임의의 벡터의 회전 유무를 확인할 수 있는 매우 중요한 연산자이다. $\nabla \times$ 또한 각각 나름대로 의미하는 바가 크기 때문에 curl(컬) 또는 rot(회전, rotation)을 사용하지 않았다.

④ 전위

전위(電位, electric potential)는 전자기학에서 매우 중요한 핵심 개념이다. 이 것은 전압과 같은 용어로 저항체 혹은 도전에서 전계를 발생시켜 자유전자에 Coulomb의 전기력을 일으킴으로써 결국 전류(current)를 생성시키는 전기에너 지, 전기와 자계, 전류와도 밀접한 연관이 있는 중요 물리량이다. 일반인들도 인지하고 있는 전압이 유독 거의 100%에 가까운 대부분의 전자기학에서만 전 위로 사용되고 있다.

실질적으로 전압이라는 것은 앞서 말한 수압(물의 압력)에서 나온 개념이고, 전위는 독립전하에서 발생한 전계에 따른 시험전하의 위치의 전기에너지를 시 험 전하량으로 나눈 것을 의미하는데, 전압보다는 전위의 개념이 위치에너지 (에너지는 아니다)라는 개념을 포함하고 있으므로 전압보다는 더 타당한 용어 임에 분명하다.

그러나 전위는 전기 및 전자공학에서 오로지 전자기학 과목에서만 사용되고 있으며 전기공학·전자회로·회로이론·디지털 공학·반도체공학 등등 수많은 전기 전자 관련 과목에서는 전압이 통용되고 있다. 또한, 전위는 독립된 전하 에 의한 전계 분포에 따른 내용에서만 한정되어 사용하고 있고, 실질적인 전류 를 생성시키는 전기 및 전자회로에는 사용하지 않는다. 또한, 6장에 나오는 Faraday의 유도전압에서는 전위가 아닌 전압이 사용된다.

결론적으로, 전위와 전압은 같은 대표 물리기호 V와 물리단위 $[V]$를 사용 하는 같은 용어로서, 서로 다르지 않다. 본 전자기학에서는 전위를 배제하고 모두 전압으로 표기하고자 한다.

$$\text{전압(voltage)} \quad V = \frac{W}{q} = \int_l \vec{E} \cdot \vec{dl} \quad \Leftrightarrow \quad \text{전위(electric potential)} \qquad (1.25)$$

1.6.2 오류적 표현

① 자기회전력 T

　5장 정전계에서 다루는 토크는 회전체(전기모터, 자동차엔진, 선박엔진 스크류 등)의 특성을 나타내는 중요 물리량이다. Torque는 대부분 자기회전력(torque)으로 국문 표기하고 있는데, 이는 잘못된 표현으로 Torque의 물리단위는 힘(力, force)의 물리단위 $[N]$(뉴턴)이 아니라 분명히 에너지의 물리단위 $[N-m]$ 또는 $[J]$(주울)을 사용하고 있다. 따라서 회전력이 아니라 회전에너지(rotation energy) 또는 토크(torque)라고 사용해야 한다.

$$\text{회전에너지} \quad \vec{T} = \vec{m} \times \vec{B} \quad \Leftrightarrow \quad \text{자기회전력 (X)} \tag{1.26}$$

② 유도기전력 V

　6장 전자유도와 전자기파에서 매우 중요하게 다루는 Faraday의 전자유도 전압 V 를 일부 다른 전자기학 책에서 유도기전력이라고 표현하고 있다. 이것은 매우 잘못된 표현으로 운동에너지에 의해 전기에너지로의 변환을 핵심적으로 이해해야 하는 Faraday의 전자유도 법칙을 기전력이라는 용어를 사용함으로써, 마치 어떤 힘으로 변환하는 것으로 잘못 이해될 소지가 충분하며, 유도기전력이라는 용어는 매우 잘못된 것이다. 아직도 유도기전력이 자격증 시험에서 사용되고 있는 것은 심각한 문제이다. 전압은 유도기전력이 아니다.

$$\text{Faraday 전자유도 전압} \quad V = -\frac{d\Phi}{dt} \, [V] \quad \Leftrightarrow \quad \text{유도기전력 (X)} \tag{1.27}$$

유도기전력의 어원은 무엇일까? 전압은 저항체 및 도전체에 전류를 만들어 내며, 전압과 전류의 곱은 전기에너지를 시간으로 나눈 전력(electric power)이 된다. 전계의 원천이 되는 매우 중요한 물리량이지만 전기(전류)를 만들어내는 어떤 것(전기에너지를 전하로 나눈 것) 혹은 전기를 일으키는 기전(起電) 전압 이라고 할지언정 기전력(起電力)은 결코 아니다.

③ 유도기자력 Ⅰ

4장 정전류와 5장 정자계에서 많이 다루는 전류 I를 일부 전자기학 서적을 보면 유도기자력으로 표현되어 있다. 이 또한 전류가 코일(coil)과 같은 inductor 에서 유도기자(誘導起磁), 즉 자계 H 또는 자속밀도 B를 만들어내는 것은 분명하지만, 힘(力, force)은 아니다. 전류의 물리량은 엄연히 $[A]$가 있으며, 이것은 힘을 나타내는 $[N]$으로 절대 사용하지 않는다. 유도기전력과 함께 반드시 고쳐져야 할 용어임을 분명히 한다.

$$\text{전류} \quad I = -\frac{dQ}{dt} \, [A] \quad \Leftrightarrow \quad \text{유도기자력 (X)} \tag{1.28}$$

핵 심 요 약

1 전자기학은 전기(電氣)를 사용하는 현대문명(現代文明)에 있어서 전기 전자분야의 기본 핵심 원리를 제공하는 기초 과목이며, 전계와 자계를 바탕으로 하는 특히 수동소자 capacitor, resistor, inductor를 가장 근원적으로 다루고, 통신의 기본이 되는 전자기파를 도입하는 학문이다.

2 과학자명을 차용한 전자기학 물리량과 물리단위

과학자명	물리량	대표기호	물리단위	연관 chapter
쿨롱(Coulomb)	전하(electric charge)	Q	[C]	3장
볼타(Volta)	전압(voltage)	V	[V]	3장, 6장
암페어(Ampere)	전류(current)	I	[A]	4장
옴(Ohm)	저항(resistance)	R	[Ω]	4장
패러데이(Faraday)	정전용량(capacitance)	C	[F]	3장
헨리(Henry)	유도용량(inductance)	L	[H]	5장
가우스(Gauss)	자속밀도	B	[gauss]	5장
웨버(Weber)	자하(자속)	Φ	[Wb]	5장
헤르츠(Hertz)	주파수(frequency)	f	[Hz]	6장

3 자유전자는 원자핵 주변을 공전하는 속박전자가 외부의 에너지(광, 열, 마찰, 전기 등)를 얻어 원자핵의 속박에서 벗어나 자유로이 움직일 수 있는 속박전자보다 더 큰 에너지를 가지는 입자로서 $(-)$ 전하량을 가지며, 그 크기는 $e = -1.60219 \times 10^{-19} \, [C]$ 이고, 자유전자의 흐름이 곧 전류이다.

4 전압이 자유전자를 구성하는 물질에 인가되면, 전계가 발생되어 Coulomb 힘에 의해 자유전자가 움직이고, 자유전자의 흐름이 전류를 구성하며, 전류에 의해 자계가 발생되므로, 전계와 자계는 서로 독립적인 현상이 아닌 동시에 발생되는 상호 의존적 현상이다.

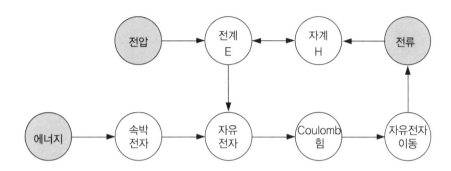

그림 1-5 ● 전압에 의한 전계, 전류, 자계의 발생과 상호 관계

5 에너지 보존의 법칙과 전하 보존의 법칙은 항상 성립한다.

6 Capacitor, resistor, inductor는 재료적 함수(비유전율상수 ϵ_r, 전도도상수 σ, 비투자율상수 μ_r)와 구조적 함수(길이 d 혹은 l, 단면적 A, 권선수 N)에 의해서만 그 값이 결정될 뿐이지 인가전압 V 혹은 인가전류 I에 의해 그 값이 변하지 않는다.

7 전자기학에 많이 사용되는 3가지 보편 상수로는 자유공간에서의 광속 $c[m/\sec]$, 자유공간에서의 유전율상수(permittivity) $\epsilon_0[F/m]$, 자유공간에서의 투자율상수(permeability) $\mu_0[H/m]$가 있다.

① 광속(光速) $c = \dfrac{1}{\sqrt{\mu_0\epsilon_0}} = \dfrac{1}{\sqrt{4\pi \times 10^{-7} \times \dfrac{1}{36\pi} \times 10^{-9}}} = 3 \times 10^8 \ [m/\sec]$

② 진공 중의 유전율 상수 $\epsilon_0 = \dfrac{1}{36\pi} \times 10^{-9} = 8.854 \times 10^{-12}[F/m]$

③ 진공 중의 투자율 상수 $\mu_0 = 4\pi \times 10^{-7}[H/m]$

8 전자기학의 기본적인 벡터 물리량으로는 전계(electric field) $E[V/m]$, 전속밀도 (electric flux density) $D[C/m^2]$, 자계(magnetic field) $H[A/m]$, 자속밀도(electric flux density) $B[Wb/m^2]$가 있다.

① 전속밀도벡터 $\overrightarrow{D} = \epsilon \overrightarrow{E} \quad [C/m^2]$

② 자속밀도벡터 $\overrightarrow{B} = \mu \overrightarrow{H} \quad [Wb/m^2] = [tesla] = [T] = [10^4 gauss]$

9 전자기학 뿐만 아니라 전기·전자공학 전반에 많이 사용되는 SI 접두어

약 어	크 기	접두어 호칭
E	10^{18}	exa (엑사)
P	10^{15}	peta (페타)
T	10^{12}	tera (테라)
G	10^{9}	giga (기가)
M	10^{6}	mega (메가)
k	10^{3}	kilo (킬로)
m	10^{-3}	milli (밀리)
μ	10^{-6}	micro (마이크로)
n	10^{-9}	nano (나노)
p	10^{-12}	pico (피코)
f	10^{-15}	femto (펨토)
a	10^{-18}	atto (악토)

10 전자기학에서 사용되는 물리량(S=Scalar, V=Vector) ← 매우 중요한 도표임

물리명칭	대표 기호	물리 단위	스칼라 / 벡터	물리명칭	대표 기호	물리 단위	스칼라 / 벡터
힘	F	[N]	V	Joule 열	H	[J]	S
속도	v	[m/sec]	V	길이	l	[m]	S, V
무게	m	[kg]	S	면적	S(A)	$[m^2]$	S, V
가속도	a	$[m/sec^2]$	V	부피	τ(V)	$[m^3]$	S
Coulomb 전기력	Fe	[N]	V	Coulomb 자기력	Fm	[N]	V
전하	Q	[C]	S	자하(자속)	ϕ	[Wb]	S
전계	E	[V/m]	V	자계	H	[A/m]	V
유전율	ϵ	[F/m]	S	투자율	μ	[H/m]	S
정전용량	C	[F]	S	유도용량	L	[H]	S
전위(전압)	V	[V]	S	전류	I	[A]	S
전속밀도	D	$[C/m^2]$	V	자속밀도	B	$[Wb/m^2]$	V
전기쌍극자	p	[C−m]	V	자기쌍극자	m	$[A−m^2]$	V
분극도	P	$[C/m^2]$	V	자화도	M	[A/m]	V
정전에너지	We	[J]	S	유도에너지	Wm	[J]	S
전류밀도	J	$[A/m^2]$	V	회전에너지 (Torque)	T	[J]	V
저항	R	[Ω]	S	헤밀턴 미분연산자	$\triangledown$	[1/m]	V
전도도	σ	[℧/m]	S	포인팅벡터	S	$[W/m^2]$	V
비저항율	ρ	[Ω−m]	S	주파수	f	[Hz]	S
전력	P	[W]	S	주기	T	[sec]	S

Chapter 02
벡터와 좌표계

2.1 벡터의 정의

물리량을 표현할 때 단지 크기만으로도 모든 것을 나타낼 수 있을 때 그 물리량을 스칼라(scalar)라 하며, 크기와 방향을 동시에 표시해야 할 필요성이 있는 물리량을 벡터(vector)라고 구분한다. 스칼라에는 길이, 면적, 부피, 속력, 질량, 각도, 온도, 에너지 등이 속하며, 이러한 물리량들은 방향을 표시할 필요성을 가지지 못한다. 반면, 벡터에는 속도, 가속도, 힘, 전계, 자계, 전속밀도, 자속밀도, 전류밀도, 전력밀도, 회전에너지, 해밀턴 미분연산자 등이 있는데, 물리량 크기뿐만 아니라 방향을 표시해줌으로써 스칼라와 비교하면 더 많은 정보를 나타낼 수 있다. 1장의 표 1-6은 전자기학에 사용되는 물리량의 스칼라 및 벡터 구분을 하였다.

특히, 전자기학에서는 길이와 면적을 벡터 연산에 많이 활용하기 때문에 스칼라가 아닌 벡터로 많이 취급한다.

벡터량 표시는 직선 화살표로 나타내며, 직선 길이가 벡터량 크기에 대응하고, 화살표 방향이 벡터 방향에 해당한다. 벡터 명칭은 대소문자의 영문자로 표기하고, 고딕체로 굵게 표시하거나 문자 머리에 화살표 및 점을 부가하여 일반 변수 문자와 구분한다. 이 책에서는 벡터를 화살표로 표기하여 스칼라와 구분한다.

벡터 $\vec{A}$ 는 시점(O)에서 종점(P)으로 향하는 벡터라고 할 때, 벡터 $\vec{A}$ 는 크기를 나타내는 A와 방향만을 표시하는 단위벡터 $\hat{u}$ 의 곱셈(곱셈이 생략된)으로 표시할 수 있다.

$$\text{벡터 정의} \qquad \vec{A} = A\,\hat{u} \tag{2.1}$$

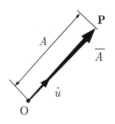

그림 2-1 • 벡터 표시

단위벡터(unit vector)는 크기가 1이고, 방향이 벡터 $\vec{A}$ 방향과 같은 벡터라고 정의할 수 있다. 단위벡터는 물리량과 단위를 가질 수 없다. 단지 방향만을 표시할 뿐이다. 벡터 $\vec{A}$가 가지는 물리량과 물리단위는 벡터 $\vec{A}$의 크기인 A만 가지고 있다.

$$\text{단위벡터 정의} \qquad \hat{u} = \frac{\vec{A}}{A} = \frac{\vec{A}}{|\vec{A}|}, \qquad |\hat{u}| = 1 \qquad\qquad (2.2)$$

또한, 여기서 A는 벡터 $\vec{A}$ 크기이며, $A = |\vec{A}|$로도 표시한다.

단위벡터 중에서도 좌표계를 구성하는 x축 방향, y축 방향, z축 방향으로 각각 크기가 1인 단위벡터를 기본벡터(fundamental vector, base vector)라고 하는데, 기본벡터로는 x축 방향으로 향하는 $\hat{i}$, y축 방향으로 향하는 $\hat{j}$, z축 방향으로 향하는 $\hat{k}$로 표시한다. 그림 2-2에서 도시한 바와 같이 기본벡터를 사용하여, 벡터 $\vec{A}$를 각각 x축 방향, y축 방향, z축 방향으로의 크기를 나타내는 A_x, A_y, A_z라는 성분으로 다르게 나타낼 수 있다.

$$\text{벡터 성분표시} \quad \begin{aligned} \vec{A} &= A_x \hat{i} + A_y \hat{j} + A_z \hat{k} \\ &= A\,\hat{u} \end{aligned} \tag{2.3}$$

여기서, A_x, A_y, A_z를 벡터 $\vec{A}$의 x, y, z 성분이라고 하며 스칼라이다. 단위벡터 $\hat{u}$은 벡터 $\vec{A}$ 방향을 나타내는 크기가 1이고 물리단위가 없는 벡터 $\vec{A}$의 단위벡터이다. 벡터 $\vec{A}$ 크기는 직각 삼각형에서 피타고라스(Pythagoras) 정리를 이용하여 성분벡터 A_x, A_y, A_z로 표시할 수 있는데, 이는 다음과 같다.

$$\text{벡터 크기} \quad A = |\vec{A}| = \sqrt{A_x^2 + A_y^2 + A_z^2} \tag{2.4}$$

문제 1

직각좌표계의 원점 $O(0,0,0)$에서 점 $P(3,4,5)[m]$로 향하는 벡터 $\vec{A}$의 단위벡터 $\hat{u}$를 구하시오.

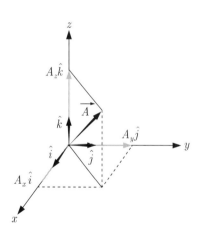

그림 2-2 • 성분벡터와 기본벡터 표시

Solution　$A = |\vec{A}| = \sqrt{A_x^2 + A_y^2 + A_z^2} = \sqrt{3^2 + 4^2 + 5^2} = \sqrt{50}$

$$\therefore \ \hat{u} = \frac{\vec{A}}{A} = \frac{1}{\sqrt{50}}(3\hat{i} + 4\hat{j} + 5\hat{k})$$

문제 2

직각좌표계에서 점 $A(1, -1, 0)$에서 점 $B(2, 1, 2)$로 향하는 단위벡터 $\hat{u}$를 구하시오.

Solution　점 $A(1, -1, 0)$에서 점 $B(2, 1, 2)$로 향하는 벡터를 $\vec{C}$ 라 하면,

$$\vec{C} = (B_x - A_x)\hat{i} + (B_y - A_y)\hat{j} + (B_z - A_z)\hat{k}$$

$$= (2-1)\hat{i} + (1-(-1))\hat{j} + (2-0)\hat{k} = \hat{i} + 2\hat{j} + 2\hat{k} = C_x\hat{i} + C_y\hat{j} + C_z\hat{k}$$

$$\therefore \ \hat{u} = \frac{\vec{C}}{C} = \frac{1}{\sqrt{1^2 + 2^2 + 2^2}}(\hat{i} + 2\hat{j} + 2\hat{k}) = \frac{1}{3}(\hat{i} + 2\hat{j} + 2\hat{k})$$

2.2 벡터 가감산

2.2.1 벡터 덧셈

벡터 덧셈은 두 벡터 중 하나를 나머지 벡터의 종점으로 평행 이동을 하면 쉽게 구할 수 있고, 수식적으로 각각의 성분벡터들을 산술적 덧셈으로도 쉽게 구할 수 있다. 즉, 두 벡터를 각각 $\vec{A}$, $\vec{B}$라 할 때 두 벡터 덧셈 연산은 아래와 같고 **교환법칙(交換法則)**이 성립한다.

벡터 덧셈
$$
\begin{aligned}
\vec{A} + \vec{B} &= (A_x\,\hat{i} + A_y\,\hat{j} + A_z\,\hat{k}) + (B_x\,\hat{i} + B_y\,\hat{j} + B_z\,\hat{k}) \\
&= (A_x + B_x)\,\hat{i} + (A_y + B_y)\,\hat{j} + (A_z + B_z)\,\hat{k} \\
&= \vec{B} + \vec{A}
\end{aligned}
\tag{2.5}
$$

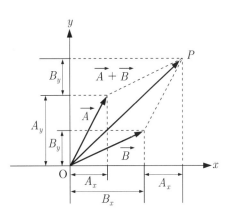

그림 2-3 • 벡터 덧셈

2.2.2 벡터 뺄셈

벡터 뺄셈은 벡터 $\vec{B}$ 의 방향을 180도로 바꾸면 $-\vec{B}$ 로 되기 때문에, $-\vec{B}$ 를 벡터 $\vec{A}$ 와 덧셈 연산을 하면 된다. 두 벡터를 각각 $\vec{A}$, $\vec{B}$ 라 할 때 두 벡터 뺄셈 연산은 아래와 같고 교환법칙은 성립하지 않는다.

$$
\begin{aligned}
\text{벡터 뺄셈} \quad \vec{A} - \vec{B} &= (A_x\hat{i} + A_y\hat{j} + A_z\hat{k}) - (B_x\hat{i} + B_y\hat{j} + B_z\hat{k}) \\
&= (A_x - B_x)\hat{i} + (A_y - B_y)\hat{j} + (A_z - B_z)\hat{k} \\
&= -\vec{B} + \vec{A} \neq \vec{B} - \vec{A}
\end{aligned}
\tag{2.6}
$$

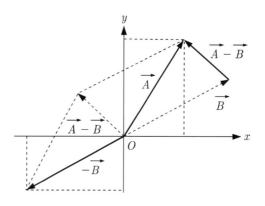

그림 2-4 • 벡터 뺄셈

문제 3

두 벡터 $\vec{A} = 3\hat{i} - 4\hat{j} + 5\hat{k}$, $\vec{B} = -2\hat{i} + 3\hat{j} - \hat{k}$ 가 있을 때, 두 벡터 사이의 덧셈과 뺄셈을 구하고, 덧셈의 경우 교환법칙이 성립함을, 뺄셈의 경우 교환법칙이 성립하지 않음을 보이시오.

Solution　덧셈　$\vec{A} + \vec{B} = (3\hat{i} - 4\hat{j} + 5\hat{k}) + (-2\hat{i} + 3\hat{j} - \hat{k}) = \hat{i} - \hat{j} + 4\hat{k}$

$\vec{B} + \vec{A} = (-2\hat{i} + 3\hat{j} - \hat{k}) + (3\hat{i} - 4\hat{j} + 5\hat{k}) = \hat{i} - \hat{j} + 4\hat{k}$

$\therefore \quad \vec{A} + \vec{B} = \vec{B} + \vec{A}$ (덧셈에서 교환법칙 성립함)

뺄셈　$\vec{A} - \vec{B} = (3\hat{i} - 4\hat{j} + 5\hat{k}) - (-2\hat{i} + 3\hat{j} - \hat{k}) = 5\hat{i} - 7\hat{j} + 6\hat{k}$

$\vec{B} - \vec{A} = (-2\hat{i} + 3\hat{j} - \hat{k}) - (3\hat{i} - 4\hat{j} + 5\hat{k}) = -5\hat{i} + 7\hat{j} - 6\hat{k}$

$\therefore \quad \vec{A} - \vec{B} = -(\vec{B} - \vec{A}) \neq \vec{B} - \vec{A}$ (뺄셈에서 교환법칙 성립하지 않음)

2

2.3 벡터 곱셈

벡터에서의 곱셈은 스칼라와 벡터의 곱, 벡터와 벡터의 곱, 크게 두 가지로 나눌 수 있다. 스칼라와 벡터의 곱은 통상 중간에 ×(cross) 또는 • (dot) 표시를 생략하여 표시한다. 이것은 나중에 배우게 될 벡터의 내적과 외적 연산과 구분하기 위해서인데, 무엇보다 어떤 물리량이 스칼라 혹은 벡터인지 잘 알고 있어야 한다. 스칼라와 벡터의 곱 형태는 우리가 익히 알고 있는 역학물리 혹은 전자기학에서 많이 볼 수가 있다.

$$\vec{F} = m\,\vec{a} = q\,\vec{E}$$
$$\vec{D} = \epsilon\,\vec{E}$$
$$\vec{J} = \sigma\,\vec{E}$$
$$\vec{B} = \mu\,\vec{H}$$

위와 같이 크기만을 나타내는 스칼라와 크기와 방향을 나타내는 벡터의 곱 결과는 당연히 벡터가 되어야 함을 인지해야 하고, 위 수식에서도 벡터 결과로 나타남을 알 수 있다. 벡터와 벡터의 곱은 크게 **벡터내적(dot product)**과 **벡터외적(cross product)**로 나눌 수 있으며, 벡터와 벡터 사이에 아무런 표시가 없는 다이애드적(dyadic product)도 있지만, 전자기학에서는 취급하지 않는다. 특히, 벡터 내적과 벡터 외적은 벡터의 발산과 회전과도 연관되어 있기 때문에 반드시 알아야 할 벡터 연산 중의 하나이다.

2.3.1 스칼라와 벡터 곱셈

스칼라 a를 벡터 $\vec{A}$에 곱하면 그 결과는 새로운 벡터 $\vec{C}$가 된다. 즉, 원래 벡터 크기에서 스칼라량을 곱한 만큼 증가 혹은 감소하며, 방향은 스칼라 a가 음수일 경우 벡터 $\vec{C}$는 벡터 $\vec{A}$와 반대 방향, 스칼라 a가 양수일 경우 벡터 $\vec{C}$는 벡터 $\vec{A}$와 같은 방향이 된다. 이를 수식으로 표현하면 다음과 같다.

$$\begin{aligned}
\text{스칼라와 벡터곱} \quad a\vec{A} &= a(A_x\,\hat{i} + A_y\,\hat{j} + A_z\,\hat{k}) = aA_x\,\hat{i} + aA_y\,\hat{j} + aA_z\,\hat{k} \\
&= \vec{C} \\
&= C_x\,\hat{i} + C_y\,\hat{j} + C_z\,\hat{k} \\
\therefore \quad C_x = aA_x, \; C_y &= aA_y, \; C_z = aA_z
\end{aligned}$$

(2.7)

스칼라와 벡터의 곱은 통상 스칼라 연산에서 사용되는 곱셈기호($\times$ 또는 $\cdot$)를 생략하며, 이것은 벡터 내적 기호인 $\cdot$과 벡터 외적 기호인 $\times$와의 혼동을 피하고자 하는 목적도 있다.

2.3.2 벡터내적

벡터 $\vec{A}$와 벡터 $\vec{B}$ 내적은 두 벡터 사이에 굵은 점 $\cdot$으로 표시하고, 그 계산결과는 스칼라가 된다. 따라서 벡터내적을 스칼라적(scalar product) – 벡터내적 연산결과가 스칼라 혹은 닷적(dot product) – 두 벡터 사이에 $\cdot$ (dot) 연산이라고도 한다. 즉, 두 벡터내적을 통해서 그 연산결과가 벡터가 아닌 스칼라로 변환되는 것에 중요한 의미가 있다.

또한, 벡터 내적이 기존 스칼라와 스칼라 곱셈에서 × 기호를 생략하고 • 으로 표현하는 것과는 완전히 다르다는 것을 주의해야 한다. 벡터 내적 연산자 • 은 벡터와 벡터 사이에서만 사용할 수 있고, 따라서 스칼라와 벡터 사이에 • 으로 표시하는 것은 완전한 오류다. 다시금 더 강조하면 오로지 • 은 벡터와 벡터 사이에서만 사용해야 한다.

두 벡터 $\vec{A}$와 $\vec{B}$ 시작점을 일치시켰을 때 두 벡터가 이루는 각(교각)을 θ라고 하면, 두 벡터 내적을 다음과 같이 정의하며, 교환법칙이 성립함을 알 수 있다.

$$
\begin{aligned}
\text{벡터 내적} \quad \vec{A} \cdot \vec{B} &= A\,B\cos\theta = B\,A\cos\theta \\
&= \sqrt{A_x^2 + A_y^2 + A_z^2}\,\sqrt{B_x^2 + B_y^2 + B_z^2}\,\cos\theta \\
&= \vec{B} \cdot \vec{A}
\end{aligned} \tag{2.8}
$$

여기서, 두 벡터 내적은 각각 벡터 크기 A와 B를 곱하고, $\cos\theta$를 곱한 결과가 되므로 이는 결국 방향이 없는 스칼라(세 항목이 모두 스칼라)가 된다. 즉, 두 벡터 내적 결과가 벡터가 아니라, 크기만을 가진 방향이 없는 스칼라로 변환되는 것에 주목해야 한다.

또한, 두 벡터 교각 θ 크기가 $90°\,(\frac{\pi}{2})$ 혹은 $270°\,(\frac{3}{2}\pi)$일 때, 두 벡터 내적은 0이라는 것도 주목해야 한다. 이는 $\cos\theta$가 0이 되기 때문이다. 즉, 두 벡터가 수직으로 만날 때 그 내적 값은 벡터 크기와 관계없이 $\cos\theta$로 인해 0이 된다.

반대로, 두 벡터 방향이 같을 경우(교각 $\theta = 0°$) $\cos\theta$ 값이 1이 되므로 두 벡터 내적은 최대값을 가지게 되고, 두 벡터 방향이 반대방향(교각이 $\theta = 180°$)이 될 때 $\cos\theta$ 값이 -1이 되므로, 두 벡터 내적은 최소값을 가지게 된다.

또한, 직각 좌표계에서 기본벡터 $\hat{i}$, $\hat{j}$, $\hat{k}$ 사이 내적 관계는 다음과 같다.

기본벡터 내적 $\hat{i} \cdot \hat{i} = \hat{j} \cdot \hat{j} = \hat{k} \cdot \hat{k} = 1 \cdot 1 \cdot \cos 0° = 1$

$\hat{i} \cdot \hat{j} = \hat{j} \cdot \hat{k} = \hat{k} \cdot \hat{i} = 1 \cdot 1 \cdot \cos 90° = 0$

$\hat{i} \cdot - \hat{i} = \hat{j} \cdot - \hat{j} = \hat{k} \cdot - \hat{k} = 1 \cdot 1 \cdot \cos 180° = -1$

(2.9)

이 성질을 이용하여 두 벡터 내적을 직각좌표계에서 계산할 수 있는데, 여기서 각각 성분을 모두 배분법칙을 이용하여 각각 정리하면 아래와 같은 교환법칙이 성립한다.

두 벡터 내적 $\vec{A} \cdot \vec{B} = (A_x \hat{i} + A_y \hat{j} + A_z \hat{k}) \cdot (B_x \hat{i} + B_y \hat{j} + B_z \hat{k})$

$= A_x B_x + A_y B_y + A_z B_z = \vec{B} \cdot \vec{A}$

(2.10)

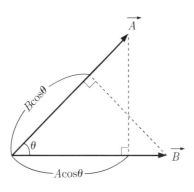

그림 2-5 • 벡터 내적

그림 2-5에서 벡터 $\vec{A}$와 벡터 $\vec{B}$ 내적은 벡터 $\vec{A}$ 종점에 어떤 물체가 있을 때 벡터 $\vec{A}$ 크기 A와 벡터 $\vec{B}$의 $B \cos \theta$ 성분이 곱해지는 물리적 의미가 있다. 두 벡터 내적은 Gauss 발산 정리, Gauss 발산 법칙 등에 유용하게 사용되며, 특히 3장의 정전계(靜電界) 분야에 많이 활용된다.

$$\text{Gauss 발산 정리} \qquad \int_s \vec{A} \cdot d\vec{s} = \int_v (\nabla \cdot \vec{A})\, dv \qquad (2.11)$$

$$\text{Gauss 법칙} \qquad \int_s \vec{D} \cdot d\vec{s} = Q \qquad (2.12)$$

문제 4

두 벡터 $\vec{A} = 3\hat{i} - 4\hat{j} + 5\hat{k}$, $\vec{B} = -2\hat{i} + 3\hat{j} - \hat{k}$ 가 있을 때, 두 벡터 내적을 구하시오.

Solution $\quad \vec{A} \cdot \vec{B} = 3 \times (-2) + (-4) \times 3 + 5 \times (-1) = -6 - 12 - 5 = -23 \quad \Leftarrow \text{scalar}$

문제 5

벡터 $\vec{A} = -7\hat{i} - \hat{j}$ 이고, $\vec{B} = -3\hat{i} - 4\hat{j}$ 일 때, 두 벡터가 이루는 교각 θ를 구하시오.

Solution $\quad \vec{A} \cdot \vec{B} = A_x B_x + A_y B_y + A_z B_z = -7 \times (-3) + (-1) \times (-4) = 25$

$$= |A||B|\cos\theta = AB\cos\theta$$

$$= \sqrt{7^2 + 1^2}\,\sqrt{3^2 + 4^2}\,\cos\theta = 5\sqrt{50}\,\cos\theta = 25\sqrt{2}\,\cos\theta$$

$$\therefore \quad \cos\theta = \frac{25}{25\sqrt{2}} = \frac{1}{\sqrt{2}} = \frac{\sqrt{2}}{2} \quad \Rightarrow \quad \therefore \quad \theta = 45° = \frac{\pi}{4}\ [rad]$$

문제 6

두 벡터 $\vec{A} = 4\hat{i} - 4\hat{j} + 2\hat{k}$, $\vec{B} = -2\hat{i} + 3\hat{j} + 10\hat{k}$가 있을 때, 두 벡터가 서로 직교함을 증명하시오.

Solution $\vec{A} \cdot \vec{B} = 4 \times (-2) + (-4) \times 3 + 2 \times 10 = 0$ ∴ 두 벡터는 서로 직교(수직)함.

문제 7

$\vec{F} = 3\hat{i} + \hat{j} - 2\hat{k}$[N] 힘으로 물체를 점 $A(1, 2, 3)$[m]에서 점 $B(2, 2, 1)$[m]로 이동시킬 때 힘이 행한 일을 구하시오.

Solution   점 A, B 위치벡터는 각각 $\vec{A} = \hat{i} + 2\hat{j} + 3\hat{k}$[m], $\vec{B} = 2\hat{i} + 2\hat{j} + \hat{k}$[m]이다.

이동거리를 나타내는 길이벡터는 $\vec{l} = \vec{B} - \vec{A} = \hat{i} - 2\hat{k}$이다.

그러므로, 힘이 행한 일은

$W = \vec{F} \cdot \vec{l} = (3\hat{i} + \hat{j} - 2\hat{k}) \cdot (\hat{i} - 2\hat{k}) = 3 + 4 = 7 \ [N-m][J]$이다.

* 힘 단위 $[N]$와 길이 단위 $[m]$의 곱 $[N-m]$는 에너지 단위 $[J]$과 같다.

2.3.3 벡터 외적

벡터 $\vec{A}$와 벡터 $\vec{B}$ 외적(outer product, cross product, vector product)은 곱셈 표시 ×로 나타내고, 그 계산 결과는 또 다른 새로운 벡터가 된다. 따라서 벡터 외적을 벡터적(vector product)이라고 한다. 즉, 두 벡터 외적을 통해서 그 연산결과가 0을 제외하고는 항상 벡터값을 가지게 되기 때문에 벡터적(결과가 벡터)이라고도 한다. 두 벡터 외적에 의해 탄생한 새로운 벡터는 두 벡터 $\vec{A}$와 $\vec{B}$에 대해 각각 수직인 방향을 가지는 것으로 정의된다.

두 벡터 시작점을 일치시켰을 때 이루는 각(교각)을 θ라고 하면, 두 벡터 외적을 다음과 같이 정의한다.

$$\text{벡터 외적} \quad \vec{A} \times \vec{B} = A\,B\,\sin\theta\,\hat{n} = \vec{C} \tag{2.13}$$

두 벡터 외적 결과는 새로운 벡터 $\vec{C}$가 출현하게 되는데, 이 새로운 벡터는 오른손 나사 법칙에 의해 벡터 $\vec{A}$와 벡터 $\vec{B}$에 대해 각각 수직인 벡터 방향을 가지게 되고, 새로운 벡터 크기는 두 벡터 $\vec{A}$와 $\vec{B}$ 각각 크기 A와 B, $\sin\theta$ 값을 곱한 것으로 정의를 내린다. $\sin\theta$에 의해 두 벡터 교각 θ 값이 서로 같은 방향($0°$)일 때와 서로 반대 방향($180°$)일 경우 두 벡터 외적은 0이 된다. 이 것은, 교각 θ 값이 $0°(0\pi)$, $180°(\pi)$ 일 때 $\sin\theta$ 값이 0이 되기 때문이다.

또한, 두 벡터 $\vec{A}$, $\vec{B}$가 이루는 교각이 $90°$일 경우, $\sin\theta$가 최대값 1을 가지게 되어 두 벡터 외적 결과인 $\vec{C}$ 벡터 크기 C는 최대값을 가지게 되고, 교각이 $270°$일 경우 $\sin\theta$가 최소값 -1을 가지게 됨으로써 두 벡터 외적 결과인 $\vec{C}$ 벡터 크기 C 또한 최소값을 가지게 될 것이다. 하지만, 교각이 $270°$일 때 벡터 $\vec{C}$ 크기는 절대적인 값을 의미하므로 $-$ 값을 갖는다는 것보다는 교각이 $90°$일 때에 비해 크기는 같고, 방향이 서로 반대가 된다고 표현하는 것이 더 적절하다. 즉, 교각 θ 값이 $90°(\frac{1}{2}\pi)$ 및 $270°(\frac{3}{2}\pi)$일 때, 두 벡터 외적 연산은 다음과 같이 된다.

$$\boxed{\theta = \frac{1}{2}\pi \quad \Leftrightarrow \quad \overrightarrow{A} \times \overrightarrow{B} = AB\sin\left(\frac{\pi}{2}\right)\hat{n} = AB\,\hat{n} = \overrightarrow{C}} \qquad (2.14)$$

$$\boxed{\theta = \frac{3}{2}\pi \quad \Leftrightarrow \quad \overrightarrow{A} \times \overrightarrow{B} = AB\sin\left(\frac{3\pi}{2}\right)\hat{n} = -AB\,\hat{n} = -\overrightarrow{C}} \qquad (2.15)$$

그림 2-6에서 새로운 벡터 $\overrightarrow{C}$ 크기 $AB\sin\theta$는 $A\sin\theta$(높이)와 B(가로길이)의 곱으로 이루어지는 직사각형 면적을 의미한다. 이는 두 벡터 $\overrightarrow{A}$와 $\overrightarrow{B}$로 결정되는 평행사변형 면적과 같게 됨을 알 수 있다. 따라서 두 벡터 $\overrightarrow{A}$와 $\overrightarrow{B}$ 외적 결과로 탄생한 새로운 벡터 $\overrightarrow{C}$ 크기는 두 벡터가 이루는 평행사변형 면적과 같다.

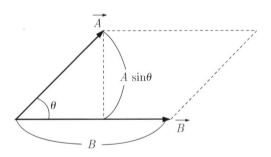

그림 2-6 • 벡터 외적 크기(두 벡터 평행사변형 면적)

두 벡터 $\overrightarrow{A}$와 $\overrightarrow{B}$ 외적으로 새로이 탄생한 벡터 $\overrightarrow{C}$ 방향은 두 벡터 $\overrightarrow{A}$와 $\overrightarrow{B}$에 대해 각각 수직인 방향을 가지며, 그 방향은 벡터 외적에서 정한 바와 같이 단위벡터 $\hat{n}$ 방향인데, 이 단위벡터는 오른손 나사 법칙을 사용하여 벡터 $\overrightarrow{A}$에서 출발하여 벡터 $\overrightarrow{B}$방향으로 향하는 방향으로 오른손 네 개 손가락(회전 방향)을 감싸 쥐었을 때 가리키는 엄지손가락 방향(직선 방향)이 바로 새로운 벡터 $\overrightarrow{C}$ 방향 혹은 단위벡터 $\hat{n}$ 방향이 된다.

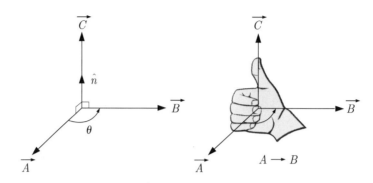

그림 2-7 • 벡터 외적 방향 (오른손 나사 법칙)

벡터 외적 정의를 이용하여 직각좌표계에서 기본벡터들의 외적 관계는 다음과 같다. 이것은 두 기본벡터의 교각 및 오른손 나사 법칙에 의한 방향으로 결정된다.

$$
\begin{aligned}
\text{기본벡터 외적} \quad & \hat{i} \times \hat{i} = \hat{j} \times \hat{j} = \hat{k} \times \hat{k} = 1 \times 1 \times \sin 0\degree\, \hat{n} = 0 \\
& \hat{i} \times \hat{j} = \hat{k}, \qquad \hat{j} \times \hat{k} = \hat{i}, \qquad \hat{k} \times \hat{i} = \hat{j} \\
& \hat{k} \times \hat{j} = -\hat{i}, \quad \hat{i} \times \hat{k} = -\hat{j}, \quad \hat{j} \times \hat{i} = -\hat{k}
\end{aligned}
$$

$$(2.16)$$

기본벡터 외적 연산은 그림 2-8의 기본벡터 외적 관계도를 머릿속에 넣어두면 쉽게 방향을 유추할 수 있는데, 시계방향으로 연산될 경우는 (+)를 붙인 후 다음 기본벡터가 되고, 반시계방향으로 연산할 경우는 (−)를 붙인 후 다음 기본벡터가 된다. 이 방법이 싫다면, 오른손 나사 법칙을 잘 활용하면 된다.

이 성질을 이용하여 벡터 외적을 직각좌표계에서 계산하여 정리하면 다음과 같이 표시된다.

이처럼 두 벡터 외적은 **행렬식**으로 표시된다는 것을 기억해두고 계산하면 매우 편리하다.

벡터 외적 $\qquad \vec{A} \times \vec{B} = (A_x \hat{i} + A_y \hat{j} + A_z \hat{k}) \times (B_x \hat{i} + B_y \hat{j} + B_z \hat{k})$

$$= \hat{i}\,(A_y B_z - A_z B_y) - \hat{j}\,(A_x B_z - A_z B_x) + \hat{k}\,(A_x B_y - A_y B_x)$$

$$= \begin{vmatrix} \hat{i} & \hat{j} & \hat{k} \\ A_x & A_y & A_z \\ B_x & B_y & B_z \end{vmatrix} = -\vec{B} \times \vec{A}$$

$$(2.17)$$

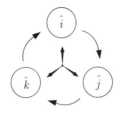

그림 2-8 • 기본벡터들 외적 관계도

두 벡터 내적 연산은 그 결과가 스칼라가 되고, 두 벡터 간에 교환법칙이 성립하지만, 두 벡터 외적 연산 경우 그 결과가 오른손 나사 법칙에 따른 방향을 가지는 새로운 벡터가 되고, 두 벡터 간 교환법칙이 성립되지 않음을 명심해야한다.

◎ $\vec{A} \cdot \vec{B} = AB\cos\theta = C = \vec{B} \cdot \vec{A}$ $\qquad \leftarrow$ Scalar, 교환법칙 성립

◎ $\vec{A} \times \vec{B} = AB\sin\theta\,\hat{n} = \vec{C} = -\vec{B} \times \vec{A}$ $\qquad \leftarrow$ Vector, 교환법칙 不성립

문제 8

두 벡터 $\vec{A} = 3\hat{i} - 4\hat{j} + 5\hat{k}$, $\vec{B} = -2\hat{i} + 3\hat{j} - \hat{k}$가 있을 때, 두 벡터 외적 $\vec{A} \times \vec{B}$ 을 구하고 $-\vec{B} \times \vec{A}$ 와 동일한지 비교하시오.

Solution

$$\vec{A} \times \vec{B} = \begin{vmatrix} \hat{i} & \hat{j} & \hat{k} \\ A_x & A_y & A_z \\ B_x & B_y & B_z \end{vmatrix} = \begin{vmatrix} \hat{i} & \hat{j} & \hat{k} \\ 3 & -4 & 5 \\ -2 & 3 & -1 \end{vmatrix} = -11\hat{i} - 7\hat{j} + \hat{k}$$

$$-\vec{B} \times \vec{A} = \begin{vmatrix} \hat{i} & \hat{j} & \hat{k} \\ -B_x & -B_y & -B_z \\ A_x & A_y & A_z \end{vmatrix} = \begin{vmatrix} \hat{i} & \hat{j} & \hat{k} \\ 2 & -3 & 1 \\ 3 & -4 & 5 \end{vmatrix} = -11\hat{i} - 7\hat{j} + \hat{k}$$

$$\vec{A} \times \vec{B} = -\vec{B} \times \vec{A} \quad \text{(같다)}$$

문제 9

$\vec{A} = \hat{i} + \hat{j} - 3\hat{k}$, $\vec{B} = 3\hat{i} + \hat{j} - 2\hat{k}$, $\vec{C} = \hat{i} + \hat{j} - 3\hat{k}$일 때, $\vec{C} \times (\vec{A} + \vec{B})$를 구하시오.

Solution $\vec{C} = \hat{i} + \hat{j} - 3\hat{k}$, $\vec{A} + \vec{B} = 4\hat{i} + 2\hat{j} - 5\hat{k}$ 이므로,

$$\vec{C} \times (\vec{A} + \vec{B}) = \begin{vmatrix} \hat{i} & \hat{j} & \hat{k} \\ 1 & 1 & -3 \\ 4 & 2 & -5 \end{vmatrix} = (-5+6)\hat{i} - (-5+12)\hat{j} + (2-4)\hat{k} = \hat{i} - 7\hat{j} - 2\hat{k}$$

$$\vec{C} \times \vec{A} = \begin{vmatrix} \hat{i} & \hat{j} & \hat{k} \\ 1 & 1 & -3 \\ 1 & 1 & -3 \end{vmatrix} = 0$$

$$\vec{C} \times \vec{B} = \begin{vmatrix} \hat{i} & \hat{j} & \hat{k} \\ 1 & 1 & -3 \\ 3 & 1 & -2 \end{vmatrix} = \hat{i} - 7\hat{j} - 2\hat{k}$$

$$\therefore \quad \vec{C} \times (\vec{A} + \vec{B}) = (\vec{C} \times \vec{A}) + (\vec{C} \times \vec{B}) \quad \text{(배분법칙 성립)}$$

2.3.4 3중 벡터 곱셈

세 개의 독립적인 벡터 $\vec{A}$, $\vec{B}$, $\vec{C}$가 있을 때 세 개의 벡터로 구성되는 곱셈의 종류에는 벡터 내적과 벡터 외적을 조합하여 다음과 같이 나열해볼 수 있을 것이다.

① $(\vec{A} \cdot \vec{B}) \cdot \vec{C}$ ⟸ 수식 오류임.

② $(\vec{A} \cdot \vec{B}) \times \vec{C}$ ⟸ 수식 오류임.

③ $(\vec{A} \times \vec{B}) \cdot \vec{C}$ ⟸ 수식 오류 아님. 연산 결과 스칼라.

④ $(\vec{A} \times \vec{B}) \times \vec{C}$ ⟸ 수식 오류 아님. 연산 결과 벡터.

①의 경우 $(\vec{A} \cdot \vec{B})$의 연산 결과는 스칼라가 되고 결국 스칼라와 벡터 $\vec{C}$의 벡터 내적 형태가 된다. 이때, 벡터 내적은 벡터와 벡터 사이에서만 사용될 수 있는 연산자이므로 스칼라와 벡터 $\vec{C}$의 벡터 내적으로 사용할 수 없는 수식 오류에 해당한다.

②의 경우 $(\vec{A} \cdot \vec{B})$의 연산 결과는 스칼라가 되고 결국 스칼라와 벡터 $\vec{C}$의 벡터 외적 형태가 된다. 이때, 벡터 외적 또한 벡터와 벡터 사이에서만 사용될 수 있는 연산자이므로 스칼라와 벡터 $\vec{C}$의 벡터 외적으로 사용할 수 없는 수식 오류에 해당한다.

③의 경우 $(\vec{A} \times \vec{B})$의 연산 결과는 벡터가 되고 결국 벡터와 벡터 $\vec{C}$의 벡터 내적 형태가 되므로, $(\vec{A} \times \vec{B}) \cdot \vec{C}$의 연산 결과는 스칼라가 된다. 이런 형태를 특히, 스칼라 3중적(triple scalar product)이라고 부르며, 세 개의 독립적인 벡터가 이루는 체적의 기하학적 의미가 담겨 있다.

④의 경우 $(\vec{A} \times \vec{B})$의 연산 결과는 벡터가 되고 결국 벡터와 벡터 $\vec{C}$의 벡터 외적 형태가 되므로, $(\vec{A} \times \vec{B}) \times \vec{C}$의 연산 결과는 새로운 벡터가 된다. 이런 형태를 특히, 벡터 3중적이라고 부른다.

2.4 벡터 미분

어떤 양이 공간 위치에 따라 값이 변할 때 이러한 공간을 그 양에 대한 계(界, field) 또는 장(場)이라 하고, 이러한 양이 스칼라인가 벡터인가에 따라 스칼라계(스칼라장) 또는 벡터계(벡터장)라고 한다.

즉, 우리가 사는 지구의 3차원 공간에 대해 방향이 없는 오로지 크기만이 나타나 있는 경우 이를 스칼라계라고 하며, 산의 등고선, 방안의 온도분포, 자루 속에 들어있는 사과의 개수 등등이 그 예이다. 반면 벡터계는 3차원 공간에서 크기뿐만 아니라 방향이 중요하게 표시되어야 하는 경우를 말하는데, 태풍의 이동 속도와 이동방향, 자동차 속도의 크기와 방향, 비행기 속도의 크기와 방향 등이 그것이다. 결론적으로, 3차원 공간은 스칼라계와 벡터계가 분리되어 있지 않은 혼재된 공간이라 할 수 있다.

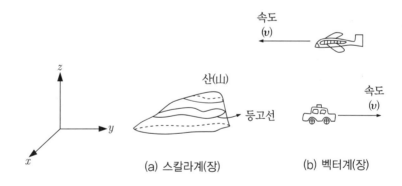

(a) 스칼라계(장)　　　　　　(b) 벡터계(장)

그림 2-9 • 스칼라계(장)와 벡터계(장)

특히, 벡터계는 전자기학에서 매우 중요하게 취급하는데, 그 이유는 전자기학에서 매우 중요하게 다루는 전계 및 자계가 벡터량이며, 전계와 자계가 공간에 분포하기 때문이다.

이러한 벡터를 해석하기 위해서는 주어진 시간에 스칼라계 또는 벡터계의 공간 변화율에 대한 정의(定議)가 필요하며, 이를 위해 해밀턴의 벡터 미분 연산자 델(∇)을 사용하게 된다.

이러한 벡터 미분 연산자의 사용용도에 따라 기울기(Gradient), 발산(Divergence), 회전(Rotation) 등으로 구분한다.

2.4.1 벡터 미분 연산자

직각좌표계에서 편미분과 기본벡터로 구성되는 델(∇)을 다음과 같이 정의한다.

해밀턴 미분 연산자 $\qquad \nabla = \dfrac{\partial}{\partial x}\hat{i} + \dfrac{\partial}{\partial y}\hat{j} + \dfrac{\partial}{\partial z}\hat{k} \qquad [1/\mathrm{m}]$ (2.18)

벡터 미분 연산자(∇)는 해밀턴(Hamilton) 미분 연산자라고 하며, 델(del) 또는 나블라(nabla)라고 읽는다. 역삼각형 모양 미분 연산자는 기본벡터를 포함하고 있기 때문에 스칼라가 아니라 벡터이다.

또한 편미분 연산자 $\partial/\partial x$ 항목을 보면 이는 x함수에 대해서만 미분을 취하고, 나머지 y 및 z함수에 대해서는 상수로 취급해서 미분하라는 편미분의 의미를 가지고 있다. 물리단위 측면에서는 길이 x 단위 $[m]$가 분모에 있으므로 해서 전체적으로 해밀턴 미분 연산자가 벡터이면서도, 그 물리 단위는 $[1/m]$이다.

3장에서 다룰 전계벡터 $\vec{E}$의 물리단위의 관계식은 다음과 같다.

$$\boxed{\text{전계와 전압의 관계식} \qquad \vec{E} = -\nabla V} \tag{2.19}$$

위의 중요 공식에서 매우 쉽게 유추할 수 있는데, 델(∇)의 물리단위는 $[1/m]$, 전압 V의 물리단위는 $[V]$이므로, 전계의 물리단위는 당연히 두 물리 단위를 곱한 $[V/m]$가 된다.

마찬가지로, 5장에서의 자계벡터 $\vec{H}$의 물리단위는 다음과 같다.

$$\boxed{\text{자계와 전류의 관계식} \qquad \vec{H} = -\nabla I} \tag{2.20}$$

위의 공식에서 매우 쉽게 유추할 수 있는데, 델(∇)의 물리단위는 $[1/m]$, 전류 I의 물리단위는 $[A]$이므로, 자계의 물리단위는 당연히 두 물리단위를 곱한 $[A/m]$가 된다.

2.4.2 기울기

어떤 임의의 스칼라 함수에 대해 편미분 연산자를 적용하게 되면, 그 결과는 스칼라계에 대한 공간에서 최대 증가율에 대한 크기와 방향을 나타내며, 계산 결과는 벡터가 된다. 직각 좌표계에서 임의의 스칼라 함수 $V(x, y, z)$에 대한 기울기 연산은 다음과 같이 나타낸다. 아래 경우에서 볼 수 있듯이, ∇ 단위가 $[1/m]$라는 것은 분명하다.

$$\text{스칼라 함수 기울기} \quad \nabla V = \hat{i}\,\frac{\partial V}{\partial x} + \hat{j}\,\frac{\partial V}{\partial y} + \hat{k}\,\frac{\partial V}{\partial z} \tag{2.21}$$

여기서 주의해야 할 것은, ∇ 편미분 연산자는 벡터이고 $V(x, y, z)$는 임의의 스칼라 함수이기 때문에 두 벡터 간 곱셈연산인 내적 혹은 외적 연산을 할 수 없다는 것을 알아야 한다. 즉, 스칼라와 벡터 간 내적 혹은 외적 연산은 있을 수 없다.

문제 10

직각좌표계에서 스칼라 함수 $V = xyz$가 있을 때, 점$(-1, 2, -3)$에서 스칼라 함수 기울기 ∇V를 구하시오.

Solution $\nabla V = (\frac{\partial}{\partial x}\hat{i} + \frac{\partial}{\partial y}\hat{j} + \frac{\partial}{\partial z}\hat{k})\,V = \frac{\partial}{\partial x}(xyz)\,\hat{i} + \frac{\partial}{\partial y}(xyz)\,\hat{j} + \frac{\partial}{\partial z}(xyz)\,\hat{k}$

$\qquad\qquad = yz\,\hat{i} + xz\,\hat{j} + xy\,\hat{k}$

좌표 $(-1, 2, -3)$을 대입하면 $\nabla V = -6\,\hat{i} + 3\,\hat{j} - 2\,\hat{k}$

2.4.3　발산

발산(發散, Divergence)은 편미분 연산자 ∇과 임의의 벡터를 내적 한 것이다. 임의의 벡터에 발산하게 되면, 벡터계에 대한 공간 한 점에서 미소 체적 크기가 0으로 접근할 때의 유입 또는 유출되는 양을 계산하는 데 주로 사용된다. 발산 연산 결과는 두 벡터 간 내적 연산이기 때문에 반드시 스칼라가 되어야 한다.

임의의 벡터 $\vec{A}$에 대한 발산은 앞서 설명한 바와 같이 벡터 미분 연산자(∇)와 임의의 벡터 $\vec{A}$와 벡터 내적으로 나타내는데, 직각 좌표계에서 벡터 함수 $\vec{A} = A_x\,\hat{i} + A_y\,\hat{j} + A_z\,\hat{k}$ 에 대한 발산은 다음과 같다.

$$
\text{발산} \quad \nabla \cdot \vec{A} = \left(\frac{\partial}{\partial x}\,\hat{i} + \frac{\partial}{\partial y}\,\hat{j} + \frac{\partial}{\partial z}\,\hat{k}\right) \cdot \left(A_x\,\hat{i} + A_y\,\hat{j} + A_z\,\hat{k}\right)
$$

$$
= \frac{\partial A_x}{\partial x} + \frac{\partial A_y}{\partial y} + \frac{\partial A_z}{\partial z} \;\leftarrow\; Scalar!!
$$

$$(2.22)$$

임의의 벡터 $\vec{A}$에 대해 발산을 한 결과 그 값이 음의 값을 가질 때 벡터 $\vec{A}$는 음의 발산을 한다고 말하며, 그 값이 0의 값을 가지면 벡터 $\vec{A}$는 발산하지 않는다, 혹은 비발산(非發散)한다고 말한다. 또한 그 값이 양의 값을 가질 때는 벡터 $\vec{A}$는 양의 발산을 한다고 말하며, 임의의 벡터 $\vec{A}$에 대해 임의의 주어진 공간 조건에서 발산 연산을 한 결과가 나올 때 정확한 벡터 $\vec{A}$의 모양을 나타낼 수 없지만, 음의 값 혹은 양의 값, 0의 값이 나올 때 개략적인 벡터 $\vec{A}$ 모양을 유추하거나 성질을 도출할 수 있고, 이는 그림 2-10과 같이 임의의 공간에 대해 나타낼 수 있다.

표 2-1 • 벡터 발산의 수식과 표현

수 식	표 현
$\nabla \cdot \vec{A} < 0$	벡터 $\vec{A}$는 음의 발산
$\nabla \cdot \vec{A} = 0$	벡터 $\vec{A}$는 비발산
$\nabla \cdot \vec{A} > 0$	벡터 $\vec{A}$는 양의 발산

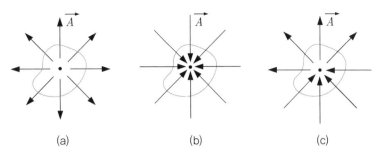

(a)　　　　　　　(b)　　　　　　　(c)

(a) 기준점을 포함하는 임의의 폐곡면에 대해 벡터 $\vec{A}$ 가 외부로 유출할 때 양의 발산.

(b) 기준점을 포함하는 임의의 폐곡면에 대해 벡터 $\vec{A}$ 가 내부로 유입할 때 음의 발산.

(c) 기준점을 포함하는 임의의 폐곡면에 대해 벡터 $\vec{A}$ 의 유입과 유출량이 같을 때 0의 발산 또는 비발산.

그림 2-10 • 공간상 벡터 분포에 따른 벡터 $\vec{A}$ 발산

벡터 발산은 전자기학에서 매우 중요한 의미가 있다. 즉, 벡터 발산을 통해 전계 혹은 자계와 같은 벡터 성질을 알기 위한 도구로 많이 사용된다. 전계벡터 $\vec{E}\,[V/m]$ 경우, 독립된 전하 $Q\,[C]$ 로부터 자연 발생적으로 전계 $\vec{E}\,[V/m]$ 가 생성되는데, 독립된 전하 $Q\,[C]$ 가 양전하 혹은 음전하인지에 따라 전계 $\vec{E}\,[V/m]$ 가 양의 발산 혹은 음의 발산 형태를 보이며, 이로써 개략적인 벡터 $\vec{E}\,[V/m]$ 형상을 알 수 있다. 즉, 전계 $\vec{E}\,[V/m]$ 에 대한 발산 결과와 전계 $\vec{E}\,[V/m]$ 벡터의 모양이 유사하다는 것이 핵심적인 사항이다.

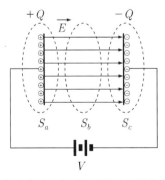

그림 2-11 • 평행평판 capacitor에서 전하 분포에 따른 폐곡면 영역에서의 전계벡터 $\vec{E}$ 발산
(영역에 따라 양의 발산(S_a), 비발산(S_b), 음의 발산(S_c))

그림 2-11은 평행평판 capacitor에서 전하 충전에 따른 평행전계 $\vec{E}\,[V/m]$ 벡터 모양을 나타낸 것이다. 전계벡터는 $+\,Q$(양전하)에서 생성되어 $-\,Q$(음전하)로 끝나는 연속곡선이지만, 처음과 끝이 있는 개곡선(開曲線, open loop) 모양이다. 임의의 표면적을 가지는 S_a 영역은 유입되는 전계벡터 $\vec{E}\,[V/m]$는 없고 오로지 S_a 바깥 표면으로 발산하는 전계밖에 없으며, 이 경우 전계벡터 $\vec{E}\,[V/m]$ 발산은 0보다 큰 값을 가진다. 또한, S_b 영역은 유입되는 전계벡터 $\vec{E}\,[V/m]$와 유출되는 전계벡터 $\vec{E}\,[V/m]$ 양이 정확히 같으므로 전계벡터 $\vec{E}\,[V/m]$ 발산은 0이 되어야 한다. S_c 영역은 유입되는 전계벡터 $\vec{E}\,[V/m]$만 있고, S_c 바깥 표면으로 발산하는 전계가 없다. 이 경우 전계벡터 $\vec{E}\,[V/m]$ 발산은 0보다 작은 값을 가진다. 이처럼, 평판 커패시터(planar capacitor)에서 발생하는 전계는 폐곡면 영역을 어떻게 설정하는가에 따라서 전계벡터 $\vec{E}\,[V/m]$가 양발산 혹은 음발산 혹은 비발산한다는 것이 정확한 표현이다.

자계벡터 $\vec{H}\,[A/m]$ 경우 자계는 항상 폐곡선(閉曲線, Closed loop) 형태로 회전하는 벡터 형태를 띠고 있으며, 이는 임의의 주어진 공간에서 자계의 연속적인 폐곡선 형태 벡터 특성으로 자계에 발산을 취하면 항상 0의 값을 가진다. 이것은 임의의 폐곡면에 대해 들어가는 자계벡터와 임의의 폐곡면에 대해 나오는 자계벡터의 합이 같기 때문이다. 즉, 자계 시작점과 끝점이 없는 완전한 폐곡선이기 때문에 자계에 대한 발산은 0이 된다. 다른 말로, 모든 폐곡선벡터의 발산은 0이다.

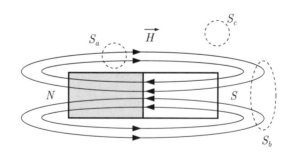

그림 2-12 • 영구자석에서 임의의 폐곡면 영역에서의 자계벡터 $\vec{H}$ 발산
(모든 영역 S_a, S_b, S_c 에서 비발산)

그림 2-12는 영구자석 N극에서 나오는 자계벡터 $\vec{H}\,[A/m]$가 다시 S극으로 들어가서 영구자석 내부를 자계가 관통하는 완전한 폐곡선 형태를 보이므로 임의의 폐곡면 S_a 또는 S_b 영역에서의 자계 발산은 항상 0(非發散)이 된다. 이는 임의의 폐곡면에서 유입되는 자계벡터와 유출되는 자계벡터 합이 같기 때문이다. S_c 영역에도 유입되거나 유출되는 자계벡터가 없는 관계로 자계벡터 발산은 계산할 필요 없이 0이 된다는 것도 알아두자.

문제 11

벡터 $\vec{A}$ 성분벡터가 $A_x = ax + b$, $A_y = by^2 + c$, $A_z = cy^2 + dz + e$일 경우 $\nabla \cdot \vec{A}$를 구하시오 (a, b, c, d, e는 상수).

Solution 벡터 $\vec{A} = A_x \hat{i} + A_y \hat{j} + A_z \hat{k} = (ax + b)\hat{i} + (by^2 + c)\hat{j} + (cy^2 + dz + e)\hat{k}$

$$\nabla \cdot \vec{A} = \left(\frac{\partial}{\partial x}\hat{i} + \frac{\partial}{\partial y}\hat{j} + \frac{\partial}{\partial z}\hat{k} \right) \cdot \left\{ (ax + b)\hat{i} + (by^2 + c)\hat{j} + (cy^2 + dz + e)\hat{k} \right\}$$

$$= \frac{\partial}{\partial x}(ax + b) + \frac{\partial}{\partial y}(by^2 + c) + \frac{\partial}{\partial z}(cy^2 + dz + e) = a + 2by + d$$

상수 a, b, d 및 변수 y 값에 따라 벡터 $\vec{A}$는 양의 발산, 음의 발산, 비발산할 수 있고, y값(y축상에 오는 것)에 따라 그 점(y값)을 둘러싸는 폐곡면으로 유입, 유출되는 벡터 $\vec{A}$ 값이 다를 수 있다.

2.4.4 회전

회전(回轉, Curl 또는 Rotation)은 편미분 연산자 ∇ 과 임의의 벡터를 외적한 것으로, 이 연산결과는 벡터 간 외적 연산이 되므로 그 결과는 당연히 새로운 벡터가 될 것이다. 이러한 편미분 연산자와 임의의 벡터 간 외적 연산(회전)은, 그 연산결과에 따라 임의의 벡터 성질을 알 수 있는데, 그것은 임의 벡터의 회전 여부를 판별할 수 있다.

직각좌표계에서 벡터 함수 $\vec{A} = A_x\,\hat{i} + A_y\,\hat{j} + A_z\,\hat{k}$ 회전 연산은 다음과 같다.

$$
\text{회전} \qquad \nabla \times \vec{A} = \left(\frac{\partial}{\partial x}\,\hat{i} + \frac{\partial}{\partial y}\,\hat{j} + \frac{\partial}{\partial z}\,\hat{k}\right) \times (A_x\,\hat{i} + A_y\,\hat{j} + A_z\,\hat{k})
$$

$$
= \begin{vmatrix} \hat{i} & \hat{j} & \hat{k} \\ \dfrac{\partial}{\partial x} & \dfrac{\partial}{\partial y} & \dfrac{\partial}{\partial z} \\ A_x & A_y & A_z \end{vmatrix}
$$

$$
= \left(\frac{\partial A_z}{\partial y} - \frac{\partial A_y}{\partial z}\right)\hat{i} - \left(\frac{\partial A_z}{\partial x} - \frac{\partial A_x}{\partial z}\right)\hat{j} + \left(\frac{\partial A_y}{\partial x} - \frac{\partial A_x}{\partial y}\right)\hat{k}
$$

$$(2.23)$$

임의의 벡터 $\vec{A}$에 대해 회전했을 때, 연산 결과 새로운 벡터가 생성될 것이다. 이 새로운 벡터 크기가 양의 값 혹은 음의 값이 나왔을 경우 벡터 $\vec{A}$는 회전하는 모양을 가지고 있으며, 따라서 벡터 $\vec{A}$는 '회전하는 벡터'라고 부를 수 있다. 만약, 임의의 벡터 $\vec{A}$에 대해 회전을 했을 때, 그 결과 값이 0이 나올 경우 이 벡터는 회전하지 않는 벡터 혹은 비회전 벡터라고 말한다.

표 2-2 • 벡터 회전 수식과 표현

수 식	표 현
$\nabla \times \vec{A} < 0$	벡터 $\vec{A}$는 음의 회전
$\nabla \times \vec{A} = 0$	벡터 $\vec{A}$는 비 회전
$\nabla \times \vec{A} > 0$	벡터 $\vec{A}$는 양의 회전

그림 2-13은 벡터 형상에 따라 발산 혹은 비발산, 회전 혹은 비회전하는 벡터 일례들을 표현한 것으로, 벡터 형태를 알고 있으면 발산과 회전을 취할 때 그 값이 어떻게 나오는지를 알 수 있고, 반대로 벡터 형상을 알지 못하는 상태에서 임의의 벡터에 발산과 회전을 취할 때 그 연산 결과를 음미함으로써 그 벡터가 어떤 벡터 모양인지를 대략 알 수 있다.

그림 2-13(a)의 경우 절수기에서 아래로 쏟아지는 물을 나타내는 그림으로, 아랫방향으로 향하는 수량(水量) 벡터를 $\vec{A_1}$라고 했을 때, 벡터 $\vec{A_1}$에 대해 기준점 P_1를 포함하는 폐곡면 S(폐곡면 S는 일정 부피를 가지는 가상폐곡면임)를 가정한다면 유입되는 $\vec{A_1}$ 벡터와 유출되는 $\vec{A_1}$ 벡터가 같을 것이다. 따라서 점 P_1을 지나가는 벡터 $\vec{A_1}$는 점 P_1을 포함하는 폐곡면 S_1에 대해 비발산한다고 말해야 한다. 또한, 벡터 $\vec{A_1}$는 직선 형태로 회전하는 모양을 지니고 있지 않기 때문에 비회전한다라고 해야 한다. 여기서 수도꼭지에서 떨어지는 수량 벡터를 $\vec{A_1}$이라고 가정하고 $\vec{A_1} = A\,\hat{j}\ [m^3/\text{sec}]$ 라고 한다면(아래 방향을 y축 방향이라고 가정함) 아래와 같은 수식으로 전개되어 비발산, 비회전하게 되며, 이는 수식으로 풀어보지 않아도 결과를 유추할 수 있다는 것이 핵심적인 내용이다.

◉ $\nabla \cdot \vec{A_1} = \nabla \cdot (A\,\hat{j}) = \dfrac{\partial A}{\partial y} = 0$ (비발산)

◉ $\nabla \times \vec{A_1} = \begin{vmatrix} \hat{i} & \hat{j} & \hat{k} \\ \dfrac{\partial}{\partial x} & \dfrac{\partial}{\partial y} & \dfrac{\partial}{\partial z} \\ 0 & A & 0 \end{vmatrix} = 0$ (비회전)

그림 2-13(a)에서 직선으로 떨어지는 수량벡터 $\overrightarrow{A_1}$ 에 비해 수량이 왜곡되면서 반회전하여 떨어진다고 가정해보자. 이 경우 점 P_2를 포함하는 폐곡면 S에 대해 유입되는 수량과 유출되는 수량은 같을 것이다. 따라서 복잡한 수식으로 표현해야 하는 벡터 $\overrightarrow{A_2}$에 대해 계산해보지 않아도, 벡터 $\overrightarrow{A_2}$는 비발산한다고 결론지을 수 있고 $\nabla \cdot \overrightarrow{A_2} = 0$이 됨을 인지하여야 한다. 또한, 점 P_2를 포함하는 폐곡면 S에 대해 직선 형태가 아닌 회전하는 또는 곡선 형태가 되기 때문에 벡터 $\overrightarrow{A_2}$는 회전연산을 하지 않아도, 정확한 값은 알 수 없지만, 회전한다고 말할 수 있다. 여기서, 벡터 $\overrightarrow{A_2}$는 반 회전을 나타내야 하는 매우 복잡한 수식 $\overrightarrow{A_2} = A_x(x,y,z)\hat{i} + A_y(x,y,z)\hat{j} + A_z(x,y,z)\hat{k} = (\,?\,)\,[m^3/\sec]$(정확히 수식으로 표현하기가 어렵다)로 표현되고, 이에 대해 발산과 회전연산을 수식적으로 계산해야 하겠지만, 발산과 회전의 개념으로 그 결과는 다음과 같다.

- ◎ $\nabla \cdot \overrightarrow{A_2} = \nabla \cdot (\,?\,) = 0$ (비발산)
- ◎ $\nabla \times \overrightarrow{A_2} = \nabla \times (\,?\,) \neq 0$ (회전)

(b)는 미국 중부지방에서 많이 발생하는 토네이도(tornado)를 벡터 $\overrightarrow{B}$ 로 간략히 나타낸 것으로, 발산적인 측면에서는 내부에서 유입됨이 없이 점 P_3를 포함하는 폐곡면 S에서 바깥방향으로 분출하는 형태를 보이고 있기 때문에 벡터 $\overrightarrow{B}$ 는 양의 발산을, 시계방향으로 돌아나가는 형태인 벡터 $\overrightarrow{B}$ 는 회전하는 벡터이다.

- ◎ $\nabla \cdot \overrightarrow{B} > 0$ (양의 발산)
- ◎ $\nabla \times \overrightarrow{B} \neq 0$ (회전)

(c)의 경우는 태풍을 인공위성에서 찍은 사진으로, 고기압에서 저기압으로 유입되는 대기 흐름을 벡터 $\overrightarrow{C}$ 라고 한다면 바깥에서 태풍 중심으로 대기가 유입되기 때문에 벡터 $\overrightarrow{C}$ 는 음의 발산을, 그리고 반시계방향으로 회전하는 형태를 취하고 있기 때문에 벡터 $\overrightarrow{C}$는 회전하는 벡터이다.

◎ $\nabla \cdot \vec{C} < 0$ (음의 발산)

◎ $\nabla \times \vec{C} \neq 0$ (회전)

(d)와 (e)의 전계벡터 $\vec{E}\,[V/m]$는 이미 그림 2-9에서 한번 논의를 하였지만, 다시 설명하면 (d)의 경우 전계벡터 $\vec{E}$는 양전하 $+Q$에서 외부에 발산하는 양의 발산, 비회전하는 벡터이다.

◎ $\nabla \cdot \vec{E} > 0$ (양의 발산)

◎ $\nabla \times \vec{E} = 0$ (비회전)

(e)의 경우 평행전계벡터 중앙 부분에서 임의의 폐곡면을 설정하여 연산하면 벡터 $\vec{E}$는 비발산, 비회전하는 벡터이다.

◎ $\nabla \cdot \vec{E} = 0$ (비발산)

◎ $\nabla \times \vec{E} = 0$ (비회전)

(f)는 책 표면에서 분출하는 방향($\odot$)으로 전류가 유출하는 경우, 전류에 발생한 자계벡터 $\vec{H}\,[A/m]$는 전류를 중심으로 완전한 원 형태와 반시계방향으로 회전하게 된다. 자계벡터 방향은 전류를 기준으로 하여 암페어(Ampere) 오른손 나사 법칙을 따르는데, 자계벡터 $\vec{H}$는 비발산과 회전을 하는 벡터이고, 벡터 미분연산 결과도 앞서 언급한 것과 같다.

◎ $\nabla \cdot \vec{H} = 0$ (비발산)

◎ $\nabla \times \vec{H} \neq 0$ (회전)

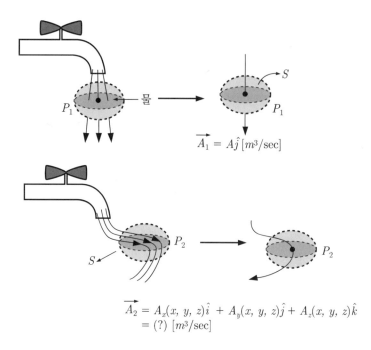

$$\overrightarrow{A_1} = A\hat{j}\,[m^3/\text{sec}]$$

$$\overrightarrow{A_2} = A_x(x,\,y,\,z)\hat{i} + A_y(x,\,y,\,z)\hat{j} + A_z(x,\,y,\,z)\hat{k}$$
$$= (?)\,[m^3/\text{sec}]$$

(a) 절수기 수량의 직선 형태 및 곡선 형태

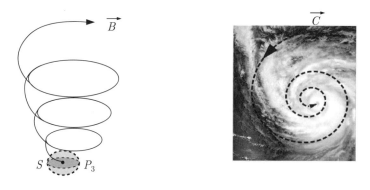

(b) 토네이도(Tornado) 바람

(c) 태풍 유입대기

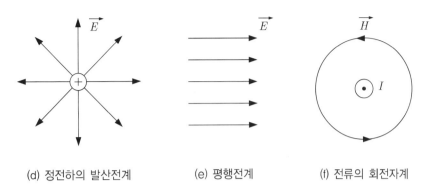

(d) 정전하의 발산전계   (e) 평행전계   (f) 전류의 회전자계

그림 2-13 ● 다양한 벡터 형태의 발산과 회전

문제 12

벡터 $\vec{A} = 3x\hat{i} + y^3z\hat{j} - z\hat{k}$일 때 점$(3, 2, 1)$에서 $\nabla \times \vec{A}$를 구하고, 점$(3, 2, 1)$를 포함하는 임의의 폐곡면 S에 대해 벡터 $\vec{A}$와 회전 유무를 논하시오.

Solution

$$\nabla \times \vec{A} = \begin{vmatrix} \hat{i} & \hat{j} & \hat{k} \\ \dfrac{\partial}{\partial x} & \dfrac{\partial}{\partial y} & \dfrac{\partial}{\partial z} \\ 3x & y^3z & -z \end{vmatrix} = -y^3\hat{i} = -8\hat{i} \neq 0$$

→ 벡터 $\vec{A}$는 점$(3, 2, 1)$을 포함하는 폐곡면 S에 대해 회전.

$y = 0$인 점을 포함하는 폐곡면 S에서 벡터 $\vec{A}$는 비회전.

2.4.5   이중벡터 미분

스칼라장 혹은 직각좌표계에서 스칼라 함수 $V(x, y, z)$에 대해 해밀턴 미분 연산자로 이중(二重) 벡터미분을 수행할 수가 있는데 이를 ∇^2으로 나타내고, 라

플라시안(Laplacian)이라 읽는다. 여기서 미분 연산자도 ▽벡터이고, 스칼라 기울기를 나타내는 ▽V도 벡터이기 때문에 두 벡터 사이에는 내적 연산이 가능할 것이고, 그 결과는 당연히 방향이 없는(벡터 기호가 없는) 스칼라가 될 것이다. 이를 수식으로 나타내면 다음과 같다.

$$
\begin{aligned}
\text{라플라시안} \quad \nabla \cdot \nabla V &= \left(\frac{\partial}{\partial x}\hat{i} + \frac{\partial}{\partial y}\hat{j} + \frac{\partial}{\partial z}\hat{k} \right) \cdot \left(\frac{\partial V}{\partial x}\hat{i} + \frac{\partial V}{\partial y}\hat{j} + \frac{\partial V}{\partial z}\hat{k} \right) \\
&= \frac{\partial^2 V}{\partial x^2} + \frac{\partial^2 V}{\partial y^2} + \frac{\partial^2 V}{\partial z^2} = \left(\frac{\partial^2}{\partial x^2} + \frac{\partial^2}{\partial y^2} + \frac{\partial^2}{\partial z^2} \right) V \\
&= \nabla^2 V
\end{aligned}
$$

(2.24)

이중벡터 미분 ∇^2은 6장에서 맥스웰(Maxwell) 파동 방정식을 다룰 때 주로 사용된다.

문제 13

스칼라 함수 $V = x^2 + y^2 + 5z^2$일 때, 이중벡터 미분 $\nabla^2 V$를 구하시오.

Solution

$$
\begin{aligned}
\nabla^2 V &= \frac{\partial^2}{\partial x^2}(x^2 + y^2 + 5z^2) + \frac{\partial^2}{\partial y^2}(x^2 + y^2 + 5z^2) + \frac{\partial^2}{\partial z^2}(x^2 + y^2 + 5z^2) \\
&= 2 + 2 + 10 = 14
\end{aligned}
$$

2.5 Stoke 정리

Stoke(스톡) 정리(定理)는 임의의 면적을 가지는 표면적(surface) $S\,[m^2]$을 설정한 뒤, 임의의 벡터 $\vec{A}$에 대해 설정된 폐곡면의 면적을 형성하는 주변 경계선(length)을 선적분한 결과, 임의의 벡터 $\vec{A}$ 회전과 임의의 폐곡면 $S\,[m^2]$에 대해 면적분(이중적분)한 결과가 같다는 것이다. 이를 수식으로 표현하면 다음과 같다.

$$\text{Stoke 정리} \qquad \oint_l \vec{A} \cdot \vec{dl} = \int_s (\nabla \times \vec{A}) \cdot \vec{ds} \qquad (2.25)$$

여기서, 적분기호 $\int_l$은 경계선 l이 만나서 형성되는 면적 S를 정할 수 있는 폐곡선과 경계선 l이 만나지 않으므로 면적 S를 정할 수 없는 개곡선 모두를 포함하는 선적분 기호이다.

반면, Stoke 정리에 사용되는 적분기호 $\oint_l$은 일반적인 적분기호 $\int_l$에서 중간에 폐곡선을 의미하는 ○ 기호를 추가한 것으로, 경계선 l이 폐곡선임을 나타내는 선적분 기호이다. 특히, 경계선 l이 개곡선일 경우 $\oint_l \vec{A} \cdot \vec{dl}$은 잘못된 표현이며, $\int_l \vec{A} \cdot \vec{dl}$로 적어야 하고 이 경우 Stoke 정리는 성립되지 않는다.

$$\int_l \vec{A} \cdot \vec{dl} \neq \int_s (\nabla \times \vec{A}) \cdot \vec{ds} \qquad (2.26)$$

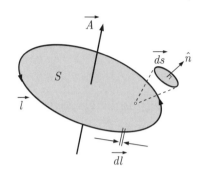

그림 2-14 • Stoke 정리에서 사용되는 벡터

그림 2-14와 같이, 임의의 면적을 가지는 폐곡면 $S\,[m^2]$에서 폐곡면 경계를 이루는 경계선(length)에 대해 임의의 벡터 $\vec{A}$와 미소길이벡터 $\vec{dl}\,[m]$을 내적하여 선적분한 것은 벡터 $\vec{A}$ 회전($\nabla \times \vec{A}$)한 것에 폐곡면 $S\,[m^2]$를 무한히 잘게 나눈 미소 면적 벡터 $\vec{ds}\,[m^2]$를 내적하여 면적분한 결과와 같다는 것이다.

미소 면적 벡터 $\vec{ds}\,[m^2]$ 방향은 미소 면적 ds를 수직으로 뚫고 나오는 방향인 단위벡터 $\hat{n}$ 방향이다. 여기서, 미소 면적 벡터 $\vec{ds}\,[m^2]$는 임의의 표면적 $S\,[m^2]$을 더는 나눌 수 없을 만큼 잘게 나눈 것이며, 미소 길이 벡터 $\vec{dl}\,[m]$는 폐곡면을 형성하는 가장자리 폐곡선(경계선) 길이 l을 더는 나눌 수 없을 정도로 잘게 나눈 것이다. 길이 벡터 $\vec{l}\,[m]$ 방향은 임의의 설정할 수 있는데, 설정된 방향에 따라 오른손 나사 법칙을 적용한 미소 면적벡터 $\vec{ds}\,[m^2]$ 방향이 결정된다.

Stoke 정리를 달리 설명하면, 임의의 벡터 $\vec{A}$ 선적분은 길이보다 한 차원이 높은 면적분으로 변경할 때에 벡터 $\vec{A}$에 회전을 해야만 같다는 것이다.

또한, Stoke 정리에서 벡터 $\vec{A}$와 미소 길이 벡터 $\vec{dl}\,[m]$을 내적하면 그 결과가 당연히 스칼라량이 되고 이는 선적분한 형태이므로 최종 연산 결과는 스칼라가 되어야 한다. 또한, 임의의 벡터 $\vec{A}$를 회전한 결과는 벡터이고 이를 미소

면적 벡터 $\vec{ds}\,[m^2]$와 내적 하면 그 결과도 당연히 스칼라가 되고 이는 면적분한 형태이므로 그 최종 연산 결과도 스칼라가 되어야 하는 것은 당연하다. 이것은 마치 각각 벡터가 나열된 복잡한 식으로 보이지만, 모두 스칼라이다.

물리 단위 측면에서 보면 임의의 벡터 $\vec{A}$를 전계벡터 $\vec{E}$라고 가정할 때 전계 물리단위는 $[V/m]$, 자계벡터 $\vec{H}$일 경우 $[A/m]$, 힘 $\vec{F}$일 경우 $[N]$의 물리량을 가질 것이다. 이에 Stoke 정리를 적용할 경우 Stoke 정리의 최종 물리량이 어떻게 될 것인지를 고민해 보자.

먼저, 전계벡터 $\vec{E}$에 대해 Stoke 정리를 적용할 때 전계벡터 $\vec{E}\,[V/m]$와 미소 길이 벡터 $\vec{dl}$을 벡터 내적하게 된다면 $\vec{dl}$ 물리단위는 $[m]$을 가지게 되므로 그 연산 결과는 $[V/m] \times [m] = [V]$가 된다. 자계벡터 $\vec{H}\,[A/m]$ 경우도 Stoke 정리를 적용하여 선적분한 결과는 $[A/m] \times [m] = [A]$가 되고, 힘 $\vec{F}\,[N]$에 대해서 Stoke 정리를 적용하여 선적분한 결과는 바로 에너지 물리 단위 $[N] \times [m] = [N-m] = [J]$이 된다.

즉, 임의의 벡터 $\vec{A}$에 대해 선적분한 결과, 최종 물리 단위는 임의의 벡터 $\vec{A}$ 물리 단위에 길이 단위 $[m]$를 곱한 결과이다.

Stoke 정리에서 면적분한 결과를 예로 든다면, 임의의 벡터 $\vec{A}$에 회전을 취할 때 $\nabla \times \vec{A}$는 해밀턴 미분 연산자 ∇ 물리 단위가 $[1/m]$이므로, 임의의 벡터 $\vec{A}$ 물리 단위에 $[1/m]$를 곱한 결과가 될 것이고, 이를 다시 미소 면적 벡터 $\vec{ds}\,[m^2]$로 면적분하면 최종적으로 벡터 $\vec{A}$ 물리 단위에 길이 단위 $[m]$를 곱한 결과가 된다. 이는 임의의 벡터 $\vec{A}$를 선적분한 것과 같은 물리 단위를 가진다.
결론적으로 Stoke 정리(定理, Theorem)는 좌변과 우변이 모두 벡터 형태로 되어 있지만 모두 스칼라(scalar)이고, 좌변과 우변 물리 단위가 정확히 똑같은데, 임의의 벡터 $\vec{A}$ 물리 단위에 길이 단위 $[m]$를 곱한 것이다.

문제 14

다음 직각좌표계에서 벡터 $\vec{A} = (x\,\hat{i} + x^2 y\,\hat{j} + xy^2\,\hat{k})$이라고 할 때, 아래 그림 2-15와 같이 xy 평면 상에 원점을 꼭짓점으로 가지고 면적이 $1[m^2]$인 정사각형 표면적 S에서 반시계방향으로 회전하는 길이 벡터 $\vec{l}\,[m]$를 설정하였을 때, Stoke 정리가 성립하는지를 계산하여 비교하시오.

Solution 그림 2-15와 같이 길이 벡터에 대해 구간

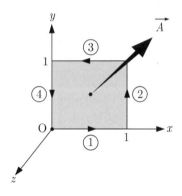

그림 2-15 • 반시계방향의 폐면적

①, ②, ③, ④로 나누어서 생각하면,

① $\overrightarrow{dl} = dx\,\hat{i}$　　② $\overrightarrow{dl} = dy\,\hat{j}$　　③ $\overrightarrow{dl} = dx\,(-\hat{i})$　　④ $\overrightarrow{dl} = dy\,(-\hat{j})$

$$\oint_l \vec{A} \cdot \overrightarrow{dl} = \int_{x=0}^{x=1} x\,dx\,(y=0) + \int_{y=0}^{y=1} x^2 y\,dy\,(x=1) + \int_{x=0}^{x=1} -x\,dx\,(y=1)$$

$$+ \int_{y=0}^{y=1} -x^2 y\,dy\,(x=0)$$

$$= \frac{1}{2}x^2 \bigg|_0^1 + \frac{1}{2}y^2 \bigg|_0^1 - \frac{1}{2}x^2 \bigg|_0^1 = \frac{1}{2}$$

$$\nabla \times \vec{A} = \begin{vmatrix} \hat{i} & \hat{j} & \hat{k} \\ \dfrac{\partial}{\partial x} & \dfrac{\partial}{\partial y} & \dfrac{\partial}{\partial z} \\ x & x^2 y & xy^2 \end{vmatrix} = (2xy - 0)\,\hat{i} - (y^2 - 0)\hat{j} + (2xy - 0)\hat{k}$$

$$= 2xy\,\hat{i} - y^2\,\hat{j} + 2xy\,\hat{k}, \quad \overrightarrow{ds} = dx\,dy\,\hat{k}$$

$$\int_s (\nabla \times \vec{A}) \cdot \vec{ds} = \int_s 2xy \, dx \, dy = 2 \int_{x=0}^{x=1} x \, dx \int_{y=0}^{y=1} y \, dy = 2 \times \frac{1}{2} \times \frac{1}{2} = \frac{1}{2}$$

$$\therefore \quad \oint_l \vec{A} \cdot \vec{dl} = \int_s (\nabla \times \vec{A}) \cdot \vec{ds} = \frac{1}{2}$$

2.6 Gauss 정리

Stoke 정리는 폐곡선 $l[m]$에 의해 형성되는 표면적 $S[m^2]$과 밀접한 관련이 있지만, Gauss 정리는 폐곡면의 면적(표면적) $S[m^2]$에 의해 형성되는 체적 $V[m^3]$과 관련 있다.

Stoke 정리는 폐곡선으로 이루어지는 자계벡터 $\vec{H}$(5장)에서 유용하게 사용되고, Gauss 정리는 Gauss 전하의 발산 법칙과 아울러 전계벡터 $\vec{E}$(3장)에서 사용된다.

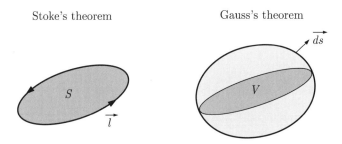

그림 2-16 ● Stoke 정리와 Gauss 정리의 차이점

Gauss 정리는 임의의 표면적 S를 가지는 체적 $V(volume)[m^3]$을 설정하고, 표면적 S에 대해 임의의 벡터 $\vec{A}$를 면적분(이중적분)한 결과가 임의의 벡터 $\vec{A}$ 발산에 체적적분(삼중적분)한 결과와 같다는 것이다. 이를 수식으로 표현하면 다음과 같다.

$$\text{Gauss 정리} \qquad \int_s \vec{A} \cdot \vec{ds} = \int_v (\nabla \cdot \vec{A})\, dv \qquad (2.27)$$

이는 아래 그림 2-17과 같이, 임의의 체적을 형성하는 표면적 S에 대해 임의의 벡터 $\vec{A}$에 미소 면적 벡터 $\vec{ds}\,[m^2]$를 벡터 내적(scalar product)하여 면적분한 결과가 벡터 $\vec{A}$ 발산($\nabla \cdot \vec{A}$)한 것에 체적적분한 결과와 같다는 것이다.

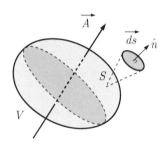

그림 2-17 ● Gauss 정리에서 사용되는 벡터

Gauss 정리를 달리 설명하면, 임의의 벡터 $\vec{A}$의 면적분은 면적보다 한 차원 높은 체적적분으로 변경할 때 벡터 $\vec{A}$에 발산을 취해야만 동일하다는 것이다.

또한, Gauss 정리에서 임의의 벡터 $\vec{A}$와 미소 면적 벡터 $\vec{ds}\,[m^2]$를 내적하면 그 결과는 당연히 스칼라량이 되고 이를 면적분(이중적분)한 형태이므로 최종 연산결과는 스칼라가 된다. 또한, 임의의 벡터 $\vec{A}$를 발산한 것은 스칼라이고 이를 미소체적(스칼라)으로 체적적분(삼중적분)하면 그 결과도 당연히 스칼라가 된다. 이는 Stoke 정리와 같이, Gauss 정리도 좌변과 우변에 복잡한 벡터가 나열되어 있지만, 결과적으로 모두 스칼라이다.

물리 단위 측면에서 Gauss 정리를 살펴보면, 임의의 벡터 $\vec{A}$ 물리 단위에 미소 면적 벡터 $\vec{ds}\,[m^2]$가 곱해지는 경우 이 연산결과는 벡터 $\vec{A}$ 물리량에 면적 $[m^2]$을 곱한 물리 단위일 것이다. Gauss 정리에서 임의의 벡터에 발산을 취할 때 $\nabla \cdot \vec{A}$ 은 벡터 $\vec{A}$ 물리 단위에 $[1/m]$을 곱한 것이고, 다시 미소체적 dv가 가지는 물리 단위 $[m^3]$을 곱하게 되면 결국 벡터 $\vec{A}$ 물리 단위에 면적 단위 $[m^2]$를 곱한 결과가 되어, 임의의 벡터 $\vec{A}$를 면적분한 것과 같은 물리 단위를 가지게 된다. 즉, 물리 단위 측면도 Gauss 정리는 Stoke 정리와 같이 좌변과 우변이 같다.

결론적으로 Gauss 정리에서 그 연산결과는 좌우변 모두 스칼라이면서 물리량이 임의의 벡터 $\vec{A}$ 물리량에 면적성분 $[m^2]$을 곱한 물리 단위를 가진다. 다시 한 번 더 설명하면, Gauss 정리는 좌변과 우변이 모두 벡터 형태로 되어 있지만 모두 스칼라이고, 좌변과 우변의 물리 단위가 정확히 똑같은데, 임의의 벡터 $\vec{A}$ 물리 단위에 면적 단위 $[m^2]$를 곱한 것이다.

2.7 좌표계

전계, 자계와 같은 공간상 벡터량 혹은 벡터장을 다루기 위해서는 좌표계 도입이 필수적이다. 즉, 3차원 공간상에서 한 점의 위치를 결정하기 위해 원점을 기준으로 그 점에 대한 위치를 정확하게 표시해야 하는데, 이를 위해 좌표계(coordinate system)가 도입되어야 한다. 좌표계는 세 가지 종류가 있는데, 기본적으로 x, y, z 3축 교차점인 원점$(0, 0, 0)$을 기준으로 각기 다른 변수를 사용하고 있다.

- ◎ 직각좌표계(Cartesian coordinate system 또는 rectangular coordinate system)
- ◎ 원통좌표계(Cylindrical coordinate system)
- ◎ 구좌표계(Spherical coordinate system)

2.7.1 직각좌표계

직각좌표계에서 원점을 기준으로 공간상 임의의 점을 $P(x, y, z)$로 표현하며, 이때 모든 임의의 점을 표현하기 위한 x, y, z 범위는 $-\infty$(무한대)에서 $+\infty$ 까지 사용한다.

또한, 직각좌표계 미소체적은 dx와 dy와 dz 삼중곱인 $dx\,dy\,dz$로 표현할 수 있다.

직각좌표계 미소체적	$dv = dx \times dy \times dz = dx\,dy\,dz\ [m^3]$	(2.28)

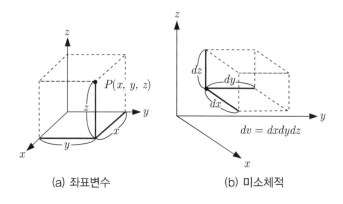

(a) 좌표변수　　　　　　(b) 미소체적

그림 2-18 • 직각좌표계 좌표변수와 미소체적

문제 15

가로, 세로 길이가 각각 x, y 이고 높이가 z인 직육면체 체적 $V\,[m^3]$를 직각좌표계에서 미소 체적을 도입하여 삼중 적분법을 이용하여 구하시오.

Solution

$$V = \int_v dv \;\leftarrow\; dv = dx \times dy \times dz \;=\; \int_v dx\,dy\,dz \;\leftarrow\; \int_v = \int_x \times \int_y \times \int_z$$

$$= \int_x \int_y \int_z dx\,dy\,dz \;\leftarrow\; \text{각각 분리}$$

$$= \int_{x=0}^{x=x} dx \times \int_{y=0}^{y=y} dy \times \int_{z=0}^{z=z} dz \;=\; x\big]_0^x \times y\big]_0^y \times z\big]_0^z$$

$$= (x-0)(y-0)(z-0) = x\,y\,z$$

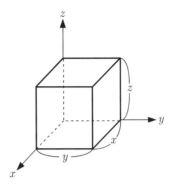

그림 2-19 • 직육면체 체적

2.7.2 원통좌표계

원통좌표계(cylindrical coordinate system)는 원점을 기준으로 공간상 임의의 점을 $P(\rho, \phi, z)$로 표현하며 아래와 같이 구성된다.

❶ 점 P에서 수직으로 xy평면과 만나는 점이 원점으로부터 얼마나 떨어져 있는가를 나타내는 거리변수 ρ.

❷ $+x$축을 기준으로 반시계방향 각도가 얼마인가를 나타내는 각도변수 ϕ.

❸ xy평면으로부터 높이가 얼마인가를 나타내는 거리변수 z.

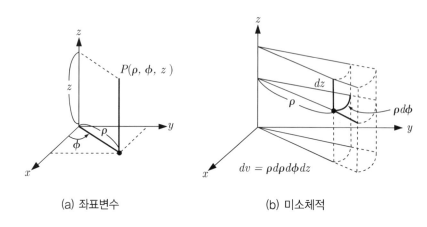

(a) 좌표변수   (b) 미소체적

그림 2-20 • 원통좌표계 좌표변수와 미소체적

원통좌표계는 이러한 $\rho,\ \phi,\ z$ 변수를 도입함으로써 원점으로부터 임의의 점 $P(\rho, \phi, z)$을 나타내는데 직교좌표계와 같이 부족함이 없으며, 모든 임의의 점을 표현하기 위한 ρ 범위는 0에서 $+\infty$, ϕ 범위는 0에서 $2\pi\,(360\,°)$까지, z 경우는 $-\infty$에서 $+\infty$까지 사용된다. 또한, 원통좌표계 미소체적은 dx와 유사한 $d\rho$, dy와 유사한 미소원호 $\rho\,d\phi$, 직각좌표계에서 그대로 사용한 dz의 삼중 곱인 $\rho\,d\rho\,d\phi\,dz$로 표현할 수 있다.

$$원통좌표계\ 미소체적 \quad dv = d\rho \times \rho\,d\phi \times dz = \rho\,d\rho\,d\phi\,dz \quad [m^3] \qquad (2.29)$$

문제 16

반경이 r이고, 높이가 z인 원기둥 체적 V를 원통좌표계에서 미소 체적을 도입하여 삼중 적분법으로 구하시오.

Solution $V = \int_v dv \leftarrow dv = \rho d\rho \times d\phi \times dz$, $\int_v = \int_\rho \int_\phi \int_z$

$$= \int_\rho \int_\phi \int_z \rho\, d\rho\, d\phi\, dz \leftarrow \rho = 0 \sim r\,,\, \phi = 0 \sim 2\pi\,,\, z = 0 \sim z$$

$$= \int_{\rho=0}^{\rho=r} \rho d\rho \times \int_{\phi=0}^{\phi=2\pi} d\phi \times \int_{z=0}^{z=z} dz$$

$$= \frac{1}{2}\rho^2\big]_0^r \times \phi\big]_0^{2\pi} \times z\big]_0^z = \frac{1}{2}r^2 \times 2\pi \times z = \pi r^2 z$$

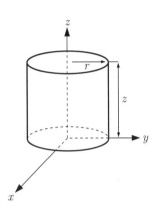

그림 2-21 • 원기둥 체적

2.7.3 구좌표계

구좌표계(spherical coordinate system)는 원점을 기준으로 임의의 점을 $P(r, \theta, \phi)$ 로 표현하며 아래와 같이 구성된다.

① 원점으로부터 최단거리로 얼마나 떨어져 있는가를 나타내는 거리변수 r.

② $+z$축을 기준으로 어느 정도 각도에 임의의 점 P가 위치해 있는가를 나타내는 각도변수 θ.

③ 원통좌표계와 같이 점 P에서 수직으로 xy 평면과 만나는 점이 $+x$축으로부터 반시계방향으로 각도가 얼마인가를 나타내는 각도변수 ϕ.

구좌표계는 이러한 r, ϕ, θ 변수를 도입함으로써 원점으로부터 임의의 모든 점 $P(r, \theta, \phi)$을 나타내는데 직교좌표계 및 원통좌표계와 같이 부족함이 없으며, 모든 임의의 점을 표현하기 위한 r 범위는 0 에서 $+\infty$, ϕ 범위는 0에서 $2\pi(360°)$까지 θ 범위는 $+z$축에서 $-z$축까지이므로 0에서 $\pi(180°)$까지 사용한다(0에서 $2\pi(360°)$가 아니다).

또한, 구좌표계 미소체적은 dx와 유사한 dr, dy와 유사한 미소원호 $r\,d\theta$, dz와 유사한 미소원호 $r\sin\theta\,d\phi$의 삼중곱인 $r^2\sin\theta\,dr\,d\theta\,d\phi$로 표현할 수 있다.

구좌표계 미소체적 $\qquad dv = dr \times r\,d\theta \times r\sin\theta\,d\phi = r^2\sin\theta\,dr\,d\theta\,d\phi \ [m^3]$

(2.30)

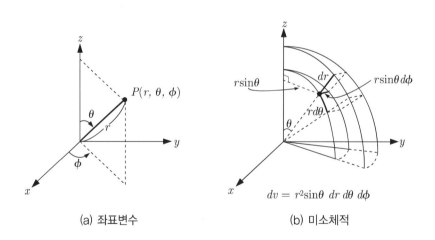

(a) 좌표변수   (b) 미소체적

그림 2-22 • 구좌표계 좌표변수와 미소체적

문제 17

반경이 r을 가지는 구체적 $V[m^3]$를 구좌표계에서 미소체적을 도입하여 삼중적분법으로 구하시오.

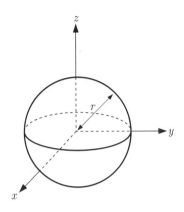

그림 2-23 • 구체적

Solution $V = \int_v dv \leftarrow dv = r^2 \sin\theta\, dr\, d\theta\, d\phi$

$$= \int_{r=0}^{r=r} r^2\, dr \times \int_{\theta=0}^{\theta=\pi} \sin\theta\, d\theta \times \int_{\phi=0}^{\phi=2\pi} d\phi$$

$$= \frac{1}{3} r^3 \big]_0^r \times -\cos\theta\, \big]_0^\pi \times \phi\, \big]_0^{2\pi}$$

$$= \frac{1}{3} r^3 \times \{1 - (-1)\} \times 2\pi = \frac{4}{3}\pi r^3\ [m^3]$$

문제 18

반경 r을 가지는 구 표면적 $S = 4\pi r^2 [m^2]$를 구좌표계 미소 표면적 ds를 도입하여 이중 적분법으로 풀이하시오.

Solution 구좌표계 미소 표면적은 $dv = r^2 \sin\theta\, dr\, d\theta\, d\phi\ [m^3]$에서 $dr[m]$을 제외한 것으로 구좌표계 미소 표면적은 $ds = r^2 \sin\theta\, d\theta\, d\phi\ [m^2]$가 된다.

$$S = \int_s ds = r^2 \int_{\theta=0}^{\theta=\pi} \sin\theta\, d\theta \times \int_{\phi=0}^{\phi=2\pi} d\phi = r^2 \times -\cos\theta\,]_0^\pi \times \phi\,]_0^{2\pi}$$

$$= r^2 \times 1 - (-1) \times 2\pi = 4\pi r^2\ [m^2]$$

표 2-3 • 좌표계 변수, 미소길이, 미소면적, 미소체적

	직각좌표계	원통좌표계	구좌표계
좌표변수	x, y, z	ρ, ϕ, z	r, θ, ϕ
미소길이	dx	$d\rho$	dr
	dy	$\rho\, d\phi$	$r\, d\theta$
	dz	dz	$r\sin\theta\, d\phi$
미소면적	$dx\, dy$	$\rho\, d\rho\, d\phi$	$r\, dr\, d\theta$
	$dy\, dz$	$\rho\, d\phi\, dz$	$r^2 \sin\theta\, d\theta\, d\phi$
	$dz\, dx$	$d\rho\, dz$	$r\sin\theta\, dr\, d\phi$
미소체적	$dx\, dy\, dz$	$\rho\, d\rho\, d\phi\, dz$	$r^2 \sin\theta\, dr\, d\theta\, d\phi$

전자기학에서 어떤 좌표계를 사용할 것인가를 결정하기 위해서는, 3장에서 다룰 전하 분포가 어떻게 구성되어 있는지, 혹은 4장에서 저항이 이루고 있는 형태가 어떠한지, 5장에서 자계를 형성하는 전류도선 모양은 어떠한지에 따라 그 좌표계의 사용을 달리해야 한다. 즉, 전하 분포에 따른 전계와 정전용량

(capacitance), 저항의 크기, 자계와 유도용량(inductance) 등을 구하는 방법을 각 좌표계를 이용하여 구하게 될 것이다.

좌표계 사용에서 유의해야 할 점은, 각각 좌표계에서 그 사용 변수 순서를 마음대로 사용해서는 안 된다. 예를 들어, 어떤 임의의 점을 표현하기 위해서는 직각좌표계에서 x, y, z 순서대로 $P(x, y, z)$를 정확히 기술해야 한다. $P(x, z, y)$ 혹은 $P(y, z, x)$를 마음대로 사용하게 되면 원점으로부터 임의의 점이 다를 것이며, 타인(他人)과 소통을 할 수 없고 제삼자에게 잘못된 위치 정보를 줄 수 있다. x, y, z 순서는 반드시 지켜야 할 약속이다.

원통좌표계도 마찬가지로 임의의 점을 표시할 경우 ρ, ϕ, z 순서대로 $P(\rho, \phi, z)$로 기술해야 하고, 구좌표계도 r, θ, ϕ 순서대로 $P(r, \theta, \phi)$로 기술해야 정확한 점의 표시가 약속된다.

전자기학 핵심을 공부하기 위해서는 벡터에 대한 개념, 벡터 연산도 매우 중요하지만, 세 가지(직각/원통/구) 좌표계를 명확히 알아야 한다.

2.8 기타 전자기학에 필요한 수학적 도구

전자기학에 자주 사용되는 벡터와 좌표계 이외에 사용되는 수학적 도구로는 지수와 log 함수, (편)미분, (중)적분 등이 있다. 이러한 수학적 공식들은 고등학교에서 주로 다뤄진 것으로, 공식이 의미하는 바를 생략한다. 다만, 전자기학에서는 미적분도 중요하지만 복잡한 지수계산을 많이 사용하며 특히, 곱셈 연산에서 지수의 산술적(덧셈과 뺄셈) 계산을 해야 할 필요가 매우 많다. 전자기학에서 활용되는 수학공식을 나열하면 다음과 같다.

2.8.1　지수함수 중요 공식

① $a^x a^y = a^{x+y}$　　② $\dfrac{a^x}{a^y} = a^{x-y}$　　③ $(a^x)^y = a^{xy}$

④ $a^{-y} = \dfrac{1}{a^y}$　　⑤ $a^{\frac{x}{y}} = (\sqrt[y]{a})^x$　　⑥ $\sqrt[y]{a}\,\sqrt[y]{b} = \sqrt[y]{ab}$

⑦ $a^0 = 1$　　⑧ $\sqrt[x]{\sqrt[y]{a}} = \sqrt[x]{a^{1/y}} = a^{\frac{1}{xy}} = \sqrt[xy]{a}$

2.8.2　log 함수 중요 공식

① $\log_a a = 1$　　② $\log_a 1 = 0$　　③ $\log_a xy = \log_a x + \log_a y$

④ $\log_a \dfrac{y}{x} = \log_a y - \log_a x$　　⑤ $\log_a x^n = n\log_a x$

⑥ $\log_a \sqrt[n]{x} = \dfrac{1}{n}\log_a x$　　⑦ $e = 1 + \dfrac{1}{1!} + \dfrac{1}{2!} + \dfrac{1}{3!} + \cdots + \dfrac{1}{n!} = 2.71828\cdots$

2.8.3 미분 중요 공식

① $y = x^n \;\rightarrow\; y' = n\,x^{n-1}$ ② $y = a^x \;\rightarrow\; y' = a^x \log a$

③ $y = e^x \;\rightarrow\; y' = e^x$ ④ $y = \log x \;\rightarrow\; y' = \dfrac{1}{x}$

⑤ $y = \sin x \;\rightarrow\; y' = \cos x$ ⑥ $y = \cos x \;\rightarrow\; y' = -\sin x$

⑦ $y = \tan x \;\rightarrow\; y' = \sec^2 x$

⑧ $y = f(x)\,g(x) \;\rightarrow\; y' = f'(x)\,g(x) + f(x)\,g'(x)$

2.8.4 적분 중요 공식

① $\displaystyle\int dx = x + C$ ② $\displaystyle\int x^n\,dx = \dfrac{x^{n+1}}{n+1} + C \quad (n+1 \neq 0)$

③ $\displaystyle\int \dfrac{1}{x}\,dx = \log x + C$ ④ $\displaystyle\int e^x\,dx = e^x + C$

⑤ $\displaystyle\int a^x\,dx = \dfrac{a^x}{\log a} + C \;(a > 0,\; a \neq 1)$

⑥ $\displaystyle\int \sin x\,dx = -\cos x + C$ ⑦ $\displaystyle\int \cos x\,dx = \sin x + C$

⑧ $\displaystyle\int \tan x\,dx = -\log|\cos x| + C$

[Gauss, 1777-1855]

독일의 수학자이자 과학자인 가우스(Johann Karl Friedrich Gauss)는 벽돌공 아버지를 둔 가난한 집에 태어났다. 열심히 일하면서도 완벽주의자에 가까웠던 그는 어느 날 매우 어려운 수학 문제와 씨름하던 중, 그의 아내가 아파서 죽어간다는 말을 듣자, "그녀에게 조금만 기다리라고 전해 주시오."라고 했다는 일화(逸話)는 그가 얼마나 연구(研究)에 몰두했는지를 잘 알려준다. 1831년 괴팅겐 대학교에 물리학 교수로 취임한 때부터 물리학 교수인 빌헬름 웨버(Wilhelm Weber)와 함께 자기학회(magnetic club in German)를 설립하고, 지구 자기 관측을 위해 관측소에 자기기록계를 제작하여 지구 자기에 대한 새로운 지식을 이끌어 냈으며, 가우스와 웨버의 지구 자기장에 대한 단위체계는 1881년 파리에서 개최된 국제회의에서 약간의 수정을 거쳐 센티미터, 그램, 초를 기본 단위로 하는 CGS 단위계로 승인되었다. 수학에 대한 그의 공로 및 자기에 관한 업적을 기리기 위해서 자속밀도를 나타내는 물리단위로 가우스[gauss]가 사용되고 있다.

핵 심 요 약

1 물리량을 표현할 때 단지 크기만으로도 모든 것을 나타낼 수 있을 경우 그 물리량을 스칼라 (scalar)라 하며, 크기와 방향을 동시에 표시해야 할 필요성이 있는 물리량을 벡터(vector) 라고 구분한다. 특히, 전자기학에서는 길이와 면적을 벡터 연산에 많이 활용하기 때문에 스 칼라가 아닌 벡터로 많이 취급한다.

2 단위벡터 중에서도 좌표계를 구성하는 x축 방향, y축 방향, z축 방향으로 각각 크기가 1인 단위벡터를 기본벡터(fundamental vector, base vector)라고 하며, x축 방향으로 향하는 $\hat{i}$, y축 방향으로 향하는 $\hat{j}$, z축 방향으로 향하는 $\hat{k}$로 각각 표시한다.

$$\text{벡터 성분표시} \quad \vec{A} = A_x\hat{i} + A_y\hat{j} + A_z\hat{k}$$

3 벡터 $\vec{A}$와 벡터 $\vec{B}$ 내적(inner product, scalar product, dot product)은 두 벡터 사이에 굵 은 점 ·(dot)으로 표시하고, 그 계산 결과는 스칼라가 된다.

$$
\begin{aligned}
\text{벡터 내적} \quad \vec{A} \cdot \vec{B} &= AB\cos\theta = BA\cos\theta \\
&= \sqrt{A_x^2 + A_y^2 + A_z^2}\sqrt{B_x^2 + B_y^2 + B_z^2}\cos\theta \\
&= A_xB_x + A_yB_y + A_zB_z \\
&= \vec{B} \cdot \vec{A} \leftarrow Scalar!!
\end{aligned}
$$

4 벡터 $\vec{A}$와 벡터 $\vec{B}$ 외적(outer product, cross product, vector product)은 곱셈 표시 $\times$ (cross)로 나타내고, 그 계산 결과는 또 다른 새로운 벡터 $\vec{C}$가 되며, 벡터 $\vec{C}$는 벡터 $\vec{A}$와 벡터 $\vec{B}$에 각각 수직인 벡터로 Ampere 오른손 나사법칙에 따라 그 방향이 결정된다.

$$
\begin{aligned}
\text{벡터 외적} \quad \vec{A} \times \vec{B} &= A\,B\,\sin\theta\,\hat{n} = \vec{C} \\
&= \begin{vmatrix} \hat{i} & \hat{j} & \hat{k} \\ A_x & A_y & A_z \\ B_x & B_y & B_z \end{vmatrix} = -\,\vec{B} \times \vec{A} \quad \leftarrow Vector!!
\end{aligned}
$$

5 벡터 미분 연산에 많이 활용되는 헤밀턴 미분연산자는 벡터이며, 그 물리단위는 $[1/m]$이다.

$$
\text{헤밀턴 미분연산자} \qquad \nabla = \frac{\partial}{\partial x}\,\hat{i} + \frac{\partial}{\partial y}\,\hat{j} + \frac{\partial}{\partial z}\,\hat{k} \quad [1/\text{m}]
$$

6 벡터에 대한 발산과 회전 연산을 통해 벡터의 발산과 회전 모양(형태) 유무를 개략적으로 확인할 수 있다.

$$
\text{벡터 발산} \qquad \nabla \boldsymbol{\cdot} \vec{A} = \frac{\partial A_x}{\partial x} + \frac{\partial A_y}{\partial y} + \frac{\partial A_z}{\partial z} \quad \leftarrow Scalar!!
$$

$$\text{벡터 회전} \quad \nabla \times \vec{A} = \begin{vmatrix} \hat{i} & \hat{j} & \hat{k} \\ \dfrac{\partial}{\partial x} & \dfrac{\partial}{\partial y} & \dfrac{\partial}{\partial z} \\ A_x & A_y & A_z \end{vmatrix}$$

$$= \left(\dfrac{\partial A_z}{\partial y} - \dfrac{\partial A_y}{\partial z}\right)\hat{i} - \left(\dfrac{\partial A_z}{\partial x} - \dfrac{\partial A_x}{\partial z}\right)\hat{j} + \left(\dfrac{\partial A_y}{\partial x} - \dfrac{\partial A_x}{\partial y}\right)\hat{k} \leftarrow Vector!!$$

7 Stoke 정리는 임의의 벡터 $\vec{A}$ 선적분에서 한 차원 높은 면적분으로 변경할 때 벡터 $\vec{A}$에 회전을 해야 한다.

$$\text{Stoke 정리} \quad \oint_l \vec{A} \cdot \vec{dl} = \int_s (\nabla \times \vec{A}) \cdot \vec{ds} \leftarrow Scalar!!$$

8 Gauss 정리는 임의의 벡터 $\vec{A}$ 면적분에서 한 차원 높은 체적적분으로 변경할 때 벡터 $\vec{A}$에 발산을 해야 한다.

$$\text{Gauss 정리} \quad \int_s \vec{A} \cdot \vec{ds} = \int_v (\nabla \cdot \vec{A}) \, dv \leftarrow Scalar!!$$

9 좌표계 변수, 미소길이, 미소면적, 미소체적

	직각좌표계	원통좌표계	구좌표계
좌표변수	x, y, z	ρ, ϕ, z	r, θ, ϕ
미소길이	dx	$d\rho$	dr
	dy	$\rho\, d\phi$	$r\, d\theta$
	dz	dz	$r\sin\theta\, d\phi$
미소면적	$dx\, dy$	$\rho\, d\rho\, d\phi$	$r\, dr\, d\theta$
	$dy\, dz$	$\rho\, d\phi\, dz$	$r^2\sin\theta\, d\theta\, d\phi$
	$dz\, dx$	$d\rho\, dz$	$r\sin\theta\, dr\, d\phi$
미소체적	$dx\, dy\, dz$	$\rho\, d\rho\, d\phi\, dz$	$r^2\sin\theta\, dr\, d\theta\, d\phi$

연습문제

[벡터 기초]

2-1. 직각좌표계에서 원점(0, 0, 0)으로 부터 점 P(2, 1, 2)[m]로 향하는 벡터의 단위벡터를 구하시오.

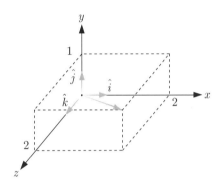

Hint) 벡터 $\overrightarrow{OP} = \overrightarrow{P} = (2-0)\hat{i} + (1-0)\hat{j} + (2-0)\hat{k} = 2\hat{i} + \hat{j} + 2\hat{k}$

Answer) $\dfrac{2}{3}\hat{i} + \dfrac{1}{3}\hat{j} + \dfrac{2}{3}\hat{k}\ [m]$

2-2. 직각좌표계에서 점 A(-1, 4, 1)[m]에서 점 B(3, 2, -1)[m]과의 최단 거리는 얼마인가?

Hint) 두 점 $A(x_1, y_1, z_1)$와 $B(x_2, y_2, z_2)$ 사이의 최단거리(l)는

피타고라스 정리 (Pythagorean theorem)를 이용하면

$$l = \sqrt{(x_2 - x_1)^2 + (y_2 - y_1)^2 + (z_2 - z_1)^2}$$

Answer) $\sqrt{24} = 2\sqrt{6}\ [\text{m}]$

2-3. 평행사변형에서 두 대각선 벡터를 각각 $\vec{A} = -2\,\hat{i} + \hat{j} - 4\,\hat{k}$, $\vec{B} = -4\,\hat{i} + 3\,\hat{j} - 2\,\hat{k}$ 라고 할 때, 평행사변형의 두 변을 나타내는 벡터와 두 변의 길이를 각각 구하시오.

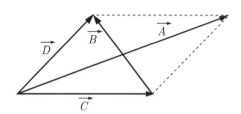

Hint 평행사변형의 두 변을 나타내는 벡터를 각각 $\vec{C}$, $\vec{D}$라고 할 때, 윗 그림 상에서

Ⓐ $\vec{C} + \vec{D} = \vec{A}$　　　　　　Ⓑ $\vec{C} + \vec{B} = \vec{D}$　→　$\vec{C} - \vec{D} = -\vec{B}$

Ⓐ와 Ⓑ 식의 양변을 각각 더하면

$$2\vec{C} = \vec{A} - \vec{B}　\rightarrow　\vec{C} = \frac{1}{2}(\vec{A} - \vec{B})　\rightarrow　\vec{D} = \vec{A} - \vec{C} = \vec{C} + \vec{B}$$

Answer
① $\vec{C} = \frac{1}{2}(2\,\hat{i} - 2\,\hat{j} - 2\,\hat{k}) = \hat{i} - \hat{j} - \hat{k}$, 변의 길이 $|\vec{C}| = \sqrt{1^2 + 1^2 + 1^2} = \sqrt{3}$

② $\vec{D} = -3\,\hat{i} + 2\,\hat{j} - 3\,\hat{k}$, 변의 길이 $|\vec{D}| = \sqrt{3^2 + 2^2 + 3^2} = \sqrt{22}$

[벡터 곱셈]

2-4. 두 벡터 $\vec{A} = A_x\,\hat{i} + 2\,\hat{j} - 3\,\hat{k}$, $\vec{B} = -2\,\hat{i} + \hat{j} + 2\,\hat{k}$가 서로 직교한다면 A_x의 값은 무엇인가?

Hint 두 벡터가 직교할 경우 $\vec{A} \cdot \vec{B} = AB\cos\theta = 0$　←　$\cos 90° = 0$

$$= A_x B_x + A_y B_y + A_z B_z = -2A_x + 2 - 6$$

Answer $A_x = -2$

2-5. 두 벡터 $\vec{A} = -\hat{i} + 2\hat{j} - 2\hat{k}$, $\vec{B} = 3\hat{i} + \hat{j} - \hat{k}$ 에서 다음을 각각 구하시오.

① 두 벡터의 벡터내적

② 두 벡터의 벡터외적

③ 두 벡터가 이루는 삼각형의 면적

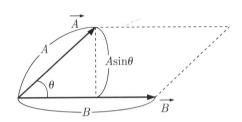

Hint ③ 두 벡터가 이루는 평행사변형 면적은 벡터외적의 절대값이므로, 삼각형 면적은 벡터외적 절

대값의 $\dfrac{1}{2}$

Answer ① $\vec{A} \cdot \vec{B} = -3 + 2 + 2 = 1$

② $\vec{A} \times \vec{B} = \begin{vmatrix} \hat{i} & \hat{j} & \hat{k} \\ A_x & A_y & A_z \\ B_x & B_y & B_z \end{vmatrix} = \begin{vmatrix} \hat{i} & \hat{j} & \hat{k} \\ -1 & 2 & -2 \\ 3 & 1 & -1 \end{vmatrix} = -7\hat{j} - 7\hat{k}$

③ 삼각형 면적 $S = \dfrac{1}{2}|\vec{A} \times \vec{B}| = \dfrac{1}{2} \times 7\sqrt{2} = \dfrac{7\sqrt{2}}{2}$

2-6. 직각좌표계에서 다음 각 3점 $A(2, -4, 2)$, $B(-1, 2, 4)$, $C(4, 2, 1)$을 꼭지점으로 하는 삼각형의 면적을 구하시오.

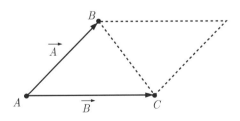

Hint 삼각형의 꼭지점에서 다른 꼭지점으로 향하는 벡터를 각각 설정하고, 두 벡터의 외적연산을 통해 평행사변형 면적을 구한다음, 이를 절반으로 나누면 삼각형의 면적을 구할 수 있다.

점 A에서 B로 향하는 벡터를 $\vec{A}$, 점 A에서 C로 향하는 벡터를 $\vec{B}$ 라고 하면,

$$\vec{A} = (B_x - A_x)\,\hat{i} + (B_y - A_y)\,\hat{j} + (B_z - A_z)\,\hat{k} = -3\,\hat{i} + 6\,\hat{j} + 2\,\hat{k}$$

$$\vec{B} = (C_x - A_x)\,\hat{i} + (C_y - A_y)\,\hat{j} + (C_z - A_z)\,\hat{k} = 2\,\hat{i} + 6\,\hat{j} - \hat{k}$$

$$\vec{A} \times \vec{B} = \begin{vmatrix} \hat{i} & \hat{j} & \hat{k} \\ A_x & A_y & A_z \\ B_x & B_y & B_z \end{vmatrix} = \begin{vmatrix} \hat{i} & \hat{j} & \hat{k} \\ -3 & 6 & 2 \\ 2 & 6 & -1 \end{vmatrix} = -18\,\hat{i} + \hat{j} - 30\,\hat{k}$$

평행사변형의 면적 $|\vec{A} \times \vec{B}| = \sqrt{18^2 + 1^2 + 30^2} = \sqrt{1225} = 35$

Answer 삼각형의 면적 $S = \dfrac{35}{2} = 17.5$

2-7. $\vec{A} = 2\,\hat{i} - 3\,\hat{j} + 4\,\hat{k}$일 때 $\vec{A} \times \hat{k}$를 구하시오.

Hint 기본 벡터의 외적 연산도

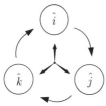

또는 $\vec{A} \times \hat{k} = \begin{vmatrix} \hat{i} & \hat{j} & \hat{k} \\ A_x & A_y & A_z \\ 0 & 0 & 1 \end{vmatrix} = \begin{vmatrix} \hat{i} & \hat{j} & \hat{k} \\ 2 & -3 & 4 \\ 0 & 0 & 1 \end{vmatrix}$

Answer $\vec{A} \times \hat{k} = (2\,\hat{i} - 3\,\hat{j} + 4\,\hat{k}) \times \hat{k} = -2\,\hat{j} - 3\,\hat{i} = -3\,\hat{i} - 2\,\hat{j}$

2-8. $\vec{A} = 2\,\hat{i} - \hat{j}$, $\vec{B} = \hat{j} + \hat{k}$, $\vec{C} = 3\,\hat{i} + 2\,\hat{j}$일 때 $\vec{A} \cdot (\vec{B} \times \vec{C})$의 값을 구하시오. 또한, 연산결과가 스칼라인지 벡터인지 기술하시오.

Hint

① $\vec{B} \times \vec{C} = \begin{vmatrix} \hat{i} & \hat{j} & \hat{k} \\ B_x & B_y & B_z \\ C_x & C_y & C_z \end{vmatrix} = \begin{vmatrix} \hat{i} & \hat{j} & \hat{k} \\ 0 & 1 & 1 \\ 3 & 2 & 0 \end{vmatrix} = -2\hat{i} + 3\hat{j} - 3\hat{k}$

② $(\vec{B} \times \vec{C})$는 벡터외적으로 당연히 그 결과가 벡터이다. 또한, $(\vec{B} \times \vec{C})$는 벡터 $\vec{A}$와 내적 연산을 하기 위해서 벡터가 되어야지만 $\vec{A} \cdot (\vec{B} \times \vec{C})$ 수식이 성립될 수 있다. 결론적으로, $\vec{A} \cdot (\vec{B} \times \vec{C})$는 벡터 내적 연산 결과이므로 스칼라이다.

Answer $\vec{A} \cdot (\vec{B} \times \vec{C}) = -4 - 3 = -7 \quad \leftarrow$ Scalar

2

[벡터 미분]

2-9. 스칼라함수 $V(x, y, z) = 2xyz$일 때 점 $(1, -1, 3)[m]$에서의 ∇V를 구하고, 이것이 벡터인지 스칼라인지 구분하여 말하시오. 또한, ∇V가 벡터라면 그 크기를 구하시오.

Hint $V(x, y, z) = 2xyz$는 방향을 나타내는 벡터표시가 없으므로 스칼라이며,

$$\nabla V = (\frac{\partial}{\partial x}\hat{i} + \frac{\partial}{\partial y}\hat{j} + \frac{\partial}{\partial z}\hat{k})(2xyz)$$

$$= 2yz\hat{i} + 2xz\hat{j} + 2xy\hat{k} \quad \leftarrow x = 1, y = -1, z = 3$$

$$= -6\hat{i} + 6\hat{j} - 2\hat{k}$$

Answer ① ∇V는 벡터

② ∇V의 크기 $= |\nabla V| = \sqrt{6^2 + 6^2 + 2^2} = \sqrt{76} = 2\sqrt{19}$

2-10. 직각좌표계에서 벡터 $\vec{A}$의 성분이 각각 $A_x = ax^2 + b$, $A_y = cz^2 + d$, $A_z = e\ln y + f$ 일 때 벡터 $\vec{A}$의 발산을 구하시오(단, a, b, c, d, e, f는 상수이다).

Hint $\nabla \cdot \vec{A} = (\frac{\partial}{\partial x}\hat{i} + \frac{\partial}{\partial y}\hat{j} + \frac{\partial}{\partial z}\hat{k}) \cdot (A_x\hat{i} + A_y\hat{j} + A_z\hat{k}) = \frac{\partial}{\partial x}A_x + \frac{\partial}{\partial y}A_y + \frac{\partial}{\partial z}A_z$

Answer $\nabla \cdot \vec{A} = 2ax$

2-11. $\vec{A} = 3xy\,\hat{i} - yz\,\hat{j} + 2zx\,\hat{k}$일 때 점 $(1, -1, 2)[m]$에서 벡터 $\vec{A}$의 발산과 회전을 구하시오. 또한 그 결과는 스칼라인지 벡터인지 기술하시오. 점 $(1, -1, 2)[m]$에서 벡터 $\vec{A}$의 형태에 대해 기술하시오.

Hint ① 벡터 $\vec{A}$ 발산 $\nabla \cdot \vec{A} = \left(\dfrac{\partial}{\partial x}\hat{i} + \dfrac{\partial}{\partial y}\hat{j} + \dfrac{\partial}{\partial z}\hat{k}\right) \cdot \left(A_x\hat{i} + A_y\hat{j} + A_z\hat{k}\right)$

$= \dfrac{\partial}{\partial x}A_x + \dfrac{\partial}{\partial y}A_y + \dfrac{\partial}{\partial z}A_z = 3y - z + 2x$

② 벡터 $\vec{A}$ 회전 $\nabla \times \vec{A} = \left(\dfrac{\partial}{\partial x}\hat{i} + \dfrac{\partial}{\partial y}\hat{j} + \dfrac{\partial}{\partial z}\hat{k}\right) \times \left(A_x\hat{i} + A_y\hat{j} + A_z\hat{k}\right)$

$= \begin{vmatrix} \hat{i} & \hat{j} & \hat{k} \\ \dfrac{\partial}{\partial x} & \dfrac{\partial}{\partial y} & \dfrac{\partial}{\partial z} \\ A_x & A_y & A_z \end{vmatrix}$

$= \left(\dfrac{\partial A_z}{\partial y} - \dfrac{\partial A_y}{\partial z}\right)\hat{i} - \left(\dfrac{\partial A_z}{\partial x} - \dfrac{\partial A_x}{\partial z}\right)\hat{j} + \left(\dfrac{\partial A_y}{\partial x} - \dfrac{\partial A_x}{\partial y}\right)\hat{k}$

$= (0+y)\hat{i} - (2z-0)\hat{j} + (0-3x)\hat{k} = y\hat{i} - 2z\hat{j} - 3x\hat{k}$

Answer ① $\nabla \cdot \vec{A} = -3-2+2 = -3 \leftarrow$ Scalar
② $\nabla \times \vec{A} = y\hat{i} - 2z\hat{j} - 3x\hat{k} = -\hat{i} - 4\hat{j} - 3\hat{k} \leftarrow$ Vector
③ 점 $(1, -1, 2)[m]$에서 벡터 $\vec{A}$는 음의 발산($\nabla \cdot \vec{A} < 0$)과 회전($\nabla \times \vec{A} \neq 0$) 하는 형태의 모양임.

2-12. 스칼라함수 $f(x, y, z) = 3x^2 + y^2 - 2z^3$가 있을 때 점 $P(2, 4, 3)[m]$에서의 $\nabla^2 f$ 를 구하시오.

Hint $\nabla^2 = \nabla \cdot \nabla = (\dfrac{\partial^2}{\partial x^2} + \dfrac{\partial^2}{\partial y^2} + \dfrac{\partial^2}{\partial z^2}) \quad \rightarrow$

$$\nabla^2 f = (\dfrac{\partial^2}{\partial x^2} + \dfrac{\partial^2}{\partial y^2} + \dfrac{\partial^2}{\partial z^2})(3x^2 + y^2 - 2z^3)$$

$$= \dfrac{\partial}{\partial x}6x + \dfrac{\partial}{\partial y}2y + \dfrac{\partial}{\partial z}(-6z^2)$$

Answer $\nabla^2 f = 6 + 2 - 12z = 8 - 36 = -28$

2-13. 벡터 $\vec{A} = A_x\hat{i} + A_y\hat{j} + A_z\hat{k}$ 일 때 벡터의 회전 후 발산 $\nabla \cdot (\nabla \times \vec{A})$가 항상 0이 됨을 증명하시오.

Hint $\nabla \times \vec{A} = (\dfrac{\partial}{\partial x}\hat{i} + \dfrac{\partial}{\partial y}\hat{j} + \dfrac{\partial}{\partial z}\hat{k}) \times (A_x\hat{i} + A_y\hat{j} + A_z\hat{k})$

$$= \begin{vmatrix} \hat{i} & \hat{j} & \hat{k} \\ \dfrac{\partial}{\partial x} & \dfrac{\partial}{\partial y} & \dfrac{\partial}{\partial z} \\ A_x & A_y & A_z \end{vmatrix}$$

$$= \left(\dfrac{\partial A_z}{\partial y} - \dfrac{\partial A_y}{\partial z}\right)\hat{i} - \left(\dfrac{\partial A_z}{\partial x} - \dfrac{\partial A_x}{\partial z}\right)\hat{j} + \left(\dfrac{\partial A_y}{\partial x} - \dfrac{\partial A_x}{\partial y}\right)\hat{k}$$

$$\therefore \nabla \cdot (\nabla \times \vec{A}) = \dfrac{\partial}{\partial x}\left(\dfrac{\partial A_z}{\partial y} - \dfrac{\partial A_y}{\partial z}\right) - \dfrac{\partial}{\partial y}\left(\dfrac{\partial A_z}{\partial x} - \dfrac{\partial A_x}{\partial z}\right) + \dfrac{\partial}{\partial z}\left(\dfrac{\partial A_y}{\partial x} - \dfrac{\partial A_x}{\partial y}\right) = 0$$

Answer $\nabla \cdot (\nabla \times \vec{A}) = 0$

[Stoke 정리 & Gauss 정리]

2-14. 다음 직각좌표계에서 xy 평면상에서 반시계 방향으로 회전하는 가로세로 길이가 각각 $1[m]$인 정사각형의 폐곡선 벡터 $\vec{l}$과 폐곡선 벡터를 관통하는 벡터 $\vec{A}$가 있을 때 다음 물음에 대해 답하시오.

A 벡터 $\vec{A} = -3x\,\hat{i} + xy\,\hat{j} + z^2\,\hat{k}$, 가로세로 길이가 각각 $1[m]$인 정사각형의 폐곡선 벡터 $\vec{l}$이 반시계 방향으로 회전하는 조건에서 Stoke 정리 성립 여부에 대해 밝히시오.

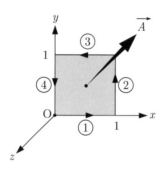

Hint ①, ②, ③, ④ 4구간으로 나누어서 생각하면,

① $\vec{dl} = dx\,\hat{i}$　　② $\vec{dl} = dy\,\hat{j}$　　③ $\vec{dl} = dx\,(-\hat{i})$　　④ $\vec{dl} = dy\,(-\hat{j})$

Stoke 정리 $\oint_l \vec{A} \cdot \vec{dl} = \int_S (\nabla \times \vec{A}) \cdot \vec{ds}$ 에서

$$\oint_l \vec{A} \cdot \vec{dl} = \int_{x=0}^{x=1} -3x\,dx\,(y=0) + \int_{y=0}^{y=1} xy\,dy\,(x=1)$$

$$+ \int_{x=0}^{x=1} 3x\,dx\,(y=1) + \int_{y=0}^{y=1} -xy\,dy\,(x=0)$$

$$= -\frac{3}{2}x^2\Big|_0^1 + \frac{1}{2}y^2\Big|_0^1 + \frac{3}{2}x^2\Big|_0^1 = \frac{1}{2}$$

그리고,

$$\nabla \times \vec{A} = \begin{vmatrix} \hat{i} & \hat{j} & \hat{k} \\ \dfrac{\partial}{\partial x} & \dfrac{\partial}{\partial y} & \dfrac{\partial}{\partial z} \\ -3x & xy & z^2 \end{vmatrix} = (0-0)\,\hat{i} - (0-0)\hat{j} + (y-0)\hat{k} = y\hat{k}\ ,$$

또한, $\vec{ds} = dx\,dy\,\hat{k}$　←　오른손나사 법칙

$$\int_s (\nabla \times \vec{A}) \cdot \vec{ds} = \int_s y\,dx\,dy = \int_{x=0}^{x=1} dx \times \int_{y=0}^{y=1} y\,dy = \frac{1}{2}$$

Answer $\oint_l \vec{A} \cdot \vec{dl} = \int_s (\nabla \times \vec{A}) \cdot \vec{ds} = \dfrac{1}{2}$; Stoke 정리 성립

B Ⓐ와 동일한 사항에서 가로세로 길이가 각각 $3[m]$인 정사각형의 폐곡선 벡터 $\vec{l}$이 반시계 방향으로 회전하는 조건에서 Stoke 정리 성립 여부에 대해 밝히시오.

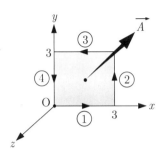

Hint
$$\oint_l \vec{A} \cdot \vec{dl} = \int_{x=0}^{x=3} -3x\,dx\,(y=0) + \int_{y=0}^{y=3} xy\,dy\,(x=3)$$

$$+ \int_{x=0}^{x=3} 3x\,dx\,(y=3) + \int_{y=0}^{y=3} -xy\,dy\,(x=0)$$

$$= -\frac{3}{2}x^2 \Big|_0^3 + \frac{3}{2}y^2 \Big|_0^3 + \frac{3}{2}x^2 \Big|_0^3 = \frac{27}{2}$$

Answer
$$\oint_l \vec{A} \cdot \vec{dl} = \int_s (\nabla \times \vec{A}) \cdot \vec{ds} = \frac{27}{2} \ ; \text{Stoke 정리 성립}$$

C Ⓐ와 동일한 사항에서 폐곡선 벡터 $\vec{l}$이 yz평면상에서 있을 때, Stoke 정리 성립 여부에 대해 밝히시오.

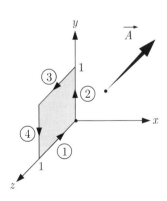

Hint $\vec{A} = -3x\,\hat{i} + xy\,\hat{j} + z^2\,\hat{k}$, 폐곡선 벡터 $\vec{l}$이 평면 yz 상이므로 $x = 0$

① $\vec{dl} = -dz\,\hat{k}\,(y=0)$ ② $\vec{dl} = dy\,\hat{j}\,(x=0)$

③ $\vec{dl} = dz\,\hat{k}\,(y=1)$ ④ $\vec{dl} = -dy\,\hat{j}\,(z=1)$

$$\oint_{l} \vec{A} \cdot \vec{dl} = \int_{z=0}^{z=1} -z^2\,dz + \int_{y=0}^{y=1} xy\,dy\,(x=0)$$

$$+ \int_{z=0}^{z=1} z^2\,dz + \int_{y=0}^{y=1} -xy\,dy\,(x=0)$$

$$= -\frac{1}{3}z^3 \Big|_{0}^{3} + \frac{1}{3}z^3 \Big|_{0}^{3} = 0$$

$$\rightarrow \vec{ds} = dy\,dz\,\hat{i} \ , \ (\nabla \times \vec{A}) \cdot \vec{ds} = y\hat{k} \cdot dy\,dz\,\hat{i} = 0$$

Answer $\oint_{l} \vec{A} \cdot \vec{dl} = \int_{s} (\nabla \times \vec{A}) \cdot \vec{ds} = 0$; Stoke 정리 성립

D Ⓐ와 동일한 사항에서 폐곡선 벡터 $\vec{l}$이 xz평면상에서 있을 때, Stoke 정리 성립 여부에 대해 밝히시오.

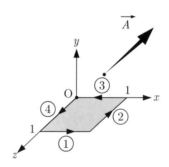

Hint $\vec{A} = -3x\,\hat{i} + xy\,\hat{j} + z^2\,\hat{k}$ $\rightarrow$ 폐곡선 벡터 $\vec{l}$이 xz평면 상이므로 $y = 0$

$$\rightarrow \vec{ds} = dx\,dz\,\hat{j} \ , \ (\nabla \times \vec{A}) \cdot \vec{ds} = y\hat{k} \cdot dx\,dz\,\hat{j} = 0$$

Answer $\oint_{l} \vec{A} \cdot \vec{dl} = \int_{s} (\nabla \times \vec{A}) \cdot \vec{ds} = 0$; Stoke 정리 성립

E Ⓐ와 동일한 사항에서 $\vec{B} = -x^2\,\hat{i} + xy\,\hat{j} + 2yz^2\,\hat{k}$ 으로 변경되었을 때 Stoke 정리 성립 여부에 대해 밝히시오.

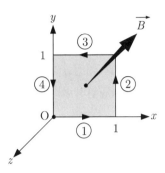

Hint $\vec{B} = -x^2\,\hat{i} + xy\,\hat{j} + 2yz^2\,\hat{k}$ 또한, $\vec{ds} = dx\,dy\,\hat{k}$

$$\nabla \times \vec{B} = \begin{vmatrix} \hat{i} & \hat{j} & \hat{k} \\ \dfrac{\partial}{\partial x} & \dfrac{\partial}{\partial y} & \dfrac{\partial}{\partial z} \\ -x^2 & xy & 2yz^2 \end{vmatrix} = (2z^2-0)\,\hat{i} - (0-0)\,\hat{j} + (y-0)\,\hat{k} = 2z^2\,\hat{i} + y\,\hat{k}$$

$$(\nabla \times \vec{B}) \cdot \vec{ds} = (2z^2\,\hat{i} + y\,\hat{k}) \cdot dx\,dy\,\hat{k} = y\,dx\,dy$$

Answer $\displaystyle \oint_l \vec{B} \cdot \vec{dl} = \int_s (\nabla \times \vec{B}) \cdot \vec{ds} = \frac{1}{2}$; Stoke 정리 성립

F Ⓐ와 동일한 사항에서 폐곡선 벡터 $\vec{l}$ 이 시계 방향으로 회전하는 조건에서 Stoke 정리 성립 여부에 대해 밝히시오.

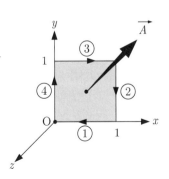

Hint $\quad \overrightarrow{ds} = -dx\,dy\,\hat{k}$, $(\nabla \times \overrightarrow{A}) \cdot \overrightarrow{ds} = (2z^2\,\hat{i} + y\,\hat{k}) \cdot (-dx\,dy\,\hat{k}) = -y\,dx\,dy$

Answer $\quad \oint_l \overrightarrow{A} \cdot \overrightarrow{dl} = \int_s (\nabla \times \overrightarrow{A}) \cdot \overrightarrow{ds} = -\dfrac{1}{2}$; Stoke 정리 성립

2-15. 벡터 $\overrightarrow{A}$가 속도의 물리량을 가진다고 가정할 때, Gauss 정리에서 양변의 연산결과가 어떤 물리량인지를 추론하고, 스칼라량인지 벡터량인지를 설명하시오.

$$\text{Gauss 정리} \qquad \int_s \overrightarrow{A} \cdot \overrightarrow{ds} = \int_v (\nabla \cdot \overrightarrow{A})\,dv$$

Hint $\quad \overrightarrow{ds}$는 미소면적벡터이므로 $[m^2]$의 물리량을 가지므로,

$$\int_s \overrightarrow{A} \cdot \overrightarrow{ds} \ \rightarrow \ [m/\sec] \times [m^2] = [m^3/\sec] \ \leftarrow \ \text{체적을 시간으로 나눈 물리량}$$

∇은 $[1/m]$, dv는 미소체적이므로 $[m^3]$ 물리량을 가지므로,

$$\int_v (\nabla \cdot \overrightarrow{A})\,dv \ \rightarrow \ [1/m] \times [m/\sec] \times [m^3] = [m^3/\sec]$$

Answer ① Gauss 정리의 양변모두 체적을 시간으로 나눈 $[m^3/\sec]$ 물리량임
② 양변 모두 벡터내적($\overrightarrow{A} \cdot \overrightarrow{ds}$, $\nabla \cdot \overrightarrow{A}$)의 적분연산으로 연산결과는 스칼라

2-16. Stoke 정리와 Gauss 정리의 차이점에 대해 3가지 이상 기술하시오.

Answer ① Stoke 정리 - 선적분을 면적분으로 변환하는 공식
    Gauss 정리 - 면적분을 체적적분으로 변환하는 공식
② Stoke 정리 - 자계벡터에 대한 Ampere 주회적분 법칙과 관련
$$\oint_l \overrightarrow{A} \cdot \overrightarrow{dl} = \oint_l \overrightarrow{H} \cdot \overrightarrow{dl} = I \ (\ \overrightarrow{H} : \text{자계벡터, } I : \text{전류})$$

Gauss 정리 - 전계벡터에 대한 Gauss 법칙과 관련

$$\int_s \vec{A} \cdot \vec{ds} = \int_s \vec{E} \cdot \vec{ds} = \frac{Q}{\epsilon} \ (\vec{E} : \text{전계벡터}, \ Q : \text{전하}, \ \epsilon : \text{유전율})$$

③ Stoke 정리 - 연산결과가 벡터 $\vec{A}$의 물리량에 길이 $l[m]$를 곱한 물리량임

$$\oint_l \vec{A} \cdot \vec{dl} \ \to \ A[?] \times l[m] \ \to \ [?-m]$$

Gauss 정리 -연산결과가 벡터 $\vec{A}$의 물리량에 면적 $S[m^2]$를 곱한 물리량임

$$\int_s \vec{A} \cdot \vec{ds} \ \to \ A[?] \times S[m^2] \ \to \ [?-m^2]$$

[좌표계]

2-17. 직각좌표계에서 점 $P(2,3,4)$를 원통좌표계 점 $P(\rho, \phi, z)$와 구좌표계 점 $P(r, \theta, \phi)$로 각각 나타내시오.

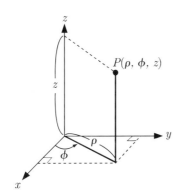
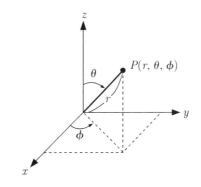

Hint ① $\rho = \sqrt{x^2 + y^2} = \sqrt{2^2 + 3^2} = \sqrt{13}$,

$x = \rho \cos\phi \ \to \ \phi = \cos^{-1}(\frac{x}{\rho}) = 0.9828[rad] = 56.3[°]$, $z = 4$

② $r = \sqrt{x^2 + y^2 + z^2} = \sqrt{2^2 + 3^2 + 4^2} = \sqrt{29}$

$\cos\theta = \frac{z}{r} \ \to \ \theta = \cos^{-1}(\frac{z}{r}) \approx 0.73358[rad] \approx 42[°]$

$x = \rho \cos\phi \ \to \ \phi = \cos^{-1}(\frac{x}{\rho}) = 0.9828[rad] = 56.3[°]$

Answer ① $P(\rho, \phi, z) = P(\sqrt{13}, 56.3°, 4)$ ② $P(r, \theta, \phi) = P(\sqrt{29}, 42°, 56.3°)$

2-18. 원통좌표계에서 $P(\rho, \phi, z) = P(2, \dfrac{\pi}{3}, 4)$ 좌표점을 직각좌표계의 점 $P(x, y, z)$로 표시하시오.

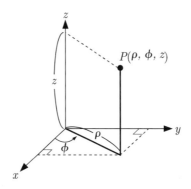

Hint $\rho = 2, \ \phi = \dfrac{\pi}{3}, \ z = 4 \quad \rightarrow \quad x = \rho \cos\phi = 2 \cos\dfrac{\pi}{3} = 2\dfrac{1}{2} = 1$

$$\rightarrow \quad y = \rho \sin\phi = 2 \sin\dfrac{\pi}{3} = 2\dfrac{\sqrt{3}}{2} = \sqrt{3}$$

$$\rightarrow \quad z = 4$$

Answer $P(x, y, z) = P(1, \sqrt{3}, 4)$

2-19. 다음 원통좌표계에서 굵게 표시된 원기둥의 일부 체적을 구하시오.

(단, $\rho_1 = 5[mm]$, $\rho_2 = 7[mm]$, $\phi_1 = \dfrac{1}{4}\pi[rad]$, $\phi_2 = \dfrac{1}{3}\pi[rad]$, $z_1 = 3[mm]$, $z_2 = 5[mm]$)

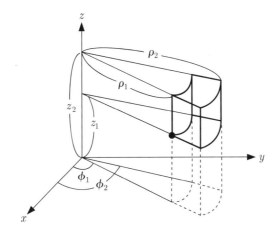

Hint 원통좌표계에서 미소체적 $dv = d\rho \times \rho\,d\phi \times dz = \rho\,d\rho\,d\phi\,dz$

$$V = \int_v dv \;\leftarrow\; dv = \rho d\rho \times d\phi \times dz \;,\; \int_v = \int_\rho \int_\phi \int_z$$

$$= \int_\rho \int_\phi \int_z \rho\,d\rho\,d\phi\,dz$$

$$= \int_{\rho=5m}^{\rho=7m} \rho\,d\rho \times \int_{\phi=\frac{\pi}{4}}^{\phi=\frac{\pi}{3}} d\phi \times \int_{z=3m}^{z=5m} dz$$

원통좌표계에서 미소체적 $dv = d\rho \times \rho\,d\phi \times dz = \rho\,d\rho\,d\phi\,dz$

$$= \frac{1}{2}\rho^2 \Big|_{5m}^{7m} \times \phi \Big|_{\frac{\pi}{4}}^{\frac{\pi}{3}} \times z \Big|_{3m}^{5m} = \frac{1}{2}(49\mu - 25\mu) \times \left(\frac{\pi}{3} - \frac{\pi}{4}\right) \times (5m - 3m)$$

$$= 12\mu \times \frac{1}{12}\pi \times 2m$$

Answer $V = 2\pi n\,[m^3] = 2\pi\,[mm^3]$

2-20. 직각삼각형에서 정의되는 삼각함수가 다음과 같을 때, 각도 $\theta\,[rad]$에 따른 삼각함수의 값을 도표에서 적어 넣으시오.

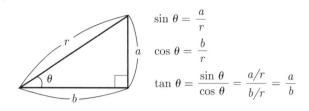

$$\sin \theta = \frac{a}{r}$$

$$\cos \theta = \frac{b}{r}$$

$$\tan \theta = \frac{\sin \theta}{\cos \theta} = \frac{a/r}{b/r} = \frac{a}{b}$$

$\theta \, [rad]$	0	$\dfrac{\pi}{6}$	$\dfrac{\pi}{4}$	$\dfrac{\pi}{3}$	$\dfrac{\pi}{2}$
$\sin \theta$					
$\cos \theta$					
$\tan \theta$					

Hint

$\sin \theta$는 $0 \sim \dfrac{\pi}{2}[rad]$까지 증가할 때 마다 $\dfrac{\sqrt{x}}{2}$에서 $x = 0, 1, 2, 3, 4$씩 순서대로 적고, $\cos \theta$는 $0 \sim \dfrac{\pi}{2}[rad]$까지 증가할 때 마다 $\dfrac{\sqrt{x}}{2}$에서 $x = 4, 3, 2, 1, 0$씩 $\sin \theta$의 반대순서대로 적으며, $\tan \theta$는 $\tan \theta = \dfrac{\sin \theta}{\cos \theta}$ 공식을 이용하여 적으면 된다.

$\theta \, [rad]$	0	$\dfrac{\pi}{6}$	$\dfrac{\pi}{4}$	$\dfrac{\pi}{3}$	$\dfrac{\pi}{2}$
$\sin \theta$	$\dfrac{\sqrt{0}}{2}$	$\dfrac{\sqrt{1}}{2}$	$\dfrac{\sqrt{2}}{2}$	$\dfrac{\sqrt{3}}{2}$	$\dfrac{\sqrt{4}}{2}$
$\cos \theta$	$\dfrac{\sqrt{4}}{2}$	$\dfrac{\sqrt{3}}{2}$	$\dfrac{\sqrt{2}}{2}$	$\dfrac{\sqrt{1}}{2}$	$\dfrac{\sqrt{0}}{2}$
$\tan \theta$	0	$\dfrac{1}{\sqrt{3}}$	1	$\sqrt{3}$	$\dfrac{1}{0}$

Answer

$\theta \, [rad]$	$0 \, (0°)$	$\dfrac{\pi}{6} (30°)$	$\dfrac{\pi}{4} (45°)$	$\dfrac{\pi}{3} (60°)$	$\dfrac{\pi}{2} (90°)$
$\sin \theta$	0	$\dfrac{1}{2}$	$\dfrac{\sqrt{2}}{2}$	$\dfrac{\sqrt{3}}{2}$	1
$\cos \theta$	1	$\dfrac{\sqrt{3}}{2}$	$\dfrac{\sqrt{2}}{2}$	$\dfrac{1}{2}$	0
$\tan \theta$	0	$\dfrac{1}{\sqrt{3}}$	1	$\sqrt{3}$	∞

Chapter 03

전계

3.1 대전현상

전기가 잘 통하지 않는 절연체(絕緣體) 혹은 부도체(不導體)를 서로 마찰(摩擦)시키면 상호 간에 물체를 끌어당기는 특이현상이 발생한다. 예를 들어 머리카락에 플라스틱판을 계속해서 문지르면 머리카락이 플라스틱판에 들러붙는 현상을 경험해본 적 있을 것이다. 이러한 특이현상을 대전현상(帶電現象)이라고 하는데, 대전현상이 일어나는 이유는 다음과 같다. 머리카락을 구성하는 단백질 분자 내에 있던 속박전자가 마찰에 의한 열에너지를 받음으로써 속박전자가 자유전자로 변환되고, 이 자유전자가 플라스틱판으로 이동됨으로써, 전자를 잃은 머리카락은 전기적으로 양의 전하를, 전자를 전달받은 플라스틱판은 음의 전하를 가지게 된다. 따라서 양전하와 음전하에 의해 자연적인 현상으로 상호 끌어당기는 인력이 발생한다.

다시 요약하면, 마찰열에 의해 자유전자가 생성, 이동함으로써 전하 상호 간의 전기력이 발생하게 되어 머리카락이 플라스틱판에 붙게 되는 것이다. 이처럼 전하(電荷) 상호 간에 발생하는 전기적 인력(서로 끌어당기는 힘) 혹은 척력(서로 밀어내는 힘)을 Coulomb의 전기력(Coulomb's electrical force)이라 한다. 에너지 보존 법칙의 관점에서 설명한다면 플라스틱판과 머리카락을 마찰시키기 위해서는 운동에너지가 필요하다. 마찰로 발생하는 열에너지는 속박전자를 원자핵으로부터 분리해 낼 수 있는 원동력이 되고, 속박전자가 자유전자로 변환되는 일련의 에너지 변환과정을 거치게 된다. 이렇게 생성된 자유전자가 플라스틱판으로 이동하게 됨으로써 대전 현상이 발생하게 되고 최종적으로 두 대전체 간에 인력이 발생하고, 인력에 의해 두 대전체가 움직일 수 있는 운동에너지를 가질 것이다. 결론적으로, 마찰 때문에 자유전자와 대전현상이 발생한 것이다. 자유전자의 이동으로 전기적 성질을 가지게 된 물체는 대전체(electrification body)가 되었다고 하고, 마찰 때문에 생성된 전하를 마찰전하(摩擦電荷)라고 하며, 이 전하에는 자유전자가 부족한 양의 전하, 자유전자가 과다한 음의 전하로 분류할 수 있다.

대전된 물체는 일정한 전하량을 가지며, 이 전하량을 전하(electric charge)

$Q[C]$라 하고, 이는 대전현상뿐만 아니라 전기(電氣) 혹은 전계(電界)를 발생시키는 원천이 된다. 전하 $Q[C]$의 물리 단위는 쿨롱(Coulomb)이라고 한다.

마찰전기는 두 종류의 물체 사이에 접촉과 마찰에 의한 열(熱)에너지로, 물체 표면에 **자유전자**(free electron) 발생과 자유전자의 이동에 따른 대전체의 생성이 핵심이다(자유전자가 이동하는 것이지 원자핵이 이동하는 것이 아니다). 자유전자의 이동결과, 자유전자가 부족한 물체는 양전하로 대전하고, 자유전자가 이동하여 자유전자가 과다한 물체는 음전하로 대전하게 된다.

물체의 대전 현상은 물체 사이에 전하를 주고받아 나타나는 현상이므로, 대전 현상에 관계되는 모든 물체의 전하량을 더하면 그 양은 항상 일정하고, 전하가 새롭게 생성되거나 소멸하지 않는다. 이 법칙을 '전하 보존의 법칙'이라고 한다.

또한, 대전체가 전하를 상실하는 것을 방전(discharge)이라고 하고, 전하를 받아들이는 것을 충전(charge)이라고 한다. 자유전자의 이동으로 대전체가 형성되면, 이 대전체 사이에는 전기적으로 인력이 작용하는 쿨롱의 힘이 발생하며, 이 힘으로 대전체가 인력에 의한 이동, 즉 운동 에너지를 가지게 된다. 에너지보존 법칙의 관점에서, 마찰에 의한 대전현상은 결국 마찰을 일으키는 운동 에너지는 쿨롱의 힘에 의한 운동 에너지로서의 변환과정임을 이해하면 무리가 없다.

$$\text{전자의 전하량} \qquad e = -1.6 \times 10^{-19} \ [C] \tag{3.1}$$

$$\text{전자의 정지질량} \qquad m_0 = 9.1 \times 10^{-31} \ [kg] \tag{3.2}$$

전자의 전하량(Q)은 전하량의 크기가 1.602×10^{-19} [C]이고, 음의 전기를 가지는 전하로 규정하였으며, 전자의 질량(m_0)은 9.1×10^{-31} [kg] 정도로 알려져 있다. 원자핵을 구성하는 물질인 양성자는 전자와 같은 크기의 전하량이며 양전하이고, 중성자는 전하를 띠지 않으며, 각각의 질량은 전자의 약 1,840배인 1.67×10^{-27} [kg]에 달한다.

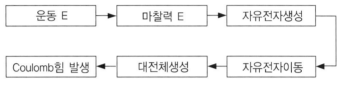

그림 3-1 • 마찰에 의한 대전현상의 발생과 에너지 변환과정($E =$ 에너지)

전하에는 양전하와 음전하 두 종류밖에 없다. 양전하는 이론적으로 원자핵을 구성하고 있는 양성자이고, 음전하에는 원자핵 주변을 공전하는 속박전자 또는 에너지를 받아 자유로운 활동이 가능한 자유전자가 있다. 원자 혹은 원자와 원자가 결합한 분자구조에서 (+)전하 혹은 (−)전하량을 가지는 이온(ion)이 존재하기도 한다. 예를 들어, N-type(negative type) 반도체를 만들기 위해 실리콘(Si) 결정에 주입되는 불순물인 비소(As), 인(P)이 가지고 있는 잉여전자가 불순물에서 떨어져 나가 자유전자가 될 때 불순물 비소, 인 등은 (+)이온이 되며 P-type(positive type) 반도체를 만들기 위해 실리콘 결정에 주입되는 불순물인 갈륨(Ga), 인듐(In), 붕소(B)가 가지고 있는 결핍전자에 공유결합을 하는 주변 속박전자의 이동과 결합으로 새로운 정공(hole)이 생성되면 결과적으로 불순물 갈륨, 인듐, 붕소 등은 (−)이온이 된다.

같은 종류의 전하 사이에는 반발력(척력)이 작용하고, 다른 종류의 전하 사이에는 인력(引力)이 작용하는데, 전하 상호 간의 인력과 척력은 자연적으로 발생하는 자연현상으로 어떠한 이론과 법칙으로도 설명할 수 없는 자연현상으로 취급된다.

마찰 때문에 발생하는 마찰전기는 마찰하는 상대 물체의 종류에 따라 다르다. 그림 3-2의 물체 중에서 마음대로 두 개를 선택하여 마찰하면, ⊕에 가까운 물질은 양전하로 대전되고, ⊖에 가까운 물질은 음전하로 대전된다. 이것을 실험에 의해 판명된 **마찰 계열**이라고 하는데, 이 서열은 주변 온도나 습도에 따라 영향을 받는다.

이처럼 서로 다른 두 물체의 상호 마찰로 발생하는 열에너지 덕분에 자유전자를 만들어내는 마찰전기 방법 이외에도 자유전자 혹은 전기를 만들어낼 수 있는 다양한 방법이 존재한다.

열전소자는 열을 가하면 전기를 만들어내고(**열발전**), 압전소자는 압력을 가하면 전기를 만들어낼 수 있다(**압발전**). 또한 폴리실리콘(poly silicon)으로 만들어진 태양전지에 빛을 가하면 전자(electron)와 정공을 만들어냄으로써 전류 혹은 전기를 만들어낼 수도 있다(**태양광발전**). 또한, 자동차 배터리 혹은 휴대용 건전지들은 화학적인 에너지에서 전기에너지를 만들어준다(**화학발전**). 그리고 원자력과 같은 핵분열을 통해 발생하는 열에너지(핵에너지)로부터 물이 수증기로 변환된 후 수증기에 의한 운동에너지가 발전기의 터빈(turbine)을 돌림으로써 전기에너지를 생성할 수도 있고(**핵발전**), 풍력에 의한 날개의 운동에너지를 이용한 전기에너지의 생성(**풍력발전**), 바닷물의 조수 간만차를 이용한 전기에너지도 있다(**조력(潮力)발전**). 강의 댐을 만들어 물의 낙차를 이용한 물의 운동에너지 등을 통해 터빈을 돌림으로써 전기에너지를 생성할 수도 있고(**수력발전**), 벙커 C유(Bunker fuel oil C)를 태움으로써 화력에 의한 터빈 가동으로 전기를 얻을 수도 있다(**화력발전**). 이처럼 현재 인류가 사용하고 있는 전기 대부분은 화력발전, 핵발전, 수력발전, 재생에너지(태양광, 풍력, 조력) 발전 등을 통해서 얻어진 것이다.

그림 3-2 • 물질의 마찰 계열

 양전하 혹은 음전하로 대전 된 대전체를 어떤 절연체 혹은 유전체(유전체는 전기가 잘 통하지 않는 절연체이며, 비유전율 상수가 비교적 높은 물질을 통칭하여 부른다)에 접근하면 그림 3-3과 같이 절연체를 이루고 있는 원자 내에서 고정된 양성자에 비해, 원자핵을 중심으로 공전운동을 하는 전자 혹은 전자운(電子雲)은 대전체에서 발생하는 전계이다. Coulomb 힘에 의한 전자들은 ⊕대전체에 인력이 작용하거나 혹은 ⊖대전체의 척력이 작용함으로써 전자나 전자운(電子雲)들이 원자핵의 중심에서 이탈되는 **전기쌍극자**(electric dipole)가 발생하며, 이를 통상 정전유도(靜電誘導)라 한다. 즉 대전체가 접근할 때 대전 되지 않은 다른 물질 내의 전하분포 상태가 변하는 현상이 바로 그것이다. 이 정전유도 현상은 전기쌍극자를 만들어 내는 유전체 물질의 고유한 성질이며, 이는 대전체에 있는 전하에 의해 발생하는 전계에 의해 유도된 현상이다. 전기쌍극자는 유전체를 설명하는 기본적 모델로서 전기분극 및 유전율 상수 등에 밀접한 연관을 가지며, 유전체 물질의 성질을 나타내는 매우 중요한 요소인데, 이는 제3장에서 충분히 다룰 것이다. 전기쌍극자를 만들어내는 정전유도는 대전체를 접근시키는 방법 이외에도 전압(voltage)을 인가할 때 주로 발생한다.

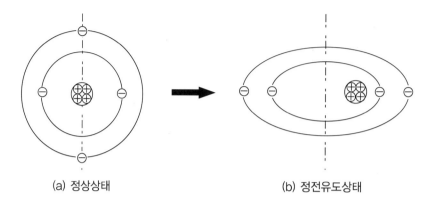

(a) 정상상태   (b) 정전유도상태

그림 3-3 • 원자의 정전유도(전기쌍극자의 발생)

3.2 Coulomb 전기력

1785년에 프랑스 육군 장교 시절의 쿨롱은 두 개의 대전체에 대한 척력 실험을 통해 두 전하 사이에 작용하는 물리적인 힘의 크기가 두 대전체와 떨어진 거리와 밀접한 연관이 있음을 실험적으로 증명하였다. 즉, 정지한 두 개의 대전체에 존재하는 점전하의 전하량 $Q_1[C]$과 $Q_2[C]$사이에 작용하는 전기력(電氣力)은 각각의 점전하 전하량 $Q_1[C]$과 $Q_2[C]$의 곱에 비례하며, 두 개의 점전하 간에 떨어진 직선거리 $R[m]$의 제곱에 반비례한다는 것을 알아냈다.

이를 Coulomb 전기력 $\vec{F_e}[N]$이라고 부르며, 수식으로 표현하면 다음과 같다.

$$\text{Coulomb 전기력} \quad \vec{F_e} \propto \frac{Q_1 \, Q_2}{R^2} \, \hat{a_r} \ [N] \tag{3.3}$$

이 식은 나중에 Gauss 법칙을 도입함으로써 Coulomb 전기력을 더 정확히 기술할 수 있다. 미리 설명하면 Coulomb 전기력은 다음과 같은 식으로 나타낸다.

$$\text{Coulomb 전기력} \quad \vec{F_e} = K \frac{Q_1 \, Q_2}{R^2} \, \hat{a_r} = \frac{1}{4 \, \pi \, \epsilon} \frac{Q_1 \, Q_2}{R^2} \, \hat{a_r} = Q_1 \, \vec{E_2} = Q_2 \, \vec{E_1} \ [N]$$

$$\tag{3.4}$$

여기서, $\vec{E_1} = \dfrac{1}{4 \, \pi \, \epsilon} \dfrac{Q_1}{R^2} \, \hat{a_r}$, $\vec{E_2} = \dfrac{1}{4 \, \pi \, \epsilon} \dfrac{Q_2}{R^2} \, \hat{a_r}$

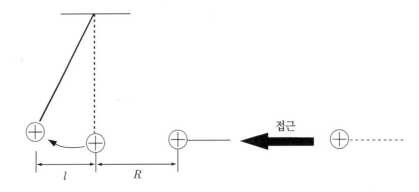

(a) 두 대전체 사이의 거리가 R일 때 전기력의 반발력

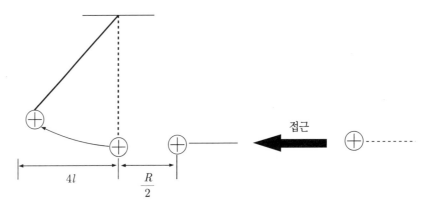

(b) 두 대전체 사이의 거리가 $R/2$일 때 전기력의 반발력

그림 3-4 • Coulomb 전기력에 관한 실험

여기서, 벡터 $\vec{E_1}$과 $\vec{E_2}$는 전하량 Q_1과 Q_2에 의해 발생하는 전계 벡터(electric field vector)이고, 비례상수 K는 힘이 작용하는 공간을 채우는 물질에 따라 변화하는 비례상수로서, 진공(眞空) 중에서의 그 값은 다음과 같다.

$$\text{진공 중의 비례 상수} \qquad K = \frac{1}{4\pi\epsilon_0} = 9 \times 10^9 \ [m/F] \qquad (3.5)$$

여기서, $\epsilon_0 [F/m]$를 진공 중의 유전율(permittivity)이라 한다. 두 전하 사이의 공간이 어떤 매질로 채워져 있는가에 따라 두 전하 사이에 발생하는 Coulomb 전기력이 달라지는데, 일반적으로 두 전하 사이에 발생하는 Coulomb 전기력은 아래와 같이 나타낸다.

$$\text{Coulomb 전기력} \qquad \overrightarrow{F_e} = \frac{1}{4\pi\epsilon} \frac{Q_1 Q_2}{R^2} \hat{a_r} \ [N] \qquad (3.6)$$

또한, 일반적인 유전체 물질의 유전율 상수는 아래와 같다.

$$\text{유전율 상수} \qquad \epsilon = \epsilon_0 \epsilon_r \quad [F/m] \qquad (3.7)$$

$$\text{진공 중의 유전율 상수} \qquad \epsilon_0 = \frac{1}{36\pi} \times 10^{-9} = 8.854 \times 10^{-12} \ [F/m] \qquad (3.8)$$

여기서, ϵ_r은 유전체 물질에 따라 결정되는 비유전율 상수로서, 그 물리 단위는 없으며(무차원 상수), 항상 1보다 큰 값을 가진다.

또한, 두 전하 사이에 발생하는 전기력인 Coulomb 힘은 전하량 $Q_1 [C]$과 전계벡터 $\overrightarrow{E_2} [V/m]$의 곱으로, 혹은 전하량 $Q_2 [C]$과 전계벡터 $\overrightarrow{E_1} [V/m]$의 곱으로 간단히 나타낼 수 있다. 여기서 전계벡터 $\overrightarrow{E_2} [V/m]$는 전하량 $Q_2 [C]$

에 의해 자연적으로 생성된 전계이며, 전계벡터 $\overrightarrow{E_1}\,[V/m]$는 전하량 $Q_1\,[C]$에 의해 자연적으로 생성된 전계임을 알아야 한다. 점전하에 의해 발생하는 전계는 Gauss 법칙을 통해 매우 간단하게 도출될 수 있음을 알 수 있다.

Coulomb 힘은 전하와 전계의 곱으로 표현된다. 즉, 어떤 임의의 전하 Q에 외부에서 공급되는 전계 E가 인가되면 Coulomb 힘이 발생한다. 이것은 어떤 무게 $m\,[kg]$을 가지고 있는 사과에, 지구의 **중력가속도** 벡터 $\overrightarrow{g}\,[m/\sec^2]$를 곱해서 얻어지는 뉴턴(Newton)의 만유인력과 매우 유사하다.

즉, Coulomb 전기력에서는 전하 $Q\,[C]$에 외부 전계벡터 $\overrightarrow{E}\,[V/m]$가 인가되면 만유인력과 같은 Coulomb 전기력이 작용하는 것으로 이해하면 된다.

만유인력의 중력가속도 $\overrightarrow{g}\,[m/\sec^2]$는 지구의 무게에 의해 만들어지는 것처럼 전계벡터 $\overrightarrow{E}\,[V/m]$는 독립된 전하에 의해 자연적으로 생성되거나, 사람이 전압 $V\,[V]$을 유전체 혹은 저항체에 인가할 경우도 유전체 또는 저항체의 양단 사이에 발생함을 다음에 배울 것이다.

전계 $\overrightarrow{E}$는 중력가속도와 같이 사람의 눈에는 보이지 않으며 3차원 공간(가로$\times$세로$\times$높이)에 작용하는 전하 $Q\,[C]$ 혹은 전압 $V\,[V]$에 의해 발생하는 벡터물리량이다.

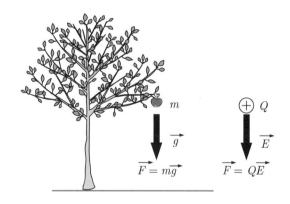

그림 3-5 • Newton 만유인력과 Coulomb 전기력의 유사성

Coulomb 전기력 실험에서 그림 3-5와 같이 독립된 점전하 $Q[C]$(대전체)에 의해 자연적으로 생성되는 전계벡터 $\vec{E}\,[V/m]$는 다음과 같은 수식으로 표현한다.

점전하 $Q[C]$에 의해 발생한 전계 $\vec{E} = \dfrac{1}{4\pi\epsilon}\dfrac{Q}{R^2}\,\hat{a}_r$ $[N/C]$ or $[V/m]$

(3.9)

이 식에서 전계벡터 $\vec{E}\,[V/m]$는 전하 $Q[C]$의 크기에 비례하고, 거리 $R[m]$의 제곱에 반비례하는 성질이 있음을 생각할 수 있다. 따라서 전하 $Q[C]$로부터 거리 $R[m]$이 무한대인 지점에서의 전계의 세기는 0이 될 것이고, $R[m]$이 0이 되는 지점일 경우는 이론적으로 무한대(∞)의 크기를 가지는 전계의 세기가 된다.

$Q[C]$에 의해 발생한 전계벡터 $\vec{E}\,[V/m]$가 또 다른 점전하 $+q[C]$에 작용하는 Coulomb 전기력은 아래와 같이 표시한다.

Coulomb 전기력 $\vec{F}_e = q\vec{E} = \dfrac{1}{4\pi\epsilon}\dfrac{Qq}{R^2}\,\hat{a}_r$ $[N]$ (3.10)

점전하 $+q[C]$에 의해 생성된 전계벡터를 $\vec{E}(q)[V/m]$라고 한다면 아래와 같다.

점전하 $q[C]$에 의해 발생된 전계 $\vec{E}(q) = \dfrac{1}{4\pi\epsilon}\dfrac{q}{R^2}\,\hat{a}_r$ $[N/C]\,[V/m]$

(3.11)

거리 $R[m]$ 떨어진 지점에 있는 전하 $Q[C]$에 작용하는 Coulomb 전기력은
아래와 같이, 앞서 구한 식과 동일한 식이 된다.

$$\text{Coulomb 전기력} \quad \vec{F_e} = Q\vec{E}(q) = \frac{1}{4\pi\epsilon}\frac{Qq}{R^2}\hat{a_r} = q\vec{E} \quad [N] \qquad (3.12)$$

Coulomb 전기력은 같은 종류의 전하들 사이에는 서로 밀치는 척력(반발력)
이 작용하고, 다른 종류의 전하들 사이에는 서로 끌어당기는 인력(흡인력)이
작용한다. 끝으로, Coulomb 전기력 또는 전계에서 표시한 $\hat{a_r}$은 Coulomb 전기
력 혹은 전계가 작용하는 공간상에서의 전기력의 방향 혹은 전계의 방향을 나
타내는 크기가 1인 단위벡터(unit vector)이다.

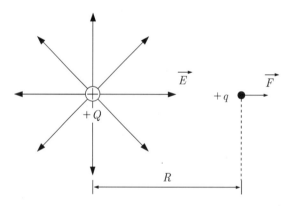

그림 3-6 • 점전하 $Q[C]$에 의해 발생된 전계 $\vec{E}[V/m]$에 의한 Coulomb 전기력

문제 1

수소원자는 원자핵의 중심에 (+)전하를 가지는 양성자 한 개와 그 주변을 돌고 있으며, (−)전하를 가지는 속박전자가 있다. 원자핵과 속박전자의 평균 공전 반지름은 약 $5.28 \times 10^{-11}[m] = 52.8p[m]$ 라고 할 때, 이들 양성자와 전자 사이에 작용하는 만유인력과 Coulomb 전기력을 각각 계산하여 그 크기를 서로 비교하시오. (단, 만유인력상수는 $G = 6.67 \times 10^{-11}[N-m^2/kg^2]$, 양성자의 질량은 $m_p = 1.67 \times 10^{-27}[kg]$, 전자의 질량은 $m_e = 9.10 \times 10^{-31}[kg]$으로 가정하라.)

Solution 뉴턴의 만유인력은 $F_g = G\dfrac{m_p m_e}{r^2} = 6.67 \times 10^{-11}\dfrac{(1.67 \times 10^{-27})(9.10 \times 10^{-31})}{(5.28 \times 10^{-11})^2}$

$= 3.636 \times 10^{-47}[N]$과와 같고,

Coulomb 전기력은 $F_e = \dfrac{1}{4\pi\varepsilon_0}\dfrac{pe}{r^2} = 9 \times 10^9\dfrac{(1.6 \times 10^{-19})^2}{(5.28 \times 10^{-11})^2} = 8.26 \times 10^{-8}[N]$과 같

다. $F_e/F_g = 2.27 \times 10^{39}$ 전기력이 만유인력(중력)보다 2.27×10^{39}배 크다. 수소원자를 포함한 원소는 뉴턴의 만유인력보다는 Coulomb 전기력이 지배하고 있으며, Coulomb 전기력(인력)과 같은 크기의 원심력이 존재해야 하며, 결국 속박전자는 원자핵을 중심으로 공전하고 있다.

3.3 전계

우리는 Coulomb 전기력에서 전하에 의해 전계가 발생하고, Coulomb 전기력은 점전하의 전하량과 점전하에 작용하는 전계의 곱으로 나타낼 수 있음을 살펴보았다. 또한, 전계 E가 만유인력의 중력가속도 g와 유사하다는 것을 알았다.

$$\text{Coulomb 전기력} \qquad \vec{F} = Q\,\vec{E} \ \ [N] \tag{3.13}$$

임의의 독립된 점전하에 전계가 인가될 경우, 점전하에 Coulomb 전기력이 발생할 것이고, 독립된 점전하는 정지 상태에서 Coulomb 전기력에 의한 이동(drift)을 하게 될 것이다. 즉, 정지된 점전하에 Coulomb 전기력에 의한 운동에너지를 가진다. 그렇다면 전계는 중력가속도처럼 운동에너지를 만들게 하는 어떤 공간상에서의 에너지 개념을 가지고 있다고 볼 수 있다. 실제로 전하의 흐름인 전류는 점전하에 전계가 인가될 때 Coulomb 전기력에 의해 이동을 하게 되고, 이러한 점전하의 이동이 전류를 형성한다.

공간상의 정전에너지를 설명할 때, 전계는 에너지와 매우 밀접한 연관성을 가지고 있음을 배울 것이다. 그렇다면, 전계를 만들어낼 수 있는 에너지는 어디에서 온 것인가? 이 해답은 에너지 보존의 법칙에서 쉽게 유추할 수 있다.

전계를 생성하는 것은 전하이고, 양전하 혹은 음전하를 임의의 공간에 독립된 전하로 배치하기 위해서는 앞서 배운 절연체에서 마찰에너지에 의한 대전체를 생성해야 한다. 즉, 에너지 보존의 법칙에서 생각해보면 마찰에너지에 의해 전하가 포함된 대전체를 만들 수 있고, 이 대전체에 있는 전하에 의해 전계가 생성되고, 이 때문에 임의의 다른 전하의 운동에너지를 만들어낼 수 있다. 어떠한 경우도 새로이 에너지가 생성되지 않는다는 에너지 보존의 법칙이 항상 작용하고 있음을 명심해야 한다. 전계와 관련된 새로운 에너지를 만들어내기 위해서는 또 다른 에너지(마찰에너지)가 필요하다.

또한, 커패시터(capacitor)에 전압을 인가함으로써 전계를 생성할 수 있고, 이 때문에 전하를 충전할 수 있다. 이 역시 전압이 포함된 전기에너지(전압은 전기에너지가 아니다)가 전하를 capacitor로 충전하는 전하의 운동에너지원이 된다. 도선에 전압을 인가할 때도 도선 내에 풍부히 존재하는 자유전자들이 전압에 의해 발생하는 전계에 의해 Coulomb 힘으로 움직이게 되며, 이것이 전류를 생성하여 전기에너지가 자유전자의 운동에너지원이 된 것으로 보면 된다.

이렇게 전계는 임의의 전하에 Coulomb 전기력을 가져오게 하는 공간상에 작용하는 어떤 것으로 개념을 잡으면 되겠다. 또한, 전계는 사람의 눈으로는 보이지 않는 물리량이지만, 전하의 분포에 따라 다르게 변하는 전계를 벡터형태로 도시한 것을 전기력선(電氣力線)이라 부르며, 이것은 볼 수 없는 전계를 마치 보이도록 표시한 가상적으로 설정한 선이다. 전기력선 혹은 전계벡터의 특성을 요약하면 다음과 같다.

① 양전하에서 음전하로 끝나는 연속곡선이지만, 양전하에서 시작하여 음전하로 끝나기 때문에 전체적으로 볼 때는 불연속 곡선(open loop)이다.

② 전기력선 밀도(단위면적당 전기력선의 개수)가 클수록 전계세기는 커진다. 즉, 전하로부터의 거리가 가까울수록 거리 R의 제곱에 비례하여 전계는 커지는데, 이는 전기력선의 밀도가 전하에 가까울수록 높기 때문이다.

③ 임의점에서 전기력선의 접선은 그 점에서 전계의 방향과 같다.

④ 하나의 전하로부터 발생한 전기력선은 절대 서로 만나지 않는다. 전계 혹은 전기력선을 교차해서 그렸다면 그것은 잘못된 것이다. 그러나 다른 전하에서 각각 발생한 전기력선은 서로 교차하며, 각각 벡터의 합성으로 간주하면 된다.

⑤ 같은 부호의 전하가 있으면 서로 반발하고, 서로 다른 부호의 전하가 있으면 서로 끌어당긴다.

전계벡터의 가상선인 전기력선은 전하의 분포에 따라 그 모양이 달라진다. 전하량 $Q[C]$는 아래 그림 3-7과 같이 그 전하의 분포 상태에 따라 점전하(點

電荷), 선전하(線電荷), 면전하(面電荷), 체적전하(體積電荷) 등으로 분류할 수 있으며, 전하 밀도(電荷密度) 개념을 반영하면 다음과 같이 분류할 수 있다.

$$\text{선전하 밀도} \qquad \rho_l = Q/l \ \ [C/m], \quad l : \text{선의 길이} \ [m]$$ (3.14)

$$\text{면전하 밀도} \qquad \rho_s = Q/S \ \ [C/m^2], \quad S : \text{면의 면적} \ [m^2]$$ (3.15)

$$\text{체적전하 밀도} \qquad \rho_v = Q/v \ \ [C/m^3], \quad v : \text{체적의 부피} \ [m^3]$$ (3.16)

따라서 각 전하의 분포에 따라 총 전하 $Q\,[C]$를 전하 밀도에 따라 다음과 같이 정의할 수 있다.

$$\begin{aligned} \text{총 전하} \quad Q &= \rho_l \cdot l = \int_l \rho_l \ dl \\ &= \rho_s \cdot S = \int_s \rho_s \ ds \\ &= \rho_v \cdot v = \int_v \rho_v \ dv \quad [C] \end{aligned}$$ (3.17)

여기서, 주의해야 할 점은 선전하 밀도, 면전하 밀도, 체적전하 밀도의 표기가 비슷하게 보여도 물리 단위의 분모는 거리 $[m]$, 면적 $[m^2]$, 부피 $[m^3]$로 크게 다르다는 것에 주의해야 한다. 또한, 전하량 Q는 크기만을 나타내는 스칼라이기 때문에 ρ_l, ρ_s, ρ_v 및 선의 길이 l(length), 표면적 s (surface), 체적 v(volume) 또한 당연히 스칼라이다.

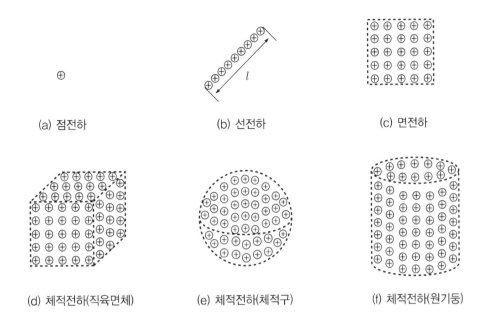

(a) 점전하 (b) 선전하 (c) 면전하

(d) 체적전하(직육면체) (e) 체적전하(체적구) (f) 체적전하(원기둥)

그림 3-7 • 전하의 분포에 따른 전하의 분류

3.3.1 전기력선 방정식

전하(점전하, 선전하, 면전하, 체적전하)가 독립적으로 존재할 때 전계가 발생하고, 커패시터(capacitor)와 저항(resistor)에 전압이 인가될 때에도 전계가 발생한다.

눈에 보이지 않은 전계를 그림으로 표현한 것을 전기력선이라 하며, 전기력선 또는 전계에서 3차원 공간에서 항상 성립되는 방정식이 있는데, 이를 전기력선 방정식 또는 전계 방정식이라 한다.

다음 그림 3-8과 같이 2차원 평면에서 도시된 전기력선(약간의 회전성분이 있는 굴곡된 형태의 전계)에서 한 점에서의 접선이 바로 그 지점에서의 전계

방향을 나타낸다고 할 때, 2차원에서의 전계벡터 $\vec{E}$는 각각 x축 및 y축 방향으로의 전계벡터성분 E_x, E_y로 나눌 수 있으며, 전계벡터성분 E_x, E_y의 세기의 크기가 전기력선의 미소길이 dx, dy에 각각 비례한다. 이를 수식으로 표현한 것이 바로 전기력선의 방정식이다.

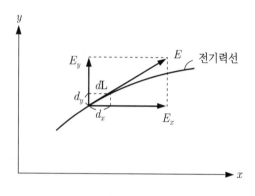

그림 3-8 • 2차원 평면에서의 전기력선

이때, 전계벡터 $\vec{E}$는, 아래와 같다.

$$\text{전계벡터} \qquad \vec{E} = E_x\,\hat{i} + E_y\,\hat{j} \quad [V/m] \tag{3.18}$$

전기력선의 미소길이벡터 $\vec{dl}$는 아래와 같이 나타낼 수 있다.

$$\text{미소길이벡터} \qquad \vec{dl} = dx\,\hat{i} + dy\,\hat{j} \quad [m] \tag{3.19}$$

또한, 전기력선 방정식은 전계 벡터와 전기력선의 미소길이벡터 각각의 성분에서 그 비례관계식이 성립되는 것으로, 다음과 같이 표현한다.

$$
\text{전기력선 방정식(2차원)} \qquad E_x : E_y = dx : dy \iff \frac{E_x}{dx} = \frac{E_y}{dy} \quad [V/m^2]
$$

(3.20)

전기력선 방정식은 전기력선 또는 전계가 3차원 공간에서 존재하므로, 일반적인 전기력선 방정식을 표현하면 다음과 같다.

$$
\text{전기력선 방정식} \qquad \frac{E_x}{dx} = \frac{E_y}{dy} = \frac{E_z}{dz} \quad [V/m^2]
$$

(3.21)

문제 2

전계벡터 $\vec{E} = 4x\,\hat{i} + 2y\,\hat{j}\ [V/m]$가 있을 때, 점 $(1,\ 2)$를 지나는 전기력선의 방정식을 구하시오.

Solution

$E_x = 4x,\ E_y = 2y$

$\therefore \dfrac{4x}{dx} = \dfrac{2y}{dy} \rightarrow \dfrac{dx}{x} = 2\dfrac{dy}{y}$

양변에 적분을 취하면, $\displaystyle\int \frac{dx}{x} = 2\int \frac{dy}{y} \Rightarrow \ln x - 2\ln y = C \Rightarrow \ln\left(\frac{x}{y^2}\right) = C$

$$
\therefore \frac{x}{y^2} = e^C = k\,(\text{상수})
$$

이다. 전기력선 방정식은 점 $(1,\ 2)$를 지나므로 상수 k를 구하여 대입하여 구한 전기력선 방정식은,

$$
\therefore \frac{x}{y^2} = e^C = k = \frac{1}{2^2} = \frac{1}{4} \Rightarrow \frac{x}{y^2} = \frac{1}{4} \iff 4x = y^2 \text{이다.}
$$

3.3.2 점전하 분포 상태의 전계

여러 점전하들에 의한 임의의 점에서 전계 세기는 **중첩의 원리**(superposition)를 이용하여 각각의 점전하로부터 전계를 구하여 벡터 합을 하면 쉽게 구할 수 있다. 그림 3-9는 점전하의 종류와 배치에 따라 전계의 모양이 달라짐을 나타낸다. 전계를 표시한 전기력선은 양전하에서 시작되어 음전하로 끝나는 것을 알 수 있으며, 양전하가 한 개일 경우 전계가 무한원점을 향해 발산(방사)하는 형태를 보이고, 음전하의 경우 음전하로 전계가 수렴하며, 전하에 근접할수록 전기력선의 밀도(단위면적당 전기력선의 수)가 커지고 있음을 알 수 있다.

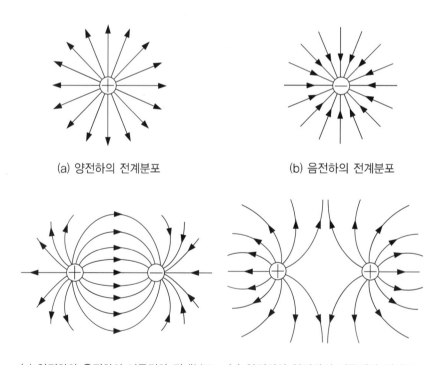

(a) 양전하의 전계분포   (b) 음전하의 전계분포

(c) 양전하와 음전하의 이중전하 전계분포   (d) 양전하와 양전하의 이중전하 전계분포

그림 3-9 • 점전하의 분포에 따른 전계의 변화

그림 3-10은 서로 각기 다른 전하 혹은 같은 전하가 있을 때 임의의 점에서 전계의 세기를 도시한 것이다. 이 전계의 세기는 중첩의 원리(superposition)를 이용하여 각 점전하의 세기를 벡터 합으로 계산하면 된다.

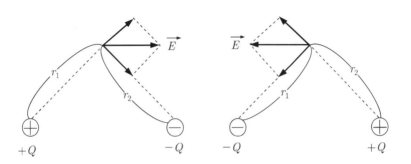

(a) 이종전하의 전계벡터의 합

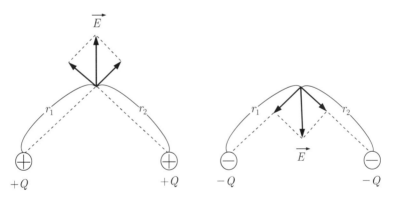

(b) 동종전하의 전계벡터의 합

그림 3-10 • 두 개의 점전하의 분포에 따른 전계의 중첩(superposition)

Coulomb 전기력 법칙에서 점전하로부터 발생하는 전계의 세기는 전하량 Q에 비례하고, 거리 r^2에 반비례하므로 점전하의 전계는 아래와 같이 나타낸다.

$$\text{점전하의 전계} \quad \vec{E}(Q, r) = \frac{1}{4\pi\epsilon}\frac{Q}{r^2}\widehat{a_r}\ [N/C]\ [V/m] \tag{3.22}$$

이를 통해 각각의 전하를 $Q_1[C]$, $Q_2[C]$라고 하고, 각각 $r_1[m]$, $r_2[m]$ 떨어진 지점에서의 두 점전하의 전계의 세기는 다음과 같다.

$$\begin{aligned}\text{전계의 중첩} \quad \vec{E} &= \frac{1}{4\pi\epsilon}\frac{Q_1}{R_1^2}\widehat{a_{r1}} + \frac{1}{4\pi\epsilon}\frac{Q_2}{R_2^2}\widehat{a_{r2}}\\ &= \frac{1}{4\pi\epsilon}\Big(\frac{Q_1}{R_1^2}\widehat{a_{r1}} + \frac{Q_2}{R_2^2}\widehat{a_{r2}}\Big)\ [V/m]\end{aligned} \tag{3.23}$$

전계의 중첩원리는 전계에 영향을 주는 전하의 분포에서 각각의 전하에 의한 전계의 벡터 합으로 표현하면 된다.

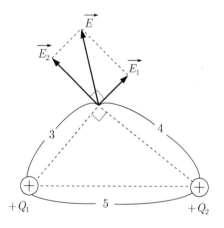

그림 3-11 • 두 개의 점진하의 진계 중첩

문제 3

각각의 전하를 $Q_1[C]$, $Q_2[C]$라고 하고, 각각 $r_1[m]$, $r_2[m]$ 지점에서의 전계세기를 구하시오. (단, $Q_1[C] = 4[nC]$, $Q_2[C] = 16[nC]$, $r_1 = 3[m]$, $r_2 = 4[m]$, $\epsilon_r = 1$)

Solution

$$\overrightarrow{E_1} = \frac{1}{4\pi\epsilon}\frac{Q_1}{r_1^2}\,\widehat{a_{r1}} = 9 \times 10^9 \frac{4n}{3^2}\,\widehat{a_{r1}} = 4[V/m]$$

$$\overrightarrow{E_2} = \frac{1}{4\pi\epsilon}\frac{Q_2}{r_2^2}\,\widehat{a_{r2}} = 9 \times 10^9 \frac{16n}{4^2}\,\widehat{a_{r2}} = 9[V/m]$$

$$\overrightarrow{E} = \overrightarrow{E_1} + \overrightarrow{E_2} \ \rightarrow\ E = \sqrt{(E_1^2 + E_2^2)} = \sqrt{4^2 + 9^2} = \sqrt{97} \approx 10\,[V/m]$$

3.3.3 선전하 분포 상태의 전계

일반적으로 직선 형태로 전하가 분포되어 있다고 가정할 때 선전하에서 발생하는 전계는 그림 3-12에서 보는 바와 같이 선전하를 중심으로 둘러싸는 원통면에 수직한 방향으로 발산하는 형태의 전계가 생성된다.

이때, 직선 형태로 분포된 선전하에서의 총 전하량 $Q[C]$는 아래와 같다.

$$\text{선전하 총 전하량} \qquad Q = \rho_l \cdot l = \int_l \rho_l \ dl \ \ [C] \tag{3.24}$$

이것은 선전하 밀도 $\rho_l[C/m]$로 표시할 수 있고, $l[m]$는 선전하 전체의 길이를 의미한다.

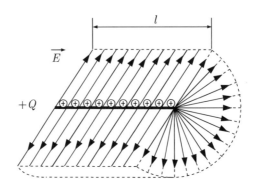

그림 3-12 • 선전하 분포에 따른 전계(원판 방사형의 중첩 전계)

선전하 밀도 형태로 전하가 분포된 경우는 기존의 점전하와 다른 형태의 전계 세기를 가지게 된다. 그림 3-12와 같이 직선 형태의 전하가 있을 때 전계는 원통형의 방사모양을 가지며, 원통 형태를 반으로 나누었을 때 모습을 표현하였다. 나중에 배울 원통형의 Gauss 면을 적용한 Gauss 법칙으로 계산하면 다음과 같이 표시된다.

$$\text{선전하 전계} \qquad E = \frac{D}{\epsilon} = \frac{\rho_l}{2\pi\epsilon r} \quad [V/m] \qquad (3.25)$$

이때, $r[m]$는 도선으로부터 수직으로 떨어진 거리이다.

3.3.4 면전하 분포 상태의 전계

전하가 2차원적으로 면형태의 분포가 되어 있다고 가정할 때 면전하에서 발생하는 전계는 좌우로 평행한 평행 전계가 발생하게 된다.

이때, 면의 형태로 분포된 면전하의 총 전하량 $Q[C]$는 다음과 같다. 이는 면전하 밀도 $\rho_s[C/m^2]$로 표시할 수 있으며, $S[m^2]$는 면전하가 분포하는 전체 면의 넓이다.

$$\text{면전하 총 전하량} \quad Q = \rho_s \cdot S = \int_s \rho_s \, ds \quad [C] \tag{3.26}$$

평행전계 형태로 나타나는 면전하분포는 평판 커패시터의 모델(model)로서 매우 중요하다. Gauss 법칙을 이용하여 전계를 아주 쉽게 구해낼 수 있는데, 이때 전계 세기를 면적분(이중적분) 형태로 표현하면 아래 식과 같다.

$$\text{면전하 전계} \quad E = \frac{D}{\epsilon} = \frac{Q}{\epsilon S} = \frac{\rho_s}{\epsilon} \, [V/m] \tag{3.27}$$

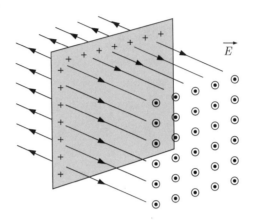

그림 3-13 • 면전하의 분포에 따른 전계(평행 전계)

3.3.5 체적전하 분포의 전계

3차원적으로 체적의 형태가 분포되어 있다고 가정할 때 체적전하에서 발생하는 전계는 크게 점전하와 유사한 방사형 전계의 모습을 가진다. 그림 3-14는 체적구 형태로 전하가 모여 있을 때의 전계 형태를 표현한 것이다.

이때, 체적의 형태로 분포된 전하는 $Q = \rho_v \cdot v = \int_v \rho_v \, dv \;\; [C]$로 체적 전하밀도 $\rho_v \, [C/m^3]$로 표시할 수 있고, $v \, [m^3]$는 체적전하가 분포하는 전체 체적(volume)을 의미한다.

Gauss 법칙을 이용하여 체적구 형태로 존재하는 전하에 대해, 체적구의 겉면인 Gauss 면을 적용하면 전계를 아주 쉽게 구해낼 수 있는데, 이때 전속밀도와 전계의 세기를 표현하면 다음 식과 같다.

체적구 전하 전속밀도와 전계 $\quad D = \epsilon E = \dfrac{Q}{4\pi r^2}\ [C/m^2]\ ,\quad E = \dfrac{Q}{4\pi\epsilon r^2}\ [V/m]$

$$(3.28)$$

이때, $r[m]$는 체적구의 중심으로부터 수직으로 떨어진 거리(반경)이다.

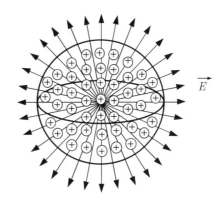

그림 3-14 ● 체적구 전하 분포에 따른 전계(방사 전계)

3.4 전압

독립된 전하가 생성되었을 때 전하를 중심으로 전계가 형성된다고 하였다. 전계는 크기와 방향을 가지는 벡터이며, 그 크기와 방향 모두를 알아내는 것이 매우 중요하다. 이번 절에서 다룰 전압은 방향과 크기를 모두 가지는 전계에 비해서 단지 스칼라(scalar)이기 때문에 전계보다 다루기가 쉽다.

하지만 전압은 상대적인 크기를 나타내는 스칼라로 방향이 없는 스칼라이지만 어떤 지점에서 전압이 높고 낮은지를 표현해야만 올바른 표현이며, 전압과 상대적인 물리량을 가지는 전류도 전류의 크기만을 표시하면 되는 스칼라로 취급하지만, 전류에도 전류가 흐르는 방향이 있으며, 전류가 흐르는 방향을 표시해야지만 완전한 표기임을 명심해야 한다.

다른 전자기학 서적에서는 전압(voltage)을 전위(電位, Electric Potential)로 표현하고 있다. 전자기학에서 말하는 전위는 전압과 같은 개념으로서, 전자기학에서만 유독 전위로 표현하고 있다. 전자회로 또는 회로이론, 디지털공학, 반도체공학, 전기공학 등에서 말하는 전압과 다른 개념을 심어줄 수 있는 관계로 이 책에서는 전위라는 표현보다는 전압으로 표시하고자 한다.

전압의 정의는 전계 내에서 단위점전하$(+1[C])$가 가지는 전기적 위치에너지를 의미한다. 전자기학에서 전위라는 용어는, 전계가 분포하는 공간에서 전하의 위치에 따른 에너지 개념을 가지고 있기 때문에 전압보다 전위라는 용어가 더 적절하다. 그러나 전위는 독립된 점전하에서 발생하는 전계에서의 위치에너지라는 개념으로 표현할 뿐, 실제로 전압을 인가함으로써 전계를 만들어내는 경우가 대부분이다.

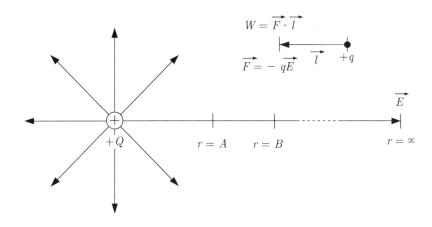

그림 3-15 • 점전하 전계에서의 단위점전하 이동을 위한 일(에너지).

그림 3-15와 같이 원점에 양전하를 갖는 점전하 $Q[C]$가 고정되어 있다고 가정하자. 이때, 점전하 $Q[C]$에 의해 자연 발생적으로 전계벡터 $\vec{E}$가 왼쪽에서 오른쪽으로 무한원점을 향해 뻗어 나갈 것이다. 만약, 무한원점(전계 $\vec{E}$의 크기가 0인 점)에서 $+1[C]$의 전하량을 갖는 단위점전하 $+q[C]$를 점전하 $Q[C]$ 방향(전계의 반대방향)으로 움직이려면, 두 양전하 간에 작용하는 Coulomb 반발력(척력)에 해당하는 힘으로 단위점전하가 움직일 수 있도록 어떤 에너지를 가해줘야 할 것이다. 반대로, 단위점전하 $+q[C]$를 점전하 $Q[C]$가 위치한 점(원점)에서 일정 거리 떨어진 $r[m]$지점에 놓게 된다면 단위점전하 $+q[C]$는 Coulomb 반발력으로 인해 전계 $\vec{E}$가 0인 무한원점까지 자연스럽게 이동을 할 것이다.

다른 말로 이를 설명하면, 점전하 $Q[C]$에 의해 전계 $\vec{E}$가 발생하며, 전계 $\vec{E}$에 의해 어떤 단위점전하 $+q[C]$의 이동이 가능하다. 이는 단위점전하 $+q[C]$가 위치에 따른 위치에너지를 가지고 있다고 할 수 있다. 즉, 전계 $\vec{E}$(점전하 $Q[C]$에 의해 만들어진 전계)가 존재하는 영역에서는 어떤 전하량을 가진 단위점전하 $+q[C]$에 Coulomb 힘을 전달해줄 수 있는 위치에너지를 가지고 있다고 생각하면 된다.

물리역학의 관점에서 보면, 지구의 중력가속도가 존재하는 상공에서 임의의 물체가 높이가 높은 곳에 있을수록 더 높은 위치에너지를 가지고 있다는 것과 같은 것이다. 다만, 전자기학에서는 전계가 존재하는 공간에 전하량을 가진 전하에 대해서만 전압(電壓)이라는 위치에너지를 적용할 수 있는 점이 다를 뿐이다.

그림 3-15에서 점 $A[m]$에 단위점전하 $+q[C]$를 놓으면 전계의 방향과 같은 방향으로 $F = qE$의 힘이 작용한다. 만일 $-q[C]$를 놓으면 전계의 방향과 반대 방향으로 힘이 작용하여 점전하 $Q[C]$로 움직일 것이다. 단위점전하 $+q[C]$를 점 $A[m]$에서 점 $B[m]$까지 자연스러운 이동을 하였을 때 단위점전하 $+q[C]$의 위치에너지가 줄어들면서 $+q[C]$가 가진 위치에너지가 운동에너지로 방출할 것이다. 반대로 단위점전하 $+q[C]$에 대해 점 $B[m]$에서 점 $A[m]$까지 움직이려면 외부에서 에너지를 주어야 하고, 외부에서 가해준 에너지(운동에너지)로 단위점전하 $+q[C]$의 위치에너지는 증가할 것이다. 이러한 모든 에너지의 변환은 에너지 보존의 법칙 관점에서 벗어남이 없다.

단위점전하가 전계 $\vec{E}$가 작용하고 있는 벡터장에서 이동하고 있을 때, 단위점전하가 가지고 있는 총 에너지는 다음과 같이 표현할 수 있다.

$$\text{점전하 총 에너지} \quad W_{total} = \frac{1}{2}mv^2 + qV \tag{3.29}$$

여기서, $m\,[kg]$은 단위점전하 $+q[C]$가 가지고 있는 총 무게이고 $v\,[m/sec]$는 단위 점전하 $+q[C]$의 이동속도이며, qV는 단위점전하의 전하량과 단위점전하의 절대전압 $V\,[V]$을 곱한 전기에너지 혹은 위치에너지를 말한다.

전압의 정의를 다시 언급하면, 전계의 반대 방향으로 단위점전하 $+q[C]$을 무한원점에서 전계 내의 임의의 점까지 이동시키는 데 소요되는 에너지(또는 일)를 단위점전하 $+q[C]$로 나눈 것이다. 이를 수식으로 표현하면 다음과 같다.

$$\boxed{\text{전압의 정의} \quad V = \frac{W}{q} \ [V]} \tag{3.30}$$

여기서, 점전하를 움직이는 데 투여된 운동에너지 $W[J]$는 Coulomb 힘 $F[N]$와 움직인 거리벡터 $\vec{l}[m]$로 나타낼 수 있다.

$$\boxed{\text{전하의 운동에너지} \quad W = \vec{F} \cdot \vec{l} = \int_{l=\infty}^{l=r} -q\vec{E} \cdot \vec{dl} = \frac{1}{2}mv^2 \ [J]}$$

$$\tag{3.31}$$

여기서, (−)값은 단위점전하에 투여된 에너지가 전계의 반대방향으로 단위 점전하를 이동했기 때문이다. 따라서 전압 $V[V]$를 다시 정리하면, 다음 식과 같다.

$$\boxed{\text{전압과 전계 관계} \quad V = \frac{W}{q} = \int_{l=\infty}^{l=r} -\vec{E} \cdot \vec{dl} = \int_{l=r}^{l=\infty} \vec{E} \cdot \vec{dl} = V(r) \ [V]}$$

$$\tag{3.32}$$

전압과 전계의 관계에서 알 수 있듯이, 전압은 아래와 같이 정의할 수 있다.

① 전계벡터 $\vec{E}$를 선적분(전계의 세기에 전계의 길이를 곱한 것)한 것.
② 전하 q를 움직일 수 있는 데 사용되는 전기에너지 W를 전하 q로 나눈 것.

전압은 스칼라이기 때문에 이를 수식으로 표현하기 위해서 벡터 $\vec{E}$에 거리 벡터 $\vec{l}\,[m]$을 도입하였다. 즉, 거리는 통상 스칼라로 취급하지만 전계벡터 $\vec{E}$ 와 내적연산을 필요로 하기 때문이다. 또한, 전계의 물리단위 $[V/m]$는 위의 식에서 전압을 거리로 나눈 것과 같음을 알 수 있다.

점전하 $Q[C]$가 있는 경우, 주변의 전계벡터 $\vec{E}$는 Coulomb 힘에서 잠시 다루었지만, 다음과 같다.

$$\text{점전하 전계} \qquad \vec{E} = \frac{Q}{4\pi\epsilon r^2}\,\hat{r}\ \ [V/m] \tag{3.33}$$

따라서 점전하 $Q[C]$에 의해 형성되는 거리 $r\,[m]$에 따른 전압의 값은 다음과 같을 것이다.

$$
\begin{aligned}
\text{점전하 전압} \qquad V(r) &= \int_{l=\infty}^{l=r} -\vec{E}\ \boldsymbol{\cdot}\ \vec{dl} \\[2mm]
&= \int_{r=\infty}^{r=r} -\frac{Q}{4\pi\epsilon r^2}\,\hat{r}\ \boldsymbol{\cdot}\ \vec{dr} \\[2mm]
&= \int_{r=\infty}^{r=r} \frac{-Q}{4\pi\epsilon r^2}\,\hat{r}\ \boldsymbol{\cdot}\ \hat{r}\ dr \\[2mm]
&= \int_{r=\infty}^{r=r} -\frac{Q}{4\pi\epsilon r^2}\ dr = \frac{Q}{4\pi\epsilon r}\ \ [V]
\end{aligned}
\tag{3.34}
$$

여기서, $\hat{r}$은 전계벡터와 전계벡터와 방향이 같은 전계의 미소길이벡터 $\vec{dl}\,[m]$의 방향만을 나타내는 단위벡터이다.

점전하 $Q\,[C]$에 의해 형성되는 주변 전계에서 가지는 전압의 크기는 점전하 $Q\,[C]$의 크기가 클수록 비례하여 증가하고, 거리 $r\,[m]$이 점전하에 멀어질수록 전압의 크기는 반비례하며 작아진다. 이처럼 무한원점을 기준으로 점전하 $Q\,[C]$로부터 거리 $r\,[m]$에 의해 결정되는 전압을 좀 더 정확하게 절대전압(絕對電壓, absolute voltage)이라고 한다. 이 절대전압은 전압의 크기가 점전하 $Q\,[C]$로부터 얼마만큼 떨어져 있는가를 결정하는 값이며, 이는 위치에너지와 운동에너지의 변환과 연관된 에너지보존의 법칙이 반드시 적용해야 한다.

점전하에 의해 형성되는 정전계에서 점 $A\,[m]$에서 점 $B\,[m]$에 따라 두 지점 간의 전압의 차이를 계산하면 다음과 같이 나타낼 수 있다.

$$
\boxed{
\begin{aligned}
\text{점전하 전압차} \quad V_{AB} &= V_A - V_B = V(r = A) - V(r = B) \\
&= \int_{r=A}^{r=\infty} \frac{Q}{4\pi\epsilon r^2}\, dr \; - \int_{r=B}^{r=\infty} \frac{Q}{4\pi\epsilon r^2}\, dr \; = \int_{r=A}^{r=B} \frac{Q}{4\pi\epsilon r^2}\, dr
\end{aligned}
}
$$

(3.35)

전압차는 전계를 선적분할 때 전압이 높은 지점(A점)에서 낮은 지점(B지점)까지 전계를 선적분하는 것으로 이해하면 쉽게 문제를 풀 수 있다. 이는, 전하 분포에 따른 capacitor 값을 유추할 때 적용되는 전압의 크기를 구하는 경우 매우 유용하다.

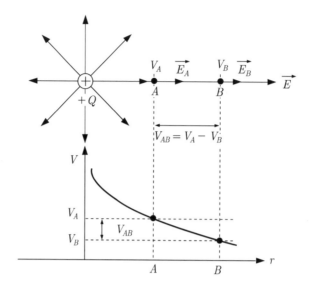

그림 3-16 • 점전하 전계의 전압차

$$\text{전압과 전계} \quad V = -\int_{l} \overrightarrow{E} \cdot \overrightarrow{dl} = +\int_{V=high}^{V=low} \overrightarrow{E} \cdot \overrightarrow{dl} \quad [V] \quad (3.36)$$

만약, 점전하에 의해 형성되는 정전계에서 폐경로 $l[m]$을 따라 움직여서 제자리에 돌아왔을 경우, 이 경우는 전압차가 없을 것이므로 항상 0이 될 것이다.

$$\text{전계의 폐경로 선적분} \quad V = -\oint_{l} \overrightarrow{E} \cdot \overrightarrow{dl} = 0 = \int_{s} (\nabla \times \overrightarrow{E}) \cdot \overrightarrow{ds}$$

$$(3.37)$$

이처럼 폐곡선 경로를 일주할 때 전압값이 적분경로에 무관하게 0이 되는 상태를 보존계(conservative field)라고 하며, 폐곡선 적분경로를 일주하여 이루어지는 적분을 주회적분(周回積分)이라 한다. 따라서 정전계는 전계를 주회적분한 결과 전압이 0이 되는 보존계(保存界)이다. 위 식에서 Stokes의 정리를 이용하여 폐경로 $l[m]$에 의해 형성되는 폐면적에 대해 면적분한 결과를 보면, 전계 회전은 0이라는 것을 알 수 있다.

$$\boxed{\text{전계 회전} \qquad \nabla \times \vec{E} = 0 \qquad (\text{정전계} \ \vec{E} \text{는 비회전})} \tag{3.38}$$

위의 식으로부터 점전하에 의해 발생하는 전계는 비회전한다는 사실을 유추할 수 있고, 실제 점전하로부터 방사하는 형태(태양이 빛을 쏟아내는 것과 유사한 형태의 벡터 모양)는 회전하는 형태의 벡터가 아니라는 것을 간접적으로 알 수 있다.

다음과 같이 전압을 전계의 적분형으로 표시한 식으로부터 직교좌표계에서 양변을 미분하면, 미소 전압은 다음과 같다.

$$\boxed{\text{전압과 전계 관계(적분형)} \qquad V = -\int_l \vec{E} \cdot \vec{dl} = \int_V dV \quad [V]} \tag{3.39}$$

$$\boxed{\begin{aligned}
\text{미소 전압} \qquad dV &= -\vec{E} \cdot \vec{dl} = -E_x\, dx - E_y\, dy - E_z\, dz \\
&= \frac{\partial V}{\partial x}\, dx + \frac{\partial V}{\partial y}\, dy + \frac{\partial V}{\partial z}\, dz \quad [V] \\
\therefore \ E_x &= -\frac{\partial V}{\partial x}, \quad E_y = -\frac{\partial V}{\partial y}, \quad E_z = -\frac{\partial V}{\partial z} \quad [V/m]
\end{aligned}}$$

$$\tag{3.40}$$

따라서 전계의 적분형에서 전계를 전압의 미분형으로 바꿀 수 있다. 이 식을 이용하여, 전압의 위치에 따른 정확한 값을 알고 있다면, 이를 편미분 연산자를 통해 전계의 위치에 따른 함수를 구할 수 있다. 이는 비단 직각 좌표계뿐만 아니고, 원통좌표계 및 구좌표계에서도 사용되는 일반식이다. 전자기학에서 해밀턴의 편미분 연산자(∇)의 물리단위가 $[1/m]$이므로 전계의 물리단위는 아래 식에서 바로 유추할 수 있는 $[V/m]$이다.

$$\boxed{\text{전계와 전압 관계(미분형)} \qquad \vec{E} = -\nabla V \quad [V/m]} \tag{3.41}$$

문제 4

직각좌표계에서 전압 $V(x, y, z) = xy^2 + 3z\,[V]$가 위치에 따른 함수일 때 정전계 공간에서 $(0, 2, 3)\,[m]$지점에서의 전계벡터의 세기를 구하시오.

Solution 전계벡터 $\vec{E} = -\nabla V = -(\frac{\partial}{\partial x}\hat{i} + \frac{\partial}{\partial y}\hat{j} + \frac{\partial}{\partial z}\hat{k})(xy^2 + 3z)$

$$= -(y^2\hat{i} + 2xy\hat{j} + 3\hat{k}) = -(4\hat{i} + 3\hat{k})\,[V/m]$$

$\therefore$ 전계벡터의 세기 $E = \sqrt{4^2 + 3^2} = 5\,[V/m]$

1

3

문제 5

직각좌표계에서 원점$(0, 0, 0)$에 $10^{-9}[C]$의 전하가 있을 때, 다음 물음에 대해 각각 대답하시오. (단, 자유공간의 비유전율 $\epsilon_r = 1$로 설정하자.)

(1) 점$(1, 0, 0)[m]$의 전압

(2) 점$(0, 2, 0)[m]$와 $(0, 0, 3)[m]$ 사이의 전압차

(3) $2 \times 10^{-9}[C]$의 전하를 점$(3, 0, 0)[m]$에 놓았을 때의 점$(1, 0, 0)[m]$의 전압(원점의 전하는 무시하자).

 (1) 점$(1, 0, 0)[m]$의 전압은 점전하의 전압

$$V(r) = \frac{Q}{4\pi\epsilon r} = 9G\frac{Q}{r} = 9G\frac{1n}{1} = 9 \ [V] \text{이다.}$$

(2) 점$(0, 2, 0)[m]$의 전압은 점전하의 전압

$$V(r) = \frac{Q}{4\pi\epsilon r} = 9G\frac{Q}{r} = 9G\frac{1n}{2} = 4.5 \ [V] \text{이다.}$$

점$(0, 0, 3)[m]$의 전압은 점전하의 전압

$$V(r) = \frac{Q}{4\pi\epsilon r} = 9G\frac{Q}{r} = 9G\frac{1n}{3} = 3 \ [V] \text{이다.}$$

$$\therefore \ \text{두 점의 전압차} \ V = 4.5 - 3 = 1.5 \ [V]$$

(3) 두 점 사이의 거리 $r = 2[m]$,

$$\therefore \ V(r) = \frac{Q'}{4\pi\epsilon r} = 9G\frac{Q}{r} = 9G\frac{2n}{2} = 9 \ [V] \text{이다.}$$

3.5 전속밀도와 Gauss 법칙

1장에서 도입한 전속밀도벡터 $\vec{D}[C/m^2]$는 단위면적당 분포하는 총 전하를 의미하는 것으로써, 단위면적당 전하가 있으므로 전계 $\vec{E}[V/m]$가 발생할 것이다.

전속밀도 $\vec{D}[C/m^2]$와 전계 $\vec{E}[V/m]$의 관계식은 아래와 같다.

$$\text{전속밀도의 정의} \qquad \vec{D} = \epsilon\,\vec{E} \ \ [C/m^2] \qquad\qquad (3.42)$$

ϵ는 물질의 종류에 따라 그 값을 달리하는 유전율 상수이고, 전계 $\vec{E}[V/m]$는 방향을 가지는 벡터량이기에 전계 $\vec{E}[V/m]$와 같은 방향을 가지는 전속밀도 $\vec{D}[C/m^2]$는 당연히 벡터가 되어야 한다. 전하 혹은 전압으로 생성되는 전계 $\vec{E}[V/m]$의 방향과 전속밀도 $\vec{D}[C/m^2]$의 방향은 항상 같다는 것을 수식으로부터 유추할 수 있고 이를 기억하기 바란다.

또한, 단위면적당 총전하 $Q[C]$를 나타내는 전속밀도 $\vec{D}[C/m^2]$가 증가할수록 당연히 전계 $\vec{E}[V/m]$의 세기는 비례하여 증가할 것이고, 이는 물질의 종류(유전체의 종류)에 따라 조금씩 다른 경향을 보일 것이므로 이를 결정하는 것이 바로 물질에 따른 유전율 상수의 값 차이일 것이다. 혹은 나중에 배우겠지만 어떤 유전체 물질에 외부 전계가 인가될 경우, 유전체를 이루는 원자핵에서의 전자운(電子雲)이 외부에서 인가된 전계에 의한 Coulomb 힘으로 작용한 것이다. 따라서 전자운이 전계 방향으로 이동함에 따라 분극현상 혹은 전기쌍극자가 유기되고 전체적으로 보면 유전체의 표면에 대전현상이 발생하게 된다. 이러한 유전체의 표면에서 서로 다른 양전하와 음전하가 발생함에 따라 유전체 내부는 유전체 표면에서 새로이 생성된 양전하 및 음전하에 의해 새로이 생성되는 전계와 외부 전계의 합(중첩)에 의해 진공과는 다른 형태의 유전체 내부의 전계가 분포하게 될 것이다.

즉, 전속밀도벡터 $\vec{D}\,[C/m^2]$는 진공뿐만이 아니고, 모든 유전체를 포함해서 외부의 전계에 따른 단위 면적당 발생 면전하 밀도를 나타내기 때문에 일반적인 식으로 사용하기에 매우 편리한 벡터이다.

임의의 독립된 점전하가 발생했을 때, 자연 발생적으로 전계가 형성된다. 세계 3대 수학자 중 한 사람으로 칭송되는 천재적인 수학자 가우스(Johann Karl Friedrich Gauss, 1777-1855)가 고안한 Gauss 법칙(Gauss law)은 전하로부터 발생하는 전계를 임의의 폐곡면(이를 Gauss면이라고 한다)의 미소면적벡터 $\vec{ds}\,[m^2]$로 내적하여 면적분한 결과는 임의의 폐곡면 내부(외부가 아님)에 존재하는 총 전하를 유전율로 나눈 것과 같다는 것을 말한다. 이를 수식(적분형)으로 표현하면 다음과 같다.

$$\text{Gauss 법칙(적분형)} \quad \oint_s \vec{E} \cdot \vec{ds} \;=\; \frac{Q}{\epsilon} \tag{3.43}$$

위 식에서, 유전율 상수 ϵ을 좌변으로 이항하면 아래와 같다.

$$\text{Gauss 법칙} \quad \oint_s \epsilon \vec{E} \cdot \vec{ds} \;=\; Q \;=\; \oint_s \vec{D} \cdot \vec{ds} \;=\; DS \;\; [C]$$
$$\therefore \; D \;=\; \frac{Q}{S} \;\; [C/m^2] \tag{3.44}$$

미소면적벡터 $\vec{ds}\,[m^2]$는 Gauss 발산 정리에서 언급한 바와 같이, 임의의 폐곡면을 무한히 작은 면적으로 나누었을 때 미소면적의 크기와 미소면적에서 바깥 면으로 수직하여 향하는 방향(미소면적의 법선방향)을 가지는 벡터이다.

또한, 위의 식에서 S는 가상의 체적을 가지는 폐곡면의 표면적으로, 결국 전속밀도 D는 전하량 Q를 표면적 S로 나눈 면전하 밀도 $\rho_s\,[C/m^2]$와 같은 물리량을 가진다.

Gauss 법칙에서 알 수 있듯이 전속밀도벡터 $\vec{D}\,[C/m^2]$를 미소면적벡터 $\vec{ds}$와 내적한 후 이를 적분했을 때 그 결과가 폐곡면 내에 존재하는 총 전하 $Q[C]$(전하가 전계를 발생)와 같다는 것이고, 결국 임의의 표면적을 가지는 폐곡면에서 총 전하를 표면적으로 나눈 값과 일치하는 것으로 전속밀도벡터 $\vec{D}\,[C/m^2]$의 물리단위가 단위면적당 전하 $[C/m^2]$임을 알고 있다면 별로 새로울 것이 없다.

하지만 Gauss 법칙은 전하의 분포에 따라서 적절한 가상폐곡면을 설정할 때, 전계의 세기 혹은 전속밀도의 세기를 알아낼 수 있는 매우 유용한 법칙이다.

Gauss 법칙(적분형)은 Gauss 법칙(미분형)으로의 변환이 가능한데, Gauss 발산정리와 총 전하 $Q[C]$를 체적전하밀도 $\rho_v\,[C/m^3]$로 적용하여 유도해보면 다음과 같다.

$$
\begin{aligned}
\oint_s \vec{E} \cdot \vec{ds} \;&=\; \frac{Q}{\epsilon} \qquad\qquad \Leftarrow \; Gauss's \;\; law \\
&=\; \int_v (\nabla \cdot \vec{E})\,dv \quad \Leftarrow \; Gauss's \;\; theorem \\
&=\; \frac{1}{\epsilon} \int_v \rho_v \, dv \quad [V-m] \quad \Leftarrow \quad Q = \int_v \rho_v \, dv
\end{aligned}
$$

$$\boxed{\text{Gauss 법칙(미분형)} \quad \therefore \quad \nabla \cdot \overrightarrow{E} = \frac{\rho_v}{\epsilon} \quad [V/m^3]} \qquad (3.45)$$

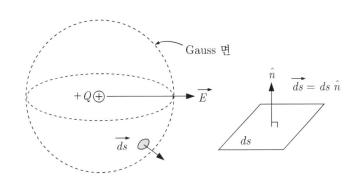

그림 3-17 • Gauss 법칙에서 사용되는 벡터와 Gauss 면

| 문제 6 |

직각좌표계에서 전계벡터 $\overrightarrow{E} = 3x^2 z\,\hat{i} + 5y\,\hat{j} + z\,\hat{k}$ $[V/m]$로 분포된 자유공간에서 점 $(5, 1, 1)$에서의 체적전하 밀도를 구하시오.(단, 자유공간은 진공으로 가정하라.)

Solution $\nabla \cdot \overrightarrow{E} = \frac{\rho_v}{\epsilon} = \left(\frac{\partial}{\partial x}\,\hat{i} + \frac{\partial}{\partial y}\,\hat{j} + \frac{\partial}{\partial z}\,\hat{k} \right) \cdot \left(3x^2 z\,\hat{i} + 5y\,\hat{j} + z\,\hat{k} \right)$

$\qquad\qquad = (6xz + 5 + 1) = 36 \ [V/m^3]$

$\therefore \ \frac{\rho_v}{\epsilon} = 36 \ [V/m^3] \quad \rightarrow \quad \rho_v = 36\,\epsilon_0 \epsilon_r = 36\,\epsilon_0\,[C/m^3]$

3.6 Gauss 법칙을 활용한 전계와 전압 계산

Gauss 법칙을 활용하면 전계를 쉽게 구할 수 있고, 전계를 선적분함으로써 전압의 계산도 매우 쉽게 구할 수 있다. 이를 통해 앞으로 유전체가 포함된 정전용량을 쉽게 유추할 수 있다.

특히 Gauss 법칙은 전하의 분포가 대칭적으로 분포하고 있을 때 Gauss 법칙을 이용함으로써 전계를 너무나도 쉽게 구하는 매우 유용한 법칙이다. Gauss 법칙을 활용해서 전계와 전압을 구하는 순서를 정리하면 다음과 같다.

❶ 전하분포에 따라 결정되는 전속밀도벡터 $\vec{D}$ 또는 전계벡터 $\vec{E}$ 형태 확인

❷ 모든 점에서 전속밀도벡터 $\vec{D}$ 또는 전계벡터 $\vec{E}$ 가 수직으로 발산하는 가상 폐곡면(Gauss 면) 구성

❸ Gauss 법칙을 적용한 전계

E 도출 : $\oint_s \vec{D} \cdot \vec{ds} = Q$ 또는 $\oint_s \vec{E} \cdot \vec{ds} = \dfrac{Q}{\epsilon}$

❹ 전계를 선적분한 전압 V 도출 : $V(A) = -\displaystyle\int_{\infty}^{A} \vec{E} \cdot \vec{dl} = \int_{A}^{\infty} \vec{E} \cdot \vec{dl}$

❶의 경우 전하 분포 상태에 따라 발생하는 전계의 형태와, 전계를 표현하는 수식이 달라지므로, 전계의 분포에 따라 어떠한 형태의 전계가 발생하는지 알아야 한다.

특히, ❷의 경우 전계를 구하기 위한 Gauss 가상폐곡면 설정이 중요한데, 가상 폐곡면에서의 미소면적벡터 $\vec{ds}\,[m^2]$는 가상폐곡면을 관통하는 전계벡터 $\vec{E}$와 같은 방향이 되도록 설정하여야 한다. 이렇게 하는 이유는, 벡터 $\vec{ds}\,[m^2]$와 벡터 $\vec{E}$의 내적 연산 결과가 $E \times ds$로 변경할 수 있음에 있다. 만약, 벡터 $\vec{ds}\,[m^2]$와 벡터 $\vec{E}$의 방향이 같지 않고 조금이라도 다른 경우 두 벡터의 내적 연산 $\vec{E} \cdot \vec{ds}$ 결과는 $\vec{E} \cdot \vec{ds} = E\,ds\cos\theta$로 $\cos\theta$의 값이 포함되므로 계산하기가 시극히 어려워신다.

그림 3-18에서 점전하의 경우 Gauss 면의 설정에 대해 알아보자.

먼저, (a)에서 점전하 Q에 발생하는 전계는 점전하를 중심으로 무한원점으로 향하는 방사형태가 된다.

(b)는 Gauss 면을 직육면체(그림에서는 직육면체의 단면을 표시한 직사각형으로 도시)로 설정 시 점전하에서 발생하는 전계 일부를 표시한 경우로, 임의적으로 설정한 직육면체의 Gauss 면에서 미소면적벡터 $\vec{ds}\,[m^2]$는 Gauss 면에 항상 수직인 방향을 가지는 벡터이며, 그림 상에서 점전하에서 발생하는 전계 중 일부분을 도시한 전계 $\vec{E_1}$, $\vec{E_2}$, $\vec{E_3}$, $\vec{E_4}$, $\vec{E_5}$ 중 $\vec{E_2}$가 $\vec{ds}\,[m^2]$의 방향과 일치하지 않아 앞서 설명한 $\cos\theta$가 발생함으로써 전계의 면적분 계산이 곤란해진다.

(c)는 전계를 쉽게 구하기 위한 Gauss 면의 설정이 잘된 경우로 Gauss 면을 체적구(그림에서는 체적의 단면을 표시한 원으로 도시)로 설정하였고, 체적구의 중심이 점전하의 위치에 일치시킴으로써 체적구를 관통하는 전계와 미소면적벡터 $\vec{ds}\,[m^2]$의 방향이 모든 체적구의 지점에서 일치하므로, $\cos\theta$가 발생하지 않는다.

(d)는 Gauss 면을 체적구로 설정하였지만, 체적구의 중심이 점전하의 위치와 일치하지 않고, 체적구를 관통하는 전계와 미소면적벡터 $\vec{ds}\,[m^2]$의 방향이 모든 체적구의 지점에서 일치하지 않으므로 $\cos\theta$가 발생(그림에서는 전계 $\vec{E_1}$, $\vec{E_2}$, $\vec{E_4}$, $\vec{E_5}$의 경우 $\vec{ds}$ 방향과 다름, $\vec{E_3}$와 $\vec{E_6}$는 $\vec{ds}$ 방향과 같음)하여 전계 E의 계산이 힘들어진다.

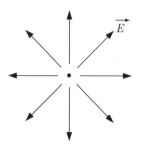

(a) 점전하 Q와 발생 전계 E

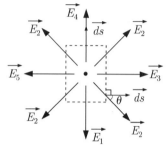

(b) Gauss면을 직육면체
 (그림에서는 직육면체의 단면
 을 표시한 정사각형으로 도시)
 로 설정시 cos θ의 발생

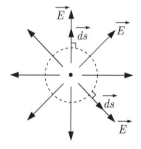

(c) Gauss 면을 체적구
 (그림에서는 체적구의 단면
 을 표시한 원으로 도시)로
 설정시 cos θ의 미발생

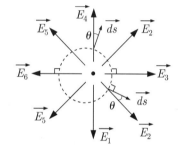

(d) Gauss면을 체적구
 (그림에서는 체적구의 단면을
 표시한 원으로 도시)로 설정시
 Gauss면의 중심이 점전하의
 중심과 일치하지 않아 cos θ의
 발생

그림 3-18 • 점전하에서 Gauss면 설정예(b와 d는 틀린설정, c가 바른 설정)

따라서 Gauss 법칙에서 아래 수식처럼 유도되게끔 전계벡터 $\vec{E}$가 가상폐곡면을 수직으로 뚫고 나올 수 있도록 가상폐곡면을 설정하는 것(벡터 $\vec{ds}\,[m^2]$와 벡터 $\vec{E}$의 방향이 동일)이 매우 중요하다는 것을 한 번 더 강조한다.

$$\text{Gauss 법칙} \quad \oint_s \vec{E} \cdot \vec{ds} = \oint_s E \times ds = E \times S = \frac{Q}{\epsilon} \qquad (3.46)$$

결론적으로, 전하분포 상태에 따른 전계를 구하기 위해 사용되는 Gauss 법칙은 Gauss면을 어떻게 설정하는가가 매우 중요한 출발점이 된다. 전계 $\vec{E}$는 전하분포가 어떻게 되어 있는가에 따라 결정되고, 전계 $\vec{E}$의 형태나 모양에 따라 벡터 $\vec{E}$의 방향이 같은 상태의 벡터 $\vec{ds}\,[m^2]$를 가지는 가상폐곡면을 설정하는 것이 Gauss 법칙을 활용하는 첫걸음이 된다.

3.6.1 점전하의 전계와 전압 계산

① 점전하의 전계벡터 $\vec{E}$ 형태 - 방사형 전계 모양

점전하 $Q\,[C]$에 있어서 전속벡터 또는 전기력선(전계벡터)은 점전하를 중심으로 마치 바닷속에 사는 성게의 침 바늘 모양처럼 사방으로 방사하는 형태를 가지고 있다(그림 3-18과 3-19 참조).

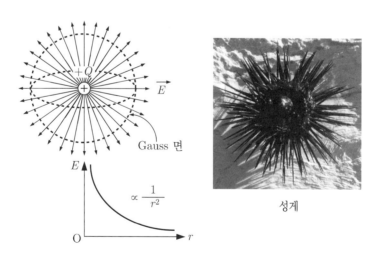

성게

그림 3-19 • 점전하의 계산을 위한 Gauss 면(체적구면) 설정과 전계 세기
(점전하에서 방사되는 전계는 성게의 가시 모양과 유사)

② 가상 폐곡면(Gauss 면) 구성 - 체적구면

전계 $\overrightarrow{E}$ 의 발산 방향에 대해 모든 점에서 전계가 수직으로 뚫고 나올 수 있는 가상 폐곡면(Gauss 면)을 설정해보자. 점전하에서 발생하는 전계에서, 그 가상 폐곡면은 반지름 $r[m]$을 가지고 가상폐곡면의 중심에 점전하 $Q[C]$가 위치하도록 하는 구면(球面) 모양 밖에 없을 것이다. 체적구면 이외의 다른 가상 폐곡면은 앞서 언급한 $\cos\theta$ 가 발생한다.

③ Gauss 법칙 적용 - 전계 E 도출

전속밀도를 면적분하기 위해서는 구좌표계의 미소면적벡터를 도입해야 할 것이다. 그러나 우리는 이미 구의 표면적이 고등수학에서 배운 바와 같이 구의 체적 $\frac{4\pi}{3}r^3[m^3]$을 미분한 $4\pi r^2[m^2]$임을 알고 있다(2장 중적분 부분 참조).

점전하의 Gauss 법칙

$$\oint_S \overrightarrow{D} \cdot \overrightarrow{ds} = \oint_S D \ ds = \int_{\theta=0}^{\theta=\pi} \int_{\phi=0}^{\phi=2\pi} D \ r\,d\theta \ r\sin\theta \ d\phi = 4\pi r^2 D = Q\,[C]$$

(3.47)

점전하의 전속밀도, 전계 $\quad D = \epsilon E = \dfrac{Q}{4\pi r^2} \ [C/m^2] \quad , \quad E = \dfrac{Q}{4\pi\epsilon r^2} \ [V/m]$

(3.48)

점전하에 대한 전계를 구했는데, 거리 $r[m]$에 따른 전계식이 이미 Coulomb 힘에서 배웠던 전계의 식과 같다는 것을 알 수 있을 것이다. 또한, 전속밀도벡터의 크기도, 단순히 전하량을 구의 표면적인 $4\pi r^2[m^2]$으로 나눈 것이고, 물리단위도 전하량을 면적으로 나눈 $[C/m^2]$가 된다는 것 또한 너무도 당연하다.

④ **전계의 선적분 – 전압 V 도출**

앞서 구한 점전하에서의 전계를 이용해 임의의 점 $r[m]$에서부터 무한대까지 뻗어 나가는(발산하는) 전계벡터의 길이를 선적분하여 절대전압(무한원점을 기준으로 하는 임의의 점 r에서의 전압)을 구하면 다음과 같이 나타낼 수 있다.

점전하 절대전압

$$V(r) = \int_l \vec{E} \cdot \vec{dl} \ = \int_{r=r}^{r=\infty} E \, dr = \int_{r=r}^{r=\infty} \frac{Q}{4\pi\epsilon r^2} \, dr = \left[-\frac{Q}{4\pi\epsilon r} \right]_r^\infty = \frac{Q}{4\pi\epsilon r} \ \ [V]$$

(3.49)

점전하로부터 떨어진 임의의 점 r에 대해 r이 점점 커질수록(점전하로부터 멀어질수록) 절대전압 $V(r)$은 반비례하여 작아진다는 것을 알 수 있고, r이 무한대가 되면 절대전압 $V(r)$은 0에 수렴됨을 알 수 있다.

3.6.2 체적구전하의 전계와 전압 계산

① **체적구전하의 전계벡터 $\vec{E}$ 형태 – 방사형 전계 모양**

총 전하 $Q[C]$가 균일하게 분포된 지름이 $R[m]$인 체적구(도체 혹은 유전체로 대전된 형태)가 있는 경우, 이는 위에서 배웠던 점전하 $Q[C]$ 형태와 같이 체적구를 중심으로 전속밀도벡터 $\vec{D}$ 또는 전계벡터 $\vec{E}[V/m]$는 무한원점을 향하여 방사하는 형태(혹은 발산하는 형태)를 보인다. 이것은, 점전하가 체적구로 확장된 형태라고 이해하면 쉽다. 이럴 때 체적구 내부와 외부의 경우를 나누어서 계산하여야 하는데, 이를 정리하면 다음과 같다.

✔ Gauss 면의 반경 r이 체적구전하 반경 R보다 큰 경우 (r≥R)

② 가상 폐곡면(Gauss 면) 구성 - 체적구면

모든 발생 전계의 방향에 대해 수직으로 맞닿는 대칭 폐곡면(Gauss 면)을 설정하려면, 그 폐곡면은 반지름 $r(r > R)$을 가지고, 중심이 체적구와 일치하는 구면(球面) 모양이 될 것이며, 이 또한 체적구의 모양을 가져야 할 것이다.

③ Gauss 법칙 적용 - 전계 E 도출

Gauss 법칙을 적용하면 다음 식과 같다.

체적구 외부의 Gauss 법칙

$$\oint_s \overrightarrow{D} \cdot \overrightarrow{ds} = \oint_s D \ ds = \int_{\theta=0}^{\theta=\pi} \int_{\phi=0}^{\phi=2\pi} D \ r d\theta \ r\sin\theta \ d\phi = D \times 4\pi r^2 = Q$$

(3.50)

체적구 외부의 전속밀도, 전계 $\quad D = \epsilon E = \dfrac{Q}{4\pi r^2} \ [C/m^2] \ , \ E = \dfrac{Q}{4\pi\epsilon r^2} \ [V/m]$

(3.51)

전속밀도 및 전계의 세기는 $r^2 [m^2]$에 반비례하여 감소할 것이고, 무한원점에서는 0의 크기를 가질 것이다.

④ 전계의 선적분 - 전압 V 도출

체적구 외부에서의 전계는 체적구 외부에서의 전계만을 고려하므로, 앞서 구한 단위 점전하와 같은 식이다. 즉, 체적구 중심으로부터 떨어진 체적구 외부의 임의의 점 $r[m]$의 전압의 값(절대전압)은 앞서 구한 전계를 선적분하여 구하는데, 그 식은 다음과 같다.

체적구 외부에서의 절대전압

$$V(r) = \int_l \vec{E} \cdot \vec{dl} = \int_{r=r}^{r=\infty} E \, dr = \int_{r=r}^{r=\infty} \frac{Q}{4\pi\epsilon r^2} \, dr = \left[-\frac{Q}{4\pi\epsilon r} \right]_r^\infty = \frac{Q}{4\pi\epsilon r} \ [V]$$

(3.52)

거리 $r[m]$의 값이 클수록 이에 반비례하여 $V(r)[V]$의 값은 작아질 것이고, 체적구 내부에 축적된 전하량의 값이 클수록 커지게 된다. 만약 $r = R$인 지점에서의 전압값은 $Q/4\pi\epsilon R\,[V]$가 된다.

✔ Gauss 면 반경 r이 체적구전하 반경 R보다 작은 경우 (r<R)

② 가상 폐곡면(Gauss 면) 구성 - 체적구면

앞서 논의한 바와 같이 Gauss 면을 설정하기 위해 모든 발생 전계의 방향에 대해 수직으로 맞닿는 대칭적인 폐곡면(Gauss 면)을 설정하려고 고민한다면, 그 폐곡면은 반지름 $r(r < R)$을 가진 중심이 체적구와 일치하는 구면(球面) 모양이 될 것이고, 이 또한 체적구의 모양을 가져야 할 것이다.

③ Gauss 법칙 적용 - 전계 E 도출

Gauss 법칙을 적용하면, 다음 식과 같다.

체적구 내부의 Gauss 법칙

$$\oint_s \vec{D} \cdot \vec{ds} = \oint_s D \, ds = \int_{\theta=0}^{\theta=\pi} \int_{\phi=0}^{\phi=2\pi} D \, r d\theta \, r\sin\theta \, d\phi = 4\pi r^2 D = Q'$$

$$D = \epsilon E = \frac{Q'}{4\pi r^2} \ [C/m^2] \quad , \quad E = \frac{Q'}{4\pi\epsilon r^2} \ [V/m]$$

(3.53)

이때 총 전하 $Q'[C]$이라는 것은 체적구 내의 총 전하 $Q[C]$가 아닌 앞서 체적구 내부에 설정한 가상 체적구의 안쪽에 존재하는 총 전하가 될 것이다. 가상 체적구 내의 존재하는 총 전하 $Q'[C]$을 구하기 위해 다음과 같은 관계식을 세울 수 있다.

$$Q' : Q = \frac{4}{3}\pi r^3 : \frac{4}{3}\pi R^3 \quad \rightarrow \quad Q' = \frac{r^3}{R^3}Q \ [C] \tag{3.54}$$

따라서 앞서 구한 전속밀도벡터 $\vec{D}[C/m^2]$의 크기와 전계벡터 $\vec{E}[V/m]$의 크기는 각각 다음과 같다.

체적구 내부의 전속밀도, 전계
$$D = \epsilon E = \frac{rQ}{4\pi R^3} \ [C/m^2] \quad , \quad E = \frac{rQ}{4\pi \epsilon R^3} \ [V/m] \tag{3.55}$$

Gauss 면이 체적구 내부에 있는 경우 전속밀도 및 전계의 세기가 $r[m]$에 비례하여 선형적으로 증가한다. 즉, $r[m]$의 크기가 증가할수록 전속밀도 및 전계의 세기가 비례하여 점점 커질 것이며, 만약 $r[m]$의 크기가 $R[m]$인 지점에서의 전속밀도벡터 및 전계벡터의 크기는 다음과 같다.

$$D\,(r = R) = \epsilon E = \frac{Q}{4\pi R^2} \ [C/m^2] \quad , \quad E\,(r = R) = \frac{Q}{4\pi \epsilon R^2} \ [V/m]$$

$$\tag{3.56}$$

④ 전계의 선적분 – 전압 V 도출

전압과 전계의 관계식을 이용하여 전계를 선적분하면 전압을 구할 수 있는데, 체적구 내부와 체적구 외부에서의 전계에 대해 전계의 세기가 0이 되는 무한 원점까지 선적분해야 할 것이다.

체적구 내부에서의 절대전압

$$
\begin{aligned}
V(r) &= \int_l \vec{E} \cdot \vec{dl} = \int_{r=r}^{r=R} E \, dr + \int_{r=R}^{r=\infty} E \, dr \\
&= \int_{r=r}^{r=R} \frac{rQ}{4\pi\epsilon R^3} \, dr + \int_{r=R}^{r=\infty} \frac{Q}{4\pi\epsilon r^2} \, dr \\
&= \left[\frac{Q}{8\pi\epsilon R^3} r^2\right]_r^R + \left[-\frac{Q}{4\pi\epsilon r}\right]_R^\infty \\
&= \frac{Q}{8\pi\epsilon R} - \frac{Q}{8\pi\epsilon R^3} r^2 - 0 + \frac{Q}{4\pi\epsilon R} = \frac{Q}{8\pi\epsilon R}\left(3 - \frac{r^2}{R^2}\right)
\end{aligned}
\tag{3.57}
$$

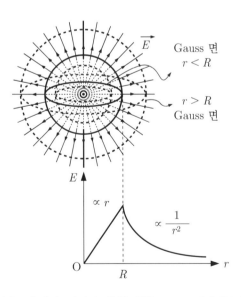

$\vec{E}$ Gauss 면 $r < R$

$r > R$ Gauss 면

그림 3-20 • 반경이 R인 체적구전하의 계산을 위한 Gauss 면(체적구면) 설정과 전계세기

문제 7

반경이 $a[m]$ 체적구의 체적전하 밀도가 체적구의 중심에서부터 $r[m]$에 대한 함수로

$\rho_v(r) = \rho_0\left(1 - \dfrac{r^2}{a^2}\right) = 3\left(1 - \dfrac{r^2}{a^2}\right)[C/m^3]$와 같이 분포하고 있을 경우 다음을 구하시오.(단, $a = 5[mm]$,

비유전율상수 $\epsilon_r = 1$로 가정하라.)

(1) 체적구의 총 전하량

(2) 체적구 밖 반지름이 $r = 2[m]$인 곳에서 전계의 세기와 전압

(3) 체적구 내부 반지름이 $r = 1[mm]$인 곳에서 전계의 세기

Solution (1) 총 전하량은 다음과 같다.

$$Q = \int_v \rho_v \, dv = \int_0^a \rho_0\left(1 - \frac{r^2}{a^2}\right)4\pi r^2 \, dr = \rho_0\left(\frac{4}{3}\pi a^3 - \frac{4}{5}\pi a^3\right)$$

$$= 3\frac{8}{15}\pi a^3 = \frac{8}{5}\pi (5m)^3 = 200\pi[nC] \quad \leftarrow \quad n = 10^9 = m^3$$

(2) $V(r) = \dfrac{1}{4\pi\epsilon_0}\dfrac{Q}{r} = 9G\dfrac{200\pi n}{2} = 900\pi[V]$

$E(r) = \dfrac{Q}{4\pi\epsilon_0 r^2} = 9G\dfrac{Q}{r^2} = 9G\dfrac{200\pi n}{2^2} = 450\pi[V/m]$

(3) $r = 1[mm]$인 체적구의 Gauss 면을 설정하여 Gauss 법칙을 적용한다면 아래와 같다.

$$E(r) = \frac{Q'}{4\pi\epsilon_0 r^2} = \frac{1}{4\pi\epsilon_0 r^2}\int_{r=0}^{r=1m}\rho_0\left(1 - \frac{r^2}{a^2}\right)4\pi r^2 \, dr = \frac{\rho_0}{4\pi\epsilon_0 r^2}\left(\frac{4}{3}\pi r^3 - \frac{4}{5a^2}\pi r^5\right)\Big|_0^{1m}$$

$$= 9G\frac{3}{r^2}\pi r^3\left(\frac{4}{3} - \frac{4}{5a^2}r^2\right)\Big|_0^{1m}$$

$$= 9G \times 3\pi(1m)\left[\frac{4}{3} - \frac{4}{5(5m)^2}(1m)^2\right] = 27\pi M\left(\frac{4}{3} - \frac{4}{125}\right)$$

$$= 27\pi\frac{488}{375}M[V/m]$$

3.6.3 동심구전하의 전계 및 전압 계산

동심구란 앞서 배운 체적구에서 일정 거리만큼 떨어진 외부에 체적구를 감싸는 또 다른 체적구의 형태를 말한다. 즉, 체적구 내부에 일정 거리의 자유공간 내지는 유전체로 채워져 있는 형태이다. 내부의 체적구와 이를 감싸는 외부의 체적구는 통상 금속재질이고 내부의 공동(빈 공간)은 주로 진공 내지는 비유전율 ϵ 을 가지는 유전체로 채워지는 것이 일반적이다.

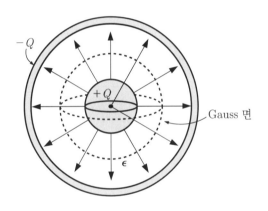

그림 3-21 • 동심구전하의 계산을 위한 Gauss 면(체적구면) 설정

❶ 동심구전하의 전계벡터 $\vec{E}$ 형태 - 방사형 전계 모양

그림 3-21과 같이 동심구에서의 전속밀도벡터 $\vec{D}[C/m^2]$ 또는 전계벡터 $\vec{E}[V/m]$의 모양은 총 전하 $Q[C]$가 균일하게 분포된 반경이 $a[m]$인 내부 체적구에서 반경이 $b[m]$인 외부 체적구까지 동심구의 중심에서부터 방사하는 형태(혹은 발산하는 형태)를 보인다. 이때, 전계벡터 $\vec{E}[V/m]$는 내부 체적구에서 외부 체적구까지 무한원점이 아닌 유한한 전계벡터(반경 $a[m]$에서 $b[m]$까지)를 형성할 것이다.

② 가상 폐곡면(Gauss면) 구성 - 체적구면

동심구 내에 방사형으로 형성되는 전계가 수직으로 뚫고 지나가는 Gauss 면은 앞서 적용한 체적구면이 될 것이다.

③ Gauss 법칙 적용 - 전계 E 도출

동심구에서 $a[m]$보다 크고 $b[m]$보다 작은 반경 $r[m]$를 가지는 가상 체적구면(Gauss면)을 임의적으로 설정하고 Gauss 법칙을 적용하면, 아래 식과 같다.

동심구의 Gauss 법칙

$$\oint_S \overrightarrow{D} \cdot \overrightarrow{ds} = \oint_S D \; ds = \int_{\theta=0}^{\theta=\pi} \int_{\phi=0}^{\phi=2\pi} D \; r d\theta \; r\sin\theta \; d\phi = D \times 4\pi r^2 = Q$$

(3.58)

동심구의 전속밀도, 전계 $\quad D = \epsilon E = \dfrac{Q}{4\pi r^2} \; [C/m^2] \quad , \quad E = \dfrac{Q}{4\pi \epsilon r^2} \; [V/m]$

(3.59)

이 결과는 점전하, 체적구(외부)에서의 결과와 같다.

④ 전계의 선적분 - 전압 V 도출

전계벡터 $\overrightarrow{E}[V/m]$를 나타내는 전기력선은 반경 $a[m]$에서 시작하여 $b[m]$에서 종료되는 형태이며, 동심구 임의의 점 $r=r[m]$에서 전계가 끝나는 $r=b[m]$까지 전계벡터를 선적분하여 얻어지는 전압 $V(r)[V]$는 다음과 같이 계산할 수 있을 것이다.

동심구의 전압

$$V(r) = \int_l \overrightarrow{E} \cdot \overrightarrow{dl} = \int_{r=r}^{r=b} E \, dr = \int_{r=r}^{r=b} \frac{Q}{4\pi \epsilon r^2} \, dr$$

$$= \left[\frac{-Q}{4\pi \epsilon r} \right]_r^b = \frac{Q}{4\pi \epsilon} \left(\frac{1}{r} - \frac{1}{b} \right) \, [V]$$

(3.60)

위의 식에서 $V(r)[V]$은 거리 $r = r[m]$의 값이 클수록 이에 반비례하여 작아질 것이고, 체적구 내부에 축척된 전하량 $Q[C]$의 값이 클수록 커지게 된다.

문제 8

내부 반경 $a = 2[mm]$, 외부 반경 $b = 5[mm]$인 동심구에 비유전율 상수 $\epsilon_r = 4$인 유전체가 채워져 있다. 동심구 내외부 도체 사이에 $V = 3[V]$를 인가했을 때, 동심구 중심으로부터 $r = 4[mm]$인 지점에서의 전속밀도와 전계의 세기를 각각 구하시오.

Solution 동심구에서의 전속밀도와 전계는 Gauss 법칙(체적구면)을 적용하여 풀면 다음과 같다.

$$D = \epsilon E = \frac{Q}{4\pi r^2} \, [C/m^2] \quad , \quad E = \frac{Q}{4\pi \epsilon r^2} \, [V/m]$$

전압 $$V(r) = \int_l \overrightarrow{E} \cdot \overrightarrow{dl} = \int_{r=a}^{r=b} E \, dr = \int_{r=a}^{r=b} \frac{Q}{4\pi \epsilon r^2} \, dr$$

$$= \left[\frac{Q}{4\pi \epsilon r} \right]_b^a = \frac{Q}{4\pi \epsilon} \left(\frac{1}{a} - \frac{1}{b} \right) = \frac{Q}{4\pi \epsilon} \left(\frac{b-a}{ab} \right) = \frac{Q}{4\pi \epsilon} \left(\frac{3m}{10m^2} \right) = 3 \, [V]$$

$$\therefore \ Q = 40\pi \epsilon \, [mC]$$

전속밀도 $$D = \epsilon E = \frac{Q}{4\pi r^2} = \frac{40\pi \epsilon m}{4\pi (4m)^2} = \frac{10}{16} \epsilon_0 \epsilon_r \, k = 2.5 \epsilon_0 k \, [C/m^2]$$

전계 $$E = \frac{Q}{4\pi \epsilon r^2} = \frac{40\pi \epsilon m}{4\pi \epsilon (4m)^2} = \frac{10}{16} k \, [V/m]$$

3.6.4 직선전하의 전계 및 전압 계산

① 직선전하의 전계벡터 $\vec{E}$ 형태 - 원판 방사형 전계 모양

전하의 분포가 직선으로 도열되어 있을 때 또는 직선도선에 (+)의 전압 혹은 전압 $V[V]$가 인가되어 있으면, 전계벡터는 아래 그림 3-22와 같이 원판(圓板)이 누적된 형태로 전계가 방사하는 모양을 가진다. 즉, 원기둥면을 수직으로 관통하여 발산하는 전계 모양이다.

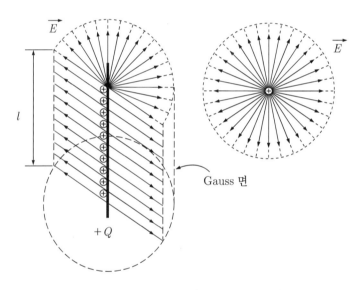

그림 3-22 • 길이가 l[m]인 직선전하의 계산을 위한 Gauss 면(원기둥면) 설정과 전계

② 가상 폐곡면(Gauss 면) 구성 - 원기둥면

전계벡터 $\vec{E}[V/m]$의 세기를 구하기 위해, 원통의 길이가 $l[m]$이고, 반지름이 $r[m]$인 원기둥을 Gauss 면으로 설정한다.

❸ Gauss 법칙 적용 – 전계 E 도출

원통좌표계를 사용하여, Gauss 법칙을 적용 후 전계를 도출하면 다음과 같다.

직선전하의 Gauss 법칙

$$\oint_S \vec{D} \cdot \vec{ds} = \oint_S D \ ds = \int_{\phi=0}^{\phi=2\pi} \int_{z=0}^{z=l} D \ rd\phi \ dz = D \times 2\pi rl = Q \ [C]$$

(3.61)

직선전하의 전속밀도, 전계 $\qquad D = \dfrac{Q}{2\pi rl} \ [C/m^2] \ , \quad E = \dfrac{D}{\epsilon} = \dfrac{Q}{2\pi \epsilon rl} [V/m]$

(3.62)

면적분 과정에서 원기둥면의 윗면과 아랫면인 원 면적(πr^2)에 대해서도 고려해야 하겠지만, 윗면과 아랫면을 통해서 나오는 전속밀도벡터 $\vec{D}[C/m^2]$ 혹은 전계벡터 $\vec{E}[V/m]$는 존재하지 않으므로(원통면과 수직), 계산과정에서 고려하지 않아도 된다. 총 전하를 선전하 밀도로 표현하면 전속 밀도 $\vec{D}[C/m^2]$ 및 전계 $\vec{E}[V/m]$를 좀 더 간단한 식으로 나타낼 수 있다.

직선 전하의 전하, 전속밀도, 전계

$$Q = \rho_l l \ , \ D = \frac{\rho_l \, l}{2\pi rl} = \frac{\rho_l}{2\pi r} \ [C/m^2] \ , \quad E = \frac{D}{\epsilon} = \frac{\rho_l \, l}{2\pi \epsilon rl} = \frac{\rho_l}{2\pi \epsilon r} [V/m]$$

(3.63)

직선전하 분포에서 전속밀도 $\vec{D}[C/m^2]$ 및 전계 $\vec{E}[V/m]$는 선전하 밀도의 크기에 비례하고, 선으로부터 떨어진 거리 $r[m]$에는 반비례임을 알 수 있다.

④ **전계의 선적분 - 전압 V 도출**

구한 전계 $\vec{E}\,[V/m]$로부터 이를 선적분하면 전압을 구할 수 있는데, 전계 $\vec{E}\,[V/m]$는 무한 원점까지 방사하는 벡터이고, $r\,[m]$이 무한대일 경우 전계의 값은 0이므로, 무한 원점에 대한 직선전하의 절대전압은 아래 식과 같다.

직선 전하의 절대전압

$$V(r) = \int_l \vec{E} \cdot \vec{dl} \;=\; \int_r E \, dr \;=\; \int_r \frac{Q}{2\pi\epsilon r l} \, dr \;=\; \frac{Q}{2\pi\epsilon l} \ln r \;\; [V]$$

(3.64)

또한, 거리 $r_1\,[m]$과 $r_2\,[m]$ $(r_1 < r_2)$ 사이의 전압차 V_{12}는 다음과 같다.

직선 전하의 전압차

$$V_{12} = \int_l \vec{E} \cdot \vec{dl} \;=\; \int_{r=r_1}^{r=r_2} E \, dr$$

$$= \int_{r=r_1}^{r=r_2} \frac{Q}{2\pi\epsilon r l} \, dr \;=\; \frac{Q}{2\pi\epsilon l}(\ln r_2 - \ln r_1) \;=\; \frac{Q}{2\pi\epsilon l} \ln \frac{r_2}{r_1} \;\; [V]$$

(3.65)

3.6.5 원통체적전하의 전계 및 전압 계산

① **원통체적전하의 전계벡터 $\vec{E}$ 형태 - 원판 방사형 전계 모양**

반지름이 $a\,[m]$이고 길이가 $l\,[m]$인 원통 형태의 유전체에 전하가 균일하게 분포되어 있을 때 혹은 (+)의 전압 또는 전압 $V\,[V]$가 인가되어 있으면, 전계벡터 $\vec{E}[V/m]$는 선전하와 유사하게 원통 유전체 표면으로부터 주변으로 방사하는 형태를 보일 것이다.

② 가상 폐곡면(Gauss 면) 구성 – 원기둥면

전계벡터 $\vec{E}[V/m]$의 세기를 구하기 위해, 원통의 길이가 $l[m]$이고, 반지름이 $r[m]$인 원기둥면을 Gauss 면으로 설정한다. 이는 직선전하에서 설정한 Gauss 면과 같지만, 원통체적전하의 내부와 외부에서의 전계를 구분하여 원통의 내부와 외부로 나누어 계산해야 한다.

✔ Gauss 면의 반경 r이 전하가 분포된 원통의 반경 R 보다 큰 경우($r > R$)

③ Gauss 법칙 적용 – 전계 E 도출

반경 $R[m]$보다 큰 반경 $r[m]$인 원통의 Gauss 면을 설정한 뒤에 Gauss 법칙을 적용하면 아래와 같다.

원통체적전하 외부에서의 Gauss 법칙

$$\oint_s \vec{D} \cdot \vec{ds} = \oint_s D \ ds = \int_{\phi=0}^{\phi=2\pi} \int_{z=0}^{z=l} D \ r \, d\phi \, dz = D \times 2\pi rl = Q \ [C]$$

(3.66)

원통체적전하 외부에서의 전속밀도, 전계

$$D = \epsilon E = \frac{Q}{2\pi rl} \ [C/m^2] \ , \qquad E = \frac{Q}{2\pi \epsilon rl} \ [V/m]$$

(3.67)

원통체적전하 외부에서의 전계는 직선전하에서 구한 전계와 같은 식이 됨을 알 수 있다. 총전하 $Q[C]$를 체적분포전하 밀도 $\rho_v[C/m^3]$로 표현하면 원통체적전하에서의 전계는 더 간결한 식이 된다.

원통 외부에서의 체적전하, 전속밀도, 전계

$$Q = \rho_v\, v = \rho_v\, \pi R^2 l\ [C]\,, \quad D = \frac{\rho_v\, \pi R^2 l}{2\pi r l} = \frac{\rho_v\, R^2}{2r}\ [C/m^2]\,, \quad E = \frac{\rho_v\, R^2}{2\epsilon r}\ [V/m]$$

(3.68)

전속밀도벡터 $\overrightarrow{D}[C/m^2]$ 및 전계벡터 $\overrightarrow{E}[V/m]$의 크기는 체적전하밀도 $\rho_v[C/m^3]$에 비례하고, 원통의 중심으로부터 떨어진 반경 거리 $r[m]$에 대해 반비례관계임을 알 수 있다. 또한, 무한원점($r=\infty$)에서는 전속밀도벡터 $\overrightarrow{D}[C/m^2]$ 및 전계벡터 $\overrightarrow{E}[V/m]$ 모두가 0이 된다는 것을 위의 식으로부터 쉽게 유추할 수 있다.

④ 전계의 선적분 - 전압 V 도출

구해진 전계벡터 $\overrightarrow{E}[V/m]$로부터 이를 선적분하면 전압 $V[V]$를 구할 수 있는데, 전계벡터 $\overrightarrow{E}[V/m]$는 무한 원점까지 방사하는 벡터이므로, 전계벡터 $\overrightarrow{E}[V/m]$를 선적분 하여 구한 절대 전압값은 다음과 같다.

원통체적전하 외부의 절대전압

$$V(r) = \int_l \overrightarrow{E} \cdot \overrightarrow{dl}\ = \int_r E\, dr = \int_r \frac{\rho_v\, R^2}{2\epsilon r}\ dr = \frac{\rho_v\, R^2}{2\epsilon} \ln r\ \ [V]$$

(3.69)

여기서, 무한 원점에서의 전계벡터 $\overrightarrow{E}[V/m]$의 크기는 0이다. 거리 $r_1[m]$과 $r_2[m]$ $(r_1 < r_2)$ 사이의 전압차 $V_{12}[V]$는 다음과 같다.

원통체적전하 외부의 전압차

$$V_{12} = \int_l \vec{E} \cdot \vec{dl} = \int_{r=r_1}^{r=r_2} E\,dr$$

$$= \int_{r=r_1}^{r=r_2} \frac{\rho_v\,R^2}{2\,\epsilon\,r}\,dr = \frac{\rho_v\,R^2}{2\,\epsilon}(\ln r_2 - \ln r_1) = \frac{\rho_v\,R^2}{2\,\epsilon}\ln\frac{r_2}{r_1}\;[V]$$

(3.70)

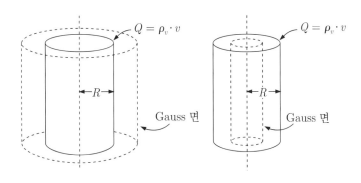

(a) 원통체적전하의 외부   (b) 원통체적전하의 내부

그림 3-23 • 반경이 R인 원통체적전하의 계산을 위한 Gauss 면(원기둥면) 설정

✔ Gauss 면의 반경 r이 전하가 분포된 원통의 반경 R보다 작은 경우($r < R$)

③ Gauss 법칙 적용 – 전계 E 도출

원통 내부에서의 전속밀도벡터 $\vec{D}$와 전계벡터 $\vec{E}$를 구하기 위해 반경 $r[m]$인 원통의 Gauss 면을 설정한 후 Gauss 법칙을 적용하면, 아래 식과 같다.

원통체적전하 내부의 Gauss 법칙

$$\oint_s \vec{D} \cdot \vec{ds} = \oint_s D\,ds = \int_{\phi=0}^{\phi=2\pi}\int_{z=0}^{z=l} D\,r\,d\phi\,dz = D \times 2\pi r l = Q'$$

$$D = \epsilon E = \frac{Q'}{2\pi r l}\;[C/m^2]\;,\quad E = \frac{Q'}{2\pi\epsilon r l}\;[V/m]$$

(3.71)

이때 Gauss면 내의 총 전하 $Q'[C]$는 반경 $R[m]$, 길이 $l[m]$의 원통면 내의 총 전하 $Q[C]$가 아닌, 이보다 작은 값을 가져야 할 것이다. Gauss면 내에 존재하는 총 전하 $Q'[C]$을 구하기 위해 다음과 같은 관계식을 통해 구할 수 있다.

$$Q' : Q = \pi r^2 l : \pi R^2 l \quad \rightarrow \quad Q' = \frac{r^2}{R^2} Q \ [C] \tag{3.72}$$

또한, 총 전하 $Q[C]$를 체적분포전하 밀도 $\rho_v [C/m^3]$로 나타내어 표현하면 다음과 같이 간단하다.

$$Q = \rho_v v = \rho_v \pi R^2 l \ [C], \quad Q' = \frac{r^2}{R^2} Q = \rho_v \pi r^2 l \ [C] \tag{3.73}$$

따라서 앞서 구한 전속밀도벡터 $\vec{D}[C/m^2]$ 및 전계벡터 $\vec{E}[V/m]$의 크기는 각각 아래와 같을 것이다.

원통체적전하 내부의 전속밀도, 전계

$$D = \epsilon E = \frac{\rho_v \pi r^2 l}{2\pi r l} = \frac{\rho_v}{2} r \ [C/m^2], \quad E = \frac{\rho_v}{2\epsilon} r \ [V/m] \tag{3.74}$$

반경 $r[m]$의 크기가 증가할수록 전속밀도벡터 $\vec{D}[C/m^2]$ 및 전계벡터 $\vec{E}[V/m]$의 세기가 비례하여 점점 증가하며, 만약 반경 $r = R[m]$인 지점에서의 전속밀도벡터 $\vec{D}\,[C/m^2]$ 및 전계벡터 $\vec{E}\,[V/m]$의 크기는 각각 아래와 같다.

$$D\,(r=R)= \epsilon\,E = \frac{\rho_v}{2}R\;[C/m^2]\,, \quad E\,(r=R)= \frac{\rho_v}{2\epsilon}R\,[V/m] \qquad (3.75)$$

전속밀도벡터 $\vec{D}\,[C/m^2]$ 및 전계벡터 $\vec{E}\,[V/m]$의 크기는 체적전하 밀도 $\rho_v\,[C/m^3]$에 비례하고, 원통의 중심으로부터 떨어진 반경 거리 $r\,[m]$에 비례 관계임을 알 수 있다.

④ 전계의 선적분 - 전압 V 도출

구한 전계벡터 $\vec{E}\,[V/m]$로부터 반경 $r=r\,[m]$인 지점에서 $r=\infty$ 까지의 절대 전압을 구하면 다음과 같다.

원통체적전하 내부의 전압

$$V(r)= \int_l \vec{E}\,\boldsymbol{\cdot}\,\vec{dl}\; = \int_{r=r}^{r=\infty} E\,dr = \int_{r=r}^{r=R} E\,dr\,+\,\int_{r=R}^{r=\infty} E\,dr$$

$$= \int_{r=r}^{r=R} \frac{\rho_v}{2\epsilon}\,r\,dr + \int_{r=R}^{r=\infty} \frac{\rho_v R^2}{2\epsilon r}\,dr\; = \frac{\rho_v}{4\epsilon}(R^2-r^2)\,+\,\frac{\rho_v R^2}{2\epsilon}lnR\;[V]$$

$$(3.76)$$

임의의 점 $r_1\,[m]$을 원통체적의 반경 $R\,[m]$보다 작고, $R\,[m]$보다 큰 임의의 지점 $r_2\,[m]$까지의 전압차를 구하면 다음과 같다($r_1 < R < r_2$).

원통체적전하 내부의 전압차

$$V(r) = \int_l \vec{E} \cdot \vec{dl} = \int_{r=r_1}^{r=r_2} E \, dr = \int_{r=r_1}^{r=R} \frac{\rho_v}{2\epsilon} r \, dr + \int_{r=R}^{r=r_2} \frac{\rho_v R^2}{2\epsilon r} \, dr$$

$$= \frac{\rho_v}{4\epsilon} \left[r^2 \right]_{r_1}^{R} + \frac{\rho_v R^2}{2\epsilon} \left[\ln \right]_{R}^{r_2} = \frac{\rho_v}{4\epsilon} (R^2 - r_1^2) + \frac{\rho_v R^2}{2\epsilon} \left(\ln \frac{r_2}{R} \right) \ [V]$$

(3.77)

3.6.6 동축원통전하의 전계 및 전압 계산

아래 그림 3-24와 같이 중심축으로부터 반경 $a[m]$의 내부 도체원통과 $a[m]$보다 큰 반경 $b[m]$의 외부 도체원통이 있고, 길이가 $l[m]$인 동축원통 내부에 유전체 혹은 절연체가 있는 구조를 동축원통 또는 동축 케이블(cable)이라 한다.

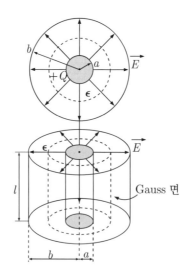

그림 3-24 • 동축원통전하의 계산을 위한 Gauss 면(원기둥면) 설정

❶ 동축원통전하의 전계벡터 $\overrightarrow{E}$ 형태 - 원판 방사형 전계 모양

동축원통전하의 경우, 내부 도체원통과 외부 도체원통 사이에 전압 $V[V]$가 인가되어 있거나, 내부 도체원통에 총전하 $Q[C]$이 존재한다고 가정하면, 내부 도체원통 내에 존재하는 총전하 Q에서 외부 도체원통으로 향하는 전계의 형태는 직선전하, 원통체적전하에서 본 것과 같은 원판 방사형 모양이 된다.

❷ 가상 폐곡면(Gauss 면) 구성 - 원기둥면

중심축으로부터 반경 $a[m]$보다 크고 반경 $b[m]$보다 작은 임의의 점 $r[m]$에서의 전속밀도벡터 $\overrightarrow{D}[C/m^2]$와 전계벡터 $\overrightarrow{E}[V/m]$의 크기를 구하기 위한 Gauss 면은 반경 $a[m]$보다 크고 반경 $b[m]$보다 작은 반경 $r[m]$을 가지는 가상 원기둥면이 최적의 선택이다.

❸ Gauss 법칙 적용 - 전계 E 도출

가상 원기둥면과 원통좌표계를 적용하여 Gauss 법칙을 통해 전속밀도 혹은 전계의 세기를 도출하면 다음과 같다.

동축원통전하의 Gauss 법칙

$$\oint_s \overrightarrow{D} \cdot \overrightarrow{ds} = \oint_s D \ ds = \int_{\phi=0}^{\phi=2\pi} \int_{z=0}^{z=l} D \ r \, d\phi \, dz = 2\pi r l D = Q \ [C]$$

(3.78)

동축원통전하의 전속밀도, 전계벡터

$$D = \epsilon E = \frac{Q}{2\pi r l} \ [C/m^2] \ , \qquad E = \frac{Q}{2\pi \epsilon r l} \ [V/m]$$

(3.79)

이는 앞서 구한, 선전하 분포의 결과와 일치한다. 그러나 구한 전계벡터 $\overrightarrow{E}[V/m]$는 반경 $a[m]$의 내부도체 원통면에서 시작되어 반경 $b[m]$의 외부도체 원통면에서 끝나는 유한 전계벡터이다.

④ 전계의 선적분 – 전압 V 도출

앞서 구한 전계를 선적분하여 전압을 구하면 다음과 같다.

동축원통전하의 전압차

$$V(r) = \int_l \vec{E} \cdot \vec{dl} = \int_{r=a}^{r=b} E\,dr$$

$$= \int_{r=a}^{r=b} \frac{Q}{2\pi\epsilon r l}\,dr = \frac{Q}{2\pi\epsilon l}\big[\ln r\big]_a^b = \frac{Q}{2\pi\epsilon l}\Big(\ln\frac{b}{a}\Big)\ [V]$$

(3.80)

3.6.7 평판전하의 전계 및 전압 계산

① 평판전하의 전계벡터 $\vec{E}$ 형태 – 평행 전계 모양

그림 3-25와 같이 면적 $A\,[m^2]$를 가지는 두 개의 평판전하(면전하)가 $d\,[m]$의 간격으로 상호 평행하게 떨어져 있고, 평판전하의 전하가 총전하 $+Q\,[C]$과 $-Q\,[C]$가 각각 대전 되어 있을 때, 두 평판전하 사이에 발생하는 전계는 그림 3-25와 같이 총전하 $+Q\,[C]$가 대전 된 평판전하에서 $-Q\,[C]$가 대전 된 평판전하로 평행전계가 발생한다.

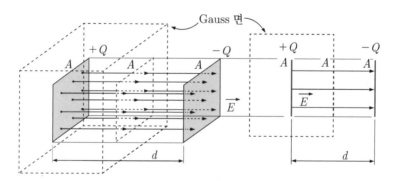

그림 3-25 • 면전하의 계산을 위한 Gauss 면(직육면) 설정

② 가상 폐곡면(Gauss 면) 구성 – 직육면

평행전계가 발생할 경우, 전계가 수직으로 뚫고 발산하기 위한 Gauss 면은 체적구나 원기둥이 아닌 직육면체의 체적을 가지는 직육면이 되어야 하며, 이 직육면은 평판전하가 대전된 면과 평행한 면이 포함되어 있어야 한다.

③ Gauss 법칙 적용 – 전계 E 도출

$+Q[C]$가 존재하는 도체 평판을 포함하는 가상 직육면체의 Gauss 면을 설정한 뒤 Gauss 법칙을 적용하면 다음과 같이 전속밀도벡터 $\vec{D}[C/m^2]$ 및 전계벡터 $\vec{E}[V/m]$의 크기를 매우 간단하게 구할 수 있다.

평판전하의 Gauss 법칙
$$\oint_s \vec{D} \cdot \vec{ds} = \oint_s D \, ds = DA = Q \ [C]$$

(3.81)

평판전하의 전속밀도, 전계
$$D = \epsilon E = \frac{Q}{A} \ [C/m^2] \ , \qquad E = \frac{Q}{\epsilon A} \ [V/m]$$

(3.82)

평행 도체면에서 발산하는 전계는 거리에 상관없이 항상 일정한 값을 가지고, 그 값은 도체면에 존재하는 총전하 $Q[C]$에 비례하고 면적 $A[m^2]$에 반비례한다.

④ 전계의 선적분 – 전압 V 도출

앞서 구한 전계벡터 $\vec{E}[V/m]$로부터 두 평판전하 사이에 존재하는 전압과, 총 전하 $Q[C]$로 대전 된 평판도체로부터 일정 거리 $x[m]$만큼 떨어진 지점을 기준으로 하는 전압차는 다음과 같다.

평판전하 전압

$$V = \int_l \vec{E} \cdot \vec{dl} \ = \int_{l=0}^{l=d} E \, dl = \int_{l=0}^{l=d} \frac{Q}{\epsilon A} \, dl = \frac{Q}{\epsilon A} \, [l]_0^d = \frac{Q}{\epsilon A} d \ [V]$$

(3.83)

평판전하 전압차

$$V(x) = \int_l \vec{E} \cdot \vec{dl} \ = \int_{l=0}^{l=x} E \, dl = \int_{l=0}^{l=x} \frac{Q}{\epsilon A} \, dl = \frac{Q}{\epsilon A} \, [l]_0^x = \frac{Q}{\epsilon A} x \ [V]$$

(3.84)

총 전하 $Q[C]$를 면전하 밀도 $\rho_s [C/m^2]$로 나타내면, 앞서 구한 식을 보다 더 간략히 표현할 수가 있다.

평판전하량, 전속밀도, 전계, 전압차

$$Q = \rho_s A \ [C], \quad D = \epsilon E = \rho_s \ [C/m^2] \ , \quad E = \frac{\rho_s}{\epsilon} \ [V/m] \ , \quad V(x) = \frac{\rho_s}{\epsilon} x \ [V]$$

(3.85)

또한, 앞서 구한 다양한 전하분포에서의 전속밀도벡터 $\vec{D}[C/m^2]$ 세기 및 전계벡터 $\vec{E}[V/m]$ 세기, 전압 $V[V]$를 요약하면 표 3-1과 같다.

표 3-1 • 전하분포에 따른 전계와 전압

좌표계	Gauss 가상면	전하분포	전속밀도 $[C/m^2]$	전계 $[V/m]$	전압 $[V]$	비고
구좌표계	체적구면	점전하	$\dfrac{Q}{4\pi r^2}$	$\dfrac{Q}{4\pi\epsilon r^2}$	$\dfrac{Q}{4\pi\epsilon r}$	Q : 총전하 R : 체적구반경 a : 동심구내부 반경 b : 동심구외부 반경
		체적구 외부	$\dfrac{Q}{4\pi r^2}$	$\dfrac{Q}{4\pi\epsilon r^2}$	$\dfrac{Q}{4\pi\epsilon r}$	
		체적구 내부	$\dfrac{rQ}{4\pi R^3}$	$\dfrac{rQ}{4\pi\epsilon R^3}$	$\dfrac{Q}{8\pi\epsilon R}\left(3-\dfrac{r^2}{R^2}\right)$	
		동심구	$\dfrac{Q}{4\pi r^2}$	$\dfrac{Q}{4\pi\epsilon r^2}$	$\dfrac{Q}{4\pi\epsilon}\left(\dfrac{1}{a}-\dfrac{1}{b}\right)$	
원통좌표계	원기둥면	직선전하	$\dfrac{\rho_l}{2\pi r}$	$\dfrac{\rho_l}{2\pi\epsilon r}$	$\dfrac{Q}{2\pi\epsilon l}\ln r$	ρ_l : 선전하 밀도 ρ_v : 체적전하밀도 R : 원통반경 a : 내부원통 반경 b : 외부원통 반경
		원통체적구 외부	$\dfrac{\rho_v R^2}{2r}$	$\dfrac{\rho_v R^2}{2\epsilon r}$	$\dfrac{\rho_v R^2}{2\epsilon}\ln r$	
		원통체적구 내부	$\dfrac{\rho_v}{2}r$	$\dfrac{\rho_v}{2\epsilon}r$	$\dfrac{\rho_v}{4\epsilon}(R^2-r^2)$ $+\dfrac{\rho_v R^2}{2\epsilon}\ln R$	
		동축전하	$\dfrac{Q}{2\pi rl}$	$\dfrac{Q}{2\pi\epsilon rl}$	$\dfrac{Q}{2\pi\epsilon l}\ln\left(\dfrac{b}{a}\right)$	
직각좌표계	직육면체면	평판전하	ρ_s	$\dfrac{\rho_s}{\epsilon}$	$\dfrac{\rho_s}{\epsilon}d$	ρ_s : 면전하 밀도 d : 간격거리

3

3.7 Poisson과 Laplace 방정식

전하분포에 따라 형성되는 전계의 상태를 해석하기 위해 지금까지 Coulomb 법칙이나 Gauss 법칙을 사용하여 전계의 세기나 전압을 계산하였다. 그러나 Coulomb 법칙은 기본적으로 점전하 형태로 분포하는 전계의 상태를, Gauss 법칙은 대칭적인 전하분포의 제한된 경우에만 한정하여 전계를 해석할 수 있었다. 실제로 대부분의 정전계 상태에서는 전하의 분포 상태가 복잡하여 정확히 알 수 없으므로 지금까지 유도한 식들을 바로 사용할 수 없다. 따라서 전압 함수에 대한 미분 방정식을 세우고, 도체나 자유공간 또는 유전체의 경계 조건들을 고려하여 전계의 상태를 해석하게 된다.

Gauss 법칙으로부터 총 전하를 체적전하밀도 형태로 바꾸고, 면적분을 체적 적분 형태로 바꾸는 Gauss 정리를 적용하여 Gauss 법칙 적분형을 미분형으로 바꾸게 되면, 아래 식과 같다.

$$\oint_s \vec{D} \cdot \vec{ds} = \int_v (\nabla \cdot \vec{D}) \, dv \quad \leftarrow Gauss's \ theorem$$

$$= Q \quad \leftarrow Gauss's \ law$$

$$= \int_v \rho_v \, dv \ [C] \quad \leftarrow Q = \rho_v \, v \, (v : volume)$$

$$\therefore \quad \nabla \cdot \vec{D} = \rho_v \ [C/m^3], \quad \nabla \cdot \vec{E} = \frac{\rho_v}{\epsilon} \ [V/m^2]$$

Gauss 법칙(미분형) $\quad \nabla \cdot \vec{D} = \rho_v \ [C/m^3], \quad \nabla \cdot \vec{E} = \frac{\rho_v}{\epsilon} \ [V/m^2]$

(3.86)

또한, 위의 Gauss 법칙의 미분형으로부터 전계와 전압의 공식을 대입하게 되면, 아래와 같이 포아송(Poisson) 방정식으로 나타낼 수 있는데, 공간상에 분포한 체적전하밀도 ρ_v에 의해 형성되는 전계 내의 한 점에서 전압을 구하는 일반식이다.

$$\nabla \cdot \vec{E} = \nabla \cdot (-\nabla V) \qquad \leftarrow \qquad \vec{E} = -\nabla V \;\; [V/m]$$

$$= -\nabla^2 V = \frac{\rho_v}{\epsilon} \;\; [V/m^2]$$

$$\therefore \;\; \nabla^2 V = -\frac{\rho_v}{\epsilon} \;\; [V/m^2]$$

$$\boxed{\text{Poisson 방정식} \qquad \nabla^2 V = -\frac{\rho_v}{\epsilon} \;\; [V/m^2]} \qquad (3.87)$$

포아송(Poisson) 방정식에서 임의의 공간상에 전하가 존재하지 않을 경우의 방정식을 특히, 라플라스(Laplace) 방정식이라고 하며, 자유전하가 없는 단순매질과 같이 전하가 존재하지 않은 영역 상에서 전압을 계산하는 방정식이다.

$$\boxed{\text{Laplace 방정식} \qquad \nabla^2 V = 0 \;\; [V/m^2]} \qquad (3.88)$$

위 식에서 ∇^2은 앞서 배운 해밀턴 미분 연산자의 2중 내적 연산이며, 라플라시안(Laplacian)이라 하고, 좌표계의 종류에 따라 다음과 같이 다르게 표시된다.

◎ 직각좌표계 : $\nabla^2 V = \dfrac{\partial^2 V}{\partial x^2} + \dfrac{\partial^2 V}{\partial y^2} + \dfrac{\partial^2 V}{\partial z^2}$

◎ 원통좌표계 : $\nabla^2 V = \dfrac{1}{r} \dfrac{\partial}{\partial r} \left(r \dfrac{\partial V}{\partial r} \right) + \dfrac{1}{r^2} \dfrac{\partial^2 V}{\partial \phi^2} + \dfrac{\partial^2 V}{\partial z^2}$

◎ 구좌표계 : $\nabla^2 V = \dfrac{2}{r} \dfrac{\partial V}{\partial r} + \dfrac{\partial^2 V}{\partial r^2} + \dfrac{\cot\theta}{r^2} \dfrac{\partial V}{\partial \theta} + \dfrac{1}{r^2} \dfrac{\partial^2 V}{\partial \theta^2} + \dfrac{1}{r^2 \sin^2\theta} \dfrac{\partial^2 V}{\partial \phi^2}$

문제 9

진공 중에 직각좌표계에서 전압함수 $V = 2xyz^2 [V]$일 때, 공간상에 존재하는 체적전하 밀도를 구하시오.

Solution Poisson 방정식을 사용하여, 다음과 같다.

$$\nabla^2 V = -\frac{\rho_v}{\epsilon} = \left(\frac{\partial^2}{\partial x^2} + \frac{\partial^2}{\partial y^2} + \frac{\partial^2}{\partial z^2} \right)(2xyz^2) = 4xy \quad [V/m^2]$$

$$\therefore \rho_v = -4\epsilon xy \ [C/m^3]$$

3.8 정전용량

그림 3-26과 같이 두 도체 사이에 유전율 상수 ϵ을 가지는 유전체가 존재하는 공간에 2개의 금속 도체판 A와 B가 근접해 있다고 하자. 여기서 각 도체판에 도체선을 연결하여 전압차 $V_{AB}[V]$를 인가하였을 때, 전압이 높은 A 도체판 내부에 존재하는 자유전자들이 Coulomb 힘에 의해 B 도체판에 축적될 것이다. 전기적 균형 상태(전압을 인가하기 전의 상태)에서 자유전자가 외부에서 인가된 전압 때문에 도체판 A에서 이동하여 도체판 B로 유도되면, A 도체판의 경우 이동하여 빠져나간 자유전자의 전하량만큼 $+Q[C]$가 발생하고, B 도체판의 경우 축적된 자유전자의 전하량만큼 $-Q[C]$ 전하가 유도 혹은 발생한다. 하지만 실질적으로 자유전자가 움직여서 두 도체판에 양의 전하량 $+Q[C]$와 음의 전하량 $-Q[C]$이 유도된 것이지, 새로운 양전하와 음전하가 생성된 것은 아니다. 즉, 전하보존의 법칙을 위배해서는 안 된다.

여기서, 유전체가 존재하는 두 도체판에 걸어둔 전압차 $V_{AB}[V]$ 혹은 인가 전압 $V[V]$의 세기가 증가하면 증가할수록 자유전자의 이동 때문에 발생하는 양의 전하량 혹은 음의 전하량의 절대값 $Q[C]$은 선형적으로 증가하게 되는데, 다음과 같은 선형관계가 성립한다.

$$\text{정전용량 정의} \quad Q = C\,V_{AB} = C\,V \ \ [C] \ \ \Rightarrow \ \ C = \frac{Q}{V_{AB}} = \frac{Q}{V} \ [F]$$

(3.89)

즉, 총 전하량과 전압차의 비율인 $Q/V[F]$는 인가전압 $V[V]$에 대해 변하지 않는 비례상수 $C[F]$를 정전용량(capacitance)이라 부른다. 정전용량의 단위는 전하량을 전압으로 나눈 것으로 farad$[F]$이라고 쓴다. 그러나 $1[F]$은 실질적으로 매우 큰 값에 해당하고 보통 microfarad$[\mu F]$ 또는 picofarad$[pF]$이 전자회로에 많이 사용된다. 또한, 일정전압(통상 직류전압)을 인가할 때 전

하를 충전하기 위한 정전용량을 갖도록 만들어진 소자를 통칭하여 축전기(蓄
電器, capacitor 또는 condenser)라 부른다.

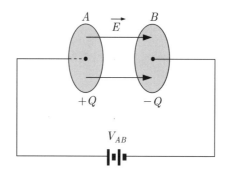

그림 3-26 • 도체판의 전하 충전과 발생전계

축전기를 만들기 위해서는 통상 금속 도체판 혹은 저항이 매우 작은 유사물
질로 만들어진 두 개의 분리된 극판이 있어야 하고, 정전용량의 값을 높이기
위해 유전체를 두 극판 사이에 넣는 것이 일반적이다.

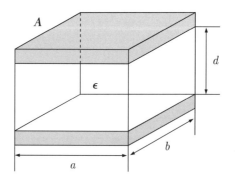

그림 3-27 • 평행평판 capacitor 정전용량

그림 3-27과 같이 두 평행 도체판 사이에 유전체가 샌드위치 형태로 놓여 있는 평판 capacitor가 있을 때, 두 개의 분리된 도체판 사이에서 존재하는 전계벡터를 $\vec{E}\,[V/m]$, 전계벡터 혹은 전압차에 의해 두 극판에 형성된 전하량 절대값을 $+\,Q\,[C]$라 하고, $+\,Q\,[C]$가 존재하는 두 극판의 면적, 혹은 두 극판과 맞닿아 있는 유전체의 면적을 $A\,[m^2]$, 두 극판 사이의 간격 혹은 유전체의 두께 혹은 유전체 내에 존재하는 전계벡터의 길이를 $d\,[m]$ 라고 한다면 평판 capacitor의 정전용량 $C\,[F]$은 다음과 같이 쓸 수 있다.

정전용량의 정의

$$C \;=\; \frac{Q}{V} \;=\; \frac{\oint_s \vec{D} \cdot \vec{ds}}{\int_{x=0}^{x=d} \vec{E} \cdot \vec{dl}} \;=\; \epsilon\,\frac{\oint_s \vec{E} \cdot \vec{ds}}{\int_{x=0}^{x=d} \vec{E} \cdot \vec{dl}} \;=\; \epsilon\,\frac{\int_s ds}{\int_{x=0}^{x=d} dl} \;=\; \epsilon\,\frac{A}{d}\,[F]$$

(3.90)

이와 같은 정전용량은 유전체의 매질 때문에 결정되는 유전율 $\epsilon\,[F/m]$, 유전체를 관통하는 전계가 차지하는 면적과 전계의 길이 등으로 구성된다. 즉, capacitor 정전용량 값은 capacitor가 어떤 형상으로 만들어지는가에 따라 결정된다. 기하학적인 구조와 유전체의 유전율 ϵ에 따라 정해지는 값이며, 인가된 전압 $V\,[V]$ 혹은 축전기에 남아 있는 전하량 $+\,Q\,[C]$값과는 무관하다. 즉, 인가전압 혹은 전압에 따라, 정전용량 값이 변하지 않고 고정된 값을 가진다는 것을 명심하자.

통상적으로 정전용량을 가지기 위해서는 앞서 말한 바와 같이 전압 V 를 인가하기 위한 두 개의 분리된 극판과 높은 정전용량을 가지기 위해 극판 사이에 삽입되는 높은 유전율의 유전체로 구성된다. 이 절에서는 다양한 형태의 극판 형상을 한 경우의 정전용량을 계산해 보고자 한다. 다양한 형태의 정전용량을 구하기 위해서는 다음과 같은 절차로 하는 것이 좋다.

① 전계벡터 $\vec{E}\,[V/m]$: 주어진 극판 형상에 적합한 좌표계를 선택하고, Gauss 법칙을 적용하여 전계벡터 $\vec{E}\,[V/m]$를 도출.

② 전압 $V[V]$: 전계벡터 $\vec{E}\,[V/m]$를 선적분 하여 전압 $V[V]$를 도출.

③ 정전용량 $C[F]$: 전압 V로부터 정전용량의 정의식 $C = Q/V\,[F]$에 의해 정전용량을 최종 계산.

여기서 정전용량 $C\,[F]$의 결과가 유전율 상수 $\epsilon[F/m]$와 길이성분 $l[m]$의 곱으로 나타나거나 혹은 유전율 상수 $\epsilon[F/m]$와 면적성분 $A\,[m^2]$의 곱에서 길이성분 $l[m]$을 나눈 형태로 나와야 하며, 그렇지 않으면 계산 과정에서 오류를 범한 것임을 명심하자. 즉, 정전용량의 물리단위 $[F]$은 유전율 상수의 단위 $[F/m]$에 길이단위 $[m]$를 곱해야 얻을 수 있다는 말이다.

다음은 다양한 도체면 형태와 유전체 물질이 있을 때에 정전용량을 구하는 과정을 설명한 것이다.

① 구좌표계와 체적구면(Gauss 면)을 사용하는 도체구와 동심 도체구
② 원통좌표계와 원기둥면(Gauss 면)을 사용하는 동축 케이블과 평행선로
③ 직각좌표계와 직육면(Gauss 면)을 사용하는 평행평판

총 5개의 정전용량과 서로 다른 이종(異種) 유전체가 있는 평행평판 capacitor와 동축 케이블 capacitor에 대해 상세히 알아보자.

3.8.1 도체구 정전용량

Capacitor는 적어도 두 개의 도체극판이 존재해야 한다. 도체구의 경우 도체구 자체가 한 개의 극판이 되며 도체구에 $+Q\,[C]$가 대전하여 존재할 때 전계가 도체구로부터 무한원점까지 존재하기 때문에 나머지 한 개의 극판은 전계가 소멸하는 즉, 무한원점을 반경으로 가지는 가상도체구가 된다. 그림 3-28은 도체구 정전용량을 간단히 나타낸 것으로 반경의 지름을 $R[m]$라고 표현한다.

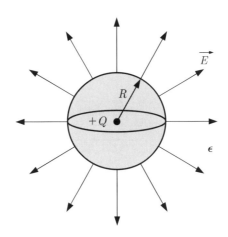

그림 3-28 • 도체구 정전용량

① 전계벡터 $\overrightarrow{E}\,[V/m]$

먼저, 도체구의 반경 $R[m]$보다 큰 반경 $r[m]$을 가지는 체적구면(Gauss 면)을 설정하여 Gauss 법칙을 적용하면, 전계벡터 $\overrightarrow{E}\,[V/m]$ 세기를 다음과 같이 구할 수 있다. 여기서, $4\pi r^2 [m^2]$은 체적구면의 표면적이다.

체적구 Gauss 법칙과 전계
$$\int_s \overrightarrow{E}\,\boldsymbol{\cdot}\,\overrightarrow{ds} = \frac{Q}{\epsilon} = E \times 4\pi r^2 \;\;\Rightarrow\;\; E = \frac{1}{4\,\pi\,\epsilon}\frac{Q}{r^2}\;\;[V/m] \tag{3.91}$$

② 전압 $V[V]$

구해진 전계를 선적분하여 전압을 구하자. 이때, 전계를 선적분할 때 전계의 시점(starting point)은 도체구의 표면에서부터 시작하므로 $r = R\,[m]$가 되며, 전계의 종점(ending point)은 무한원점이므로 $r = \infty\,[m]$가 될 것이다. 시점이 전압이 높고 종점이 전압이 낮은 지점이므로 전압차는 (−)부호를 붙이지 않는다.

체적구 전압

$$V = \int_l \vec{E} \cdot \vec{dl} = \int_{r=R}^{r=\infty} \vec{E} \cdot \vec{dr} = \int_{r=R}^{r=\infty} \frac{1}{4\pi\epsilon} \frac{Q}{r^2} \hat{r} \cdot \vec{dr}$$
$$= \int_{r=R}^{r=\infty} \frac{1}{4\pi\epsilon} \frac{Q}{r^2} \, dr = \frac{1}{4\pi\epsilon} \frac{Q}{R} \ [\text{V}]$$

(3.92)

③ **정전용량** $C[F]$

전압으로부터 정전용량 공식을 사용하여 정리하면, 다음 식과 같다.

도체구 정전용량 $\quad V = \dfrac{1}{4\pi\epsilon} \dfrac{Q}{R} \ [V] \quad \Rightarrow \quad C = \dfrac{Q}{V} = 4\pi\epsilon R \ [F]$

(3.93)

도체구의 정전용량 $C[F]$는 도체구의 반경이 클수록 증가하는데, 이는 평판 capacitor와 비교해 보면 도체면의 면적이 커지는 효과 및 간격 $d[m]$가 작아짐으로써 증가하는 효과를 복합적으로 가지고 있다. 도체구 외곽의 자유공간이 진공일 경우 비유전율 상수 $\epsilon_r = 1$이므로 유전율 상수 $\epsilon\,[F/m]$는 아래와 같고, 정전용량 계산에 사용한다.

유전율 상수 $\quad \epsilon = \epsilon_0 \epsilon_r = \epsilon_0 \simeq 8.854 \times 10^{-12} \ [F/m]$

(3.94)

문제 10

지구(地球)는 우주를 항해하는 거대한 우주선(宇宙船)이자 거대한 capacitor이다. 지구 근처의 대기를 조사한 결과 전계벡터 $\vec{E}$의 세기가 약 $100[V/m]$이고, 지구를 향하는 방향을 가지고 있는 것으로 밝혀졌다. 지구에 축적된 음전하(전계가 지구를 향하는 방향이므로 음전하를 가짐)와 지구 표면에서의 전압을 구하시오.(단, 지구를 체적구로 가정하고 지구의 반지름 $R = 6.4M[m]$로 계산한다.)

 비유전율 상수 $\epsilon_r = 1$로 하고, 지구와 거의 유사한 체적구면을 Gauss 면으로 하며 Gauss 법칙을 적용하여 전하를 구하면 아래와 같다.

$$\int_s \vec{E} \cdot \vec{ds} = \frac{Q}{\epsilon} = -E\,4\pi R^2$$

$$\rightarrow \quad Q = -4\pi\epsilon_0 R^2 E = -4\pi \frac{1}{36\pi} n(6.4M)^2 \times 100 = -455\,[kC]$$

도체구의 정전용량 $C = \dfrac{Q}{V} = 4\pi\epsilon R \ \ [F]$을 이용하여 지구의 전압을 구하면 아래와 같고, 지구는 음전하(전자) 약 $455[kC]$을 가지며, 무한원점 기준 $-640[MV]$의 전압을 가지고 있다.

$$V = \frac{Q}{C} = \frac{Q}{4\pi\epsilon_0 R} = -9G\frac{455k}{6.4M} = -639.8 \ [MV]$$

3

3.8.2 동심 도체구 정전용량

그림 3-29와 같은 동심 도체구는 도체구와 비교해볼 때 도체구의 반경인 $r = R\,[m]$가 $r = a\,[m]$로, 무한원점에 위치한 극판을 외곽 도체구의 반지름인 반경 $r = b\,[m]$로 해석하면 된다.

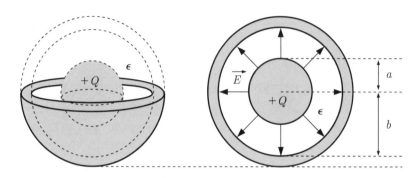

그림 3-29 • 동심 도체구 정전용량

❶ 전계벡터 $\vec{E}\,[V/m]$

먼저, Gauss 면의 반경을 $a \le r \le b$로 설정하여 체적구면 형태로 설정하고 전계를 구하기 위해 Gauss 법칙을 적용하면, 전계벡터 $\vec{E}\,[V/m]$ 세기를 다음과 같이 구할 수 있다.

$$
\begin{array}{l}
\text{동심 도체구 Gauss 법칙과 전계} \\
\int_s \vec{E} \cdot \vec{ds} = \dfrac{Q}{\epsilon} = E \times 4\pi r^2 \;\Rightarrow\; E = \dfrac{1}{4\pi\epsilon}\dfrac{Q}{r^2}\;[V/m]
\end{array}
\tag{3.95}
$$

❷ 전압 $V\,[V]$

동심 도체구에서 전계는 내심구$(r = a\,[m])$에서 시작하여 외심구 내표면 $(r = b\,[m])$에서 끝나는 방사 형태의 발산 모양인 유한(open loop) 형태를 보이고 있으므로, 전계를 선적분하여 전압차를 구하면 다음과 같다.

동심 도체구 전압

$$V = \int_l \overrightarrow{E} \cdot \overrightarrow{dl} = \int_{r=a}^{r=b} \overrightarrow{E} \cdot \overrightarrow{dr} = \int_{r=a}^{r=b} \frac{1}{4\pi\epsilon} \frac{Q}{r^2} \hat{r} \cdot \overrightarrow{dr}$$

$$= \int_{r=a}^{r=b} \frac{1}{4\pi\epsilon} \frac{Q}{r^2} \, dr = -\frac{Q}{4\pi\epsilon} \frac{1}{r} \Big]_a^b = \frac{Q}{4\pi\epsilon}\left(\frac{1}{a} - \frac{1}{b}\right) \ [V]$$

(3.96)

③ **정전용량** $C[F]$

앞서 구한 전압으로부터 정전용량 공식을 사용하여 정리하면 다음과 같다.

동심 도체구 정전용량

$$V = \frac{Q}{4\pi\epsilon}\left(\frac{1}{a} - \frac{1}{b}\right) \ [V] \quad \Rightarrow \quad C = \frac{Q}{V} = 4\pi\epsilon\left(\frac{ab}{b-a}\right) \ [F]$$

(3.97)

문제 11

동심 도체구의 내심구 반경(a)이 $10\,m\,[m]$이고, 외심구 반경(b)이 $20\,m\,[m]$일 때, 내심구와 외심구 사이에 비유전율 상수(ϵ_r)가 9인 유전체를 채워 넣었을 경우의 동심 도체구 정전용량을 구하시오.

Solution

$$C = \frac{Q}{V} = 4\pi\epsilon\left(\frac{ab}{b-a}\right) = 4\pi\epsilon_0\epsilon_r\left(\frac{ab}{b-a}\right)$$

$$= 4\pi \times \frac{1}{36\pi} \times 10^{-9} \times 9\left(\frac{10m \times 20m}{20m - 10m}\right) = 20p[F]$$

3.8.3 동축 케이블 정전용량

동축 케이블은 TV 안테나(antenna)로부터 혹은 유선 단자로부터 전해오는 전기적 영상과 음성신호를 TV에 전달하기 위해 주로 사용되는 도선이다. 이 동축 케이블은 원통형이며 내부에 구리로 된 원통 모양의 도선이 있고, 바깥에 절연체 혹은 유전체 물질로 전기가 통하지 않게 절연되어 있으며, 그 외부를 다시 그물망 형태의 도선으로 둘러싼 구조이다. 이러한 형태는 내부의 도선이 상부전극, 중간의 절연체 혹은 유전체가 유전물질, 바깥쪽 도선이 하부전극으로 볼 수 있으므로 전하를 충전과 방전할 수 있는 정전용량으로 보기에 충분하다. 동축 케이블은 바깥쪽 도선이 그물망처럼 얽혀 있는 구조로 되어있어 외부에서 유입될 수 있는 잡음(雜音, noise)을 차단하는 데 매우 효과적으로 영상신호를 전달하는 케이블로 많이 활용하고 있다. 그림 3-30의 동축 케이블의 정전용량을 구하기 위한 순서는 다음과 같다.

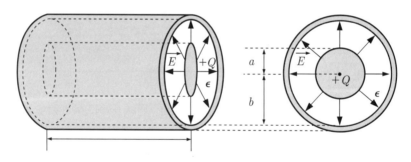

그림 3-30 • 동심 케이블 정전용량

❶ 전계벡터 $\vec{E}\,[V/m]$

Gauss 면은 동축 케이블을 잘라낸 것과 유사하게 내부 원통도선면의 반경 $r = a\,[m]$보다는 크고, 외부 원통도선면의 반경 $r = b\,[m]$보다는 작은, 유전체 내부에 존재하는 원기둥면 형태의 가상폐곡면(Gauss 면)을 설정하여, 가상 폐곡면을 수직으로 뚫고 나가는 전계에 대해서만 고려할 때, Gauss 법칙을 적용하여 전계벡터 $\vec{E}\,[V/m]$ 세기를 구하면 다음과 같다.

동축 케이블의 전계

$$\oint_s \overrightarrow{E} \cdot \overrightarrow{ds} = E\,S = E \times 2\,\pi\,r\,l = \frac{Q}{\epsilon} \quad [\,V-m\,] \quad \Rightarrow \quad E = \frac{Q}{2\,\pi\,\epsilon\,r\,l} \quad [\,V/m\,]$$

(3.98)

여기서 원통 형태의 가상폐곡면 원기둥 윗면과 아랫면의 원 면적($\pi r^2\,[m^2]$) 은 고려하지 않는다. 이는 동축 케이블 내심원통도체에 전압이 인가함으로써 발생하는 양의 총전하 $+Q[C]$로 인해 발생하는 전계 $\overrightarrow{E}[V/m]$가 원기둥 윗 면과 아랫면의 미소면적벡터 $\overrightarrow{ds}\,[m^2]$ 방향과 수직($\frac{\pi}{2}$)을 이루고 있기 때문(또 는 원기둥의 윗면과 아랫면을 전계벡터가 발산하지 않기 때문)에 두 벡터의 내 적 연산은 0이 되므로, 원기둥의 기둥면적인 가로길이 $2\pi r\,[m]$와 세로길이(원 통의 높이) $l\,[m]$의 곱이 바로 면적분의 최종 결과가 된다.

❷ **전압** $V[V]$

동축 케이블의 전계 혹은 전기력선이 내심 원기둥면 $r = a\,[m]$에서 시작하 여 외심 원기둥면 $r = b\,[m]$에서 끝날 것이므로, 전계를 선적분하여 전압을 구 하면 다음과 같다.

동축 케이블의 전압

$$V = \int_l \overrightarrow{E} \cdot \overrightarrow{dl} = \int_{r=a}^{r=b} \frac{Q}{2\,\pi\,\epsilon\,r\,l}\,dr = \frac{Q}{2\,\pi\,\epsilon\,l}\,\ln r \Big]_a^b = \frac{Q}{2\,\pi\,\epsilon\,l}\,\ln\left(\frac{b}{a}\right) \quad [\,V\,]$$

(3.99)

❸ **정전용량** $C[F]$

구해진 전압으로부터 동축 케이블 정전용량을 구하면 다음과 같다.

$$\text{동축 케이블의 정전용량} \quad C = \frac{Q}{V} = \frac{2\pi \epsilon l}{\ln(\frac{b}{a})} \quad [F] \tag{3.100}$$

문제 12

바닷물의 비유전율 상수를 측정하기 위해 그림 3-30과 같이 길이 $l = 0.5[m]$, 내심반경이 $a = 400[mm]$ 외심반경 $b = 401[mm]$의 동측 케이블 형태로 만들어진 틀에 바닷물 시료를 채워놓고 내심 도체원통과 외심 도체원통 사이에 전선으로 연결한 뒤 LCR meter로 정전용량을 측정하였더니 $1M[Hz]$의 주파수에서 약 $890n[F]$의 값이 나왔다. 바닷물의 비유전율 상수를 구하시오.

Solution 동축 케이블의 정전용량으로부터, 바닷물의 비유전율 상수는 다음과 같다.

$$C = \frac{2\pi \epsilon_0 \epsilon_r l}{\ln(\frac{b}{a})} \;\rightarrow\; \epsilon_r = \frac{C\ln(b/a)}{2\pi \epsilon_0 l} = \frac{890n\ln(401m/400m)}{2\pi \frac{1}{36\pi}n \times 0.5} \approx 80$$

3.8.4 평행 선로선 정전용량

그림 3-31의 평행 선로선은 가장 보편적으로 전기적 신호를 전달하기 위해 사용하는 선이다. 두 선 간의 전압차가 존재할 때 전압이 높은 쪽이 양의 전하 $+Q[C]$를 가지고 있다고 가정하고, 전압이 낮은 쪽이 음의 전하 $-Q[C]$를 가지고 있다고 가정하자. 선로선의 반경을 $a[m]$, 선로의 길이를 $l[m]$, 두 선로선 간의 간격을 $d[m]$라고 한다면, 다음과 같은 동일 순서대로 정전용량을 구할 수 있다.

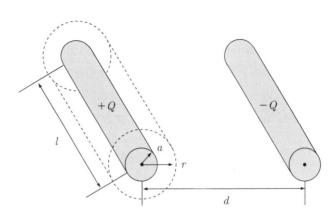

그림 3-31 • 평행 선로선 정전용량

① 전계벡터 $\vec{E}\,[V/m]$

평행 선로선 전계를 구하기 위해서는 중첩의 원리(superposition)를 적용해야 한다. 먼저 Gauss 면을 동축 케이블에서 적용한 것과 유사하게 $+Q[C]$가 존재하는 전압이 높은 쪽의 선로에 대해 선로의 반경 $a[m]$보다 큰 $r[m]$의 반경을 가지는 원기둥면(Gauss 가상폐곡면)을 설정하고, $-Q[C]$가 존재하는 전압이 낮은 쪽의 선로에 대해서도 반경이 $d-r[m]$를 가지는 원기둥면의 가상폐곡면을 각각 설정한 뒤 각각의 전계를 구하고 중첩의 원리를 적용하여 두 전계를 합산해야 한다. 전압이 높은 쪽에서의 전계를 E_h, 낮은 쪽에서의 전계를 E_l이라 하면, 평행 선로선의 전계는 다음과 같이 구할 수 있다.

평행 선로선 전계

$$\oint_s \overrightarrow{E_h} \cdot \overrightarrow{ds} = E_h S = E_h \times 2\pi r l = \frac{Q}{\epsilon} \;\; [V-m] \quad \Rightarrow \quad E_h = \frac{Q}{2\pi\epsilon r l} \;\; [V/m]$$

$$\oint_s \overrightarrow{E_l} \cdot \overrightarrow{ds} = E_l S = -E_l \times 2\pi(d-r) l = \frac{-Q}{\epsilon} \;\; [V-m]$$

$$\Rightarrow \; E_l = \frac{Q}{2\pi\epsilon(d-r)l} \;\; [V/m]$$

$$\therefore \; E = E_h + E_l = \frac{Q}{2\pi\epsilon l}\left(\frac{1}{r} + \frac{1}{d-r}\right) \;\; [V/m]$$

(3.101)

$-Q[C]$에 대한 반경 $r[m]$를 가지는 원기둥면의 가상폐곡면에서 $-Q[C]$으로 유입되어 들어오는 전계 $\overrightarrow{E}[V/m]$와 가상폐곡면의 원기둥면에 해당되는 미소면적벡터 $\overrightarrow{ds}[m^2]$의 방향이 정반대이므로, Gauss 법칙에서 면적분 결과는 (−)가 나오게 된 것이다. 하지만, 원기둥 내에 존재하는 전하가 음전하이므로, 전계의 세기는 전체적으로 (+)가 된다.

② 전압 $V[V]$

전계의 길이를 선적분하기 위해 $+Q[C]$가 존재하는 전압이 높은 쪽의 선로에서 $-Q[C]$가 존재하는 전압이 낮은 쪽의 선로까지 최단거리의 길이를 가지는 직선 모양의 전계에 대해 이를 계산하면, 전계는 $r=a[m]$에서 시작해서 $r=d-a[m]$에서 끝나므로, 아래와 같이 나타낸다.

평행 선로선의 전압

$$V = \int_l \overrightarrow{E} \cdot \overrightarrow{dl}$$

$$= \int_{r=a}^{r=d-a} \frac{Q}{2\pi\epsilon l}\left(\frac{1}{r}+\frac{1}{d-r}\right)dr = \frac{Q}{2\pi\epsilon l}\left(\ln r - \ln(d-r)\right)\Big|_a^{d-a}$$

$$\therefore V = \frac{Q}{2\pi\epsilon l}\left[(\ln(d-a)-\ln a)-\ln a + \ln(d-a)\right] = \frac{Q}{\pi\epsilon l}\ln\left(\frac{d-a}{a}\right)\ [V]$$

(3.102)

③ 정전용량 $C[F]$

구해진 전압으로부터 정전용량을 구하면, 아래와 같다. 이때, 평행 선로선 간격 $d[m]$는 평행 선로선의 굵기를 결정하는 반경 $a[m]$에 비해 매우 크기 때문에 $d-a \approx d[m]$로 간략화할 수 있다.

$$\text{평행 선로선 정전용량} \quad C = \frac{Q}{V} = \frac{\pi \epsilon l}{\ln\left(\frac{d-a}{a}\right)} \approx \frac{\pi \epsilon l}{\ln\left(\frac{d}{a}\right)} \quad [F] \qquad (3.103)$$

문제 13

길가에 설치된 전신주에 길이가 약 $2[km]$되는 두 개의 평행선로 전선이 약 $5[cm]$의 선로 간 간격을 두고 설치되어 있다면, 그 평행선로 전선의 정전용량은 약 얼마인가? (단, 평행선로 전선의 반지름은 약 $3[mm]$로 가정하라.)

Solution

$$C = \frac{\pi \epsilon l}{\ln\left(\frac{d-a}{a}\right)} = \frac{\pi \epsilon_0 l}{\ln\left(\frac{d}{a}\right)} = \frac{\pi \frac{1}{36\pi} n \times 2k}{\ln\left(\frac{50m-3m}{3m}\right)} = \frac{1}{18 \times \ln(47/3)} \mu \approx 20\, n\, [F]$$

3.8.5 평행평판 정전용량

가장 보편적으로 널리 사용되고 있는 capacitor는 평행평판 사이에 유전체를 가지는 구조의 평행평판 capacitor이다. 이것은 저항이 매우 낮은 상부전극과 하부전극 그리고 정전용량의 크기를 증가시키기 위한 목적의 비유전율 상수 ϵ_r를 가지는 유전체가 상하부 전극 사이에 존재하는 구조로, 앞서 밝힌 바와 같이 그림 3-32의 평행평판 정전용량은 다음과 같이 나타낼 수 있다.

$$\text{평행평판 정전용량} \qquad C = \epsilon \frac{A}{d} = \epsilon_0 \epsilon_r \frac{A}{d} \qquad [F] \tag{3.104}$$

$\epsilon \, [F/m]$은 유전체 물질의 종류에 따라 결정되는 유전체 상수이고, $A \, [m^2]$는 상하부 전극의 면적이며, $d \, [m]$는 상하부 전극의 간격이다. 평행평판 정전용량을 유도하기 위한 순서는 아래와 같다.

❶ 전계벡터 $\vec{E} \, [V/m]$

직각좌표계를 사용하여 평행평판의 전계를 구해야 하는데, 상부전극을 포함하는 직육면체의 Gauss 면을 설정하고, 이때 Gauss 면을 뚫고 지나가는 전계는 상부전극에서 나온 전계가 하부전극으로만 발산하는 모양이 될 것이다. 이를 수식으로 전개하면 다음과 같다.

$$\text{평행평판 전계} \qquad \oint_s \vec{E} \cdot \vec{ds} = EA = \frac{Q}{\epsilon} \ \ [V-m] \quad \Rightarrow \quad E = \frac{Q}{\epsilon A} \ \ [V/m]$$

$$\tag{3.105}$$

앞 식에서 두 평행평판 사이에만 존재하는 전계는 도체판 위치에 의존하지 않는 항상 일정한 값을 가지고 있다. 전하량의 크기에 비례하여 커지고, 유전율 상수와 면적에 반비례할 뿐, 평행평판으로부터 떨어진 거리에 의존하지 않는 항상 균일한 값을 가지고 있다.

❷ 전압 $V[V]$

평행평판 capacitor에서 전계 벡터 $\vec{E}$를 선적분하여 전압을 구하는 식은 다음과 같다.

평행평판 전압
$$V = \int_l \vec{E} \cdot \vec{dl} = \int_{x=0}^{x=d} E\,dx = E\,d = \frac{Q}{\epsilon A}\,d \quad [V]$$

(3.106)

③ 정전용량 $C[F]$

구해진 평행평판의 전압으로부터 정전용량을 구하면 다음식과 같다.

평행평판 정전용량
$$C = \frac{Q}{V} = \epsilon \frac{A}{d} = \epsilon_0 \epsilon_r \frac{A}{d} \quad [F]$$ (3.107)

여기서, 평행평판의 정전용량은 두 평행평판에 인가된 전압이나 전하량과는 무관한 두 평행도체판의 면적 $A[m^2]$, 간격 $d[m]$, 유전율 상수 $\epsilon[F/m]$에 의해 결정된다.

유전율 상수 $\epsilon[F/m]$ 대해 평행평판의 정전용량을 변형하여 적어보면 다음과 같다.

평행평판 유전율 상수 $\quad \epsilon = C \dfrac{d}{A} \;[F/m]$

(3.108)

유전율 상수가 정전용량 $C[F]$에 간격 $d[m]$를 곱하고 다시 면적 $A[m^2]$로 나눈 것이므로 유전율 상수의 물리단위는 $[F/m]$가 되어야 함을 알 수 있다.

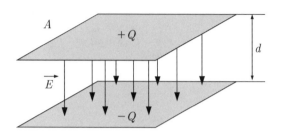

그림 3-32 • 평행평판 정전용량

문제 14

도체판의 면적 $A = 2[mm^2]$이고, 도체판의 간격 $d = 0.1[\mu m]$, 비유전율 상수 $\epsilon_r = 4$인 평행평판 capacitor에 약 $20[pC]$의 전하가 충전되었다고 할 때 다음 질문의 답을 구하시오.

(1) 평판 capacitor의 정전용량

(2) 평판 capacitor의 극판에서의 표면전하밀도

(3) 평판 capacitor의 전압차

(4) 평판 capacitor의 전계의 세기

 (1) 평판 capacitor의 정전용량

$$C = \epsilon \frac{A}{d} = \epsilon_0 \epsilon_r \frac{A}{d} = 8.854p \times 4 \times \frac{2\,m^2}{0.1\mu} \approx 708\,p[F]$$

(2) 평판 capacitor의 극판에서의 표면전하밀도

$$\int_s \overrightarrow{D} \cdot \overrightarrow{ds} = DA = Q \;\rightarrow\; D = Q/A = \rho_s = 20p/2m^2 = 10\mu[C/m^2]$$

(3) 평판 capacitor의 전압차

① 정전용량　$Q = CV \;\rightarrow\; V = Q/C = 20p/708p = 28.2\,m[V]$

② Gauss 법칙

$$\int_s \overrightarrow{E} \cdot \overrightarrow{ds} = EA = \frac{Q}{\epsilon_0 \epsilon_r} \;\rightarrow\; E = \frac{Q}{\epsilon_0 \epsilon_r A} = \frac{20p}{8.854p \times 4 \times 2m^2} = 282\,k[V/m]$$

$$V = \int_l \overrightarrow{E} \cdot \overrightarrow{dl} = E\,d = 282k \times 0.1\mu = 28.2\,m[V]$$

(4) 평판 capacitor의 전계 세기

① 선적분 $V = \int_l \vec{E} \cdot \vec{dl} = E\,d \;\rightarrow\; E = \dfrac{V}{d} = \dfrac{28.2\,m}{0.1\,\mu} = 282\,k[V/m]$

② Gauss 법칙 $\int_s \vec{E} \cdot \vec{ds} = EA = \dfrac{Q}{\epsilon_0 \epsilon_r}$

$\rightarrow E = \dfrac{Q}{\epsilon_0 \epsilon_r A} = \dfrac{20p}{8.854\,p \times 4 \times 2\,m^2} = 282\,k[V/m]$

3.8.6 유전체가 다른 평행평판 정전용량

그림 3-33과 같이 각기 특성이 다른 두 가지 유전체가 좌우로 평행평판에 배치된 경우, 평행평판 정전용량은 각각의 정전용량이 병렬로 연결된 것으로 취급하면 된다. capacitor의 병렬회로는 전자회로 혹은 회로이론에서 많이 언급되고 있어 간단히 수식을 적용하면 다음과 같다.

정전용량 $C = C_1 + C_2 = \epsilon_0 \epsilon_1 \dfrac{a \times c}{d} + \epsilon_0 \epsilon_2 \dfrac{b \times c}{d} = \epsilon_0 \dfrac{c}{d}(\epsilon_1 a + \epsilon_2 b)\;[F]$

(3.109)

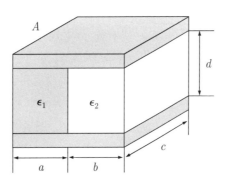

그림 3-33 • 이종 유전체가 있는 평행평판 정전용량(좌우)

그림 3-34와 같이 각기 특성이 다른 두 가지 유전체가 상하로 평행평판에 배치된 경우, 평행평판 정전용량은 각각의 정전용량이 직렬로 연결된 것으로 취급하면 된다. 이 역시도 capacitor의 직렬회로는 전자회로 혹은 회로이론에서 많이 언급되고 있어 간단히 수식을 적용하면 아래와 같다.

정전용량

$$C = C_1 // C_2 = \frac{C_1 C_2}{C_1 + C_2} = \epsilon_0 \epsilon_1 \frac{A}{d_1} // \epsilon_0 \epsilon_2 \frac{A}{d_2} = \frac{\epsilon_0^2 A^2 \frac{\epsilon_1 \epsilon_2}{d_1 d_2}}{\epsilon_0 A \left(\frac{\epsilon_1}{d_1} + \frac{\epsilon_2}{d_2} \right)} = \epsilon_0 A \frac{\epsilon_1 \epsilon_2}{\epsilon_1 d_2 + \epsilon_2 d_1} [F]$$

(3.110)

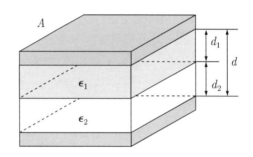

그림 3-34 • 이종 유전체가 있는 평행평판 정전용량(상하)

그림 3-35에서 보는 것처럼 동축 케이블에 각기 다른 특성이 있는 유전체가 두 겹으로 설치된 경우 동축케이블의 정전용량은 내심 도체원통에서 바깥쪽으로 전계가 방사하기 때문에 각각의 정전용량이 직렬로 연결된 것으로 취급하면 된다. 비유전율 상수 ϵ_1이 있는 capacitor를 $C_1 [F]$, 비유전율 상수 ϵ_2이 있는 capacitor를 $C_2 [F]$라고 한다면, 동축 케이블의 총 정전용량 $C [F]$는 $C = C_1 // C_2 [F]$가 될 것이다. 여기서 앞서 배운 내심 도체원통의 반경이 $a[m]$, 외심 도체원통의 반경이 $b[m]$일 때의 동축 케이블 정전용량은 아래 식과 같다.

$$\text{동축 케이블 정전용량} \qquad C = \frac{Q}{V} = \frac{2\pi\epsilon l}{\ln\left(\frac{b}{a}\right)} \quad [F] \tag{3.111}$$

또한, $C_1[F]$과 $C_2[F]$는 각각 아래와 같이 표현된다.

$$\text{각각의 정전용량} \qquad C_1 = \frac{2\pi\epsilon_0\epsilon_1 l}{\ln\left(\frac{b}{a}\right)} \quad [F] \quad , \qquad C_2 = \frac{2\pi\epsilon_0\epsilon_2 l}{\ln\left(\frac{c}{b}\right)} \quad [F]$$

$$\tag{3.112}$$

따라서, 두 겹의 이종 유전체가 있을 경우의 동축 케이블 정전용량은 아래와 같다.

$$\text{정전용량} \qquad C = C_1 // C_2 = \frac{C_1 C_2}{C_1 + C_2} = \frac{2\pi\epsilon_0\epsilon_1 l}{\ln\left(\frac{b}{a}\right)} // \frac{2\pi\epsilon_0\epsilon_2 l}{\ln\left(\frac{c}{b}\right)} \quad [F]$$

$$\tag{3.113}$$

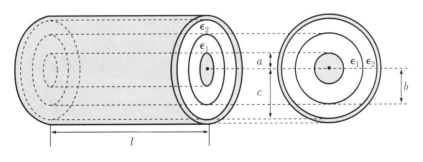

그림 3-35 • 두 겹의 이종 유전체가 있는 동축 케이블 정전용량

3.9 Capacitor 활용

Capacitor는 전압으로 전하를 충전하여 전자기기 작동 등에 활용하는 경우에 많이 사용된다. 대표적인 경우가 자동차용 배터리(12V)나 휴대전화용 배터리 등이다. 또한, 전자회로에 Capacitor의 활용은 무궁무진하다. 원하는 주파수대역의 신호를 감쇄시키거나 통과시키기 위한 필터(filter) 회로 및 초고주파 회로에서의 입력신호를 반사 없이 잘 전달해주기 위한 정합(Matching) 회로 등등에 수없이 많이 활용되고 있는 수동소자(passive device)이다.

3.9.1 DRAM capacitor(SES 구조)

그림 3-36은 128M DRAM에 사용되었던 capacitor의 단면도 SEM(scanning electron microscope) 사진이다. DRAM(dynamic random access memory)은 0 또는 1의 2진수 정보를 저장하기 위해 개발된 컴퓨터용 메모리(memory) 전자부품으로, N형 MOSFET(metal oxide silicon field effect transistor)의 드레인(drain)으로부터 0이라는 정보의 저전압(low voltage) 혹은 1이라는 정보의 고전압(high voltage)이 인가되었을 때, 게이트(gate)에 고전압이 인가되면 게이트 하층부의 p형 반도체에서 전자가 전계에 의해 대전이 되고, 이 때문에 자유전자가 drain에서 소스(source) 사이를 움직일 수 있는 채널(channel)이 형성됨으로써 드레인과 소스 간에 저항이 거의 없게 변한다. 저항이 거의 0인 채널을 통해 자유전자가 손쉽게 이동함으로써 약 $30[fF]$ 정도의 정전용량 값을 가지는 capacitor에 0 또는 1의 정보를 저장할 수 있다.

capacitor에 전하를 충전했을 때, NMOS 주변에서 발생하는 누설전류(leakage current)로 인해 capacitor에 저장된 전하가 점점 유출되는 문제점이 발생한다. 따라서 전하가 외부로 빠져나가기 때문에 1이라는 정보가 0이라는 정보로 바뀔 수 있다. 그래서 특정한 주기마다 capacitor에 저장된 값을 한 번씩

검사해서 다시 재충전해주는 과정이 필요한데, 이를 재충전 과정(refresh process)이라고 하며, 재충전하는 주기 시간을 재충전 시간(refresh time)이라 한다. Capacitor가 전하를 보관하려면 적절한 값의 정전용량을 가져야 하는데, 통상 DRAM에서 필요한 capacitor 용량 값은 약 $30 \times 10^{-15}[F]$ 즉, 약 $30f[F]$ 정도를 가져야 한다.

Capacitor의 용량을 크게 할수록 일정 누설 전류가 있어도 재충전하는 시간을 길게 가져갈 수 있기 때문에 DRAM에서 소모하는 전력이 감소하는 장점이 있지만, capacitor의 용량을 증가시키려면 capacitor의 면적을 증가시켜야 하고, 이에 따라서 DRAM chip의 면적이 전체적으로 증가함으로써 한 wafer 당 만들 수 있는 DRAM chip의 개수가 줄어드는 단점이 있다. 따라서 DRAM을 제조 생산하는 반도체 회사는 여하히 일정 정전용량을 가지는 capacitor의 면적을 줄이기 위한 다양한 노력을 했는데, SES(surface enhancement structure)가 바로 그러한 노력 중의 하나이다.

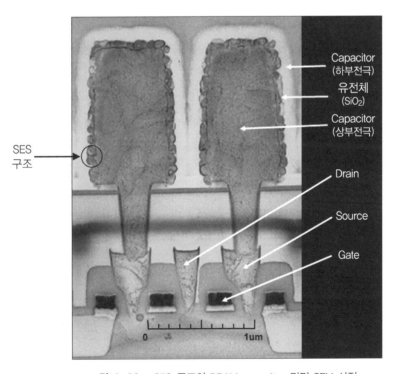

그림 3-36 • SES 구조의 DRAM capacitor 단면 SEM 사진

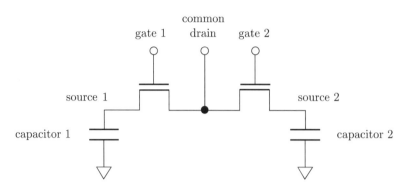

그림 3-37 • SES 구조의 DRAM capacitor의 등가 전자회로

$$\text{평판 capacitor의 정전용량} \qquad C = \epsilon_0 \epsilon_r \frac{A}{d} \qquad [F] \qquad\qquad (3.114)$$

Capacitor의 정전용량을 키우는 방법은 평판 capacitor의 모델에서 쉽게 유추할 수 있다. 면적 $A[m^2]$를 증가시키거나 간격 $d[m]$를 감소시키는 방법, 비유전율 상수 ϵ_r을 높은 물질로 대치하는 방법 등이 바로 그것이다. 면적 $A[m^2]$를 늘리는 것은 capacitor가 면적 대부분을 차지하는 DRAM 반도체칩(semiconductor chip)의 전체 면적이 늘어나므로 좋은 접근이 아니다. 또한, 평판 capacitor의 간격 $d[m]$ 혹은 유전체 물질의 두께 $d[m]$를 줄이는 것은 capacitor에 가해지는 일정 전압 혹은 전압에 대해 절연파괴가 발생하여 capacitor에 전류가 누설됨으로써 동작을 못하게 된다. 따라서 절연파괴가 일어나지 않는 최소한의 두께 $d[m]$로 하는 것이 올바른 접근 방법이다. 마지막으로 비유전율 상수 ϵ_r을 높이는 것이 또 다른 접근 방법인데, 이는 초기 $\epsilon_r = 3.9$ 정도인 SiO_2 물질에서 현재는 $\epsilon_r = 10$ 정도인 Al_2O_3로 대치되어 사용되고 있다. 그렇게 함으로써, 같은 capacitor를 만들기 위해서는 capacitor 면적이 2.5배 감소($\sim 10/3.9$)하여도 같은 정전용량을 가지는 capacitor를 만들 수 있게 되었다.

그림 3-36에서 상부에 사각형의 단면모양을 가진 것이 DRAM에서 사용하는 capacitor 단면모양인데, 입체적으로 보면 원통형의 모양을 가지고 있다. 상부 전극과 하부 전극 사이, 사진으로 보기에도 구분이 되지 않는 매우 얇은 SiO_2 유전체 막이 형성되어 있는데, 단면상에서 사각형 주변으로 볼록한 형태의 비균일한 capacitor의 상부 전극과 유전체 박막의 하부 전극이 형성되어 있다. 이를 SES라고 부르는데, capacitor의 상부 전극과 하부 전극의 면적을 입체적으로 증가시킴으로써 정전용량의 값을 증가한다. 즉, SES를 사용하기 전에는 원의 면적(πr^2) 이었다면, 이 원의 면적을 SES를 통해 반구면으로 볼록하게 변형시킴으로써 체적구 표면적($4\pi r^2$)의 절반인 반구표면 면적($2\pi r^2$)으로 증가시키며 capcitor의 면적이 두 배로 증가하기 때문에 기존의 $15f[F]$에서 $30f[F]$로 두 배 증가시키는 것이 가능하다.

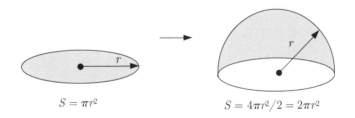

$$S = \pi r^2 \qquad\qquad S = 4\pi r^2/2 = 2\pi r^2$$

그림 3-38 • SES 구조의 면적 증가
(원의 면적을 볼록렌즈처럼 부풀린 결과 면적이 약 2배로 증가)

3.9.2 Microphone(가변 capacitor)

다음은 capacitor를 활용한 사례로 마이크로폰(microphone)을 들 수 있다. 마이크로폰은 사람의 음성(음압)을 전기적 신호로 바꾸어주는 센서(sensor)로, 휴대 전화기기에 반드시 있어야 하는 필수 부품 중의 하나이다. 마이크로폰 내부에는 다음과 같은 전기회로로 구성되어 있는데, 음압에 의해 발생하는 전기적 입력신호를 10배 정도로 증폭시키는 역할을 하는 JFET(junction field effect transistor)가 통상 포함되고, 상부 전극의 다이아프램(diaphragm)과 공기 유전체 및 뒷면 전극판(back electret)으로 구성된 capacitor 구조가 설치되어 있다.

Capacitor의 상부 전극에 해당하는 다이아프램은 음료수 페트병의 재질인 폴리프로필렌(PP)과 같은 물질로 매우 얇은 막에 전기 전도도가 매우 우수한 금(Au)으로 얇게 도포(coating)되어 있어, 여기에 음성이 전달되면 음성의 세기와 주파수에 비례하여 다이아프램이 상하 진동을 한다. 이것은 마치 나무막대로 북을 치게 되면 북의 쇠가죽이 진동하는 것과 같다고 보면 되겠다. 운동에너지를 주는 나무막대는 음성 또는 음압에 해당하고 북의 쇠가죽은 마이크로폰의 다이아프램에 해당한다.

또한, 뒷면 전극판에는 일정량의 전하 $Q[C]$가 포함된 특수물질이 존재하여, 사람의 음성 또는 음압이 상부 전극 역할을 하는 다이아프램에 진동을 일으키게 되면, 평행평판 capacitor의 간격 $d[m]$가 변동하게 되어 이에 반비례하여 capacitor의 정전용량 $C[F]$가 바뀌게 되고 결국 일정한 전하 $Q[C]$에 대해 capacitor 양단 전압 $V[V]$가 변하게 될 것이다.

예를 들어, 음압으로 다이아프램이 하부 전극판에 접근할 경우, 간격 $d[m]$가 줄어들고 capacitor의 정전용량 $C[F]$가 증가할 것이다. 이에 따라 일정한 전하량에 대해 capacitor 양단의 전압 $V[V]$는 감소할 것이다. 즉, 음압에 의해 간격 $d[m]$가 감소하면 cpacitor 양단 간에 발생되는 전압 $V[V]$가 감소한다. 이를 수식으로 표현하면 다음과 같다.

$$\boxed{\begin{array}{l} \text{마이크로폰의 가변용량 capacitor(간격이 축소)} \\[2mm] C(\uparrow) = \epsilon \dfrac{A}{d(\downarrow)} \ [F] \quad \Rightarrow \quad V(\downarrow) = \dfrac{Q}{C(\uparrow)} \ [V] \end{array}} \qquad (3.115)$$

반대로, 음압에 의해 다이아프램이 하부 전극판에서 멀어지게 되면 간격 $d[m]$가 증가하고 capacitor의 정전용량 $C[F]$가 감소할 것이며, 일정한 전하량에 대해 capacitor 양단의 전압 $V[V]$는 증가하게 된다. 즉, 음압에 따라 마이크로폰의 JFET의 게이트와 소오스 사이에 위치한 capacitor에서 유기된 미약한 전압은 JFET에서 약 10배 정도 증폭되어 휴대폰에 전기적 신호를 전달해주게 된다.

$$\boxed{\begin{array}{l} \text{마이크로폰의 가변용량 capacitor(간격이 증가)}\\ C(\downarrow)=\epsilon\dfrac{A}{d(\uparrow)}\ [F] \quad \Rightarrow \quad V(\uparrow)=\dfrac{Q}{C(\downarrow)}\ [V] \end{array}} \tag{3.116}$$

마이크로폰은 가변 capacitor의 원리를 응용한 부품으로, 앞에서 다루었던 면적과 간격과 유전체 물질로만 그 정전용량이 결정되는 capacitor와는 구조적으로 같지만, capacitor의 값이 음압에 따라 변한다.

문제 15

다음 자동차용 배터리 뒷면에 다음과 같은 라벨표시가 되어 있을 때 이 배터리의 정전용량 값을 유도하시오. 여기서, 1h = 1 [hour] = 3600 [sec]이다(표시: 12V, 50 Ah).

Solution $C=\dfrac{Q}{V}=\dfrac{I\,t}{V}=\dfrac{50A\times 1h}{12V}=\dfrac{50A\times 3600\sec}{12V}=15,000\ \ [F]$

문제 16

다음 휴대전화용 배터리 뒷면에 다음과 같은 라벨표시가 되어 있을 때 이 배터리의 정전용량 값을
유도하시오. 여기서, 1h = 1 [hour] = 3600 [sec]이다(표시: 3.6V, 1,500m Ah).

Solution

$$C = \frac{Q}{V} = \frac{It}{V} = \frac{1500\,mA \times 1\,h}{3.6\,V} = \frac{1500\,mA \times 3600\,\sec}{3.6\,V} = 1,500 \quad [F]$$

(a) 휴대전화의 마이크로폰

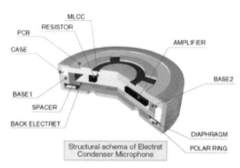

(b) 마이크로폰의 단면구조

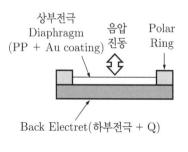

(c) 음압 진동에 의한 정전용량의 변화

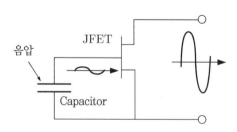

(d) 유기전압의 증폭과정

그림 3-39 • 가변 capacitor를 이용한 마이크로폰(microphone)

3.10 전기쌍극자

전기쌍극자(electric dipole)는 전계 내부에서 유전체의 성질을 고찰하거나, 절연재료 또는 반도체 내부의 전계를 해석하는 데 중요하게 이용되는 전자분포 상태이다. 이것은 유전체(절연체) 외부에 전계가 인가된 상태 혹은 대전체가 가까이 접근했을 때 발생하는 대전현상의 기본 원리가 된다. 원자핵 주변을 돌고 있는 전자들은 매우 빠른 속도로 원자핵을 중심으로 공전하고 있으며, 자체적으로 자전하고 있어 외부에서 볼 때는 마치 구름처럼 형성되어 있는 것으로 생각할 수 있어, 이를 전자운(電子雲)이라고 한다.

그림 3-40의 (a)는 외부에 전계가 인가되지 않은 상태의 원자 model을 말하며, $+Q$ 전하량을 가지는 원자핵 주변으로 $-Q$ 전하량으로 표현되는 속박전자가 공전하고 있는 전자운(charge cloud) 모습을 표현한 그림으로 체적구 형태가 되며, 체적구 전자운의 중심은 원자핵의 중심과 일치한다.

그러나 원자 model에서 외부로부터 전계벡터 $\vec{E}$가 인가되어 원자를 관통하게 되면, Coulomb 힘의 원리에 의해 전자운의 중심이 원자핵 중심으로부터 전계방향으로 이동을 하게 되면서, 전자운의 형태는 타원구 모양으로의 변형이 일어나며, 이때 외부 전계에 의해 전자운의 중심이 옮겨간 만큼 거리 d의 간격거리가 발생한다.

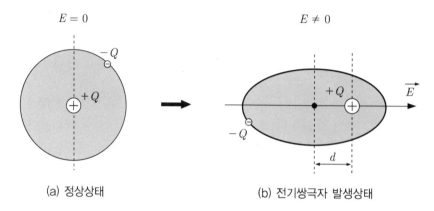

(a) 정상상태   (b) 전기쌍극자 발생상태

그림 3-40 • 전기쌍극자의 발생

이렇게, (a)에서 $+Q$와 $-Q$가 거리간격 d만큼 이완되는 특이한 현상을 대전현상(왼쪽은 $-Q$가 오른쪽은 $+Q$가 발생) 혹은 분극현상(分極現象, $+Q$와 $-Q$가 동일 중심에서 d로 분리)이라 한다.

이렇게 두 전하 $+Q$와 $-Q$가 분리되었을 때 두 전하를 통칭하여 전기쌍극자라 하고, 전기쌍극자 $\vec{p}$의 정의는 다음과 같다.

$$\boxed{\text{전기쌍극자 정의} \quad \vec{p} = Q\,d\,\hat{n} \quad [C-m]} \tag{3.117}$$

전기쌍극자의 정의에서 $\hat{n}$의 방향은 음전하(전자)에서 양전하(원자핵의 양성자)로 향하는 방향이면서 크기가 1인 단위벡터(unit vector)이고, 이렇게 방향을 설정한 이유는 외부에서 인가된 전계의 방향과 일치하도록 한 것이다.

그림 3-41에서 보는 바와 같이 전기쌍극자의 양전하 $+Q$와 음전하 $-Q$의 중심(원점)으로부터 거리 $r[m]$만큼 떨어진 지점의 절대전압 V는 각각의 전하에 의해 형성되는 전압이 차가 될 것이므로, 아래와 같이 표현할 수 있다.

전기쌍극자 전압

$$V(r) = \frac{Q}{4\pi\epsilon}\left(\frac{1}{r_1} - \frac{1}{r_2}\right) = \frac{Q}{4\pi\epsilon}\left(\frac{r_2 - r_1}{r_1 r_2}\right)$$

$$= \frac{Q}{4\pi\epsilon}\left(\frac{d\cos\theta}{r^2}\right) = \frac{\vec{p}\cdot\hat{r}}{4\pi\epsilon\,r^2}\,[V]$$

$$where, \quad r_2 - r_1 = d\cos\theta\,[m], \quad r_1 r_2 \simeq r^2\,[m^2]$$

(3.118)

거리 $r[m]$에 따른 전압을 구했다면, 구좌표계를 이용한 전압과 전계의 관계식(미분형)을 활용하여 전계벡터 $\vec{E}$를 구할 수 있다. 이때의 전계벡터 $\vec{E}$는 외부에서 인가된 전계벡터가 아닌 전기쌍극자의 중심으로부터, 거리 $r[m]$만큼 떨어진 지점에서의 전계벡터이다.

전기쌍극자 전계

$$\vec{E} = -\nabla V = -\left(\frac{\partial}{\partial r}\hat{r} + \frac{1}{r}\frac{\partial}{\partial\theta}\hat{\theta} + \frac{1}{r\sin\theta}\frac{\partial}{\partial\phi}\hat{\phi}\right)\frac{Q\,d\cos\theta}{4\pi\epsilon\,r^2}$$

$$= \frac{2\,Q\,d\cos\theta}{4\pi\epsilon\,r^3}\hat{r} + \frac{1}{r}\frac{Q\,d\sin\theta}{4\pi\epsilon\,r^2}\hat{\theta}$$

$$= \frac{Q\,d}{4\pi\epsilon\,r^3}(2\cos\theta\,\hat{r} + \sin\theta\,\hat{\theta})\,[V/m]$$

(3.119)

앞서 배운 점전하 Q의 경우, 전계의 세기는 점전하로부터 떨어진 거리 $r[m]$의 제곱에 반비례하는 데 비해, 전기쌍극자에서의 전계는 거리 $r[m]$의 세제곱에 반비례하고, z축으로부터의 각도 θ에 의해 그 값이 결정된다는 것을 알 수 있다.

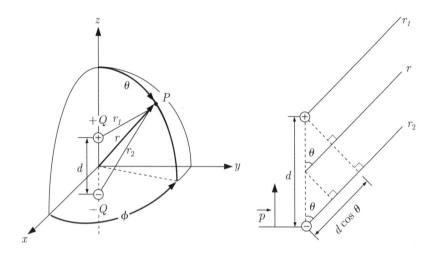

그림 3-41 • 전기쌍극자의 구조 및 전압 계산 변수

전기쌍극자와 외부전계 관계

$$\vec{p} = \alpha \, \vec{E} \quad [C-m] \qquad \Rightarrow \qquad \alpha = \frac{\vec{p}}{\vec{E}} = \frac{p}{E} \quad [F/m^2]$$

(3.120)

마지막으로, 외부전계에 의해 전기쌍극자가 발생하는데, 이들의 관계식을 적어보면 위와 같다. 여기서, $\alpha \, [F/m]$는 외부 전계에 의해서 발생하는 전기쌍극자의 세기를 나눈 것으로, 이 원자 한 개에 대해서는 **전자분극률**(electronic polarizability)이라고 하고, 매질의 형태가 분자의 형태로 많이 사용되는 유전체 매질의 경우에서는 **분자분극률**(molecular polarizability)이라 한다.

3.11 유전체 분극

Capacitor의 유전체 내부에 전계가 가해질 경우, 분극 현상으로 전기쌍극자들이 생성된다는 것을 배웠다. 혹은 capacitor의 유전체 내부에 전압 V을 인가할 때도 도체판 사이에 전계 $\vec{E}\,[V/m]$가 발생하고, 유전체 내에서는 전자운의 변형으로 전기쌍극자가 발생할 것이다. 이때, 단위 체적당 N개의 전기쌍극자가 발생했다면, 단위 체적당 전기쌍극자 벡터 $\vec{p}\,[C-m]$의 총합을 전기분극 또는 분극벡터(polarization vector) $\vec{P}\,[C/m^2]$라 한다.

외부 전계 $\vec{E}\,[V/m]$에 의한 유전체 내부의 단위 체적당 발생하는 전기쌍극자 갯수를 $N\,[m^{-3}]$개라 하고, 각각의 전기쌍극자를 $\vec{p}$라고 한다면 전기분극벡터 $\vec{P}\,[C/m^2]$는 다음과 같이 정의할 수 있다.

$$
\begin{aligned}
\text{분극벡터}\quad \vec{P} &= N\vec{p} = N\alpha\vec{E} \\
&= \lim_{\triangle v \to 0} \frac{1}{\triangle v}(\vec{p_1} + \vec{p_2} + \cdots + \vec{p_N}) \\
&= \lim_{\triangle v \to 0} \frac{1}{\triangle v}\sum_{i=1}^{N}\vec{p_i}\,[C/m^2]
\end{aligned}
\tag{3.121}
$$

이때 분극벡터 $\vec{P}\,[C/m^2]$의 방향은 전기쌍극자 벡터 $\vec{p}\,[C-m]$의 방향과 같이 음전하에서 양전하로 향하는 방향이 되고, 이는 외부에서 인가된 전계벡터 $\vec{E}\,[V/m]$의 방향과 같은 방향이 되는 것을 수식에서 알 수 있다. 또한, 전기쌍극자 $\vec{p}$는 방향을 가지는 벡터이고, 이들의 단위 체적당 전기쌍극자들의 총 벡터의 합인 전기분극벡터 $\vec{P}\,[C/m^2]$도 같은 벡터가 되어야 한다. 물리단위 차원에서 분극벡터를 고찰해보면, 전기쌍극자가 전하량의 양전하와 음전하 사이의 거리를 곱한 [전하량-길이] 단위인 $[C-m]$에서 단위 체적 $\triangle V[m^3]$을 나눈 값이기 때문에 전속밀도벡터 $\vec{D}[C/m^2]$와 같은 단위 면적당 전하량이 되어야 한다.

그림 3-42는 유전체가 없는 진공의 경우와 유전체가 존재하는 평행평판 capacitor를 각각 도시한 그림이다. 각 capacitor에서 두 극판의 면적 $A[m^2]$와 극판 사이의 간격 $d[m]$가 같으며, 평행평판 capacitor에 인가된 전압 V 또한 같다고 할 때, 평행평판 capacitor의 두 극판에 발생하는 전하 $+Q$와 $-Q$는 두 capacitor에서 같은 것인가? 아니면 다른 것인가? 만약 다르다면 어떤 현상 때문에 전하 $Q(+Q$ 또는 $-Q$의 절대값)가 다른 것인가?

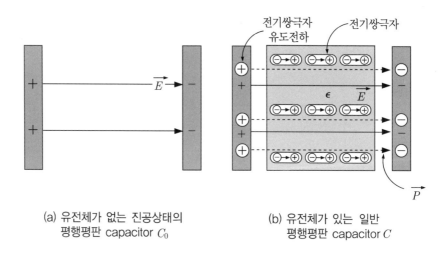

(a) 유전체가 없는 진공상태의
   평행평판 capacitor C_0

(b) 유전체가 있는 일반
   평행평판 capacitor C

그림 3-42 • 유전체의 전기쌍극자 생성과 전기쌍극자에 의한 유도전하 발생 원리

이에 대한 해답은 이미 정전용량 $C[F]$에 대한 공식을 통해 잘 알고 있다. 그림 3-42(a)의 도체 극판 사이에, 유전체가 없는 진공상태의 capacitor 정전용량을 C_0라 하고, 도체 극판 사이에 유전체가 삽입된 일반적인 capacitor의 정전용량을 C라 한다면, 앞서 밝힌 바와 같이 두 capacitor에서의 극판 면적과 간격이 같으므로, 다음과 같은 식을 적용할 수 있다.

$$\text{평행평판 capacitor 정전용량} \qquad C = \epsilon_0 \epsilon_r \frac{A}{d} = \epsilon_r \epsilon_0 \frac{A}{d} = \epsilon_r C_0 \quad [F]$$

(3.122)

유전체가 삽입된 일반 평행평판 capacitor 정전용량은 유전체가 없는 진공상태의 평행평판 capacitor 정전용량에 비해 ϵ_r배 크다. 따라서 전압 인가 때문에 일반 평행평판 capacitor C에 발생하는 전하 Q는 아래 수식과 같이 유전체가 없는 capacitor C_0에서 발생하는 전하 Q_0에 비해 ϵ_r배 크다.

$$\text{유전체가 있는 capacitor 발생 전하} \qquad Q = CV = \epsilon_r C_0 V = \epsilon_r Q_0 \quad [C]$$

(3.123)

왜 유전체가 삽입되면, 유전체가 없을 때에 비해 동일 조건에서 전하 Q의 값이 ϵ_r배 큰 것일까? 만약 $\epsilon_r = 100$인 유전체를 가진 capacitor는 진공상태의 capacitor에 비해 앞서 밝힌 같은 조건(면적, 간격, 인가전압이 모두 같음)에서 100배의 전하를 발생시킬 것인데, 그 이유는 무엇인가?

일정 전압이 인가된 상태에서 두 도체 평판 사이에 유전체가 삽입된 상태에서의 전계벡터를 $\overrightarrow{E}\,[V/m]$, 전속밀도벡터를 $\overrightarrow{D}\,[C/m^2]$, 분극벡터를 $\overrightarrow{P}\,[C/m^2]$, 인가된 전압을 $V[V]$, 극판 표면에 발생하는 면전하 밀도를 $\rho_s[C/m^2]$, 인가된 전계에 의해 발생하는 유전체 표면에서의 전하밀도를 $\rho_P[C/m^2]$ 라고 할 때, 전계가 유전체에 인가되면 전기쌍극자가 발생하게 되고, 이 때문에 전기분극 $\overrightarrow{P}\,[C/m^2]$이 발생하게 된다.

전극에 가까운 유전체 표면에 전극과 반대 극성을 가지는 분극 전하 밀도가 각각 $-\rho_P[C/m^2]$, $+\rho_P[C/m^2]$ 만큼 발생하게 되고, (+) 극판에서는 유전체에 발생한 $-\rho_P[C/m^2]$에 의해 평행 도체판에 Coulomb 힘에 의한 $-\rho_P[C/m^2]$만큼의 $+\rho_P [C/m^2]$가 별도로 더 생성될 것이며, 바로 이것이 유전체가 없는 진공상태의 capacitor에 비해 ϵ_r 배만큼의 전하를 더 발생시키는 근본적 이유이다. 즉, 유전체에 유기되는 전기쌍극자에 의해 유도되는 분극전하 밀도와 동일한 양의 전하가 두 도체판에 더 충전되는 것이다.

그림 3-42와 같이 유전체 내부에서의 전계를 유전체가 없는 $\vec{E}\,[V/m]$라고 한다면, 도체판 표면에 생성되는 단위 면적당 전하 즉, 면전하 밀도 $\rho_s\,[C/m^2]$는 아래와 같이 표현할 수 있다.

$$\text{일반적 면전하 밀도} \quad \rho_s = \epsilon_0 E + P = D = \epsilon_0 \epsilon_r E \quad [C/m^2] \qquad (3.124)$$

여기서 P는 분극벡터 $\vec{P}\,[C/m^2]$의 세기이고, 유전체 표면 경계에서의 분극전하 밀도 $\pm \rho_P [C/m^2]$와 절대값이 같다. 이는 capacitor 내에 유전체가 있거나 없는 경우에 모두 적용할 수 있는 수식이다. 예를 들어, 유전체가 없는 경우 양극판에 발생하는 면전하 밀도 $\rho_s [C/m^2]$ 혹은 전속밀도 벡터의 세기 $D[C/m^2]$는 P의 값이 0이 되어 아래와 같다.

$$\text{진공 중의 면전하 밀도} \quad \rho_s = \epsilon_0 E + P = \epsilon_0 E + 0 = \epsilon_0 E = D \quad [C/m^2]$$

$$(3.125)$$

또한, 유전체가 있는 경우는 평판 capacitor에 충전되는 전하량이 동일 전계(이는 동일 전압이 인가되었을 것이다)에 대해 비유전율 상수 ϵ_r 배만큼 더 많은 전하를 충전할 수 있음이 다시 한 번 더 설명된다.

$$\text{유전체의 면전하 밀도} \qquad \rho_s = \epsilon_0 E + P = \epsilon_0 \epsilon_r E = D \ [C/m^2]$$

(3.126)

한편 유전체 내부의 전계 세기 $\vec{E_i}$ 와 분극 벡터 $\vec{P}\,[C/m^2]$ 사이의 관계식을 기술하면 다음과 같다.

$$\text{분극벡터와 내부전계 관계} \qquad \vec{P} = N\vec{p} = N\alpha_e \vec{E_i} = \epsilon_o \chi_e \vec{E_i} = \chi \vec{E_i} \ [C/m^2]$$

(3.127)

여기서, $N[1/m^3]$은 단위 부피당 발생하는 전기쌍극자의 갯수, $\alpha_e\,[F-m^2]$는 유전체 내부에서 형성된 전계 $\vec{E_i}\,[V/m]$에 대해서 얼마만큼의 전기쌍극자 벡터 $\vec{p}\,[C-m]$의 크기가 형성되고 있는가를 나타내는 것으로 전기 분극률이라 한다.

또한, χ_e는 유전체의 종류에 따라 결정되는 값으로 매질의 **전화율** 혹은 **전기감수율**(electric susceptibility)이라 하며 차원이 없는 상수이다. 그리고 χ(카이)는 유전체의 **비분극률**(relative polarizability)이라 한다. 유전체를 포함한 일반적인 정전장 문제를 풀 때, 전속밀도 벡터 $\vec{D}$는 유전체가 없는 경우에 발생하는 전계에 유전체가 있을 때 부가적으로 발생하는 전기쌍극자에 의한 전기분극 벡터와 함께 표현할 수 있다.

전속밀도 벡터
$$\vec{D} = \epsilon_0 \vec{E} + \vec{P} = \epsilon_0 \vec{E} + \epsilon_0 \chi_e \vec{E} = \epsilon_0 (1 + \chi_e) \vec{E} = \epsilon_0 \epsilon_r \vec{E} = \epsilon \vec{E} \ [C/m^2]$$

$$\therefore \ \epsilon_r = 1 + \chi_e = \epsilon/\epsilon_0 \quad [\ ]$$

(3.128)

ϵ_r는 유전체의 유전율 상수(dielectric constant) 또는 유전율 계수(dielectric coefficient) 또는 비유전율(relative permittivity)이라 하며, 유전체의 물질에 따라 결정되는 무차원 상수이다. 진공에 있어서는 $\chi_e = 0$ 또는 $\epsilon_r = 1$을 가지며 모든 유전체의 유전율 상수는 1보다 크거나 같다.

표 3-2는 대표적인 유전체 물질의 비유전율 상수를 표시한 도표이다. PCB (print circuit board)는 많은 전기배선이 배열되어 있는데, 전기배선 간 정전용량(기생 정전용량)이 커지면 고주파 신호 누설로 신호가 잘 전달되지 않고 감쇄하는 현상이 발생하므로, 기생(寄生) 정전용량을 최대한 낮추기 위해 비유전율 상수가 낮은 물질 즉, 폴리이미드와 FR-4 등의 물질이 많이 사용되며, 앞서 밝힌 바와 같이 DRAM에서 사용되는 capacitor는 최대한 큰 값의 정전용량을 확보하기 위해 알루미나와 같은 비유전율 상수가 높은 물질이 필요하다.

표 3-2 ● 유전체 매질의 비유전율(ϵ_r)

A종류	비유전율 (ϵ_r)	물질 종류	비유전율 (ϵ_r)
진공(vacuum)	1	FR-4	3.6
공기(air)	1.0006	석영(quartz)	3.7
PVC(polyvinyl chloride)	1.1	순수유리(SiO_2)	3.8
테플론(Teflon)	2.1	유리(glass)	$4.5 \sim 10$
폴리에틸렌(polyethylene)	2.25	베이클라이트(Bakelite)	5
폴리스틸렌(polystyrene)	2.6	운모(mica)	$5.4 \sim 6$
종이(paper)	$2 \sim 4$	알루미나(Al_2O_3)	10
고무(rubber)	$2.2 \sim 4.1$	실리콘(silicon)	12
호박(amber)	3	게르마늄(germanium)	16
폴리이미드(polyimide)	3.2	바닷물(sea water)	$72 \sim 80$

문제 17

비유전율 상수가 4인 질화실리콘(SiN)의 전속밀도 $D = 4\mu [C/m^2]$일 때, 분극벡터 $\vec{P}[C/m^2]$의 세기를 구하시오.

Solution
$$\vec{D} = \epsilon_0 \vec{E} + \vec{P} = \epsilon_0 \epsilon_r \vec{E}$$

$$\rightarrow \quad P = \epsilon_0 \epsilon_r E - \epsilon_0 E = \epsilon_0 (\epsilon_r - 1) E$$

$$= \epsilon_0 (\epsilon_r - 1) \frac{D}{\epsilon_0 \epsilon_r} = (1 - \frac{1}{\epsilon_r}) D = (1 - \frac{1}{4}) 4\mu = 3\mu [C/m^2]$$

3.12 정전에너지

전계 내부에 임의의 한 단위점전하 $+1[C]$에 대한 전압은 전압이 0인 무한대 지점부터 임의의 점까지 단위점전하 $+1[C]$를 운반하는 데 필요한 일로 정의하였다. 이러한 일은 각 점전하가 갖는 전기적 위치에너지에 해당하며, 이러한 전하가 전계가 있는 공간에서 가지는 위치에너지를 **정전에너지**(electro-static energy)라 한다.

전계가 있는(전압이 인가된) 평행평판 capacitor에서 전압의 정의를 다음과 같은 수식으로 나타내고, 이를 통해 미소전하 dq가 가지는 미소정전에너지 dW는 아래와 같다.

$$\text{전압의 정의} \quad V = \frac{W}{q} \simeq \frac{dW}{dq} \, [V] \quad \Rightarrow \quad dW = V \, dq \, [J] \tag{3.129}$$

여기서, capacitor에 인가된 전압이 고정되어 있다고 가정하면, 미소전하 dq에 의해 발생하는 미소정전에너지 dW의 비율은 같을 것이다. 이를 미분형으로 표시하고, capacitor의 정의를 위 식에 대입하여 다시 정리하면 아래와 같다.

$$\text{정전용량} \quad C = \frac{Q}{V} = \frac{dq}{dV} \, [F] \quad \Rightarrow \quad dW = V \, dq = C V \, dV \, [J]$$

$$\tag{3.130}$$

위 식에서 capacitor의 정전용량 C는 두 극판의 간격과 면적 및 유전체의 종류로 결정되는 구조적인 값이기 때문에 인가전압이 변화한다고 하더라도 그 값은 불변이고 다만, 인가전압 V 에 따라 충전되거나 방전되는 전하량 $Q[C]$ 가 변할 뿐이다. 따라서 $dq[C]$ 를 얻기 위한 $dV[V]$ 가 존재할 것이고, 이를 미소정전에너지 dW 로 다시 표현할 수 있다. Capacitor에 전압을 인가하여 전하를 충전 혹은 방전한 상태에서의 전기에너지가 인가되어 결국 capacitor 내에 존재하는 정전에너지 $W_e[J]$ 는 다음과 같이 나타낼 수 있다.

정전에너지
$$W = W_e = \int_{W=0}^{W=W} dW = \int_{V=0}^{V=V} CV \, dV = \frac{1}{2} CV^2 = \frac{1}{2} QV = \frac{1}{2} \frac{Q^2}{C} \quad [J]$$

(3.131)

이러한 결과를 무수히 많은 점전하 상태로 일반화시키면, 정전에너지를 capacitor에 존재하는 총 전하량 $Q[C]$ 를 체적전하 밀도 $\rho_v \, [C/m^3]$ 로 표시할 수 있을 것이다.

정전에너지 $\qquad W_e = \frac{1}{2} QV = \frac{1}{2} \int_v \rho_v \, dv \times V \quad [J]$ (3.132)

여기서, 체적전하 밀도 $\rho_v \, [C/m^3]$ 에 대한 Gauss 법칙을 다시 사용해보자.

Gauss 법칙

$$\oint_s \vec{E} \cdot \vec{ds} = \frac{Q}{\epsilon} = \frac{1}{\epsilon} \int_v \rho_v \, dv$$

$$= \int_v (\nabla \cdot \vec{E}) \, dv \qquad \leftarrow Gauss's \ theorem \qquad (3.133)$$

$$\therefore \quad Q = \int_v \rho_v \, dv = \epsilon \int_v (\nabla \cdot \vec{E}) \, dv \quad [C]$$

따라서 정전에너지 $W_e \, [J]$는 다음과 같이 바꿀 수 있다.

정전에너지

$$W_e = \frac{1}{2} Q V = \frac{1}{2} \int_v \rho_v \, dv \, V$$

$$= \frac{1}{2} \epsilon \int_v (\nabla \cdot \vec{E}) \, V \, dv \quad \leftarrow \quad \nabla \cdot (\vec{E} \, V) = (\nabla \cdot \vec{E}) V + \vec{E} \cdot \nabla V$$

$$= \frac{1}{2} \epsilon \int_v [\, \nabla \cdot (\vec{E} \, V) - \vec{E} \cdot \nabla V \,] \, dv$$

$$= \frac{1}{2} \epsilon \, [\int_v \nabla \cdot (\vec{E} \, V) \, dv - \int_v \vec{E} \cdot \nabla V \, dv \,]$$

(3.134)

여기서, 인가전압 V에 의해 capacitor에 충전되는 전하 Q는 두 개의 극판에 각각 존재한다. 이 극판은 통상 알루미늄 혹은 구리소재로 만들어지고, $+ Q$ 전하는 알루미늄 혹은 구리에 존재하며 자유전자가 없는 알루미늄 혹은 구리 원자핵에 존재하는 양성자들의 집합이고, 또 다른 극판에 존재하는 $- Q$ 전하는 $+ Q$를 만들기 위해 이동한 자유전자들의 집합이 된다.

전하 Q를 $\rho_v \, [C/m^3]$로 표현할 때, 위의 수식의 체적적분 $\int_v dv$의 설정 범위를 아래의 그림 3-43에서 살펴보자.

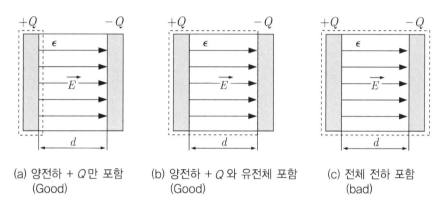

(a) 양전하 $+Q$만 포함   (b) 양전하 $+Q$와 유전체 포함   (c) 전체 전하 포함
(Good)   (Good)   (bad)

그림 3-43 • 체적전하 밀도 ρ_v에 대한 체적적분 설정 범위

(a) 경우와 같이 극판에 존재하는 전하 $+Q$를 포함하는 체적구간이면 올바른 체적적분 범위 혹은 Gauss면 설정이다. 하지만, (c) 경우와 같이 전하 $-Q$를 포함하는 것은 곤란하다. Gauss 법칙에서 전하에 의해 전계가 발생할 때, 전하 Q는 총전하를 의미하는 바는 **총전하** $Q = +Q + (-Q) = 0 \, [C]$이 되므로 인해서, **정전에너지** $W_e = \dfrac{1}{2} Q V = 0$ 이 되는 오류가 발생하기 때문이다.

(b) 경우와 같이 유전체를 포함한 경우도 올바른 적분범위라 할 수 있다. 좀 더 깊이 설명하면, 유전체에는 전계에 의한 전기쌍극자 발생으로 유전체의 좌우 표면에 전기분극 혹은 분극전하 밀도 P가 발생하지만, 유전체 내의 총 전하의 합은 0이기 때문에 유전체를 포함하더라도 문제가 되지 않으며, 올바른 체적적분 범위 혹은 Gauss 면의 설정이라고 할 수 있다.

앞서 전개한 정전에너지 수식에서, 그림 3-43의 (a), (b)에 대해 어떻게 전개되는지를 알아보자.

(a)의 경우와 같이 왼쪽 도체극판만을 포함한 체적구간 혹은 Gauss 면에서 전계벡터 $\vec{E}$의 값이 0이다. 이러한 이유는 점선으로 도시된 체적 내(직육면체)에서는 전계가 존재하지 않기 때문이며, 정전에너지 $W_e\,[J]$를 아래와 같이 전개할 수 있다.

정전에너지

$$W_e = \frac{1}{2}\,Q\,V$$

$$= \frac{1}{2}\,\epsilon\,[\,\int_v \nabla\,\boldsymbol{\cdot}\,(\overrightarrow{E}\,V)\,dv - \int_v \vec{E}\,\boldsymbol{\cdot}\,\nabla\,V\,dv\,]$$

$$\leftarrow Gauss's\ theorem\,,\ \vec{E} = -\,\nabla\,V$$

$$= \frac{1}{2}\,\epsilon\,[\,V\!\int_s (\overrightarrow{E}\,\boldsymbol{\cdot}\,\overrightarrow{ds}) + \int_v (\overrightarrow{E}\,\boldsymbol{\cdot}\,\overrightarrow{E}\,)\,dv\,]\ \leftarrow Gauss's\ law\,,\ \vec{E} = 0$$

$$= \frac{1}{2}\,\epsilon\,[\,V\,\frac{Q}{\epsilon}\,]\quad \leftarrow \int_v E^2\,dv = 0\ \ (\because \overrightarrow{E} = 0)$$

$$= \frac{1}{2}\,Q\,V\,[J]$$

(3.135)

즉, 어렵고 복잡하게 전개된 식이 $W_e = \dfrac{1}{2}\,Q\,V\,[J]$로 다시 원식으로 회귀되었다.

(b)와 같이 유전체를 포함한 경우는 유전체 내를 관통하는 전계벡터 $\overrightarrow{E}$가 존재하며, 전계벡터 $\overrightarrow{E}$의 값은 0이 아니다. 이 경우에서의 정전에너지 $W_e\,[J]$를 전개하면 아래와 같다.

$$
\begin{aligned}
W_e &= \frac{1}{2} Q V \\
&= \frac{1}{2} \epsilon \left[\int_v \nabla \cdot (\vec{E}\, V)\, dv - \int_v (\vec{E} \cdot \nabla V)\, dv \right] \\
&\quad \leftarrow \nabla \cdot (\vec{E}\, V) = 0,\ \vec{E} = -\nabla V \\
&= \frac{1}{2} \epsilon \left[0 + \int_v \vec{E} \cdot \vec{E}\, dv \right] \\
&= \frac{1}{2} \epsilon \int_v E^2\, dv \quad [J]
\end{aligned}
$$

정전에너지

(3.136)

위의 식에서 $\nabla \cdot (\vec{E}\, V) = 0$ 가 되는 이유는 그림 3-43의 (b)에서 보는 바와 같이 전하 $+Q$와 유전체(유전체 내의 분극전하 밀도도 포함)를 포함한 체적구간 내에 존재하는 전계벡터 $\vec{E}$의 발산이 0이기 때문이다.

$\nabla \cdot (\vec{E}\, V) = 0$에서 $\vec{E} V$는 단순히 전계벡터 $\vec{E}$에 일정전압 V(스칼라)를 곱한 벡터량으로 그 방향은 전계벡터의 방향이며, 그 벡터의 크기는 단순히 $E V\, [V^2/m]$일 뿐이다. 따라서 벡터 $\vec{E} V$는 체적 구간 내에서 유입되거나, 유출이 없는 발산이 0임을 알 수 있다. 2장에서 언급한 벡터의 발산 내용을 살펴보면 더욱 이해가 될 것이다.

결과적으로, 그림 3-43은 체적적분구간 혹은 Gauss면을 어떻게 설정하는가에 따라 다음과 같이 요약되는 정전에너지 $W_e\,[J]$가 있음을 알 수 있다.

① 왼쪽의 양전하 $+Q$만 포함할 때: 정전에너지 $W_e = \frac{1}{2} Q V \neq 0$

② 양전하 $+Q$와 유전체를 포함할 때:

정전에너지 $W_e = \frac{1}{2} Q V = \frac{1}{2} \epsilon \int_v E^2\, dv \neq 0$

③ 전체 전하 모두를 포함할 때: 정전에너지 $W_e = \dfrac{1}{2}QV = 0$

(b)의 경우와 같이 capacitor에 전압 V을 인가하여 전하 Q를 발생시키기 위해 공급한 전기에너지는 결국 정전에너지로 변환할 수 있는데, 이 정전에너지 W_e는 결국 capacitor 내부에 존재하는 전계(외부 인가전압에 의해 형성되는)로 변환하여 생각할 수 있다. 정전에너지를 단위 체적당 정전에너지로 표현하면 좀 더 간결한 식을 만들 수 있다.

단위 체적당 정전에너지

$$W_e = \frac{1}{2}\epsilon \int_v E^2 \, dv \ \ [J] \quad \Rightarrow \quad \frac{dW}{dv} = \frac{1}{2}\epsilon E^2 \ \ [J/m^3] \tag{3.137}$$

단위 체적당 정전에너지는 자유공간 혹은 유전체로 채워진 공간에서 단위 체적당 얼마만큼의 에너지가 저장되어 있는가를 나타내는 지표이며, 이는 전계 세기의 제곱에 비례한다는 것을 의미한다. 이를 다르게 표현하면 자유공간에 전계가 있을 때 공간 내에는 에너지가 있다는 것을 의미한다.

전계는 capacitor에 전압을 인가할 때 발생하지만, 우리가 살아가고 있는 현재의 3차원 공간은 공기라는 유전체로 채워진 거대한 capacitor라고 모델링할 수 있다. 또한 이 거대한 capacitor 내에 휴대전화 통신을 위한 무선 전자기파의 전계벡터 $\vec{E}$가 존재 혹은 점유하고 있어 우리가 사는 공간은 정전에너지가 존재하는 공간이라고 할 수 있다.

에너지보존의 법칙으로 정전에너지를 설명하면, 평판 capacitor 내에 전하 Q를 충전하기 위해 전압(電壓)을 인가하였고, 이러한 전압의 함수로 표현할 수 있는 전기에너지는 capacitor에 전하 Q를 생성(새로이 생성했다고 하기보다는 자유전자의 이동과 축적에 의해 대전되었다는 표현이 더 맞음)과 더불어 결과적으로 전계 E의 함수로 표현되는 정전에너지로 변환되었다.

이러한 정전에너지는 충전된 전하량($W_e = \frac{1}{2}QV$)으로 표시할 수도 있고, 공간상에 존재하는 전계($W_e = \frac{1}{2}\epsilon \int_v E^2\,dv$)로도 표시할 수 있다. 결론적으로, 전계가 존재하는 공간은 정전에너지가 있으며, 이것은 결국 전계를 생성한 전기에너지와 같고, 에너지 보존의 법칙이 항상 성립하고 있다는 또 하나의 보기일 뿐이다.

문제 18

평행평판 capacitor에서 전계에 의한 정전에너지를 구하고, 이를 통해 정전용량을 유도하시오.

Solution

$$W_e = \frac{1}{2}\epsilon \int_v E^2\,dv = \frac{1}{2}\epsilon E^2 v = \frac{1}{2}\epsilon \left(\frac{V}{d}\right)^2 (A\,d) = \frac{1}{2}\epsilon \frac{A}{d} V^2$$

$$= \frac{1}{2}CV^2 = \frac{1}{2}QV\,[J]$$

$$\therefore C = \epsilon \frac{A}{d}\,[F]$$

문제 19

극판의 면적은 $A = 9\pi\,[cm^2]$이고, 극판의 간격은 $d = 2\,[mm]$, 비유전율 상수는 $\epsilon_r = 8$인 평행평판 capacitor에 약 $100\,[V]$의 전압이 인가되었을 때 평행평판 capacitor에 저장된 정전에너지를 구하시오.

Solution

$$C = \epsilon \frac{A}{d} = \epsilon_0 \epsilon_r \frac{A}{d} = \frac{1}{36\pi} n \times 8 \times \frac{9\pi c^2}{2m} = 0.1n\,[F]$$

$$\therefore W_e = \frac{1}{2}CV^2 = \frac{1}{2} \times 0.1n \times 100^2 = \frac{1}{2}\mu\,[J]$$

[Coulomb, 1736–1806]

쿨 롱(Charles Augustin de Coulomb)은 프랑스 물리학자로, 전기력과 자기력 크기를 나타낸 Coulomb의 법칙으로 유명하다. 프랑스의 부유한 집안에서 태어난 그는 어렸을 때 가족과 함께 파리로 이사를 하여서 대학(Collège des Quatre- Nations)에서 공부했다. 모니에(Monnier)에게 수학 수업을 들으면서, 수학에 깊은 흥미를 느끼게 된 그는 수학과 관계된 직업을 갖기로 했고, 21세의 젊은 쿨롱은 1757년부터 수학자 오귀스탱 다니지(Augustin Danyzy)가 감독하는 도시 설계 업무에 종사했다. 이후 1759년에 다시 파리로 돌아가 샤를 빌메지에르라는 군사학교 시험에 합격한 뒤 군인으로서, 과학자로서의 활동을 하였다. 전하량을 나타내는 물리단위 쿨롱[C]은 그의 이름에서 차용한 것이다.

[Faraday, 1791–1867]

패 러데이(Michael Faraday)는 전자기학과 전기화학 분야에 큰 기여를 한 영국의 물리학자이자 화학자이다. 패러데이는 직류 전류가 흐르는 도체의 자기장에 대해 연구하였으며, 자속에 의한 전자유도전압에 대한 실험을 최초로 인정받으며, 반자성 현상과 전기 분해를 발견하기도 했다. 또한, 자성이 광선에 영향을 미칠 수 있다는 것, 그들 사이의 근본적인 관계가 있다는 것을 확립했다. 그가 발명한 전자기 회전 장치는 전기 모터의 근본적 형태가 되었고, 결국 이를 계기로 전기를 실생활에 사용할 수 있게 되었다. 화학자로서 패러데이의 업적은 벤젠을 발견했고, 초기 형태의 벤젠 버너, 산화 상태들의 체계, 그리고 양극, 음극, 전극, 이온과 같은 전문 용어들을 발명했다. 패러데이는 처음으로 영국 왕립과학연구소의 화학 교수(Professor)가 되었고, 그의 마지막 인생 동안 그 위치에 머물렀다. Capacitor의 물리단위인 패럿[F]은 그의 이름을 차용한 것이다.

핵 심 요 약

1 마찰전기는 두 종류의 물체 사이의 접촉과 마찰에 의한 열(熱) 에너지로 자유전자(free electron)가 발생되고 이동에 따른 대전체의 생성이 핵심이며, 전하가 새로이 생성되거나 소멸된 것이 아닌 전하보존의 법칙을 따른다.

2 전하와 전압은 전계를 발생시키는 원천이며, 독립된 전하에 전계가 인가되면 Coulomb 힘이 발생한다.

① 전하의 전계 발생(Gauss 법칙) $\oint_s \vec{E} \cdot \vec{ds} = \dfrac{Q}{\epsilon}$

② 전압의 전계 발생(전압 전계 관계식) $V = -\int_l \vec{E} \cdot \vec{dl} = +\int_{l(V:high)}^{(V:low)} \vec{E} \cdot \vec{dl}$

③ Coulomb 전기력 $\vec{F} = Q\vec{E}$ $[N]$

3 Gauss 법칙은 전계를 쉽게 구할 수 있는 도구로, 전하의 형태에 따라 좌표계와 Gauss 가상 폐곡면을 전하의 중심에 설정하고, 가상폐곡면의 표면적(S)을 $\dfrac{Q}{\epsilon}$에 나누면 된다.

$$\text{Gauss 법칙}\quad \oint_s \vec{E} \cdot \vec{ds} = ES = \frac{Q}{\epsilon} \;\Rightarrow\; E = \frac{Q}{\epsilon S}$$

① 점전하, 체적구, 동심구 – 구좌표계, Gauss면(체적구면), $S = 4\pi r^2 \rightarrow E = \dfrac{Q}{4\pi\epsilon r^2}$

② 선전하, 원통전하 – 원통좌표계, Gauss면(원통면), $S = 2\pi rl \rightarrow E = \dfrac{Q}{2\pi\epsilon rl}$

③ 면전하 – 직각좌표계, Gauss면(직육면), $S = A \rightarrow E = \dfrac{Q}{\epsilon A}$

4 Gauss 법칙(미분형)은 전계의 발산이 체적전하밀도를 유전율로 나눈 것임을 의미한다.

$$\text{Gauss 법칙(미분형)} \quad \nabla \cdot \vec{E} = \frac{\rho_v}{\epsilon} \;\Rightarrow\; \nabla \cdot \vec{D} = \rho_v \;\; [C/m^3]$$

5 전압은 전계를 선적분한 것으로, 전계의 물리단위는 $[V/m]$가 된다.

① 전압 전계 관계식(적분형) $\quad V = -\int_l \vec{E} \cdot \vec{dl} = +\int_{l(V:high)}^{(V:low)} \vec{E} \cdot \vec{dl} \;\; [V]$

② 전압 전계 관계식(미분형) $\quad \vec{E} = -\nabla V \;\; [V/m]$

6 전속밀도벡터는 전계벡터와 유전율을 곱한 것으로, 전계벡터 모양과 같다. 또한, 전계에 의해 유전체에 발생되는 전기쌍극자와 분극도벡터와 관련있으며, 전속밀도는 Gauss 법칙에서 전하를 표면적으로 나눈 면전하밀도의 물리단위 $[C/m^2]$를 가진다.

① 전속밀도벡터 $\quad \vec{D} = \epsilon \vec{E} = \epsilon_0 \epsilon_r \vec{E} = \epsilon_0 \vec{E} + \vec{P} \;\; [C/m^2]$

② Gauss 법칙 $\quad \oint_S \epsilon \vec{E} \cdot \vec{ds} = Q = \oint_S \vec{D} \cdot \vec{ds} = DS \;\Rightarrow\; D = \dfrac{Q}{S}$

7 전기쌍극자는 유전체에 전계가 인가될 때, 양성자와 전자의 중심이 Coulomb 전기력에 의해 두 전하가 분리됨으로써 발생되고, 전하의 크기 Q와 두 전하 사이의 거리 d에 의해 결정되는 벡터이며, 그 물리단위는 $[C-m]$이다.

$$\text{전기쌍극자} \quad \vec{p} = Qd\,\hat{n} \;\; [C-m]$$

8 Capacitor는 2개의 극판과 극판사이의 유전체로 구성된다. Capacitor 크기를 나타내는 정전용량 $C[F]$은 유전체물질의 유전율, 극판의 면적(유전체면적) A, 극판간의 간격(유전체두께) d로 결정되는 것이지, 인가전압 V의 크기에 따라 그 값이 변하는 것이 아니다. Capacitor에 있는 전하 Q가 인가전압 V에 따라 변하는 것이다.

$$\text{전하} \quad Q = CV \;\Rightarrow\; C = \frac{Q}{V} = \epsilon \frac{A}{d} = \epsilon_0 \, \epsilon_r \, \frac{A}{d} \quad [F]$$

9 정전에너지는 capacitor에 인가된 전기에너지를 말하며, 전계와 관련이 있고, 전계가 공간상에 존재한다면 정전에너지가 있는 공간이라고 할 수 있다.

$$\text{정전에너지} \quad W_e = \frac{1}{2} QV = \frac{1}{2} CV^2 = \frac{1}{2} \frac{Q^2}{C} = \frac{1}{2} \epsilon \int_v E^2 \, dv \quad [J]$$

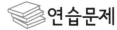 연습문제

[Coulomb 전기력]

3-1. 각각 A지점에 $3 \times 10^{-6}[C]$의 양전하와 B지점에 $2 \times 10^{-6}[C]$의 양전하가 놓여있는 진공 중에서 두 지점 사이의 거리 $R = 3[cm]$ 일 때 두 전하 사이에는 어떤 형태의 힘이 작용하는 지 설명하고, 그 크기가 얼마인지 계산하시오.

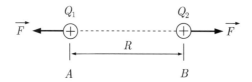

Hint
$$F = \frac{1}{4\pi\varepsilon_0}\frac{Q_1 Q_2}{r^2} = 9 \times 10^9 \frac{3\mu \times 2\mu}{(3c)^2}$$

Answer
① 두 전하는 같은 부호의 양전하이므로 반발력(척력)이 발생,
② 두 전하사이에 발생되는 Coulomb 힘 $F = 60[N]$

3-2. 원자번호 1번인 수소원자는 1개 양성자가 있는 원자핵 주변을 1개의 속박전자가 빠르게 공전한다. 두 전하(양성자와 속박전자) 사이의 거리가 약 $0.528[\text{Å}] = 5.28 \times 10^{-11}[m]$ 일 때, 두 전하에 작용하는 Coulomb 힘의 크기가 $8.26 \times 10^{-8}[N]$ 이라고 하면, 수소원자 주변을 공전하는 전자가 동일 궤도를 유지하기 위한 공전속도 $v[m/sec]$는 약 얼마인가? (단, $1[\text{Å}] = 10^{-10}[m]$)

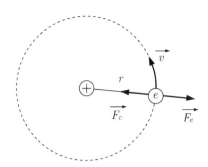

Hint Coulomb 힘(F_c)과 전자의 공전에 의한 원심력(F_e)이 같다고 가정하자. 양성자와 전자 사이의 만유인력은 매우 작으므로 무시

$$F_c = \frac{1}{4\pi\varepsilon_0}\frac{pe}{r^2} = 9\times 10^9\frac{(1.6\times 10^{-19})^2}{(5.28\times 10^{-11})^2} = 8.26\times 10^{-8}[N]$$

$$F_e = m\frac{v^2}{r} = F_c \quad\Rightarrow\quad v^2 = r\frac{F_c}{m} = 5.28\times 10^{-11}\frac{8.26\times 10^{-8}}{9.1\times 10^{-31}}$$

Answer $v = 2.13\times 10^6\,[m/\sec] = 2130\,[km/\sec]$

← 속박전자가 광속의 약 $\frac{1}{140}$ 속도로 빠르게 공전.

3-3. 진공(眞空) 중에 $Q_1 = 3\times 10^{-3}[C]$의 점전하와 $Q_2 = -4\times 10^{-3}[C]$의 점전하가 $R = 1[m]$의 간격을 두고 놓여 있을 때, Q_1과 Q_2의 일직선상에서 두 점전하 사이의 Coulomb 전기력이 0인 곳은 $Q_1[C]$로부터 몇 $[m]$ 떨어진 곳인가?

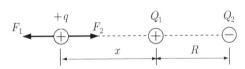

Hint Coulomb 전기력은 거리의 제곱에 반비례하고, 전하량의 크기에 비례하는 값을 가진다. 전하량의 크기가 $1[C]$을 가지는 단위점전하 $+q$를 어느 곳에 놓았을 때 Coulomb 전기력이 0이 될 수 있는 지를 검토해보자. 정답은 문제 3-1 그림과 같은 $Q_1 = 3 \times 10^{-3}[C]$의 왼쪽에서 $x[m]$떨어진 곳일 것이다.(Q_2가 Q_1에 비해 큰 절대전하량 값을 가지기 때문에 왼쪽에 $+q$가 있어야 Q_2에 의한 인력과 Q_1에 의한 척력이 같은 점이 존재할 것이다.)

$+q$와 Q_1 사이에 F_1과 같은 척력(밀어내는 힘)이 작용하고, $+q$와 Q_2 사이에 F_2와 같은 인력(끌어당기는 힘)이 작용하고 이를 서로 같다고 보면,

$$F_1 = qE_1 = q\frac{Q_1}{4\pi\epsilon(x)^2} \quad , \quad F_2 = qE_2 = q\frac{|Q_2|}{4\pi\epsilon(x+R)^2}$$

여기서, F_1과 F_2는 힘의 크기만을 나타낸 값이고, $|Q_2|$는 Q_2가 음전하량이므로 $+$값을 가지기 위해 절대값을 취한 것이다. 따라서

Coulomb 전기력이 0이 되는 x값을 구하기 위한 식은,

$$F_1 = F_2 = q\frac{Q_1}{4\pi\epsilon(x)^2} = q\frac{|Q_2|}{4\pi\epsilon(x+1)^2} \quad \Rightarrow \quad \frac{Q_1}{x^2} = \frac{|Q_2|}{(x+1)^2}$$

$$\Rightarrow \quad \frac{3}{x^2} = \frac{4}{(x+1)^2} \quad \Rightarrow \quad x^2 - 6x - 3 = 0$$

Answer $x = 3 + \sqrt{12} \approx 6.46[m]$ ($3 - \sqrt{12}$ 는 음수값이므로 허근이 됨)

[Gauss 법칙]

3-4. 진공 중에 놓인 $2[\mu C]$의 크기를 가지는 점전하로부터 $3[m]$되는 지점의 전계벡터 $\vec{E}$의 세기는 몇 $[V/m]$인가? 또한, 점전하의 크기가 점점 증가하거나 점전하로부터의 거리가 점점 증가할 때 전계의 세기는 어떻게 변하는 지 기술하시오.

Hint Gauss 법칙, Gauss면을 점전하로부터 $3[m]$떨어진 지점을 관통하는 체적구의 표면으로 설정하면,

$$\int E\,ds = ES = E(4\pi r^2) = \frac{Q}{\epsilon} \quad \Rightarrow \quad E = \frac{Q}{4\pi\epsilon r^2} = \frac{Q}{4\pi\epsilon_0 r^2} \leftarrow \epsilon_r = 1$$

Answer ① $E = 2 \times 10^3 = 2[kV/m]$

② 점전하의 크기가 점점 증가하면 전계의 세기가 전하의 크기에 비례하여 증가하고, 점전하로부터의 거리가 점점 증가할 때 전계의 세기는 거리의 세곱에 반비례하여 점점 감소

3-5. 진공 중에 반경 $R = 10[mm]$인 고립된 체적구에 전하 Q가 있을 때 도체표면에서의 전계의 세기 $E = 9[kV/m]$이었다. 이 때, 도체구에 존재하는 전하 $Q[C]$의 값은?
(단, 도체구의 환경은 진공 중으로 가정하라.)

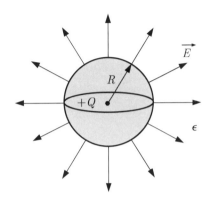

Hint Gauss 법칙, Gauss면을 도체구 반경과 동일한 체적구의 표면으로 설정하면,

$$\int_s E\,ds = ES = E(4\pi R^2) = \frac{Q}{\epsilon} \quad \Rightarrow \quad Q = 4\pi\epsilon R^2 E = 4\pi\epsilon_0 R^2 E$$

$$\leftarrow \quad \epsilon = \epsilon_0\,\epsilon_r = \epsilon_0 = \frac{1}{36\pi} \times 10^{-9} \ (\text{진공의 비유전율상수 } \epsilon_r = 1)$$

Answer $Q = 10^{-10}[C] = 100[pC]$

3-6. 진공 중에 금속(metal)으로 만들어진 체적구의 표면전하밀도가 $\rho_0[C/m^2]$이라고 할 때, 체적구 표면에서의 전계의 세기는 무엇인가?

Hint Gauss 법칙, Gauss면을 도체구 반경과 동일한 가상의 체적구의 표면으로 설정하면,

$$\int_s E\,ds = ES = E(4\pi R^2) = \frac{Q}{\epsilon} \quad \Rightarrow \quad E = \frac{Q}{\epsilon S} = \frac{\rho_0}{\epsilon} = \frac{\rho_0}{\epsilon_0} \quad \leftarrow \quad \frac{Q}{S} = \rho_0,\ \epsilon_r = 1$$

Answer $E = \frac{\rho_0}{\epsilon_0} \quad \Leftrightarrow \quad \rho_0 = \epsilon_0 E = \epsilon E = D$: 표면전하밀도는 전속밀도와 같은 물리량

3-7. 진공 중에 선전하 밀도 $\rho_l = 5 \times 10^{-9}[C/m]$인 무한히 긴 선전하가 있을 때 선전하로부터 반경 $30[cm]$ 정도 떨어진 지점에서의 전계의 세기를 구하시오.(단, 선전하는 공기 중에 있다고 가정하라.)

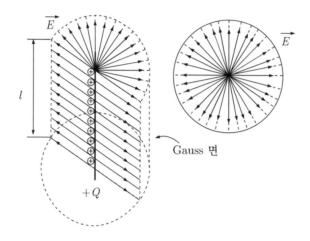

Hint Gauss 법칙, 선전하를 중심으로 놓고 반경 $30[cm]$ 지점을 관통하는 가상의 원통형의 Gauss면을 설정하면,

$$\int_s E\,ds = ES = E(2\pi r l) = \frac{Q}{\epsilon} \ \Rightarrow \ E = \frac{Q}{2\pi r \epsilon l} = \frac{\rho_l}{2\pi r \epsilon_0} \ \leftarrow \ \frac{Q}{l} = \rho_l, \ \epsilon_r \approx 1$$

$$= \frac{5 \times 10^{-9}}{2\pi \times 0.3 \times \dfrac{1}{36\pi} \times 10^{-9}}$$

Answer $E = 300[V/m]$

3-8. 양극판의 간격 $d = 10[\mu m]$이고, 면적 $A = 2[mm^2]$의 평행평판 capacitor 극판에 $Q = 2[pC]$의 전하가 충전되어 있다고 할 때, (+)극판으로부터 $3[\mu m]$ 떨어진 지점에서의 전계의 세기를 구하시오.(단, 극판 사이는 공기로만 채워져 있다고 가정하라.)

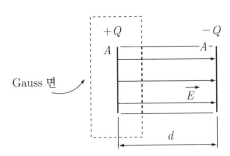

Hint Gauss 법칙, (+)극판에 충전된 면전하를 중심으로 놓고 극판으로부터 $3[\mu m]$ 지점을 관통하는 가상 직육면체의 Gauss면을 설정하면,

$$\int_s E\,ds = EA = \frac{Q}{\epsilon} \quad\Rightarrow\quad E = \frac{Q}{\epsilon A} = \frac{Q}{\epsilon_0 A} = \frac{2p}{\frac{1}{36\pi} \times 10^{-9} \times 2\,m^2}$$

← 평행평판의 전계 E는 전하 Q에 비례하고, 극판면적 A에 반비례할 뿐 극판에서의 거리와는 상관없는 변수물리량

Answer $E = 36\pi \times 10^3 [V/m] = 36\pi\,[kV/m] \approx 113\,[kV/m]$

3-9. 진공 내의 전계벡터가 $\vec{E} = x\hat{i} + y\hat{j} + z\hat{k}\,[V/m]$ 일 때 $2[cm^3]$에 존재하는 전하량 $Q[C]$은 얼마인가?

Hint Gauss 법칙에서 Gauss 정리를 이용하여 체적전하밀도를 도출하면,

$$\int_s \vec{E} \cdot \vec{ds} = \int_v (\nabla \cdot \vec{E})\,dv \quad\leftarrow Gauss's\ thoerem$$

$$= \frac{Q}{\epsilon} = \frac{1}{\epsilon}\int_v \rho_v\,dv$$

$$\Rightarrow \quad \nabla \cdot \vec{E} = \frac{\rho_v}{\epsilon}$$

$$\therefore\ \text{체적전하밀도}\ \rho_v = \epsilon(\nabla \cdot \vec{E}) = \epsilon_0 \left(\frac{\partial E_x}{\partial x} + \frac{\partial E_y}{\partial y} + \frac{\partial E_z}{\partial z}\right) = \frac{Q}{\tau}$$

← τ: 체적(volume)

Answer $Q = \rho_v \tau = 3\,\epsilon_0 \times 2\,[cm^3] = 6\,\epsilon_0 \times 10^{-6} \approx 53.1 \times 10^{-18}\,[C]$

3-10. 전속밀도벡터 $\vec{D} = x^3\,\hat{i} + y^3\,\hat{j} + z^3\,\hat{k}\,[C/m^2]$가 직각좌표계에서 존재할 때, 점 $(1, -2, 2)$ 에서의 체적전하밀도를 구하시오.

Hint Gauss법칙(미분형) 공식 $\nabla \cdot \vec{D} = \rho_v = \left(\dfrac{\partial}{\partial x} x^3 + \dfrac{\partial}{\partial y} y^3 + \dfrac{\partial}{\partial z} z^3 \right)\,[C/m^3]$

Answer 체적전하밀도 $\rho_v = 3\,x^2 + 3\,y^2 + 3\,z^2 = 27\,[C/m^3]$

3-11. 직각좌표계에서 전압함수 $V(x, y, z) = -2\,x\,y\,z\,[V]$가 존재할 때 점$(1, 1, 1)$ 지점의 전계 세기 $E\,[V/m]$를 구하시오.

Hint 전압과 전계의 관계식(미분형)

$$\vec{E} = -\nabla V = -\left(\frac{\partial}{\partial x}\hat{i} + \frac{\partial}{\partial y}\hat{j} + \frac{\partial}{\partial z}\hat{k} \right)(-2\,x\,y\,z)$$

$$= 2\,y\,z\,\hat{i} + 2\,x\,z\,\hat{j} + 2\,x\,y\,\hat{k}\quad [V/m]$$

Answer $E = \sqrt{E_x^2 + E_y^2 + E_z^2} = \sqrt{12} = 2\sqrt{3}\,[V/m]$

[전기력선 방정식]

3-12. 전계가 존재하는 벡터장에서 전계벡터 $\vec{E} = y\,\hat{i} - x\,\hat{j}\,[V/m]$일 때 전기력선 방정식을 도출하시오.

Hint 전기력선 방정식 $\dfrac{E_x}{dx} = \dfrac{E_y}{dy} = \dfrac{E_z}{dz}$ $[V/m^2]$ $\Rightarrow$ $\dfrac{y}{dx} = \dfrac{-x}{dy}$ $\Rightarrow$ $y\,dy = -x\,dx$

양변을 적분하면, $\dfrac{1}{2}y^2 = -\dfrac{1}{2}x^2 + C'$, C' : 상수

Answer 전기력선 방정식 $x^2 + y^2 = C$, $C = 2C'$: 상수

3-13. 전계벡터 $\vec{E} = \dfrac{2x}{x^2 + y^2}\hat{i} + \dfrac{2y}{x^2 + y^2}\hat{j}$ $[V/m]$인 경우 전기력선의 방정식을 도출하시오.
(단, 전계 벡터는 xy 평면 상에서 점 $(2, -2)$를 통과한다.)

Hint 전기력선 방정식 $\dfrac{E_x}{dx} = \dfrac{E_y}{dy} = \dfrac{E_z}{dz}$ $[V/m^2]$ $\Rightarrow$ $\dfrac{\frac{2x}{x^2+y^2}}{dx} = \dfrac{\frac{2y}{x^2+y^2}}{dy}$

$\Rightarrow$ 양변의 2와 $x^2 + y^2$을 각각 약분하고 정리하면 $\dfrac{dx}{x} = \dfrac{dy}{y}$

적분 공식에 따라 양변을 각각 적분하면,
$\ln y = \ln x + C'$ $\Rightarrow$ $y = Cx$, $C' = \ln C$, C' : 상수

Answer 전기력선 방정식 $y = -x$ $\leftarrow$ 점 $(2, -2)$를 통과

[전압]
3-14. 전압과 전계의 관계식을 기술하고, 그 의미를 설명하라. 또한 전계의 물리량이 $[V/m]$ 또는 $[N/C]$이 되는지 기술하시오.

Answer ① 전압과 전계의 관계식(적분형) $V = \dfrac{W}{q} = \displaystyle\int_l \vec{E} \cdot \vec{dl} = E \times l \quad [V]$

⇒ 전압은 전계를 선적분 혹은 전계와 길이의 곱으로 표현된다.

⇒ 독립된 전하에 의해 전계가 생성되듯이 전압은 전계를 생성시키는 원천이다.

② 전압과 전계의 관계식(적분형) $V = E \times l \quad \Rightarrow \quad E = V/l$

∴ 전계의 물리단위는 전압을 길이단위로 나눈 $[V/m]$ 이 된다.

혹은, 전압과 전계의 관계식(미분형) $\vec{E} = -\nabla V \quad \Rightarrow \quad \nabla$ 의 물리단위는 $[1/m]$ 이므로 전계 E 의 물리단위는 $[V/m]$ 가 된다.

③ Coulomb 전기력 공식 $F = Q \times E \quad \Rightarrow \quad E = F/Q$

∴ 전계의 물리단위는 Coulomb 전기력을 전하로 나눈 $[N/C]$ 이 된다.

3-15. 점전하 $Q = 0.2 [\mu C]$ 이 진공 중에 있을 때 점전하로부터 오른쪽으로 $4[m]$ 떨어진 점 A 와 점전하로부터 아랫쪽으로 $3[m]$ 떨어진 점 B 에서의 전압차 $\triangle V = V_B - V_A$ 를 구하시오.

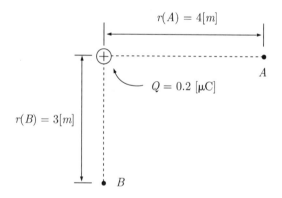

Hint 점전하에 대한 전압 공식 $V = \dfrac{Q}{4\pi\epsilon r} = \dfrac{Q}{4\pi\epsilon_0 r} \quad \leftarrow \quad \epsilon = \epsilon_0 \epsilon_r, \ \epsilon_r = 1$

$$= 9 \times 10^9 \frac{Q}{r} = 9 \times 10^9 \frac{0.2\mu}{r} = \frac{1800}{r} [V]$$

Answer $\triangle V = V_B - V_A = 1800 \left(\dfrac{1}{3} - \dfrac{1}{4} \right) = 150 [V]$

3-16. 평행평판 capacitor에서 발생되는 균일전계가 있을 때, A지점으로부터 $7[mm]$ 떨어진 B지점의 전압은 얼마인가? (단, 균일 전계의 세기 $E=5[kV/m]$, A지점의 전압은 $80[V]$이고 B지점에 비해 전압이 크다고 가정하라.)

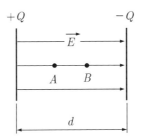

Hint A와 B지점간의 전압차 $\triangle V = \int_{x=A}^{x=B} \overrightarrow{E} \cdot \overrightarrow{dl} = \int_{x=A}^{x=B} E\,dx$

$$= E(B-A) = 5k \times 7m = 35\,[V]$$
$$\Rightarrow V(A) = \triangle V + V(B)$$

Answer B지점의 전압 $V(B) = V_B = 45[V]$

3-17. 직각좌표계에서 그 위치에 따른 다양한 값을 가지는 전압의 함수 $V = -x^2 + 3y^2\,[V]$ 가 있을 때, 체적전하밀도 $\rho_v\,[C/m^3]$를 Poisson 방정식을 이용하여 계산하시오.

Hint Poisson 방정식 $\nabla^2 V = -\dfrac{\rho_v}{\epsilon}\ [V/m^2] \Rightarrow \rho_v = -\epsilon \times \nabla^2 V\,[C/m^3]$

Answer $\rho_v = -4\epsilon\,[C/m^3]$

[정전용량]

3-18. 지구가 가진 정전용량[F]을 구하라. (단, 지구의 반지름은 $6400[km]$이고, 완전한 도체구로 가정하라.)

> **Hint** 지구를 체적구 capacitor로, 지구 외부의 우주공간은 진공으로 가정하면,
>
> 체적구 정전용량 $C = 4\pi\epsilon R = 4\pi\epsilon_0 R = 4\pi\dfrac{1}{36\pi}\times 10^{-9}\times 6400\,k = \dfrac{6.4}{9}m$

> **Answer** $C \approx 0.711\,m = 711\,[\mu F]$ ← 지구는 작은 capacitor

3-19. 내구의 반경 $a = 10$[cm], 외구의 반경 $b = 20$[cm]인 동심구 capacitor의 정전용량을 구하시오.(단, a와 b사이에는 비유전율상수 $\epsilon_r = 3.9$인 SiO2가 채워져 있다고 가정하라.)

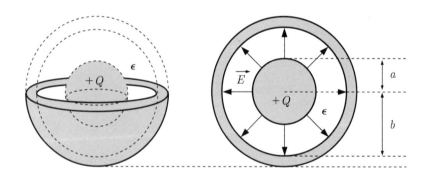

> **Hint** 동심구 capacitor의 정전용량 공식에서 $a = 10\,[cm] = 10\times 10^{-2}\,[m] = 0.1\,[m]$와 $b = 20\,[cm]$
> $= 0.2\,[m]$를 대입하면,
>
> $$C = \frac{4\pi\epsilon ab}{b-a} = \frac{4\pi\epsilon_0\epsilon_r\,ab}{b-a}$$
>
> $$= 4\pi\times\frac{1}{36\pi}\times 10^{-9}\times 3.9\times\frac{0.1\times 0.2}{0.2-0.1}$$

> **Answer** $C = 86.7\times 10^{-12} = 86.7\,[pF]$

3-20. 내구의 반경 $a = 5[\text{cm}]$, 외구의 반경 $b = 10[\text{cm}]$인 동심구 capacitor에서 내구와 외구 사이에 $\epsilon_r = 2.5$ 정도의 기름을 채우고, 내구와 외구 사이에 $10[V]$를 인가했을 때 내구에 축적되는 전하 Q값이 얼마가 되는지 계산하시오.

Hint 동심구의 정전용량 C를 구하면, $Q = CV$공식으로 Q를 계산

동심구 capacitor의 정전용량 $C = \dfrac{4\pi\epsilon ab}{b-a} = \dfrac{4\pi\epsilon_0\,\epsilon_r\,ab}{b-a}$

$$= 4\pi \times \frac{1}{36\pi} \times 10^{-9} \times 2.5 \times \frac{0.1 \times 0.05}{0.1 - 0.05}$$

$$= \frac{1}{36} \times 10^{-9} [F]$$

Answer $Q = CV = \dfrac{10}{36} \times 10^{-9} \approx 0.278 [nC]$

3-21. 양극판 사이에 유전체가 없는 평행평판 capacitor를 A라 하고, 양극판 사이에 비유전율 상수가 10인 유전체가 있는 평행평판 capacitor를 B라 할 때, A와 B에 동일한 전압 V를 인가했는 데, 왜 B가 A보다 10배가 더 많은 전하량을 충전할 수 있는 지 물리적으로 설명하시오. 또한, 평행평판 capacitor에 충전되는 전하 Q는 물리적으로 어디에 존재하는 지도 설명하시오.

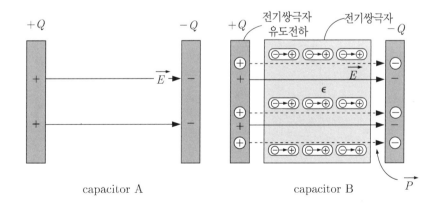

capacitor A   capacitor B

Answer

① capacitor B에 전압이 인가되면, B내에 존재하는 유전체에서 전계가 인가되어 capacitor A에 충전된 전하량의 9배에 해당되는 전기쌍극자가 유전체 끝면(양극판면)에 발생되고, 이 전기쌍극자에 의해 양극판에 전기쌍극자의 반대극성의 전하(A전하의 9배)가 대전 유도됨으로써 capacitor A에 비해 결국 10배의 전하가 양극판에 충전됨.

capacitor A : $Q_A = C_A V = \epsilon_0 \dfrac{A}{d} V = D_A A \Rightarrow D_A = \epsilon_0 \dfrac{V}{d} = \epsilon_0 E \leftarrow E = \dfrac{V}{d}$

capacitor B :

$Q_B = C_B V = \epsilon_0 \epsilon_r \dfrac{A}{d} V = 10 Q_A = D_B A$

$\Rightarrow D_B = \epsilon_0 \epsilon_r \dfrac{V}{d} = 10 \epsilon_0 E = \epsilon_0 E + P = \epsilon_0 E + \epsilon_0 (\epsilon_r - 1) E = \epsilon_0 E + 9 \epsilon_0 E$

② 평행평판 capacitor에 충전되는 전하 $+Q$는 금속으로 만들어진 $(+)$극판에서 자유전자가 이동하여 사라진 만큼 극판에 존재하는 금속물질의 양성자 이온을 의미하는 것으로 당연히 전계가 출발하는 $(+)$극판 내부에 존재한다. 또한, 평행평판 capacitor에 충전되는 전하 $-Q$는 $(+)$극판에서 자유전자가 이동된 만큼 $(-)$극판에 축적된 자유전자를 의미하는 것으로 이 또한 당연히 전계가 끝나는 $(-)$극판에 존재한다. 즉, 극판의 외부 혹은 유전체 내부에 존재하는 것이 아니다. 유전체 내부에는 외부 전계 $E[V/m]$에 의한 전기쌍극자가 존재할 뿐이다. 또한, 유전체에 전계가 인가되지 않으면 전기쌍극자도 생성되지 않는다.

3-22. 평행평판 capacitor의 양극판 면적($A = a \times b$)을 2배로 증가시키고 간격(d)을 $\dfrac{1}{3}$ 배로 줄인다면 정전용량 C는 면적과 간격을 변화시키지 않았을 때에 비해 몇 배가 되는가?

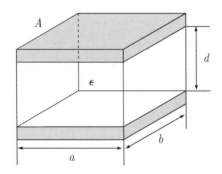

Hint 평행평판 capacitor 정전용량 $C = \dfrac{Q}{V} = \epsilon \dfrac{A}{d} = \epsilon_0 \epsilon_r \dfrac{A}{d}\ [F]$

면적 A가 증가하면 정전용량은 증가하고, 간격 d가 줄이면 정전용량은 증가

Answer 변경된 정전용량 C는 2×3배로 총 6배 증가

3-23. 극판전극의 면적이 $A\,[m^2]$ 극판간격 $d = 0.1\,[\mu m]$, 유전체가 없는 공기가 있는 평행평판 capacitor의 정전용량이 $3\,[\mu F]$일 때, 극판간격을 절반으로 줄이고, 비유전율상수(ϵ_r)가 4인 유전체를 채워넣었을 때 예상되는 capacitor의 정전용량은 얼마인가?

Hint 간격을 절반으로 줄이면 정전용량이 2배가 증가되고, 비유전율상수가 4배로 바뀌면 정전용량이 4배 증가할 것이므로 총 8배가 증가

Answer $C = 3\mu \times 8 = 24\,[\mu F]$

3-24. 비유전율상수 $\epsilon_r = 3.9$, 유전체의 두께 $d = 0.1\,[\mu m]$인 불순물이 거의 없는 SiO_2 박막(thin film)을 이용한 MOS(metal oxide semiconductor) capacitor를 설계하고자 한다. 약 $20\,[pF]$의 정전용량을 가지는 MOS capacitor를 만들기 위한 평행평판의 면적 A를 어떻게 설정해야 할지 계산하여 구하시오. 또한, 면적 A를 직사각형의 면적으로 설정시 가로 길이를 $a = 200\,[\mu m]$로 고정하면, 세로길이 b는 몇 $[\mu m]$로 설계해야 하는가?

Hint 평행평판 capacitor 정전용량

$$C = \epsilon_0 \epsilon_r \frac{A}{d}\ [F] \Rightarrow A = \frac{C\,d}{\epsilon_0 \epsilon_r} \approx \frac{20p \times 0.1\mu}{8.854\,p \times 3.9} \approx 0.0579\mu \approx 58\,n\,[m^2]$$

$$\Rightarrow A = ab = 200\mu \times b$$

Answer ① 평팽평판 면적 $A = 58\,n\,[m^2]$

② 세로길이 $b = \dfrac{58n}{200\mu} = 0.29\,m = 290\,[\mu m]$

3-25. $4[pF]$의 정전용량을 가지는 capacitor에 $80[V]$를 인가하고, $2[pF]$의 정전용량을 가지는 capacitor에 $20[V]$를 인가한 다음, 이 두 개의 capacitor를 병렬로 연결하였을 때 capacitor 양단 간에 발생된 전압을 구하시오.

Hint $4[pF]$을 C_1, $2[pF]$을 C_2, 각각 C_1과 C_2에 충전된 전하를 Q_1과 Q_2라고 할 때, 두 capacitor를 병렬 연결함으로써 발생되는 전압을 V라고 한다면 전하보존의 법칙에 따라 각각 두 capacitor에 충전된 Q_1과 Q_2의 총 합은 capacitor를 병렬 연결하여도 변하지 않을 것이다. 두 capacitor를 병렬 연결했을 때, C_1과 C_2에 충전된 전하를 $Q_1{}'$과 $Q_2{}'$이라고 하면, 전하보존의 법칙에 의거하여

$$Q = Q_1 + Q_2 = Q_1{}' + Q_2{}' \quad \leftarrow \quad Q = CV$$

$$\text{총 전하량} \quad = C_1 V_1 + C_2 V_2 = C_1 V + C_2 V = (C_1 + C_2)\, V$$

$$= 4p \times 80 + 2p \times 20 = 360\,[pC] = (4p + 2p)\, V$$

Answer $V = 60\,[V]$

[정전에너지]

3-26. 전하 $Q[C]$를 가지고 있는 반경 $R = a[m]$인 체적구(도체구)가 비유전율 $\epsilon_r = 3$인 액체 상태의 유전체 내에 있을 때, 이 도체구가 가지는 정전에너지를 구하시오.

Hint   정전에너지 $W_e = \dfrac{1}{2} QV = \dfrac{1}{2} \dfrac{Q^2}{C} = \dfrac{1}{2} \dfrac{Q^2}{4\pi\epsilon R} \quad \leftarrow \quad C = 4\pi\epsilon R$

Answer $W_e = \dfrac{Q^2}{24\pi\epsilon_0 a}\,[J] \quad \leftarrow \quad \epsilon_r = 3$

3-27. 정전용량이 $4[\mu F]$인 capacitor에 $Q = 8 \times 10^{-4}[C]$의 전하를 충전할 경우 capacitor가 가지는 정전에너지를 구하시오.

Hint 정전에너지 $W_e = \dfrac{1}{2}QV = \dfrac{1}{2}\dfrac{Q^2}{C} = \dfrac{1}{2}\dfrac{(0.8m)^2}{4\mu}$

Answer $W_e = 0.08\,[J] = 80\,[mJ]$

3-28. 정전용량이 각각 $4[\mu F]$, $2[\mu F]$인 capacitor에 각각 $2\times 10^{-4}[C]$, $4\times 10^{-4}[C]$의 전하를 충전시킨 후 두 capacitor를 병렬 연결하였을 때, capacitor에 축적된 총 정전에너지를 구하시오.

Hint 총 정전에너지는 에너지보존의 법칙에 의거하여 각각 축적된 정전에너지의 합으로 표시될 수 있으므로

총 정전에너지 $W_e = \dfrac{1}{2}QV = \dfrac{1}{2}\dfrac{Q^2}{C}$

$\qquad\qquad = W_{e1} + W_{e2} = \dfrac{1}{2}\dfrac{Q_1{}^2}{C_1} + \dfrac{1}{2}\dfrac{Q_2{}^2}{C_2}$

$\qquad\qquad = \dfrac{1}{2}\dfrac{(2\times 10^{-4})^2}{4\mu} + \dfrac{1}{2}\dfrac{(4\times 10^{-4})^2}{2\mu}$

Answer $W_e = 4.5\times 10^{-2}[J] = 45\,[mJ]$

3-29. 평행평판 capacitor의 극판 면적 $A = 10[cm^2]$, 극판 간격 $d = 1[\mu m]$, 극판과 극판 사이에 비유전율 $\epsilon_r = 4$인 유전체를 채우고 전압 10[V]를 인가할 경우, 평행평판 capacitor에 축적되는 정전에너지는 얼마인가?

총 정전에너지는 정전용량 C, 인가전압 V, 총전하량 Q 중에서 2가지만 알면 공식에 의해 쉽게 계산할 수 있다.

총 정전에너지 $W_e = \dfrac{1}{2}QV = \dfrac{1}{2}\dfrac{Q^2}{C} = \dfrac{1}{2}CV^2$

평행평판 capacitor의 정전용량 $C = \epsilon_0 \epsilon_r \dfrac{A}{d} = 8.854p \times 4 \times \dfrac{10c^2}{1\mu} \approx 35.4\,[nF]$

Answer $W_e = \dfrac{1}{2}CV^2 = 17.7 \times 10^{-7}\,[J] = 1.77\,[\mu J]$

3-30. 직각좌표계에서 전압 $V = 2x^2 + y - 3z\,[V]$의 분포를 가지고 있을 때, 원점을 꼭지점으로 하는 $0 \le x, y, z \le 1\,[m]$의 정육면체 체적공간에 존재하는 정전에너지를 구하시오.

Hint 정전에너지를 구하기 위해서는 전계벡터 $\vec{E} = -\nabla V$ 를 먼저 구한다음, 정전에너지 공식을 이용

$W_e = \dfrac{1}{2}\epsilon \displaystyle\int_v E^2\,dv\;\;[J] \quad \leftarrow \vec{E} = -\nabla V$

$\vec{E} = -\nabla V = -(4x\,\hat{i} + \hat{j} - 3\,\hat{k})$

$\rightarrow E^2 = \vec{E} \cdot \vec{E} = 16x^2 + 1 + 9 = 16x^2 + 10\,[V/m]$

Answer $W_e = \dfrac{1}{2}\epsilon \displaystyle\int_v E^2\,dv = \dfrac{1}{2}\epsilon\left(\dfrac{16}{3} + 10\right) = \dfrac{23}{3}\epsilon\,[J]$

3-31. 비유전율상수 $\epsilon_r = 2$인 절연유가 가득 들어있는 플라스틱통 내에 $Q = 2\,[\mu C]$가 충전된 반경 $R = 5\,[mm]$인 체적구가 있다고 가정하자. 이 체적구를 플라스틱통에서 공기 중으로 꺼내놓았을 때, 추가적으로 투입된 에너지를 계산하시오.

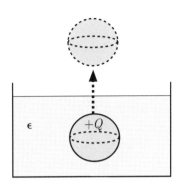

Hint 절연유가 있는 상태에서의 정전에너지(플라스틱통 내부)와 공기 상태에서의 정전에너지(플라스틱통 외부)의 차이가 투입된 에너지일 것임.(에너지보존의 법칙)

정전에너지 $W_e = \dfrac{1}{2}QV = \dfrac{1}{2}CV^2 = \dfrac{1}{2}\dfrac{Q^2}{C}$ $\leftarrow C = 4\pi\epsilon R$

절연유의 정전에너지 $W_e = \dfrac{1}{2}\dfrac{Q^2}{C} = \dfrac{1}{2}\dfrac{Q^2}{4\pi\epsilon R} = \dfrac{1}{2}\dfrac{Q^2}{4\pi\epsilon_0\epsilon_r R}$

$$= \dfrac{1}{2}\dfrac{(2\mu)^2}{4\pi\times\dfrac{1}{36\pi}10^{-9}\times 2\times 5m} = \dfrac{1}{2}\dfrac{4\mu^2}{\dfrac{10}{9}p} = \dfrac{9}{5}[J]$$

공기의 정전에너지 $W_e = \dfrac{1}{2}\dfrac{(2\mu)^2}{4\pi\times\dfrac{1}{36\pi}10^{-9}\times 1\times 5m} = 2\times\dfrac{9}{5} = \dfrac{18}{5}[J]$

Answer 에너지보존의 법칙에 따라 투여된 에너지 $\triangle W_e = \dfrac{18}{5} - \dfrac{9}{5} = \dfrac{9}{5}[J]$

[기타]

3-32. 비유전율상수 $\epsilon_r = 5$인 유전체에 전계의 세기 $E = 20\,[kV/m]$ 일 때, 유전체의 분극도 $P\,[C/m^2]$을 구하고, 분극도 P의 물리적 의미를 기술하시오.

Hint 분극도는 분극벡터 $\vec{P}$의 세기를 말하는 것으로,

분극도 $P = \epsilon_0(\epsilon_r - 1)\,E = \epsilon_0 \chi_e E = 8.854 \times 10^{-12} \times 4 \times 20\,k$

Answer ① $P \approx 708\,[nC/m^2]$

② 분극도 P는 유전체에 전계를 인가할 때 발생되는 전기쌍극자에 의해 유전체 표면에 발생되는 전하를 유전체 표면면적으로 나눈 면전하밀도를 의미하며, 그 물리단위는 전하 $Q\,[C]$를 유전체 면적 $A\,[m^2]$(평행평판 capacitor의 극판 면적 $A\,[m^2]$와 동일)으로 나눈 $[C/m^2]$ 물리 단위임.

Chapter 04

전류

4.1 전류의 정의

정지 상태에 있는 전하를 정전하(靜電荷)라고 하며, 3장에서는 마찰에 의한 열 에너지로 만들어진 마찰 전하가 있는 대전체 또는 capacitor에 전압을 인가함으로써 충전된 전하 등 정지 상태의 정전하가 만들어내는 정전계(靜電界)에서 발생되는 여러 현상들을 주로 다루었다.

4장은 정지 상태에 있는 전하가 아닌 움직이는 전하, 즉 이동전하(移動電荷)와 관련된 내용을 주로 다룬다. 자유전하가 전계에 의해서 이동함으로써 발생하는 전류 및 전류에 의해 발생하는 여러 현상과 Ohm 법칙 및 전류가 흐르는 저항(抵抗)을 포함한 전도체(導電體)에 대해 다루고자 한다.

전자의 흐름인 전류(電流)는 우리가 먹고 마시는 물(水)과 같은 개념으로 생각할 수 있다. 즉, 높은 곳에 있는 저수지와 같은 물의 근원지가 있고, 그 근원지로부터 낮은 곳으로 물은 자연스럽게 흘러간다. 이때, 물을 공급하는 저수지는 높은 위치 에너지를 가지고 있다고 하며, 이를 통상 전압원 혹은 전류원에 비유한다. 물이 높은 곳에서 낮은 곳으로 흘러가는 것은 바로 전류의 흐름이라고 할 수 있고, 물의 흐름을 방해하는 하천의 토사(土砂)나 돌멩이는 마치 전류의 흐름을 방해하는 전자부품 즉, 저항(resistor)에 해당하며, 물의 압력 즉 수압은 전압(voltage)에 해당한다. 같은 수로에 수압이 높으면 수로에 지나가는 물의 양이 많듯이 일정 저항에 전압이 높을수록 전류가 크다. 이는 옴(Ohm)의 법칙에 해당한다.

$$\text{Ohm 법칙} \qquad V = IR \tag{4.1}$$

전류는 전류의 세기뿐만 아니고, 전류의 방향도 나타내므로 벡터로 취급하기 쉽지만 통상 스칼라(scalar)로 취급한다. 전류의 방향은 외부에서 가해진 전압의 극성 또는 전계의 방향에 따라 결정된다. 관습적으로 도체 내부에서 형성되는 전류 방향은 가해진 전계의 방향과 일치하지만, 실질적인 전류는 도체를 구성하는 원자 구조상 자유전자의 흐름이므로, **전류 방향은 자유전자의 흐름 방향과는 정반대**이다. 전류와 자유전자의 흐름이 반대방향인 것은, 자유전자를 (−)전하를 가지는 것으로 정(定)했기 때문이다. 실리콘(Si)과 같은 반도체에서 정공(hole)의 흐름 또는 속박전자의 흐름을 제외하고는 대부분이 오직 자유전자만이 도체 내에 전류를 형성한다.

전류는 전자의 흐름이라고 했는데, 전류는 어떻게 정의하면 좋을까?

전자가 많이 흐르고 적게 흐른다는 의미로 전류의 세기를 정의하는 것보다는, 단위 시간당 변화하거나 이동한 전하량으로 전류의 세기를 표시한다.

전류를 형성하는 전하의 흐름은 실질적으로 원자핵 외부를 공전하는 속박전자보다 더 높은 에너지 상태를 가지고 있는 자유전자의 흐름이다. 이 자유전자의 흐름을 전류(electric current)라고 하고, 전류의 정의를 다음과 같이 정의한다.

$$\text{전류의 정의} \quad I = \frac{\triangle Q}{\triangle t} \simeq \frac{dQ}{dt} \quad [C/\sec] = [A] \tag{4.2}$$

즉, 전류는 단위 시간당 전하의 변화량이 정확한 표현이다. 전류 형성에 기여한 총 전하량(누적 전하량)은 전류를 시간에 적분함으로써 얻을 수 있다. 여기서 $Q(t)[C]$는 전류 흐름에 기여한 총 누적 전하량으로 시간의 함수로 주어진다.

$$\text{전하와 전류의 관계} \quad Q(t) = \int_{t_1}^{t_2} dQ(t) = \int_{t_1}^{t_2} I(t)\, dt \quad [C] \qquad (4.3)$$

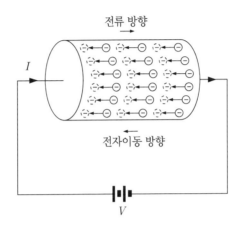

그림 4-1 • 전도체 내부의 전류 방향과 자유전자 이동방향
(자유전자는 전압이 아닌 전계에 의한 Coulomb 힘으로 전류와 반대 방향으로 이동)

시간이 변화해도 이동하여 누적되는 전하량이 시간에 대해 비례하는 경우 또는 시간에 대해 항상 일정한 크기의 전류가 일정한 방향으로 유지되는 상태 전류를 직류(DC; direct current)라 하며, 전하량의 이동 상태가 시간에 따라 증가하거나 감소하여 일정한 전류가 흐르지 못하거나 전류의 방향이 시간에 대해 서로 바뀌는 상태 전류를 교류(AC; alternating current)라 한다.

MKS 단위계에서 전류 단위는 과학자 암페어(Andre-Marie Ampere)의 이름을 차용하여 암페어(Ampere)$[A]$라고 하며, $1[\sec]$ 동안 $1[C]$의 전하가 이동할 때 $1[A]$의 전류가 흐른 것으로 간주한다.

자유전하의 흐름으로 형성되는 전류는 그 세기와 방향의 시간적 변화량에 따라 직류전류와 교류전류로 분류하지만, 전류가 통과하는 매질의 종류에 따라 대류전류(convection current)와 전도전류(conduction current), 변위전류 (displacement current) 등 세 종류의 전류가 있다.

① 대류전류: 대류전류는 진공이나 희박한 가스 내 혹은 액체 내의 전자가 움직일 때 발생하는 전류를 말하며 대표적인 경우가 형광등, 음극선관, 진공관, 자동차용 화학전지 등에 흐르는 전류 및 비가 올 때 볼 수 있는 번개(공기 중으로 자유전자가 이동) 등이 바로 그것이다.

② 전도전류: 전도전류는 구리(Cu), 알루미늄(Al), 금(Au), 은(Ag), 철(Fe), 텅스텐 (W), 니켈(Ni), 주석(Sn) 등의 금속(metal) 내를 통과하는 전류를 말하며, 전기공학 및 전자공학에서 송배전 시스템 및 각종 전자회로 등에서 흐르는 전류가 그것이다.

③ 변위전류: 변위전류는 시간에 대해 그 값이 변하는 교류전압이, 유전체가 포함된 capacitor에 인가될 때 실제로 유전체를 통과하는 전류는 없지만 마치 유전체를 관통하여 전류가 흐르는 것처럼 생각할 수 있는데, 이를 변위전류라고 한다. 즉, 변위전류는 매질이 유전체일 때의 전류지만, 휴대전화와 기지국 간 통신에 사용되는 전자파 해석에 매우 중요하게 다루어져야 할 전류이다.

유전체 내부는 자유전자의 생성이 없으므로, 전류의 흐름이 있을 수 없으나, 교류전압이 인가될 때, 전기쌍극자가 교류전압에 따라 서로 교번(전자운이 원자핵을 중심으로 좌우로 교류전압의 주파수에 비례하여 서로 변위하면서 전기쌍극자를 발생)하기 때문에 교류전압에서는 마치 전류가 관통하여 흐르는 것처럼 보인다. 변위전류는 6장의 맥스웰(Maxwell) 방정식에서 매우 중요하게 다뤄진다.

결론적으로, 전류의 종류에는 다음과 같이 분류된다.

◎ 전류 크기 – 대전류(1[A]이상)와 소전류(1[A]이하)
◎ 전류 상태 – 직류전류(시불변전류)와 교류전류(시변전류)
◎ 전류 매질 – 대류전류, 전도전류, 변위전류

문제 1

Semiconlight사가 제조한 청색 발광다이오드(blue LED(light emitting diode))에 특정 전압을 오랜 시간 인가한 결과 청색 발광다이오드를 관통하여 흐르는 전류를 시간에 대한 함수 $I(t) = 1200 - 200t \, [mA] \, (t : hr)$로 근사화하였다. 이때, 청색 발광다이오드를 통과한 총 자유전자의 갯수 N을 계산하시오.

Solution 청색 발광다이오드에 인가된 전류는 일차 함수로서 6시간(hr)이 되면 전류가 $0 \, [mA]$이 된다. 따라서 청색 발광다이오드를 통과하여 누적된 자유전하의 총 전하량 Q는 아래와 같다.

$$Q(t) = \int_t dQ(t) = \int_0^{6hr} I(t) \ dt = \int_0^{6hr} (1200m - 200m\,t) \ dt$$

$$= 1200mt - 100mt^2 \Big|_0^{6hr}$$

$$= 3600m \, [A-hr] = 3.6 \times 3600 \, [A-\sec] = 12960 \, [C] = -Ne$$

$\therefore$ blue LED를 통과한 총 자유전자 갯수는 $\quad N = \dfrac{Q}{-e} = \dfrac{12960}{1.6 \times 10^{-19}} = 8.1 \times 10^{22}$

4

4.2 전류밀도

전류밀도(current density)벡터 $\vec{J}\,[A/m^2]$는 크기와 방향을 가지는 벡터의 한 종류로, 단위 면적당 전류 세기를 나타내는 물리량이며, 전류가 흐르는 방향과 같은 방향으로 정의한다. 전류는 통상 스칼라로 취급하는 관계로 전류 방향의 의미를 부여한 전류밀도 벡터를 도입했다고 말할 수 있다.

전류가 흐를 수 있는 전도체에 전압을 인가할 경우, 전도체의 단면을 관통하는 전류가 흐를 것이다. 이때, 전류밀도의 세기는 전류의 세기를 전도체의 단면적으로 나눈 값으로 표시한다.

$$\text{전류와 전류밀도 관계} \quad J = \frac{I}{A}, \quad I = JA = \oint_s \vec{J} \cdot \vec{ds} \quad [A]$$

(4.4)

여기서, 미소면적 벡터 $\vec{ds}\,[m^2]$ 방향은 전류가 지나가는 전도체 단면적에 수직인 벡터 방향으로 전류의 방향과 같다고 취급한다. 전류밀도 벡터 $\vec{J}\,[A/m^2]$의 크기는 전도체 내부에 있는 단위 체적당 전하의 갯수 $n\,[1/m^3]$, 전하의 전하량 $q\,[C]$, 전하의 평균 이동속도 $v\,[m/\sec]$의 곱으로 나타낼 수 있다.

$$
\begin{aligned}
&\text{전류밀도의 정의(Ohm 법칙)}\\
J = \frac{I}{A} &= nqv = -nev && \leftarrow \vec{v} = \mu_e \vec{E}\,[m/\sec],\ q = -e\\
&= -ne\mu_e E && \leftarrow \sigma = -ne\mu_e\,[1/(\Omega-m)]\\
&= \sigma E \quad [A/m^2] && \leftarrow Ohm's\ law
\end{aligned}
$$

(4.5)

$$\boxed{\text{전도율(도전율)} \qquad \sigma = -ne\mu_e}$$

(4.6)

여기서 전하의 전하량 q를 전류의 실제 흐름인 전자의 전하량 $e = -1.6 \times 10^{-19} [C]$으로 나타낼 수 있고, μ_e는 인가된 전계에 대해 전자가 얼마나 빠른 속도로 움직이는가를 나타내는 전자의 이동도(electron mobility)를 말한다.

σ는 전도체의 종류에 따라 각기 그 값이 다르게 나타나는 전도율(electrical conductivity) 혹은 도전율이라고 하며, 그 값이 클수록 일정 전계 혹은 일정 전압($V = E \times l$, l: 전도체의 길이)에 대해 전류의 크기가 크다는 것을 의미한다.

현재, 전류를 공급하는 목적으로 가장 많이 사용되는 구리(Cu)의 전자이동도는 $3.2 \times 10^{-3} [m^2/V-\sec]$이고, 고가 금속인 은(Ag)의 전자이동도는 $5.2 \times 10^{-3} [m^2/V-\sec]$, 최근 본딩 와이어(bonding wire)의 목적으로 사용되는 알루미늄(Al)의 전자이동도는 $0.14 \times 10^{-3} [m^2/V-\sec]$ 정도이다. 전도율 σ가 높은 매질은, 단위 체적당 흐르는 자유전자의 갯수가 많고 이동도가 높다.

일반적 매질에 대해 전압이 인가되어 발생하는 전류밀도 벡터 $\vec{J}[A/m^2]$는 금속도체를 흐르는 전도전류밀도 벡터 $\vec{J_c}$와 진공, 기체 및 액체 매질에서 흐르는 대류전류밀도 벡터 $\vec{J_v}$, 교류성분으로의 capacitor와 같은 유전체를 관통하여 흐르는 것처럼 보이는 변위전류밀도 벡터 $\vec{J_d}$의 합으로 표시할 수 있다.

$$\boxed{\begin{array}{l} \text{전류밀도} \qquad \vec{J} = \vec{J_c} + \vec{J_v} + \vec{J_d} \quad [A/m^2] \\[2mm] where, \quad \vec{J_c} = \sigma \vec{E} \ , \quad \vec{J_v} = \sigma_v \vec{E} \ , \quad \vec{J_d} = \dfrac{\partial \vec{D}}{\partial t} = \epsilon \dfrac{\partial \vec{E}}{\partial t} \end{array}}$$

(4.7)

문제 2

전자의 이동도(μ_e) 물리 단위를 유추하여 나타내시오.

Solution 전자의 이동도와 관련된 이동속도와 전계의 관계식 $\vec{v} = \mu_e \vec{E}$ [m/sec]에서 전자의 이동도는 $\mu_e = \dfrac{v}{E}$, 속도 v의 물리 단위는 [m/sec]이고, 전계 E의 물리 단위는 $[V/m]$이므로, 전자의 이동도 물리 단위는 $[m^2/V-\sec]$가 된다(여기서, $V-\sec$는 분모로 같이 묶여있음을 의미).

문제 3

길이 $l = 10[m]$이고, 단면적 $A = 1[mm^2]$인 저항체에 약 $0.38[V]$의 전압를 인가했을 때, 전류가 약 $1.45[A]$ 흘렀을 경우 각각 다음을 구하시오.(단, 이 저항체의 이동도 $\mu_e = 1.4m[m^2/V-\sec]$ 이다.)

(1) 저항체의 저항 $R[\Omega]$

(2) 전도율 $\sigma[\mho/m]$

(3) 단위 체적당 자유전자의 갯수 $n[1/m^3]$

(4) 이동속도 $v[m/\sec]$

Solution (1) Ohm의 법칙을 이용하여 저항은 $R = \dfrac{V}{I} = \dfrac{0.38}{1.45} \approx 0.262[\Omega]$

(2) 전도율은 $R = \rho \dfrac{l}{A} = \dfrac{1}{\sigma} \dfrac{l}{A} \approx 0.262[\Omega]$

$\rightarrow \ \sigma = \dfrac{l}{0.262 \times A} = \dfrac{10}{0.262 \times 1m^2} \approx 38.2M \ [\mho/m]$

(3) 단위 체적당 자유전자의 갯수 $n[1/m^3]$는

$\sigma = -ne\mu_e \ \rightarrow \ n = \dfrac{\sigma}{-e\mu_e} = \dfrac{38.2M}{1.6 \times 10^{-19} \times 1.4m} \approx 17.04 \times 10^{28}[1/m^3]$

(4) 이동속도는

$\vec{v} = \mu_e \vec{E} \ \rightarrow \ v = \mu_e E = \mu_e \dfrac{V}{l} = 1.4m\dfrac{0.38}{10} = 0.0532m = 53.2[\mu m/\sec]$

문제 4

평판 capacitor에서 변위 전류밀도 세기 $J_d = \dfrac{\partial D}{\partial t}$ 가 전류 I를 면적 A 로 나눈 값에 해당함을 증명하시오.

Solution

$$J_d = \frac{\partial D}{\partial t} = \epsilon \frac{\partial E}{\partial t} \quad \leftarrow Gauss's\ law \quad \oint_s \vec{D} \cdot \vec{ds} = Q = DA \rightarrow D = \epsilon E = \frac{Q}{A}$$

$$= \frac{1}{A} \frac{\partial Q}{\partial t} = \frac{I}{A} \quad [A/m^2]$$

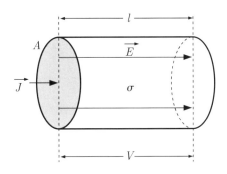

그림 4-2 • 전도체에 흐르는 전류밀도 벡터와 인가전계

임의의 체적 $v\,[m^3]$와 그 체적을 구성하는 폐곡면 $S\,[m^2]$의 전도체를 가정할 때, 이 폐곡면을 관통하는 전류밀도 벡터 $\vec{J}\,[A/m^2]$를 면적분하면 전류 $I\,[A]$가 되고, 이것은 폐곡면 내에 있는 전하가 단위시간 동안 그 폐곡면을 통과하여 빠져나감으로써 형성되는 전류이다. Gauss 정리를 이용하여 전류와 전류밀도의 관계식에서 면적 적분을 체적 적분으로 교환하고, 폐곡면 $S\,[m^2]$를 통과하여 유출되는 전하 $Q\,[C]$에 대해서 폐곡면 내부에 있는 체적전하 밀도 $\rho_v\,[C/m^3]$가 감소할 것이므로 다음과 같은 식으로 표현할 수 있다.

$$\text{전류의 정의}$$
$$I = \oint_s \vec{J} \cdot \vec{ds} \quad \leftarrow \quad Gauss's \ theorem$$
$$= \int_v \nabla \cdot \vec{J} \ dv = \frac{dQ}{dt} = -\frac{\partial}{\partial t}\int_v \rho_v \ dv \quad [A]$$

(4.8)

전류 $I[A]$가 폐곡면 밖으로 흘러나오면 폐곡면 내부의 체적전하 밀도 $\rho_v \ [C/m^3]$는 감소하므로 양의 값을 갖는 전류와 같은 항등식이 되기 위해서는 −기호를 앞에 붙여야 한다. 따라서 아래의 전류밀도 벡터의 발산식은 발산을 취한 것이 단위 시간당 폐곡면 내에 감소하는 체적전하 밀도와 같다는 사실을 설명한다.

$$\text{전류밀도 벡터의 발산식} \quad \nabla \cdot \vec{J} = -\frac{\partial \rho_v}{\partial t} \quad [A/m^3] \qquad (4.9)$$

만약, 폐곡면 내부로 유입되는 전류밀도 벡터와 폐곡면 외부로 유출되는 전류밀도 벡터가 같을 때 전류밀도 벡터 $\vec{J}$의 발산($\nabla \cdot \vec{J}$)은 0이 될 것이고, 이런 경우 폐곡면 내부의 체적전하 밀도 ρ_v의 시간에 대한 변화 $-\frac{\partial \rho_v}{\partial t} = 0$ 또는 시간에 대해 체적전하밀도 ρ_v는 항상 일정한 값을 유지할 것이다. 이러한 전류밀도 벡터 $\vec{J}$의 발산이 0인 식을 전류밀도 벡터의 연속방정식(equation of continuity)이라고 한다.

$$\text{전류밀도 벡터의 연속방정식(정상전류)} \quad \nabla \cdot \vec{J} = -\frac{\partial \rho_v}{\partial t} = 0 \quad [A/m^3]$$

(4.10)

전류(혹은 전류밀도)의 유입과 유출이 같을 때 이러한 전류를 정상전류라고 하며, 정상전류가 흐르는 곳에서는 전하의 발생, 축적, 소멸이 없는 전하보존의 법칙(law of conservation of charge)이 성립한다고 할 수 있을 것이다.

정상전류에서 전류밀도 벡터의 발산은 0이고, 이는 전류밀도 벡터가 비발산한다라고 말한다. 즉, 폐곡면으로 유입되는 전류밀도 벡터의 세기와 폐곡면에서 빠져나가는 전류밀도의 벡터 세기가 같다는 것으로, 전류밀도 벡터는 중간에 끊임이 없는 연속적인 벡터량임을 의미한다. 이는 또 다른 설명의 예로서, 폐회로(Closed loop)에서 어느 한 점을 기준으로 유입되는 전류와 유출되는 전류의 합은 같다는 키르히호프(Kirchhoff)의 **전류법칙**과 같다.

$$\text{키르히호프 전류법칙} \quad I_1 + I_2 + \cdots + I_N = \sum_{i=1}^{N} I_i = 0$$

(4.11)

4.3 Ohm 법칙과 전기저항

전기저항 $R[\Omega]$은 전류가 흐르는 매질의 종류와 모양, 온도에 의해 여러 가지 값을 가질 수 있다. 금속도체의 경우 미약한 전계 혹은 전압을 인가할 때도 전기저항이 낮아 매우 큰 전류가 흐를 수 있는데, 이는 금속도체에 상당히 많은 자유전자(free electron)가 존재해서 금속도체 내부의 Coulomb 힘이 자유전자에 작용하여 매우 큰 전류가 흐를 수 있으므로 주의해야 한다.

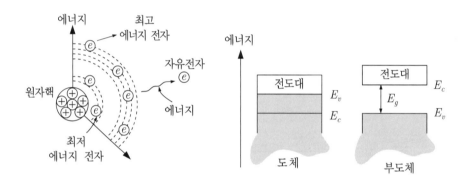

그림 4-3 • 도체와 부도체의 에너지대 구조

그림 4-3은 도체와 반도체를 포함한 부도체의 에너지대 구조를 나타낸 것으로 원자핵 주변을 공전하는 속박전자들은 공전하는 공전궤도에 따라 최저 에너지를 갖는 전자에서부터 최고 에너지를 가지는, 다양한 에너지를 가진 전자들로 구성되어 있다. 속박전자가 가지는 에너지 중에서 가장 큰 에너지를 가전자대 에너지 준위(level) $E_v[eV]$라 하고, 원자핵에 속박되어 전류전도에 기여하지 못하는 속박전자들의 다양한 에너지대를 가전자대(valence band level)라 한다.

한편, 가전자대에 있는 속박전자들보다 더 높은 에너지 상태를 가지는 자유전자들도 다양한 에너지 상태를 가지는데, 이 에너지대를 전도대(conduction band level)라 하고, 전도대에서 가장 낮은 에너지 준위를 전도대 에너지 준위(level) $E_c[eV]$라고 한다. 속박전자가 전류 전도에 기여할 수 있는 자유전자가 되기 위해서는 외부에서 열(熱)과 광(光) 혹은 높은 고전압 인가(전기에너지), 운동에너지를 가지는 자유전자의 충돌 등 여러 형태의 에너지를 받을 때 가능하다. 즉, 가전자대에 있는 속박전자들은 최소한 물질(반도체 혹은 부도체)들이 가지고 있는 고유한 밴드 갭 에너지(band gap energy) E_g보다 더 높은 에너지를 받아야만 전류를 형성할 수 있는 자유전자가 될 수 있다.

도체는 전도대역과 가전자대역이 혼합되어 있어 상온에서도 많은 자유전자가 존재하며, 매우 미약한 전압에도 자유전자들이 이동함으로써 전류를 형성할 수 있다. 반면, 부도체의 경우 $E_c[eV]$와 $E_v[eV]$ 사이에 밴드 갭 에너지(band gap energy)라고 부르는 $E_g[eV]$가 존재하는데, 전자는 이 에너지 대역폭에서는 존재하지 않기 때문에 속박전자가 자유전자로 되기 위해서는 $E_g[eV]$ 이상의 에너지를 가져야 한다. 즉, 전자는 속박전자 혹은 자유전자밖에 없다. 상온에서는 특별한 외부 에너지가 부도체에 전달되지 않는다면 자유전자가 형성될 수 없으므로 때문에 전압을 인가해도 전류가 흐르지 않는 부도체 상태가 된다.

즉, 유전체와 같은 절연체는 원자핵에 구속된 속박전자만 존재할 뿐 매질 내부를 자유로이 움직일 수 있는 자유전자가 없는 관계로 상당히 높은 전압을 인가해도 전류는 거의 흐르지 않지만, 수백 $M[V]$를 인가하면 절연파괴가 일어나면서 절연체에 전류가 흐르는 현상이 발생하기도 한다. 만약 유전체가 들어가 있는 capacitor에 절연파괴가 일어나면 capacitor는 전하 충전과 방전 역할을 더는 할 수 없으므로 사용하면 안 된다.

반도체중에서 불순물이 전혀 들어가 있지 않은 진성 반도체는 자유전자가 거의 존재하지 않기 때문에 부도체이며, 따라서 일정전압을 인가하여도 전류가 거의 흐르지 않는다.

하지만 최외각 전자 5개를 가지고 있는 n-type 불순물(진성 반도체 입장에서는 n(negative)형 불순물인 인(P), 비소(As) 등을 이온 주입기(ion implanter) 혹은 확산로(擴散爐, diffusion furnace) 등의 반도체 공정 장비를 통해 실리콘(Si)

기판에 주입하면 불순물 한 개당 한 개의 잉여 자유전자가 쉽게 생성하므로 불순물을 많이 주입할수록 자유전자가 많아져서 저항이 낮아지는, 즉 저항을 임의대로 조절함으로써 원하는 저항값을 가지는 저항(resistor)으로 만들 수 있다.

또한, 반대로 최외각 전자가 세 개인 알루미늄(Al), 갈륨(Ga), 인듐(In), 붕소(B)와 같은 p-type 불순물(진성 반도체 입장에서는 p(positive)형 불순물)을 같은 반도체 공정 장비로 실리콘 기판에 주입할 경우, 주입된 국소 부분은 p형 불순물 원자핵 주변을 공전하는 궤도 상에 불순물 한 개당 전자가 하나 비어있는 정공(hole) 한 개가 형성되며, 이 정공은 인가된 전계에 다른 원자핵의 공전 전자가 쉽게 이동하면서 채워지는 정공 이동 현상이므로, 마치 전자가 이동하는 것과 같은 현상을 보인다. 따라서 p형 불순물을 진성 반도체에 많이 주입할수록 저항률이 낮아지도록 할 수 있다.

따라서 반도체는 국부적으로 많은 불순물을 주입할수록 저항이 매우 낮고 혹은 불순물을 주입하지 않은 곳은 절연체와 같이 만들 수 있어서, 능동소자 (BJT, CMOS, diode 등)와 함께 전자회로를 집적(集積)하는 것이 가능하다.

전류밀도 벡터의 정의식으로부터 Ohm 법칙과 전기 저항을 쉽게 유도할 수 있는데, 그 과정을 설명하면 다음과 같다. 일정한 전도율 $\sigma\,[1/\Omega-m\,]$를 가지는 저항체의 단면적 $A\,[m^2]$에 전류밀도가 유입될 때, 전도체에 인가된 전계는 전도체 양끝단의 전압차를 전도체 길이로 나눈 것과 같고, 이를 수식으로 표현하면 아래와 같다.

$$
\begin{aligned}
\text{Ohm 법칙} & \\
I = JA \quad &\leftarrow J = \sigma E : Ohm's\ law \\
= \sigma EA \quad &\leftarrow V = V_1 - V_2 = E\,l \\
= \sigma (\frac{V_1 - V_2}{l})A &= \sigma \frac{A}{l} V = GV = \frac{V}{R}\ \ [A] \\
\therefore\ V = IR \quad &\leftarrow Ohm's\ law
\end{aligned}
$$

(4.12)

$$\boxed{\text{전기저항} \quad R = \frac{1}{G} = \frac{1}{\sigma}\frac{l}{A} = \rho\,\frac{l}{A} \quad [\Omega]} \tag{4.13}$$

이때, 전기저항 $R[\Omega]$은 전도체의 고유 저항률(resistivity) 혹은 저항률 ρ $[\Omega-m]$와 전도체의 단면적 $A[m^2]$ 및 전도체의 길이 $l[m]$에 따라 결정되는 값이며, capacitor와 마찬가지로 외부 인가전압에 따라 변하지 않는다. 즉, 전기 저항은 그 형상과 재질에 따라 결정되는 값이다. 또한, 저항의 역수 $\frac{1}{R}$을 전기전도도(conductance) G라고 하고 다음과 같이 표시한다.

$$\boxed{\text{전기전도도} \quad G = \frac{1}{R} = \frac{1}{\rho} \cdot \frac{A}{\ell} = \sigma \cdot \frac{A}{\ell} \quad [\mho] = [1/\Omega]} \tag{4.14}$$

전기저항 $R[\Omega]$은 Ohm 법칙으로부터 다음과 같이 적분 형으로 나타낼 수 있다.

$$
\begin{aligned}
\text{저항} \\
R = \frac{V}{I} &= \frac{\displaystyle\int_l \vec{E} \cdot \vec{dl}}{\displaystyle\int_s \vec{J} \cdot \vec{ds}} \qquad \leftarrow \quad V = \int_l \vec{E} \cdot \vec{dl}, \quad I = \int_s \vec{J} \cdot \vec{ds} \\[2mm]
&= \frac{\displaystyle\int_l \vec{E} \cdot \vec{dl}}{\sigma\displaystyle\int_s \vec{E} \cdot \vec{ds}} \qquad \leftarrow \quad \vec{J} = \sigma\vec{E} \\[2mm]
&= \frac{\displaystyle\int_l E\,dl}{\sigma\displaystyle\int_s E\,ds} = \rho\,\frac{\displaystyle\int_l dl}{\displaystyle\int_s ds} = \rho\,\frac{l}{A}\ [\Omega]
\end{aligned}
\tag{4.15}
$$

4

전압은 전계를 선적분한 것으로, 전류는 전류밀도 벡터로 나타내고, $\vec{J} = \sigma\vec{E}$ 으로 전류와 전압의 관계를 나타내는 Ohm 법칙을 다시 적용한 결과 다시 전기저항 R을 유도하였다.

일정 인가전압에 대해 거의 전류가 흐르지 않은 부도체 혹은 절연체 중에서 비교적 비유전율 상수가 큰 물질을 유전체라고 하는 것처럼, 전류가 흐르는 전도체 혹은 도전체 중에서 비교적 저항률이 높은 물질을 저항체라고 한다. 유전체는 주로 capacitor 제조에 많이 사용되는 것처럼 저항체는 저항 제조에 많이 사용된다.

◎ 부도체(절연체) : 유전체　⇔　전도체 : 저항체

문제 5

긴 직육면체를 반원형으로 형성된 아래 그림 4-4 형상의 저항체 저항값을 원통좌표계를 이용하여 계산하시오. (여기서, 전류는 직육면체 단면인 직육면을 관통하는 것으로 가정하라.)

Solution

$$R = \rho\frac{\displaystyle\int_l dl}{\displaystyle\int_s ds} = \rho\frac{\displaystyle\int_{\phi=0}^{\phi=\pi} r\,d\phi}{\displaystyle\int_{r=R-\frac{t}{2}}^{r=R+\frac{t}{2}}\int_{z=0}^{z=h} dr\,dz}$$

$$= \rho\frac{\displaystyle\int_{\phi=0}^{\phi=\pi} d\phi}{\displaystyle\int_{r=R-\frac{t}{2}}^{r=R+\frac{t}{2}}\frac{1}{r}\,dr\int_{z=0}^{z=h} dz}$$

$$= \rho\frac{[\phi]_0^\pi}{[\ln r]_{R-\frac{t}{2}}^{R+\frac{t}{2}}[z]_0^h} = \rho\frac{\pi}{\ln\left(\dfrac{R+\frac{t}{2}}{R-\frac{t}{2}}\right)h}\ [\Omega]$$

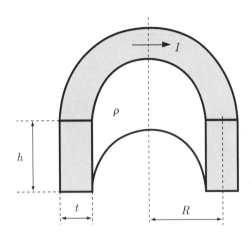

그림 4-4 • 반원통 모양의 저항체

4.4 저항 온도계수

금속도체의 전기저항 $R[\Omega]$은 온도 상승에 따라 일반적으로 증가한다. 이것은 금속도체의 전도율 $\sigma[1/\Omega-m]$이 온도에 대한 함수이기 때문이다. 즉, 금속도체의 저항률 $\rho[\Omega-m]$의 온도 특성을 조사해본 바, $0[\degree\mathrm{C}]$일 때의 저항률을 $\rho_0[\Omega-m]$라고 한다면 $t[\degree\mathrm{C}]$일 때의 저항률 $\rho[\Omega-m]$는 아래와 같이 온도 t에 대한 다항식을 사용한 근사화가 가능하다.

온도에 따른 저항률
$$\rho(t) = \rho_0(1 + \alpha_0 t + \beta_0 t^2 + \gamma_0 t^3 + \cdot\ \cdot\ \cdot\ \cdot\ \cdot\ ) \quad [\Omega-m]$$

(4.16)

여기서, α_0, β_0, γ_0 등은 저항물질에 따라 결정되는 고유 상수값으로 저항률의 온도계수(temperature coefficient)라 하는데, 통상 $\beta_0[1/\degree\mathrm{C}^2]$, $\gamma_0[1/\degree\mathrm{C}^3]$의 값은 $\alpha_0[1/\degree\mathrm{C}]$에 비해 작은 값이므로 무시하는 경우가 많다. 따라서 $0[\degree\mathrm{C}]$일 때의 저항을 $R_0[\Omega]$라 한다면, 특정 온도 $t[\degree\mathrm{C}]$에서의 저항을 저항률의 온도 관계로부터 유도할 수 있다.

특정 온도에서의 저항 $\quad R_t = R_0(1 + \alpha_0 t)[\Omega]$

(4.17)

만약, 온도가 $t_1[\degree\mathrm{C}]$에서 $t_2[\degree\mathrm{C}]$로 변화하였을 때, 측정한 저항을 각각 $R_1[\Omega]$, $R_2[\Omega]$라고 한다면 그 식은 아래와 같다.

온도에 따른 저항 $R_1 = R_0(1 + \alpha_0 t_1)\ [\Omega], \quad R_2 = R_0(1 + \alpha_0 t_2)\ [\Omega]$

(4.18)

이로부터 온도에 따른 저항 R_1과 R_2를 다음과 같이 유도할 수 있다.

$$\frac{R_1}{1 + \alpha_0 t_1} = R_0 = \frac{R_2}{1 + \alpha_0 t_2} \quad \rightarrow \quad R_2 = R_1 \frac{1 + \alpha_0 t_2}{1 + \alpha_0 t_1}\ [\Omega]$$

(4.19)

온도변화에 대한 저항

$$R_2 = R_1 \frac{1 + \alpha_0 t_2}{1 + \alpha_0 t_1} = R_1 \left[1 + \frac{\alpha_0}{1 + \alpha_0 t_1}(t_2 - t_1) \right] = R_1 \left[1 + \alpha_1(t_2 - t_1) \right]\ [\Omega]$$

(4.20)

이 식에서 저항체에 전류와 전압에 의한 저항 $R_1[\Omega]$, $R_2[\Omega]$를 측정한다면, 이미 측정하여 가지고 있는 $0[℃]$에서의 온도계수 $\alpha_0[1/℃]$를 대입하여 계산함으로써 $t_2 - t_1[℃]$의 온도 차를 알 수 있다. 이를 이용한 것이 저항 온도계이다. $t_1[℃]$에서의 온도계수 $\alpha_1[1/℃]$는 식 (4.20)에서 아래와 같이 표시된다.

온도 $t_1[℃]$에서의 온도계수 $\quad \alpha_1 = \dfrac{\alpha_0}{1 + \alpha_0 t_1}\ [1/℃]$

(4.21)

금속도체에서 저항률의 1차 온도계수 $\alpha_0[1/℃]$는 대개 $3 \times 10^{-3} \sim 5 \times 10^{-3}\ [1/℃]$의 범위에 있으며, 이는 금속도체에서 온도가 올라가면 저항률이 올라간다는 것을 의미한다.

이에 대해 온도가 내려가면 저항률이 내려갈 것이라는 추론이 가능할 것인데, 실제로 어떤 종류의 재질(초전도체)은 절대온도 $0[K]$(Kelvin degree)에 가까운 특이한 온도(천이온도) T_c에서 고유저항이 $0[\Omega]$이 되는 현상이 일어난다. 이처럼 전기전도도 σ가 무한대가 되는 현상을 초전도(super-conduction)라고 하며, 이 현상은 1911년 오네스(Kamerlingh Onnes)가 헬륨(He) 액화가스로 초저온 상태를 만듦으로써 발견하게 되었다. 이 상태가 되면 전기회로의 손실, 즉 저항이 없어져서 한 번 전류를 흘리면 영구히 전류가 흐르게 되고 Ohm 법칙에 따른 전압강하가 없으므로 전기손실이 없다.

표 4-1은 각 물질에 따른 전기 전도율을 나타낸 것으로 이 값이 클수록 단위인가전압당 많은 전류를 흘리거나, 많은 자유전자를 이동시킬 수 있다. 절연체의 전도율은 약 $1[\mho/m]$ 이하가 기준이 되고, 진성 반도체인 실리콘과 게르마늄은 상온에서 부도체이다.

전도체 중에서 전도율이 약 $10^6[\mho/m]$ 정도인 니크롬(NiCr)은 전기에너지를 열에너지로 변환하는 대표적인 저항체이고, 전도율이 약 $17 \times 10^6[\mho/m]$ 정도인 텅스텐(W) 역시 전기에너지를 광에너지와 열에너지로 변환하는 데 주로 사용되는 할로겐램프(halogen lamp)의 주재료이다.

전도율이 매우 높은 금속으로는 알루미늄(Al), 금(Au), 구리(Cu), 은(Ag) 등이 대표적이고, 전력(電力)을 공급하기 위해서 사용되는 도전재료는 전도율이 매우 높고 은보다 매우 저렴한 구리가 대표적이다. 또한, 구리보다 저렴한 알루미늄을 도선용(導線用)으로 일부 사용하기도 한다.

특히, 구리는 알루미늄보다 열전도도가 더 우수한 방열특성(放熱特性)을 가지고 있어 열에 취약한 LED 소자를 탑재하는 금속 PCB(metal PCB)의 주재료로 많이 이용되고 있고, 금속 PCB의 대표적인 사용용도로는 LED TV의 LCD(liquid crystal display) 광원(光源)을 비롯한 LED 광조명 기구용으로 활용되고 있다.

문제 6

어떤 구리로 만들어진 코일(coil)에서 측정된 저항값을 이용하여, 매우 높은 온도의 전기로(電氣爐)의 온도를 알아내고자 한다. $20[℃]$에서의 저항은 $0.68[\Omega]$이고, 높은 온도의 전기로에 구리 coil을 놓아 두고 측정된 저항은 $1.90[\Omega]$이었다. 저항 온도계수를 사용하여 전기로의 온도를 유도하시오.(단, $20[℃]$에서의 구리의 저항계수 $\alpha_{20} = 3.90m\,[1/℃]$이다.)

Solution 특정 온도에서의 저항은

$$R_2 = R_1[1 + \alpha_1(t_2 - t_1)]$$
$$= R_{20}[1 + \alpha_{20}(t_2 - 20)] = 0.68[1 + 3.90m(t_2 - 20)] = 1.90[\Omega]$$
$$\therefore \ t_2 = (\frac{1.90}{0.68} - 1)/3.90m + 20 = 480[℃]$$

표 4-1 • 대표적인 여러 물질의 전도율

분류	물질 종류	전도율 $\sigma[\mho/m]$	분류	물질 종류	전도율 $\sigma[\mho/m]$
절연체	석영(quartz)	10^{-17}	도체	스테인리스 강 (stainless steel)	10^6
	폴리스티렌(polystyrene)	10^{-16}		납(Pb)	5×10^6
	운모(mica)	10^{-15}		주석(Sn)	9×10^6
	유리(glass)	10^{-12}		황동(brass)	1.0×10^7
	베이클라이트(Bakelite)	10^{-9}		아연(Zn)	1.7×10^7
	민물(fresh water)	10^{-2}		텅스텐(W)	1.8×10^7
반도체	실리콘(silicon)	4.4×10^{-4}		알루미늄(Al)	3.5×10^7
	게르마늄(germanium)	2.2		금(Au)	4.1×10^7
도체	철(Fe)	10^6		구리(Cu)	5.7×10^7
	니크롬(Nichrome)	10^6		은(Ag)	6.1×10^7

4.5 Joule 열과 전력

저항이 R인 임의의 도선에 전압 V을 인가하면 도선 내에 전계 $\vec{E}\,[V/m]$가 가해진다. 전계를 선적분한 것이 전압이기 때문이고, 도선의 양단간에 전압차가 발생한다. 따라서 도선 내에 있는 자유전자가 $\vec{E}\,[V/m]$의 반대방향으로 움직이면서 전류가 형성된다. Ohm 법칙에 의하면, 전류 $I = V/R$로 저항 R값에 따라 전류의 세기가 결정된다.

저항체의 내부에서는 인가된 전압의 세기와 저항체의 길이에 의해 결정되는 전계 E에 의해 저항체 내부에 존재하는 자유전자에 Coulomb의 힘($F = -eE$)이 발생하고, 이 힘으로 매우 작은 질량 $m\,[kg]$을 가지고 있는 자유전자의 이동 속도 $v\,[m/sec]$가 결정된다. 이 이동 속도는 전자의 전하량 $q = -e$에 외부에서 인가해준 전압 V의 곱인 전기에너지 W에 의해 결정된다.

$$\text{Coulomb 힘} \qquad F = qE = -eE \qquad\qquad (4.22)$$

$$\text{전자의 운동에너지} \qquad W = \frac{1}{2}mv^2 = qV = -eV \qquad\qquad (4.23)$$

$$\text{자유전자 이동속도} \qquad v = \sqrt{\frac{-2eV}{m}} \qquad\qquad (4.24)$$

자유전자들은 이동하면서 저항체를 구성하는 원자들의 원자핵과 충돌을 하게 되는데, 충돌 이후 전자가 가지고 있던 운동에너지는 원자핵으로 전달되어 원자핵에 진동(oscillation)을 가져오고 이러한 진동으로 거시적으로 열(熱)이 나타난다.

이처럼 원자핵의 진동에 의한 열을 포논(phonon)이라 하고, LED처럼 전기에너지가 광에너지로 나올 때 전자와 정공의 결합으로 발생하는 광(光)을 포톤(photon)이라 한다.

전기에너지로 저항체에서의 눈에 보이지 않는 자유전자의 이동과 저항체를 구성하는 원자핵과의 충돌로 의한 열 발생은 양손을 문지르거나 지속해서 손뼉을 치게 되면 손바닥에서 열이 나는 것과 같은 현상으로 가정한다면 쉽게 받아들일 수 있다.

즉, 저항체에 전압을 인가하게 되면, 전압에 의한 전계로 저항체 내에 존재하는 자유전자가 Coulomb의 전기력으로 운동에너지를 가지게 되고, 전자의 운동에너지가 원자핵과의 충돌로 전자가 가지고 있던 운동에너지가 원자핵으로 전달되어 원자핵은 진동에 의한 열에너지로 나타나게 된다.

충돌된 전자는 기존에 가지고 있던 운동에너지가 반감되어 이동속도가 저하되지만, 저항체 내에 존재하는 전계에 의한 Coulomb 전기력에 의해 다시 이동속도가 가속되고 다시 원자핵과의 충돌을 일으킨다. 이러한 자유전자의 이동에 따른 원자핵과의 충돌 및 원자핵의 진동에 의한 운동에너지는 통상 저항체 R에서 통상 열 혹은 열에너지로의 에너지 변환과정을 거치게 되고, 이 열을 과학자 주울(Joule)의 이름을 차용하여 Joule 열이라 한다.

주로 적절한 저항값을 가지고 있는 텅스텐 혹은 니켈 크롬에 전압을 인가하여 발열(發熱)현상을 일으키는데, 이를 응용한 전자제품으로는 전기장판, 전기담요, 전기난로, 전기 손난로, 열풍기 등 그 예는 무수히 많다.

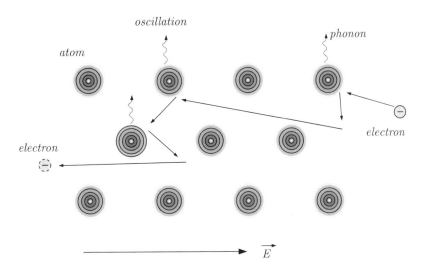

그림 4-5 • 자유전자의 이동에 따른 전자의 에너지 전달과정(Joule 열)

지금 저항체 $R[\Omega]$에 전류 $I[A]$가 흐르면, Ohm의 법칙 $V = IR\,[V]$의 전압차가 발생할 것이다. 전기 혹은 전자공학에서 많이 사용하는 단위 시간당 소비한 전기에너지(일)를 전력(電力, electric power)이라 하는데, 전력의 정의는 다음과 같이 나타낼 수 있다.

$$\text{전력} \quad P = \frac{dW}{dt} = \frac{d}{dt}(QV) = IV = I^2R = \frac{V^2}{R} \quad [J/\sec] = [W]$$

(4.25)

소비된 전기에너지는 저항체에 발생한 전압차 V에 대해 저항체를 통과한 총전하 $Q\,[C]$를 곱함으로써 얻어지며, 단위 시간당 소모한 총전하는 결국 전류 $I\,[A]$와 같으므로 전력은 저항체에 발생한 전압차 V와 저항체를 통과한 전류 I의 곱과 같다.

저항체에 인가된 전기에너지 $W[J]$은 전력 $P[W]$에 전력이 공급된 시간 $t[\sec]$의 곱으로 표현되며, 수식으로 나타내면 다음과 같다.

$$\text{전기에너지} \quad W = P\,t = I\,V\,t \ \ [J] = 0.24\,I\,V\,t \ [cal] \tag{4.26}$$

$1[J]$은 $0.24[cal]$에 해당하며, $1[cal]$는 $4.2(=1/0.24)[J]$에 해당한다. 즉, $[cal]$(칼로리)가 $[J]$(주울)보다 크다.

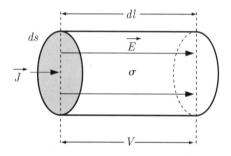

그림 4-6 • 미소체적소 $(dv = ds \times dl)$에 유입되는 전류밀도

저항체의 미소체적소 $dv\,[m^3]$에서 미소단면적을 $ds\,[m^2]$, 미소길이를 $dl[m]$이라고 하고, 저항체 사이에 전계 $\vec{E}$가 인가되어, 미소단면적에 전류밀도 벡터 $\vec{J}$가 유입된다고 할 때, 미소체적소를 가지고 있는 저항체에서 소비되는 미소전력 $dP\,[W]$는 아래와 같이 나타낼 수 있을 것이다.

$$
\begin{aligned}
\text{미소전력} \quad dP &= dI\,dV = (\vec{J}\,da)\cdot(\vec{E}\,dl) \\
&= (\vec{J}\cdot\vec{E})\,dv \quad \leftarrow \quad \vec{J} = \sigma\vec{E} : Ohm's\ law \\
&= \sigma\,E^2\,dv\ \ [W]
\end{aligned}
\tag{4.27}
$$

$$\text{단위 체적당 전력} \qquad \frac{dP}{dv} = \sigma E^2 \ [W/m^3] \tag{4.28}$$

또한, 미소체적소 $dv\,[m^3]$에서 소모된 전기에너지 $dW\,[J]$ 및 단위 체적당 소모된 전기에너지는 아래와 같다.

$$\text{단위 체적당 소모된 전기에너지}$$
$$dW = dP\,t \ \ [J] \qquad \therefore \ \frac{dW}{dv} = \sigma E^2\,t = \int_t \sigma E^2 \ dt \ \ [J/m^3] \tag{4.29}$$

문제 7

비가 오는 어느 날, $90M\,[V]$의 대전압(大電壓)을 가지는 전형적인 번개가 약 $0.4[\sec]$ 동안 약 $100[A]$의 전류를 지상으로 전달했다고 했을 때, 이 번개가 지상으로 전달한 전기에너지를 구하시오. 또한, 이 번개가 가지고 있는 전기에너지는 1년 동안 얼마 정도의 전력을 사용할 수 있는가?

 (1) 전기에너지는 $W = P\,t = I\,V\,t = 100 \times 90M \times 0.4 = 3600\,M\,[J]$

(2) 1년 동안 사용할 수 있는 전력은
$$P = W/t = 3600M / (60\sec \times 60\min \times 24hr \times 365\,day) \approx 114[W]$$

[Ampere, 1775–1836]

암페어(André-Marie Ampère)는 프랑스의 물리학자로, 전기·자기 연구에 몰두하여 근대 전기학의 기초를 세웠다. 1775년에 공무원의 아들로 태어난 암페어는 학교에 다니지는 않았지만, 다방면의 재능을 갖춘 아버지로부터 좋은 교육을 받으면서 자라났으나, 그의 아버지가 프랑스 대혁명 와중에 처형당하자 실의에 빠져 수학을 비롯한 모든 공부를 포기했다. 그러나 그는 생활비를 벌기 위해 수학 개인교습을 해야 했는데, 개인교습은 그가 대학 교수로 임명된 1802년까지 계속되었다. 1820년에 오스테드(Oersted)의 전류에 의한 자기 발견 소식이 전해지자 그는 곧 그것을 수학적으로 정리하는 작업을 시작했다. 몇 주 동안의 실험을 통하여 전류가 흐르는 두 평행한 도선 사이에 작용하는 자기력을 측정하는 한편 오른손 나사 법칙, 자계의 주회적분 법칙, 자기력에 관한 법칙을 수학적으로 정리하여 Ampere의 세 가지 법칙을 발표하였다. 전류를 나타내는 물리단위 암페어[A]는 과학자 Ampere의 이름에서 차용할 만큼 그의 업적은 과학사(科學史)에 매우 크다.

1 전류(電流)는 자유 전자의 흐름이며, 전류의 방향은 자유전자의 흐름 방향과는 정반대이고, 단위시간당 변화하거나 이동한 전하량으로 전류의 세기를 표시하며, 시간적 변화량에 따라 직류전류와 교류전류로 분류하지만, 전류가 통과하는 매질의 종류에 따라 대류전류(convection current)와 전도전류(conduction current), 변위전류(displacement current) 등 3종류로 분류할 수 있다.

$$\text{전류 정의} \qquad I = \frac{\triangle Q}{\triangle t} \simeq \frac{dQ}{dt} \qquad [C/\sec] = [A]$$

$$\text{전하와 전류의 관계} \qquad Q(t) = \int_{t_1}^{t_2} dQ(t) = \int_{t_1}^{t_2} I(t) \ dt \qquad [C]$$

4

2 Ohm 법칙은 일정 저항에 높은 전압을 인가할수록 큰 전류가 흐른다는 것으로, 전압과 전류의 관계식이다.

$$\text{Ohm 법칙} \qquad V = IR$$

3 전류밀도(current density)벡터 $\vec{J}$ 는 단위면적당 전류 세기를 나타내는 물리량으로, 전류가 흐르는 방향과 동일한 방향이며, Ohm 법칙을 전류밀도로 나타낼 수 있다.

$$
\text{Ohm 법칙} \quad J = \frac{I}{A} = nqv = -nev \qquad \leftarrow \ \vec{v} = \mu_e \vec{E} \ [m/sec]
$$

$$
= -ne\mu_e E \qquad \leftarrow \ \sigma = -ne\mu_e \ [1/(\Omega - m)]
$$

$$
= \sigma E \ [A/m^2] \qquad \leftarrow \ Ohm's \ law
$$

4 Resistor는 고유저항율(resistivity) ρ를 가지는 물질로 구성되며, resistor의 크기를 나타내는 전기저항 $R[\Omega]$은 전도체의 고유저항율(resistivity) $\rho[\Omega-m]$, 저항의 길이 $l[m]$, 저항의 단면적 $A[m^2]$만으로 결정된다. 전기저항 R은 capacitor의 정전용량 C와 마찬가지로 외부 인가 전압에 따라 그 값이 변하지 않는다.

$$
\text{전압} \quad V = IR \ \Rightarrow \ R = \frac{V}{I} = \rho \frac{l}{A} \quad [\Omega]
$$

5 Joule 열(熱)은 자유전자들이 이동(drift)을 하면서 저항체를 구성하는 원자들의 원자핵과의 충돌을 통해 전자가 가지고 있었던 운동에너지가 원자핵으로 전달되어 원자핵에 진동(oscillation)을 가져오고, 이러한 진동에 의해 거시적으로는 발생되는 열(熱)을 말한다.

6 전력(電力, electric power)은 단위시간당 소비한 전기에너지(일)를 말하며, 전기에너지(electric energy)는 전력 P와 전력이 공급된 시간 t의 곱이다.

$$
\text{전력} \quad P = \frac{dW}{dt} = \frac{d}{dt}(QV) = IV = I^2 R = \frac{V^2}{R} \quad [J/sec] = [W]
$$

$$
\text{전기에너지} \quad W = Pt = IVt \ [J] = 0.24\,IVt \ [cal]
$$

연습문제

[전류와 전류밀도]

4-1. 자유전자가 $1[\sec]$당 10^{18}개의 비율로 전선(電線)을 통과한다면 이 때 전류는 몇 $[A]$에 해당하는가? (단, 자유전자의 전하량은 $1.602 \times 10^{-19}[C]$이다.)

Hint $I = \dfrac{\triangle Q}{\triangle t} = \dfrac{Nq}{\triangle t} \ \leftarrow \ \triangle t = 1[\sec]$

Answer $I = Nq = 10^{18} \times 1.602 \times 10^{-19} = 0.1602[A] \approx 160[mA]$

4-2. 임의의 전류가 흐를 수 있는 도선에서 단위체적 당 전자의 개수 $n = 9.5 \times 10^{28}[m^{-3}]$이고 전자의 평균속도가 $v = 4[mm/\sec]$일 때의 전류밀도벡터의 크기 $J[A/m^2]$를 구하여라.

Hint $J = nqv = 1.6 \times 10^{-19} nv$

Answer $J = 60.8 \times 10^6 = 60.8M[A/m^2]$

4-3. 단면적이 원형인 지름 $2[mm]$의 구리선에 약 $314[mA]$의 전류가 균일하게 흐른다고 할 때 구리선 내에 분포하는 자유전자의 이동속도를 구하시오. (단, 구리의 단위체적당 자유전자의 수는 $n = 6.2 \times 10^{27}[m^{-3}]$으로 가정하라.)

Hint $J = nqv = \dfrac{I}{A} = \dfrac{I}{\pi r^2} \ \Rightarrow \ v = \dfrac{I}{nq\pi r^2} \ \leftarrow \ r = \dfrac{d}{2} = 1[mm]$

Answer $v \approx 10 \times 10^{-5} = 0.1[mm/\sec]$

4-4. LED(light emitting diode)에서 $10[mA]$의 전류가 흐른다고 할 때 $1[\sec]$동안에 몇 개의 자유전자가 LED를 통과한 것인가? 통과한 자유전자 중 정공과 결합하여 자유전자가 가진 에너지를 방출함으로써 발생되는 광자(photon)의 비율이 $2[\%]$라고 할 때, 발생되는 광자의 개수를 구하시오.

> **Hint**　$I = \dfrac{\triangle Q}{\triangle t} \;\Rightarrow\; \triangle Q = I \triangle t = Nq \;\Rightarrow\; N = \dfrac{I \triangle t}{q} = N_{electron}$

> **Answer**　① $N_{electron} = 6.24 \times 10^{16}$
>
> ② 발생하는 광자의 개수 $N_{photon} = N_{electron} \times 2\% = 0.125 \times 10^{16} \approx 1250\ T$

[전기 저항]

4-5. 어떤 저항에 $5[V]$의 전압을 인가하였더니 $10[mA]$의 전류가 흐르고, 저항을 측정해보니 Ohm의 법칙에 따라 약 $R_1 = 500[\Omega]$ 정도였다. 더 많은 전류를 흘리고자 $10[V]$의 전압을 인가한 결과 약 $20[mA]$의 전류가 측정되었으며, 이 때 저항은 변하지 않았다. 저항이 변동하지 않는 이유에 대해서 설명하고, $5[V]$의 전압을 인가할 때 약 $20[mA]$의 전류가 흐를 수 있는 $R_2 = 250[\Omega]$의 저항을 만들기 위해서는 $R_1 = 500[\Omega]$에 비해 어떤 것을 변화시켜야 할 것인지를 설명하시오.

> **Hint**　$R = \dfrac{V}{I} = \rho \dfrac{l}{A} \quad [\Omega]$

> **Answer**　① 전기저항 $R[\Omega]$은 전도체의 고유저항율(resistivity) $\rho[\Omega - m]$, 저항의 길이 $l[m]$, 저항의 단면적 $A[m^2]$만으로 결정되며, capacitor와 마찬가지로 외부 인가 전압에 따라 그 값이 변하지 않음.
>
> ② 저항을 $50[\%]$ 줄이기 위해서는 전도체의 고유저항율(resistivity) ρ를 $\dfrac{1}{2}$로 되는 다른 물질을 사용하여 감소시키거나 저항의 길이를 $\dfrac{1}{2}$로 감소시키거나 단면적을 2배로 증가시킴.

4-6. 어떤 coil 저항온도계수가 $4m\,[1/℃]$이다. 초기 저항이 $0.105\,[\Omega]$이고, 저항에 온도 가열 후 측정된 저항이 $0.172\,[\Omega]$이라면 상승된 온도는 몇 $[℃]$인지를 계산하시오.

Hint 온도 가열 후 저항

$$R_2 = R_1[\,1 + \alpha\,(t_2 - t_1)\,] = R_1\,(\,1 + \alpha\,\triangle t\,) \quad \Rightarrow \quad \triangle t = (\frac{R_2}{R_1} - 1)/\alpha$$

Answer $\triangle t \approx 159.5\,[℃]$

4-7. 임의의 저항체에 전류 $I = 500\,[mA]$가 흐를 때, 저항체에 발생되는 전계벡터의 세기 E를 구하시오. (단, 저항의 고유저항율 $\rho = 5\,[\Omega - cm]$, 길이 $l = 10\,[mm]$, 단면적 $A = 20\,[mm^2]$로 가정하시오.)

Hint $R = \dfrac{V}{I} = \rho\,\dfrac{l}{A} = 5\,[\Omega - cm]\,\dfrac{1\,[cm]}{0.2\,[cm^2]} = 25\,[\Omega] \;\leftarrow\; A = 20\,[mm^2] = 20\mu\,[m^2] = 0.2\,[cm^2]$

$\Rightarrow \quad V = IR = E\,l = 0.5 \times 25 = 12.5$

Answer $E = \dfrac{V}{l} = \dfrac{12.5}{10m} = 1.25\,[kV/m]$

4-8. 반원구 형태의 도전체를 고유저항률이 $\rho\,[\Omega - m]$이고, 유전율이 $\epsilon\,[F/m]$인 대지(大地)에 아래 그림과 같이 접지 전극으로 설치했을 때, 반지름이 $r\,[m]$인 도체 반원구의 접지저항을 구하시오.

4

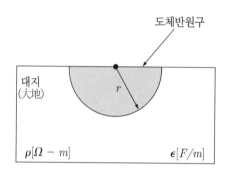

도체반원구

대지
(大地)

r

$\rho[\Omega - m]$ $\epsilon[F/m]$

Hint

저항 $R = \dfrac{V}{I} = \dfrac{\displaystyle\int_l \vec{E} \cdot \vec{dl}}{\displaystyle\int_s \vec{J} \cdot \vec{ds}} = \dfrac{\displaystyle\int_l \vec{E} \cdot \vec{dl}}{\sigma\displaystyle\int_s \vec{E} \cdot \vec{ds}} = \rho\,\dfrac{\displaystyle\int_l \vec{E} \cdot \vec{dl}}{\displaystyle\int_s \vec{E} \cdot \vec{ds}}\ [\Omega]$

정전용량 $C = \dfrac{Q}{V} = \dfrac{\displaystyle\int_s \epsilon\,\vec{E} \cdot \vec{ds}}{\displaystyle\int_l \vec{E} \cdot \vec{dl}}$, $\therefore\ RC = \rho\,\epsilon \Rightarrow R = \rho\,\epsilon\,\dfrac{1}{C}$

체적구의 정전용량 $C' = 4\pi\epsilon r \rightarrow$ 반원구의 정전용량 $C = \dfrac{C'}{2} = 2\pi\epsilon r$

Answer $R = \rho\,\epsilon\,\dfrac{1}{C} = \dfrac{\rho\,\epsilon}{2\pi\epsilon r} = \dfrac{\rho}{2\pi r}\ [\Omega]$

[Joule 열]

4-9. 다음 ( )안에 알맞은 단어를 적어 넣으시오.

저항체에 전압을 인가할 경우, 저항체에서 전압에 의해 발생되는 (①)로 인하여 자유전자에 Coulomb 전기력을 발생함으로써 자유전자의 이동이 일어나고 이 때, 자유전자는 전계에 의한 (②)에너지를 얻었다고 할 수 있다.

자유전자가 이동할 때 저항체를 구성하는 원자의 원자핵과 일정 확률로 충돌을 일으키면 자유전자가 가진 에너지를 잃게 되고, 자유전자가 가진 에너지는 원자핵에 전달되어 원자핵에 (③)을 일으킨다. 이 때, 자유전자의 충돌로 인해 저항체에서 (④)이 발생했다고 말하며, 이것이 바로 전기에너지($W = P\,t = I\,V\,t$)가 저항체에 열에너지를 생성한 것이며, 이 열에너지를 (⑤)열이라 한다.

또한, LED와 같은 반도체에서 자유전자가 (⑥)과 결합하면서 속박전자로 변경되면 자유전자가 가진 에너지가 광에너지로 발산하는데, 이 때 (⑦)이 발생했다고 말한다.

Answer
① 전계(electric field) ② 운동(drift) ③ 진동(oscillation)
④ 열진동자(포논, phonon) ⑤ 주울(Joule) ⑥ 정공(hole)
⑦ 광자(포톤, photon)

[전력]

4-10. 축전기(battery)의 용량이 $1200mAh$, 출력 전압이 $5V$ 라고 표기되어 있다. 이 축전기를 이용하여 $1W$ 급 LED(light emitting diode)를 30분 동안 구동하려면, 위에서 언급한 축전기는 몇 개의 LED 구동이 가능하겠는가?

Hint
전력 $P = IV$ → 전기에너지 $W = Pt = IVt$
축전기가 공급하는 전기에너지 = LED가 소비하는 전기에너지
$W = Pt = IVt = 1200\,mA \times 1\,hour \times 5\,V = 6\,[W\!-\!h]$
$\quad = P_{LED} \times 0.5\,hour \times x \quad \leftarrow 0.5\,hour = 30\min$

Answer LED 개수 $x = 12$

4-11. 인가전압 $220[V]$이고 소비전력이 $2[kW]$인 가정용 열풍기를 $120[V]$로 인가하여 사용했다면 이 때 열풍기의 소비전력은 얼마인가? 또한, 이 소비전력으로 5시간을 사용하였다면 소비한 전기에너지는 얼마인지 계산하시오.

Hint
① 가정용 열풍기를 구성하는 발열저항의 값은 변하지 않음. 전기저항은 한번 만들어지면 그 값은 고정됨. 따라서, 열풍기의 발열저항을 구하고, 이를 통해 인가전압의 변화에 따른 소비전력을 구함.
$$P = IV = I^2R = \frac{V^2}{R} \Rightarrow R = \frac{V^2}{P} = \frac{220^2}{2k} = 24.2\,[\Omega]$$
② 전기에너지 $W = Pt = IVt$

Answer ① 소비전력 $P' = \dfrac{V'^{\,2}}{R} = \dfrac{120^2}{24.2} \approx 595\,[W]$

② 소비된 전기에너지($1\,[hour] = 3600\,[\sec]$)

$$W' = P'\,t = 595 \times 5 = 2975\,[W\!-\!h] = 10.7 \times 10^6\,[J] = 10.7\,M[J]$$

4-12. 전기저항으로 구성된 전열기가 있다. 전기저항 코일의 단면적이 원형이며, 소비전력이 $1[kW]$인 전열기를 10년간 사용한 결과, 전기저항 코일의 직경이 약 $3[\%]$ 감소하였고, 열저항이 열충격을 이기지 못하여 1개월 전에 절단되어, 열저항을 일부 잘라서 다시 붙인 결과 전체적으로 열저항의 길이가 전에 비해 약 $3[\%]$ 감소되었다고 하면, 동일한 인가전 압에 대해 이 전열기의 소비전력은 몇 $[kW]$가 될 것인지 예상하시오.

Hint 전열기의 변경된 열저항을 구하면, 소비전력을 구할 수 있음. 저항율 ρ는 불변, 길이는 $l' = 97\%\,l = 0.97\,l$로 감소, 단면적

$$A' = \pi r'^{\,2} = \pi \left(\frac{0.97d}{2}\right)^2 = 0.97^2\,\pi\left(\frac{d}{2}\right)^2 = 0.97^2\,\pi r^2 = 0.97^2\,A \quad \text{로 감소,}$$

변화된 열저항은 $\quad R' = \dfrac{V}{I'} = \rho\,\dfrac{l'}{A'} = \rho\,\dfrac{0.97\,l}{0.97^2\,A} = \dfrac{100}{97}\,R\,[\Omega]$ 로 증가함.

변화된 소비전력은 동일 전압에 저항 증가로 전류가 감소하고, 소모전력이 감소

$$P' = \frac{V^2}{R'} = \frac{V^2}{\dfrac{100}{97}R} = \frac{97}{100}\,\frac{V^2}{R} = 0.97\,P\,[W]$$

Answer $P' = 0.97\,[kW]$

Chapter 05
자계

5.1 전계와 자계의 특성

지금까지 우리는 3장에서 유전체와 관련된 전계와 전압을 다루었고, 4장에서 저항체와 관련된 전계와 전류의 다양한 법칙과 개념을 배웠다. 5장에서는 전계와 상반되는 자계 H 에 대해 주로 논할 것이다.

전계는 전압과 매우 밀접한 관련이 있듯이 자계는 전류와 밀접한 관련이 있다는 것을 5장에서 배울 것이다. 이미 우리는 4장에서 전류의 종류와 Ohm 법칙으로부터의 전압과 전류의 관계도 이미 알고 있지만, 5장에서는 Ampere 법칙에서 자계의 생성이 전류에 의한 것임을 알게 될 것이다. 물론 자계는 영구자석에서도 발생한다.

유전체의 성질을 나타내는 전기쌍극자 $\vec{p}\,[C-m]$ 와 유전율 $\epsilon\,[F/m]$ 를 도입했듯이 자성체의 성질과 관련된 자기쌍극자 $\vec{m}\,[A-m^2]$, 투자율 $\mu\,[H/m]$ 등도 도입하게 될 것이고, 전속밀도 벡터 $\vec{D}\,[C/m^2]$ 에 해당하는 자속밀도 벡터 $\vec{B}\,[Wb/m^2]$ 와 정전용량 $C\,[F]$ 에 해당하는 유도용량 $L\,[H]$ 가 이 장에서 매우 중요하게 다루어질 것이다.

Volta(볼타)에 의한 전지 발명으로 인류가 최초로 전류를 생성하게 되었고, 이후 Oersted(오스테드)가 전류에 의해서 자계가 발생한다는 사실을 알게 된 이후에 Biot-Savart(비오-사발트) 법칙과 Ampere에 의해 전류와 관련된 세 가지 중요 법칙이 만들어졌음을 5장에서 배울 것이다.

또한, 이 5장은 앞으로 Faraday 유도전압에 관한 법칙과 Maxwell(맥스웰)의 전자기파 파동방정식을 이해하기 위한 기초가 되므로 3장과 더불어 매우 중요한 내용이 들어있다.

전계와 자계는 전자기학을 이루는 양대 산맥과도 같다. 앞에서도 언급하였지만, 전계와 자계는 서로 상반되는 독립적 현상을 설명하는 물리량일 수 있지만, 전계와 자계는 서로 상호 의존적인 복합적 현상을 설명하는 물리량이기도 하다.

전계와 자계의 상대성

전계와 자계의 상대 관계식은 6장 전자기학의 몇 가지 물리량의 상대 법칙에서도 종합적으로 다루고 있지만, 전계 E와 자계 H는 서로 상대적인 물리량이라는 것을 먼저 밝혀 두고자 한다.

전계 E와 자계 H는 서로 상대적인 물리량이라고 정의한다면, 전계와 자계가 관련된 여러 가지 전자기학에서 다루는 법칙 혹은 정의식 등에서 전압 V와 전류 I가 서로 상대적인 물리량이며, 전하 Q와 자하 Φ가 서로 상대적인 물리량이 됨을 알 수 있다.

즉, 상대 물리량을 적용하면 전계와 자계가 관련된 유사한 식에서 전계와 자계의 상호 상대 관계가 있음을 알 수 있다. 이것은 전계와 자계가 서로 독립적이라고 말할 수 있다.

[전계와 자계의 상대 관계식]

◎ 전계와 전압관계식 $\quad \vec{E} = -\nabla V \quad \Leftrightarrow \quad \vec{H} = -\nabla I \quad$ 자계와 전류관계식

◎ 전압 정의 $\quad V = \int_l \vec{E} \cdot \vec{dl} \quad \Leftrightarrow \quad I = \int_l \vec{H} \cdot \vec{dl} \quad$ Ampere 법칙

◎ Gauss 법칙 $\quad Q = \int_s \epsilon \vec{E} \cdot \vec{ds} \quad \Leftrightarrow \quad \Phi = \int_s \mu \vec{H} \cdot \vec{ds} \quad$ 자속 정의

◎ 정전에너지 $W_e = \dfrac{1}{2}\epsilon \displaystyle\int_v E^2\, dv$ $\Leftrightarrow$ $W_m = \dfrac{1}{2}\mu \displaystyle\int_v H^2\, dv$ 유도에너지

◎ Coulomb 전기력 $\overrightarrow{F_e} = Q\overrightarrow{E}$ $\Leftrightarrow$ $\overrightarrow{F_m} = \Phi\overrightarrow{H}$ Coulomb 자기력

5.1.2 전계와 자계의 복합성

또한, 전계와 자계는 서로 상대적이고 독립적인 물리량이기도 하지만 상호 의존적인 물리량이기도 하다. 즉, 6장에서 다루게 될 Faraday 유도전압 법칙은 자속의 시간적 변화(시변자속)가 코일(coil)에서 유도전압 V를 발생시키는데, 자속 Φ은 자계 H와 관련이 있고 유도전압 V는 전계 E와 관련이 있어서 결국, 전계와 자계는 Faraday 유도전압 법칙에서 서로 독립적인 현상이 아닌 복합적 현상이 된다.

$$
\begin{aligned}
\text{Faraday 유도전압 법칙} \quad V &= \overrightarrow{E} \cdot \overrightarrow{l} \\[6pt]
&= \frac{d}{dt}\Phi \qquad\quad \leftarrow Faraday's\ law \\[6pt]
&= \frac{d}{dt}(\overrightarrow{B} \cdot \overrightarrow{A}) \quad \leftarrow \overrightarrow{B} = \mu\overrightarrow{H} \\[6pt]
&= \frac{d}{dt}(\mu\overrightarrow{H} \cdot \overrightarrow{A})
\end{aligned}
\tag{5.1}
$$

또한, 전계 E와 자계 H의 상호 의존적 혹은 복합적 현상은 변위전류밀도의 정의와 Ampere 주회적분 법칙에서도 유도할 수 있다. Capacitor를 관통하는 (실제로 유전체 내부를 흐르지는 아니함) 변위전류밀도 J_d는 전속밀도 D의

시간적 변화량과 같다고 정의한다. 즉, 변위전류 I_d는 변위전류밀도 J_d에 평행 평판 capacitor의 면적 A를 곱한 것과 같고, Ampere 주회적분 법칙으로부터 전류는 자계 H로 표시할 수 있으며, 변위전류밀도 J_d는 전계 E로 표현함으로써 궁극적으로 전계 E와 자계 H는 상호 의존적이며 복합적인 현상이다.

$$
\begin{aligned}
\text{Ampere 법칙} \quad I_d &= \overrightarrow{J_d} \cdot \overrightarrow{A} \\
&= \overrightarrow{H} \cdot \overrightarrow{l} \qquad \leftarrow Ampere's\ law \\
&= \frac{d\overrightarrow{D}}{dt} \cdot \overrightarrow{A} \qquad \leftarrow \overrightarrow{J_d} = \frac{d\overrightarrow{D}}{dt} \\
&= \epsilon \frac{d\overrightarrow{E}}{dt} \cdot \overrightarrow{A}
\end{aligned}
\tag{5.2}
$$

그림 5-1과 같이 전계와 자계의 상호 의존적이고 복합적인 현상은 저항 R에 전압 V를 인가했을 때, 전류 I가 흐르는 Ohm의 법칙에서도 발견할 수 있다. 즉, 저항 R의 양단에 인가된 전압 V에 대해 전계벡터 $\overrightarrow{E}$가 저항 R에 발생하고, 저항을 통과하는 전류 I는 Ampere 법칙을 따르는 자계벡터 $\overrightarrow{H}$가 저항 주변을 회전하는 형태로 발생한다.

$$
\begin{aligned}
\text{Ohm 법칙} \quad V &= \overrightarrow{E} \cdot \overrightarrow{l_e} = E\,l_e \\
&= I\,R \qquad\qquad \leftarrow Ohm's\ law \\
&= (\overrightarrow{H} \cdot \overrightarrow{l_h})\,R \qquad \leftarrow Ampere's\ law \\
&= H\,l_h R
\end{aligned}
\tag{5.3}
$$

여기서, $\vec{l_e}$는 저항체의 길이와 같은 전계벡터 $\vec{E}$의 길이의 크기를 가지는 길이 벡터이며, $\vec{l_h}$는 저항체를 관통하는 전류로 생성되는 자계벡터 $\vec{H}$의 길이 벡터로, 그 크기와 방향이 각각 다르다.

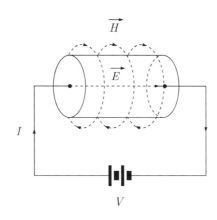

그림 5-1 • 저항체에 발생하는 전계와 자계(복합적 현상)

앞서 언급한 세 가지의 복합적 현상을 간단하게 정리하면 다음과 같다.

[전계와 자계의 상관 관계식]

◎ Faraday 유도전압 법칙(미분형) $\nabla \times \vec{E} = \mu \dfrac{d\vec{H}}{dt}$

◎ 변위 전류밀도 정의(미분형) $\nabla \times \vec{H} = \epsilon \dfrac{d\vec{E}}{dt}$

◎ Ohm 법칙 $E = R H \left(\dfrac{l_h}{l_e} \right)$

전계벡터 $\overrightarrow{E}$ 는 실험적으로 밝혀낸 Coulomb 전기력(電氣力)과 연관하여 마찬가지로 자계벡터 $\overrightarrow{H}$ 역시 두 개의 영구자석에서 발생하는 Coulomb 자기력(磁氣力)으로부터 그 개념을 도입할 수 있다.

전계를 생성하는 원천이 전하 Q 이듯이 자계를 생성하는 원천이 자속(磁束) 혹은 자하(磁荷) $\Phi\,[Wb]$ 임을 알게 될 것이다. 또한, 전계 E 는 인가전압 V 로 발생하듯이 자계 H 는 인가전류 I 에 의해서도 발생한다.

◎ 전하 Q 또는 전압 V $\Rightarrow$ 전계벡터 $\overrightarrow{E}$ 발생
◎ 자하 Φ 또는 전류 I $\Rightarrow$ 자계벡터 $\overrightarrow{H}$ 발생

5.2 Coulomb 자기력

제3장에서 설명한 바와 같이, 두 전하 사이에는 Coulomb 전기력이 작용하며, 이 전기력은 두 전하 사이 거리의 제곱에 반비례한다는 것을 실험을 통해 알아냈다. 양전하와 양전하 혹은 음전하와 음전하 같은 동종전하(同種電荷) 사이에는 반발력(척력)이 생기고, 양전하와 음전하와 같은 이종전하(異種電荷) 사이에는 흡인력(인력)이 생기는 것과 유사하게 영구자석 N극과 N극 혹은 S극과 S극과 같은 동종자극(同種磁極) 사이에는 반발력이 생기고, N극과 S극과 같은 이종자극(異種磁極) 사이에는 흡인력(인력)이 생긴다.

영구자석의 자극 사이에 발생하는 힘을 Coulomb 자기력(磁氣力) F_m 이라 하며, 이 자기력은 두 영구자석 사이의 거리 $R\,[m]$의 제곱에 반비례한다는 것도 1785년 쿨롱(Coulomb)에 의해 알려지게 되었고, 이를 식으로 표현하면 다음과 같다.

$$\text{Coulomb 자기력} \qquad \overrightarrow{F_m} \propto \frac{\Phi_1 \Phi_2}{R^2}\,\hat{a_r}\ [N] \tag{5.4}$$

그림 5-2에서와 같이 $R\,[m]$은 두 자석 간의 거리이고, 거리가 가까울수록 N극과 N극의 반발력(척력)은 R^2에 반비례하여 커진다. 두 자석 간의 거리가 0일 때 반발력은 이론적으로 무한대(∞)가 된다.

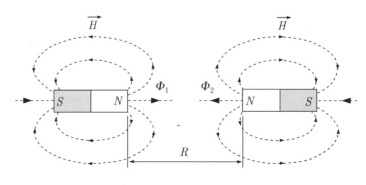

그림 5-2 • Coulomb 자기력

두 자성체 혹은 두 자하 사이에 작용하는 Coulomb 자기력은 다음과 같은 식으로 정확히 기술할 수 있다.

$$\text{Coulomb 자기력} \quad \overrightarrow{F_m} = K\frac{\Phi_1\Phi_2}{R^2}\widehat{a_r} \qquad \leftarrow K = \frac{1}{4\pi\mu_o}$$

$$= \frac{1}{4\pi\mu_o}\frac{\Phi_1\Phi_2}{R^2}\widehat{a_r}$$

$$= \Phi_1\overrightarrow{H_2} = \Phi_2\overrightarrow{H_1} \ [N]$$

$$where, \ \overrightarrow{H_1} = \frac{1}{4\pi\mu_o}\frac{\Phi_1}{R^2}\widehat{a_r} \ [N/Wb] \ or \ [A/m],$$

$$\overrightarrow{H_2} = \frac{1}{4\pi\mu_o}\frac{\Phi_2}{R^2}\widehat{a_r} \ [N/Wb] \ or \ [A/m]$$

(5.5)

여기서 비례상수 K는 힘이 작용하는 공간을 어떤 물질로 채우는가에 따라 Coulomb 자기력이 결정되는 상수이고 이는 투자율과 밀접한 연관이 있다. 진공 중에서 비례상수 K의 값은 다음과 같다.

$$자기력의\ 비례상수\quad K = \frac{1}{4\pi\mu_o} = 6.33 \times 10^4\ [m/H] \tag{5.6}$$

이때, $\mu_o\,[H/m]$는 진공 중의 투자율(permeability)이라 한다. 자하 혹은 자속 및 자극 Φ 의 단위는 $[Wb]$로 표시하고, 웨버(Weber)라고 읽는다. Weber는 Gauss와 동시대에 살았던 같은 과학자이자 대학교수로 두 사람이 공동으로 지구의 자기에 대한 많은 연구 업적을 남겼다.

두 자하 사이의 공간이 어떤 자성체 물질로 채워져 있는가에 따라 두 영구자석에 있는 자하 혹은 자속 Φ 사이에 발생하는 Coulomb 자기력이 달라지는데, 일반적으로 두 자하 혹은 자속 간에 발생하는 Coulomb 자기력은 매질의 투자율을 적용하여 다음과 같이 나타낸다.

$$Coulomb\ 자기력\quad \overrightarrow{F_m} = \frac{1}{4\pi\mu}\frac{\Phi_1\Phi_2}{R^2}\hat{a_r}\ [N] \tag{5.7}$$

여기서, 투자율 μ를 좀 더 살펴보면 아래와 같다.

$$투자율\quad \mu = \mu_0\mu_r\quad [H/m] \tag{5.8}$$

$$진공\ 중의\ 투자율(상수)\quad \mu_0 = 4\pi \times 10^{-7}\quad [H/m] \tag{5.9}$$

여기서, μ_r은 물질의 종류에 따라 결정되는 비투자율 상수로서 비유전율과 동일하게 그 물리 단위는 가지고 있지 않으며, 0보다 큰 값을 가지는 양수이다 (비유전율 상수는 1보다 큰 값을 가진다).

표 5-1은 여러 물질에 대한 투자율을 정리한 표로 반자성체, 비자성체, 상자 성체의 μ_r값은 거의 1에 가까우며, 이러한 물질은 영구자석의 재료로 사용할 수 없음을 추후 설명할 것이다. 특히, μ_r의 값이 니켈(Ni)처럼 약 250이상 되는 물질을 강자성체라고 부른다. 또한, 두 자하 혹은 자속 사이에 발생하는 Coulomb 자기력은 자하(자속) $\Phi[Wb]$와 외부 자계벡터 $\vec{H}$의 곱으로 간단히 나타낼 수 있다.

$$\text{Coulomb 자기력} \qquad \vec{F_m} = \Phi\,\vec{H} \quad [N] \tag{5.10}$$

Coulomb 자기력은 어떤 자하 혹은 자속 Φ가 있을 때 외부에서 인가되는 자계벡터 $\vec{H}$의 세기 H에 비례하여 발생한다. 이는 마치 어떤 에너지원에 의해 전하가 발생하면 전하에 의해 주변으로 발산하는 전계벡터 $\vec{E}[V/m]$가 발생하는 것과 같이 자하에 의해 자계벡터 $\vec{H}[A/m]$가 자연적으로 발생한다. 이는 어떠한 법칙에 의해 발생하는 것이 아니고, 전하에 의한 전계의 발생 및 자하에 의한 자계의 발생은 자연적인 현상이다.

3장에서 설명한 바와 같이 자계 H도 전계 E나 중력가속도 g가 작용하는 공간상에 존재하는 눈에 보이지 않는 물리량이다. 요약하면, 전하 $Q[C]$에 의해 발산벡터 형태의 전계 E가 발생하듯이 자하 $\Phi[Wb]$에 의해 회전벡터 형태의 자계 H가 발생한다.

표 5-1 • 일반 매질의 비투자율 상수 μ_r

분류	물질 종류	비투자율 상수 (μ_r)
반자성체 (diamagnetic)	비스무트(bismuth)	0.99983
	은(Ag)	0.99998
	납(Pb)	0.999983
	구리(Cu)	0.999991
	물(water)	0.999991
비자성체 (nonmagnetic)	진공(vacuum)	1
상자성체 (paramagnetic)	공기(air)	1.0000004
	알루미늄(Al)	1.00002
	팔라듐(Pd)	1.0008
강자성체 (ferromagnetic)	니켈(Ni)	250
	코발트(Co)	600
	2% 불순물 철(Fe)	5k
	규소강(96% Fe + 4% Si)	7k
	퍼멀로이(22% Fe + 78% Ni)	100k
	Super 멀로이 (17% Fe + 5% Mo + 78% Ni)	1M

5.3 Biot-Savart 법칙

1799년이 되어서야 이탈리아의 과학자 볼타(Volta)가 원시적인 화학전지를 발명함으로써 인류 최초로 전류가 만들어 졌다. 전지를 발명했다는 것은 두 금속 도선에 전류를 흘릴 수 있다는 것을 의미하는데, Volta의 전지발명에서 21년이 지난 1820년에 덴마크의 물리학자 오스테드(Oersted)는 코펜하겐 대학에서 우연히 전류가 흐르지 않는 도선 주변에 나침반이 북극을 가리키고 있다가 도선에 전류가 흐를 때 나침반이 일정한 방향으로 움직이는 특이(特異) 현상을 발견하였고, 고민 끝에 얻어진 결론으로써 도선에 전류가 흐를 때 전류에 의한 자계(Magnetic Field)가 발생된다는 사실을 주장하게 되었다. 전류에 의한 자계의 발생이 Oersted에 의해 발견되고 난 지 1년이 지난 후인 1821년 프랑스의 비오-사발트(Biot-Savart)가 전류소(電流素) 개념을 도입하고, 도선의 단위길이에 해당하는 자계의 세기 H를 수학적인 수식으로 완전히 표현하였다. 이를 Biot-Savart 법칙이라 한다.

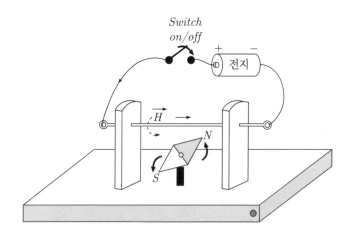

그림 5-3 • Oersted 실험

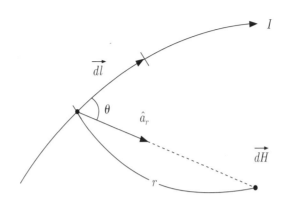

그림 5-4 • Biot-Savart 법칙에 사용되는 벡터

즉, Biot-Savart 법칙은 유한도선(길이가 한정된 도선)에 임의의 전류 I 가 흐를 때 도선의 주변에 자연적으로 발생하는 자계 H 를 정량한 법칙이다.

미소전류소(微小電流素)란 $I\,\vec{dl}\,[A-m]$ 를 지칭하는 것으로 도선에 흐르는 전류 값 $I[A]$ 에 도선의 미소길이 크기와 도선에 흐르는 전류 방향을 가지는 도선의 미소길이 벡터 $\vec{dl}\,[m]$ 를 곱한 것이다. 미소전류소에서 $r[m]$ 만큼 떨어져 있는 거리에서 발생하는 미소전류소 $I\,\vec{dl}$ 에 의한 미소자계 벡터 $\vec{dH}\,[A/m]$ 를 Biot-Savart가 다음과 같이 모델링(modeling)하였다.

$$\text{Biot-Savart 미소자계 법칙} \qquad \vec{dH} = \frac{I\,\vec{dl}\times\hat{a}_r}{4\pi r^2} = \frac{I}{4\pi}\frac{\vec{dl}\times\hat{a}_r}{r^2}\ \ [A/m]$$

(5.11)

Biot-Savart 법칙에서 미소자계 벡터 $\vec{dH}\,[A/m]$ 의 물리량을 보면 미소전류소 $I\,\vec{dl}$ 에 거리 $r[m]$ 의 제곱을 나눈 형태이므로 자계벡터의 물리량은 $[A/m]$ 가 당연히 되어야 함을 알 수 있다.

또한, 미소자계 벡터 $\overrightarrow{dH}\,[A/m]$의 방향을 보면, 전류의 방향인 $\overrightarrow{dl}\,[m]$과 미소전류소로부터 $r\,[m]$ 떨어진 지점으로 향하는 단위벡터 $\hat{a}_r$의 벡터 외적 (vector cross product) 연산으로 자계의 방향이 결정된다. 이는 나중에 배우게 될 Ampere 오른손 나사 법칙에 의한 자계 방향과도 정확히 일치한다.

미소전류소 $I\,\overrightarrow{dl}\,[A-m]$에 의해 발생하는 미소자계 벡터 $\overrightarrow{dH}\,[A/m]$에서 도선의 길이를 선적분하면, 도선 전체에 흐르는 전류에 의한 총 자계벡터 $\overrightarrow{H}$ 를 구할 수 있을 것이다. 이를 수식으로 표현하면, 다음과 같다.

$$\text{Biot-Savart 자계 법칙} \qquad \overrightarrow{H} = \int_l \overrightarrow{dH} = \int_l \frac{I\,\overrightarrow{dl} \times \hat{a}_r}{4\pi r^2} = \frac{I}{4\pi} \int_l \frac{\overrightarrow{dl} \times \hat{a}_r}{r^2} \quad [A/m]$$

(5.12)

Biot-Savart 법칙은 전류가 흐르는 유한도선(시작과 끝이 한정적인 도선)일 경우에 대해 임의의 한 점에서 발생하는 자계를 구할 수 있는 매우 유용한 수식을 제공한다. 이 법칙은, 전류에 의한 자계를 도출하는 Ampere 주회적분 법칙과 달리 몇 가지 형태의 유한도선에 대해 자계를 도출할 수 있으며, 그 중 몇 가지를 알아보자.

5.3.1 유한 직선도선의 자계 계산

그림 5-5는 유한 직선도선에 전류 I가 흐를 때 직선도선 주변에 원형 형태로 발생하는 자계벡터 $\overrightarrow{H}$를 도시한 그림이다. Ampere 법칙에 따르면, 전류의 방향에 따라 자계벡터 $\overrightarrow{H}$의 방향이 결정되는데, 이는 오른손 나사 법칙을 따른다. 또한, 그 자계 세기 $H\,[A/m]$는 직선도선의 중심에서 멀어질수록 점점 작아지는 중심으로부터 떨어진 거리 r에 반비례한다.

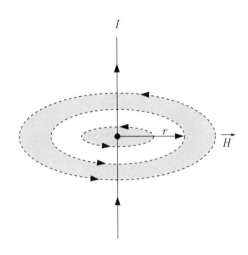

그림 5-5 • 직선도선에서 발생하는 환형(원형) 형태의 자계

그림 5-6과 같은 유한 직선도선에 전류 I 가 흐를 때 도선으로부터 수직으로 거리 $a[m]$ 만큼 떨어진 지점의 자계 세기 $H[A/m]$ 를 구하여 보자.

미소자계에 대한 Biot-Savart 법칙을 적용하면 아래와 같다.

$$\text{미소자계} \qquad \overrightarrow{dH} = \frac{I\,\overrightarrow{dl} \times \hat{a_r}}{4\pi r^2} = \frac{I}{4\pi} \frac{\overrightarrow{dl} \times \hat{a_r}}{r^2} \quad [A/m] \qquad (5.13)$$

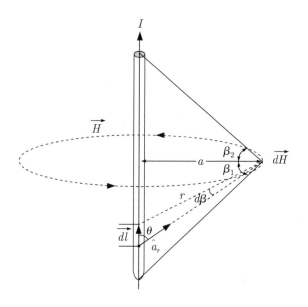

그림 5-6 • 직선도선의 미소자계

여기서, 도선의 미소길이 벡터 $\vec{dl}$ 과 미소길이 벡터에서부터 자계 지점으로 향하는 단위벡터 $\hat{a_r}$ 와의 벡터 외적은 벡터외적의 정의식으로부터 다음과 같이 나타낼 수 있다.

$$\vec{dl} \times \hat{a_r} = dl\sin\theta \ \hat{n} \simeq rd\beta \ \hat{n} \ [m] \tag{5.14}$$

여기서, $\hat{n}$ 단위벡터는 책 지면을 수직으로 뚫고 들어가는 단위벡터가 되고, $dl\sin\theta$ 는 미소원호의 길이 $rd\beta \, [m]$ 와 유사할 것이다. 따라서 Biot-Savart 법칙은 다음과 같다.

$$\text{미소자계} \quad \overrightarrow{dH} = \frac{I\,\overrightarrow{dl} \times \hat{a}_r}{4\pi r^2} = \frac{I}{4\pi}\frac{\overrightarrow{dl} \times \hat{a}_r}{r^2}$$

$$= \frac{I}{4\pi}\frac{r\,d\beta}{r^2}\,\hat{n} = \frac{I}{4\pi}\frac{d\beta}{r}\,\hat{n} \tag{5.15}$$

$$= \frac{I}{4\pi}\frac{\cos\beta}{a}\,d\beta\,\hat{n} \qquad [A/m]$$

여기서, $\cos\beta = \dfrac{a}{r}$, $r = \dfrac{a}{\cos\beta}$ 이고, 미소전류소 $I\,\overrightarrow{dl}$ $[A-m]$를 선적분할 경우 $r\,[m]$의 크기가 변하는 문제가 발생하므로 고정값인 거리 $a[m]$와 각도 β에 대해 적분을 하는 것이 바람직하다. 거리 $a[m]$만큼 떨어진 곳에서의 유한 직선도선에 전류가 흐를 때 발생하는 총자계 $\overrightarrow{H}$ $[A/m]$는 아래와 같다.

유한 직선도선의 총 자계벡터

$$\overrightarrow{H} = \int_l d\overrightarrow{H} = \frac{I}{4\pi}\int_l \frac{\overrightarrow{dl} \times \hat{a}_r}{r^2}$$

$$= \frac{I}{4\pi}\left[\int_{\beta=0}^{\beta=\beta_1}\frac{\cos\beta}{a}d\beta + \int_{\beta=0}^{\beta=\beta_2}\frac{\cos\beta}{a}d\beta\right]\hat{n} \tag{5.16}$$

$$= \frac{I}{4\pi a}(\sin\beta_1 + \sin\beta_2)\hat{n} \quad [A/m]$$

문제 1

유한 직선도선에서의 Biot-Savart 법칙을 이용한 자계를 도출할 때, 만약 유한 도선이 아닌 무한 직선도선일 경우의 직선도선의 중심에서 $a[m]$만큼 떨어진 지점의 자계 세기 $H[A/m]$를 구하시오.

Solution 유한 직선도선에서 무한 직선도선의 경우는 $\beta_1 = \beta_2 = 90° = \dfrac{\pi}{2}$ 일 경우이므로 다음과 같다.

$$\overrightarrow{H} = \frac{I}{4\pi a}(\sin\beta_1 + \sin\beta_2)\,\hat{n} = \frac{I}{4\pi a}(1+1)\,\hat{n} = \frac{I}{2\pi a}\,\hat{n}\ \ [A/m]$$

문제 2

점 $A(1,0,2)$에 미소전류소 $I\overrightarrow{dl} = 4\hat{i}\ [A-m]$가 있을 때, 점 $B(4,1,-2)$지점에서의 미소자계벡터 $\overrightarrow{dH}\ [A/m]$를 구하시오.

Solution 미소자계벡터 $\overrightarrow{dH} = \dfrac{I\overrightarrow{dl} \times \hat{a_r}}{4\pi r^2} = \dfrac{I}{4\pi}\dfrac{\overrightarrow{dl} \times \hat{a_r}}{r^2}\ [A/m]$에서 미소전류소로부터

$\overrightarrow{dH}\ [A/m]$ 지점으로 향하는 벡터 $\hat{a_r}$는 벡터 $\overrightarrow{AB}$의 방향과 같을 것이고,

거리 $r = |\overrightarrow{AB}|\ [m]$와 같을 것이다.

벡터 $\overrightarrow{AB} = (B_x - A_x)\hat{i} + (B_y - A_y)\hat{j} + (B_z - A_z)\hat{k} = 3\hat{i} + \hat{j} - 4\hat{k}$,

$\qquad r = |\overrightarrow{AB}| = \sqrt{3^2 + 1^2 + 4^2} = \sqrt{26}\ [m]$

따라서, $\hat{a_r} = \dfrac{\overrightarrow{AB}}{|\overrightarrow{AB}|} = \dfrac{\overrightarrow{AB}}{r} = \dfrac{1}{\sqrt{26}}(3\hat{i} + \hat{j} - 4\hat{k})$ ← 크기가 1인 unit vector

$\therefore\ \overrightarrow{dH} = \dfrac{I\overrightarrow{dl} \times \hat{a_r}}{4\pi r^2} = \dfrac{1}{4\pi r^2}I\overrightarrow{dl} \times \hat{a_r} = \dfrac{1}{4\pi r^3}(4\hat{i}) \times (3\hat{i} + \hat{j} - 4\hat{k})$

$\qquad = \dfrac{1}{4\pi r^3}(4\hat{k} + 16\hat{j}) = \dfrac{1}{26\sqrt{26}\,\pi}(\hat{k} + 4\hat{j})\ [A/m]$

5.3.2 유한 환형도선의 자계 계산

그림 5-7은 유한 환형도선에 전류 I가 흐를 때 환형도선 주변에 원형 형태로 발생하는 자계벡터 $\vec{H}$를 도시한 그림이다. 환형도선은 강자성체에 발생하는 자기쌍극자 벡터 $\vec{m}$의 모델로서 많이 사용되고, 특히 자성체 주변을 도선으로 감은 직선형 솔레노이드 혹은 환형 솔레노이드(토로이드) 등에서 볼 수 있는 중요한 도선 모양이다.

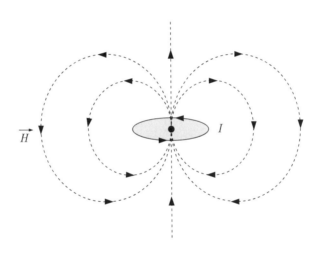

그림 5-7 ● 환형도선에서 발생하는 환형 형태의 자계

그림 5-8과 같이 반지름이 $a[m]$인 환형 도선에 전류 I가 흐를 때 미소전류소 $I\,\vec{dl}$로 인해 발생하는 z축 상의 한 점 z에서의 미소자계 벡터 $\vec{dH}$를 도시한 그림이다. 여기서, $\vec{dH}$는 x축 성분인 $\vec{dH_x}$와 z축 성분인 $\vec{dH_z}$의 합으로 표현하고, 환형도선은 xy평면상에 있다고 가정하자. 미소전류소 $I\,\vec{dl}$이 점 z로 향하는 단위벡터 $\hat{a_r}$와 x축과의 교각을 β라고 할 때, 미소자계 $\vec{dH}$와 z축과의 교각 또한 β임을 쉽게 알 수 있다.

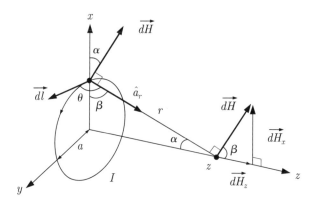

그림 5-8 • 환형도선 미소자계

그림 5-8에서의 유한 환형도선에 전류 I 가 흐를 때 발생하는 미소자계 $\overrightarrow{dH}$ 에 대한 Biot-Savart 법칙을 적용하면,

$$\text{미소자계} \quad \overrightarrow{dH} = \frac{I \overrightarrow{dl} \times \hat{a_r}}{4\pi r^2} = \frac{I}{4\pi} \frac{\overrightarrow{dl} \times \hat{a_r}}{r^2} \quad [A/m] \tag{5.17}$$

여기서, x 축 성분인 $\overrightarrow{dH_x}$ 와 z 축 성분인 $\overrightarrow{dH_z}$ 를 삼각함수를 사용하여 각각 표현하면 다음과 같다.

$$\text{미소자계 x 성분} \quad \overrightarrow{dH_x} = \overrightarrow{dH} \sin\beta$$
$$= \frac{I \overrightarrow{dl} \times \hat{a_r}}{4\pi r^2} \sin\beta = \frac{I}{4\pi} \frac{\overrightarrow{dl} \times \hat{a_r}}{r^2} \sin\beta \quad [A/m]$$

$$\tag{5.18}$$

미소자계 z 성분 $d\overrightarrow{H_z} = d\overrightarrow{H}\cos\beta$

$$= \frac{I\,\overrightarrow{dl} \times \hat{a_r}}{4\pi\,r^2}\cos\beta = \frac{I}{4\pi}\frac{\overrightarrow{dl} \times \hat{a_r}}{r^2}\cos\beta \quad [A/m]$$

(5.19)

환형도선의 자계벡터 $\overrightarrow{H}$를 도출하기 위해 반지름이 $a[m]$인 환형도선 전 구간에 대해 미소전류소 $I\overrightarrow{dl}$를 적분할 때 x축 성분인 $d\overrightarrow{H_x}$의 경우 z축을 중심으로 회전하는 형태의 대칭적인 $d\overrightarrow{H_x}$를 가지게 될 것이므로, 미소전류소 $I\overrightarrow{dl}$ 각각에 대한 $d\overrightarrow{H_x}$를 모두 더하게 되면 그 벡터의 합은 0이 될 것이다.

그러나 미소전류소 $I\overrightarrow{dl}$를 적분할 때 $d\overrightarrow{H_z}$는 z축 방향으로의 $d\overrightarrow{H_z}$가 계속 중첩되어 나타날 것이므로, $d\overrightarrow{H_z}$의 벡터의 합이 최종적인 총 자계벡터 $\overrightarrow{H}$로 나올 것이다.

미소자계 벡터 $d\overrightarrow{H} = d\overrightarrow{H_z} = d\overrightarrow{H}\cos\beta$

$$= \frac{I}{4\pi}\frac{\overrightarrow{dl} \times \hat{a_r}}{r^2}\cos\beta \qquad \leftarrow \cos\beta = \frac{a}{r},\ \overrightarrow{dl} \times \hat{a_r} = dl\,\hat{k}$$

$$= \frac{I}{4\pi}\frac{dl}{r^2}\frac{a}{r}\hat{k} = \frac{I}{4\pi}\frac{a}{r^3}dl\,\hat{k} \quad [A/m]$$

(5.20)

유한 환형도선의 총 자계 벡터 $\qquad \vec{H} = \int_l d\vec{H_z}$

$$= \int_l \frac{I}{4\pi} \frac{a}{r^3} \, dl \, \hat{k}$$

$$= \frac{I}{4\pi} \frac{a}{r^3} \, 2\pi a \, \hat{k}$$

$$= \frac{I a^2}{2 r^3} \hat{k} \qquad\qquad \leftarrow r^2 = a^2 + z^2$$

$$= \frac{I}{2} \frac{a^2}{(\sqrt{a^2 + z^2})^3} \hat{k} \qquad [A/m]$$

(5.21)

문제 3

반지름이 a인 유한 환형도선에 전류 I가 흐를 때, 환형도선 중심에서 발생하는 자계의 세기를 구하시오.

Solution 환형도선 중심에서 발생하는 자계의 세기는 유한 환형도선의 총 자계벡터 공식에서 $z = 0$에 해당하므로, 아래와 같이 전류 I를 직경 $2a$로 나눈 것과 같다.

$$\vec{H} = \frac{I}{2} \frac{a^2}{(\sqrt{a^2 + z^2})^3} \hat{k}$$

$$H(z=0) = \frac{I}{2} \frac{a^2}{a^3} = \frac{I}{2a} \quad [A/m]$$

5.4 Ampere 법칙

Biot-Savart 법칙 이후, 전자기학 역사에 중요한 공헌을 한 프랑스의 과학자 암페어(Ampere)는 1823년에 3가지 중요한 법칙을 여러 실험을 통해 확립하였는데, 그 법칙은 아래와 같다.

① Ampere 오른손 나사 법칙
② Ampere 주회적분 법칙
③ Ampere 자기력 법칙

5.4.1 Ampere 오른손 나사 법칙

Ampere 오른손 나사 법칙은 그림 5-9의 (a)에서와 같이 오른손에서 엄지손가락을 펴고 나머지 네 개의 손가락을 감싸 안는 모양을 취했을 때, 도선에서의 전류 방향이 오른손 엄지손가락의 방향(직선방향)과 일치할 때 전류로 인해 발생하는 자계의 방향은 나머지 네 개의 손가락이 감싸는 회전형태의 방향(회전방향)이 된다는 것이다. 이것은 직선 도선의 전류의 방향에 대해 항상 일정한 방향으로 자계의 방향이 결정됨을 의미하며, 반대로 자계의 방향을 알고 있는 경우 전류의 방향도 알 수 있음을 의미한다. Ampere의 오른손 나사 법칙은 전류와 자계의 방향을 알 수 있는 매우 편리한 법칙이다.

또, 이 법칙은 회전하는 전류 방향에서도 자계 방향을 유용하게 도출할 수 있다. 즉, 그림 5-9의 (b)와 같이 코일(coil)처럼 감겨있는 도선에 전류가 흐를 때, 엄지손가락을 제외한 네 개의 손가락이 전류의 방향(회전방향)이며, 엄지손가락이 코일의 중심에서 발생하는 자계의 방향(직선방향)이 된다. 이 오른손 법칙은 두 벡터의 외적에 의한 새로운 벡터의 방향을 결정할 때도 매우 유용하게 사용된다.

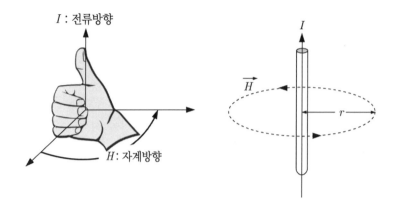

(a) 직선도선의 전류와 자계 방향

━━▶ 전류가 직선(엄지손가락) 방향일 때 자계는 회전(네 손가락) 방향

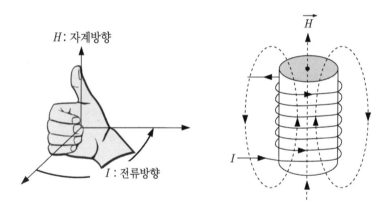

(b) 솔레노이드 도선의 전류와 자계 방향

━━▶ 전류가 회전(네 손가락) 방향일 때 자계는 직선(엄지손가락) 방향

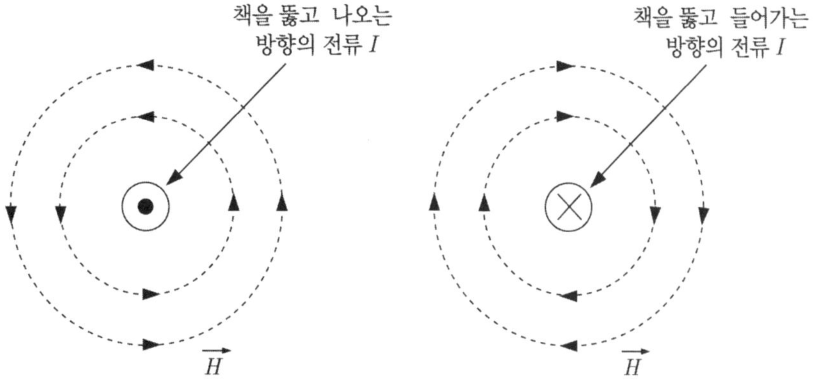

책을 뚫고 나오는
방향의 전류 I

책을 뚫고 들어가는
방향의 전류 I

$\overrightarrow{H}$

$\overrightarrow{H}$

(c) 직선도선 전류 방향에 따른 자계 방향
⟶ 전류가 직선(엄지손가락) 방향일 때 자계는 회전(네 손가락) 방향

그림 5-9 • Ampere 오른손 나사 법칙

5.4.2 Ampere 주회적분 법칙(Ampere's circuital law)

Ampere의 주회적분(周回積分) 법칙이란 전류에 의해 자연적으로 발생하는 자계를 선적분한 결과는, 자계 내를 관통하여 통과하는 총 전류의 합과 같다는 것이다.

제3장에서 배운 전계벡터 $\overrightarrow{E}\,[\,V/m\,]$는 비연속적이고, 주로 발산(비발산의 경우도 있음)하는 형태의 벡터이며, 개경로(open loop) 모양이지만, 자계벡터 $\overrightarrow{H}\,[\,A/m\,]$는 항상 연속적이고 항상 회전하는 형태의 벡터이며, 폐경로(Closed loop) 모양을 가진다. 따라서 자계를 선적분 한다는 것은 폐경로를 가지는 자계를 선적분한다는 의미이며, 이를 수식으로 표현하면 다음과 같다.

Ampere 주회적분 법칙(적분형)

$$\int_l \overrightarrow{H} \cdot \overrightarrow{dl} = \oint_l \overrightarrow{H} \cdot \overrightarrow{dl} = H \times l = I \quad [A]$$

(5.22)

여기서, $\overrightarrow{dl}$은 자계의 미소길이 크기와 자계의 방향을 가지는 자계 미소길이 벡터이다. 따라서 자계벡터 $\overrightarrow{H}$와 자계 미소길이 벡터 $\overrightarrow{dl}$을 내적하여 적분한 것은 결국 자계의 세기 H를 선적분한 것이며, 이것은 자계의 세기 H와 자계의 길이 l을 서로 곱한 것일 뿐이다.

정전류 I에 의해 자연적으로 발생하는 자계를 선적분한 것은, 정전류 때문에 형성되는 고정된 상수 값을 가지는 자계의 세기 $H[A/m]$에, 자계의 길이 $l[m]$를 곱한 것과 같으며 그 결과는 자계의 폐경로 안쪽 부분을 관통하는 총 전류의 합과 같다는 것이 바로 Ampere의 주회적분 법칙의 정확한 설명이다.

물리단위 측면에서 고려해보면 Ampere 주회적분 법칙에서 자계의 물리단위를 쉽게 유추해볼 수 있다. 즉, 자계의 세기에 길이 $[m]$를 곱한 결과가 전류 $I[A]$이므로 자계 H의 물리단위는 당연히 전류의 단위 $[A]$에 길이 $[m]$를 나눈 $[A/m]$단위를 가진다는 것을 Ampere 주회적분 법칙에서도 발견할 수 있다. Ampere 주회적분 법칙에서 Stokes 정리를 적용하면 아래와 같다.

Ampere 주회적분 법칙(미분형)

$$\int_l \overrightarrow{H} \cdot \overrightarrow{dl} = \int_s (\nabla \times \overrightarrow{H}) \cdot \overrightarrow{ds} \quad \leftarrow Stoke's\ theorem$$

$$= I = \int_s \overrightarrow{J} \cdot \overrightarrow{ds} \quad [A]$$

$$\therefore \ \nabla \times \overrightarrow{H} = \overrightarrow{J} \quad [A/m^2]$$

(5.23)

위의 식을 Ampere의 주회적분 법칙 적분형에서 유도한 미분형이라 말하고, 이 미분형으로부터 전류밀도 벡터 $\vec{J}\,[A/m^2]$가 도선에 인가될 때(0이 아님), 자계벡터 $\vec{H}\,[A/m]$는 회전하는 형태이다는 것으로, 자계가 회전하는 모양임을 (5.23) 수식에서 간단히 증명된다. Coulomb 자기력 법칙에서 자계 H를 만들어내는 원천이 자하 혹은 자속 ϕ이듯이 Ampere 주회적분 법칙에서 자계 H를 만들어내는 원천은 전류 I라는 것도 매우 중요한 의미가 있다.

전류가 자계를 만드는 원천임을 Biot-Savart 법칙에서도 이미 밝혔다.

문제 4

다음과 같이 그림 5-10과 같이 무한직선 도선에 전류 $I\,[A]$가 흐르고 있고, 이에 따라 도선의 중심으로부터 반경 $r\,[m]$ 떨어진 지점에 원형의 폐경로를 가지면서 반시계방향으로 회전하는 자계가 형성된다고 할 경우, 이 지점에서의 자계의 세기를 구하시오.

이미 우리는 무한 직선도선에서 Biot-savart 법칙으로부터, 중심에서 $a\,[m]$만큼 떨어진 지점에서의 자계 세기 $\vec{H} = \dfrac{I}{4\pi a}(\sin\beta_1 + \sin\beta_2)\,\hat{n} = \dfrac{I}{4\pi a}(1+1)\,\hat{n} = \dfrac{I}{2\pi a}\,\hat{n}\,\,[A/m]$ 를 구한 바 있다.

이를 Ampere의 주회적분 법칙으로 풀면, 다음과 같다.

$$\oint_l \vec{H} \cdot \vec{dl} = \oint_l H \cdot dl = H \times 2\pi r = I \quad \Rightarrow \quad \therefore H = \frac{I}{2\pi r}\,[A/m]$$

여기서, 자계벡터 크기 $H[A/m]$는 상수가 되고, 단지 자계의 길이는 $2\pi r\,[m]$일 것이므로, Ampere 주회적분법칙을 통해 Biot-savart 법칙보다 매우 쉽게 자계의 세기를 구할 수 있다.

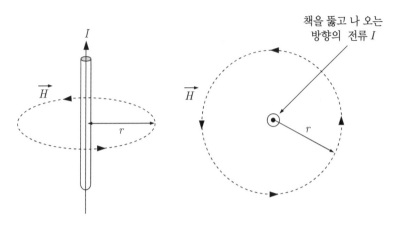

그림 5-10 • 직선도선에 대한 Ampere 주회적분 법칙

문제 5

다음 그림 5-11과 같이 비투자율 μ_r 을 가지는 환형 자성체에 도선을 N번(권선수) 감고 단면적이 $S[m^2]$인 환형(環形) 솔레노이드(solenoid) 혹은 토로이드(toroid)가 있을 때, 자계벡터 $\overrightarrow{H}[A/m]$ 는 토로이드의 중심으로부터 $r[m]$ 떨어져 있는 도넛 모양의 자성체 내부를 회전하는 형태의 벡터 모양을 하고 있을 것이다. 환형 도선에 정전류 $I[A]$가 흐르고 있을 때, 환형 솔레노이드 내부의 자계 세기 $H[A/m]$, 자속밀도 벡터의 세기 $B[Wb/m^2]$, 전류 $I[A]$에 의해 형성되는 총 자속 $\Phi'[Wb]$을 구하시오.

Solution ① Ampere의 주회적분 법칙으로부터 자계의 세기는 다음과 같다.

$$\oint_l \overrightarrow{H} \cdot \overrightarrow{dl} = H \times 2\pi r = NI \quad \Rightarrow \quad \therefore H = \frac{NI}{2\pi r}\ [A/m]$$

여기서, 폐경로를 가지며 자계벡터 $\overrightarrow{H}[A/m]$ 내를 지나가는 총 전류는 권선수 N번만큼 곱해야 한다.

② 구해진 자계의 세기로부터 자속밀도 벡터의 세기 $B[Wb/m^2]$는 다음과 같다.

$$\vec{B} = \mu \vec{H} \quad \Rightarrow \quad B = \mu H = \mu_0 \mu_r H$$
$$= 4\pi \times 10^{-7} \mu_r H = 4\pi \times 10^{-7} \mu_r \frac{NI}{2\pi r}$$
$$= 2 \times 10^{-7} \mu_r \frac{NI}{r} \quad [Wb/m^2]$$

③ 구해진 자속밀도 벡터의 세기로부터 총 자속 $\Phi'[Wb]$ 은 전류 $I[A]$ 하나에 대해 자속 $\Phi[Wb]$가 발생하고, N번의 권선수에 대해서 자속은 N번 누적될 것이므로 총 자속 Φ' 은 다음과 같다.

$$\Phi' = N\Phi = N\int_s \vec{B} \cdot \vec{ds} = NBS = N^2 \mu_0 \mu_r \frac{IS}{2\pi r} \quad [Wb]$$

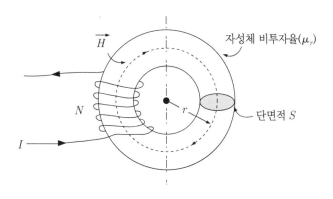

그림 5-11 • 환형 솔레노이드 전류와 자계

5.4.3 Ampere 자기력 법칙

Ampere 자기력에 관한 법칙은 도선에 전류 I가 흐르고 있을 때 외부에서 자속밀도(磁束密度) 벡터 $\vec{B}\,[Wb/m^2]$가 인가될 경우, 전류의 세기 I와 자속밀도 벡터 $\vec{B}$의 세기 및 그 방향에 따라 흐르는 도선에 다양한 자기력 $\vec{F_m}\,[N]$이 발생한다는 것을 나타낸 법칙으로, 이를 수식으로 표현하면 다음과 같다.

$$\text{Ampere 자기력} \qquad \overrightarrow{F_m} = I \, \vec{l} \times \vec{B} = \mu I \, \vec{l} \times \overrightarrow{H} \qquad [N] \qquad (5.24)$$

위 식을 보면, 제1장에서 언급한 바와 같이 자속밀도 벡터 $\overrightarrow{B}\,[Wb/m^2]$는 물리단위를 통해 쉽게 알 수 있듯이 단위 면적당 자속 혹은 자하 Φ가 얼마나 있는가를 나타내는 벡터이며, 자속밀도 벡터의 방향과 모양은 자계벡터와 같고, 이는 투자율 $\mu\,[H/m]$와 자계벡터 $\overrightarrow{H}\,[A/m]$의 곱으로 표현할 수 있다.

$$\text{자속밀도 벡터 정의} \qquad \overrightarrow{B} = \mu \overrightarrow{H} \qquad [Wb/m^2] \qquad (5.25)$$

여기서, 자속밀도 벡터 $\overrightarrow{B}\,[Wb/m^2]$의 방향은 비투자율 상수 μ_r의 값이 1보다 컸을 때 자계벡터 $\overrightarrow{H}\,[A/m]$의 방향과 같다는 것을 명심하자. 그러나 비투자율 상수 μ_r의 값이 1보다 작은 반자성체 물질일 경우 자속밀도 벡터 $\overrightarrow{B}\,[Wb/m^2]$의 방향은 자계벡터 $\overrightarrow{H}\,[A/m]$의 방향과 반대방향이 된다. 자속밀도의 물리단위 $[Wb/m^2]$를 간단히 테슬라$[tesla]$라고 부르지만, $1[tesla]$는 우리가 실제 사용하는 범위에서 매우 큰 값에 해당하여 자속밀도의 단위로 가우스$[gauss]$를 통상 많이 사용한다. 테슬라와 가우스$[gauss]$의 관계식을 적어보면 다음과 같다.

$$\text{자속밀도 단위} \qquad 1[Wb/m^2] = 1[tesla] = 10^4[gauss] \qquad (5.26)$$

자속밀도 벡터의 정의에서 투자율 $\mu\,[H/m]$의 $[H]$는 인덕터(inductor) $L[H]$의 물리단위이고, 자계벡터 $\overrightarrow{H}\,[A/m]$에서의 $[A]$는 전류 $I[A]$의 물리단위이다. 투자율 μ와 자계 H를 곱하게 되면 자속밀도 벡터 $\overrightarrow{B}\,[Wb/m^2]$에서의 단위 면적$[m^2]$당 $[Wb]$인 자속 혹은 자하 $\Phi\,[Wb]$의 단위가 됨을 알 수 있

다. 즉, 인덕터의 유도용량 L과 인덕터에 인가된 전류 I가 결국 인덕터에서 발생하는 자속 혹은 자하 Φ가 됨을 알 수 있다.

$$
\text{자속밀도 벡터} \quad \vec{B} \;=\; \mu \vec{H} \;=\; \mu_0 \, \mu_r \, \vec{H}
$$

$$
[Wb/m^2] \qquad [H/m][A/m] \;\Rightarrow\; [Wb] = [H] \times [A]
$$

$$
\Phi \qquad L \qquad I
$$

(5.27)

$$
\text{자속 정의} \quad \Phi = L I \quad [Wb]
$$

(5.28)

Ampere 자기력은 도선에 흐르는 전류의 방향을 나타내는 $\vec{l}\,[m]$과 자속밀도 벡터 $\vec{B}\,[Wb/m^2]$의 벡터 외적(Vector cross product)으로 나타나고, 벡터 외적은 벡터 간의 교환법칙이 성립하지 않으므로, 수식 자체를 암기해야 자기력 $\vec{F_m}$의 방향을 틀리지 않고 정확히 나타낼 수 있다.

다음 두 평행 도선에서 발생되는 Ampere 자기력을 알아보자.

① 평행 도선의 자기력(동일 방향의 전류) - 인력

그림 5-12 (a)와 같이 두 평행 도선이 간격 $r[m]$만큼 서로 떨어져 있고, 전류가 각각 $I_1[A]$, $I_2[A]$로 같은 방향으로 흐르고 있으며, 두 도선의 길이가 무한 도선에 가깝다고 할 때 각각의 도선이 받는 Ampere의 자기력을 구하여 보자.

먼저, Ampre 자기력 공식을 적어보면 다음과 같다.

$$
\text{Ampere 자기력} \quad \vec{F_m} = I \vec{l} \times \vec{B} = \mu I \vec{l} \times \vec{H} \quad [N]
$$

(5.29)

이때, 전류 I_1이 흐르는 도선에 외부 자계 $\overrightarrow{H_2}\,[A/m]$가 인가되면 Ampere 자기력이 전류 I_1에 흐르는 도선에 발생될 것이다. 여기서 외부 자계 $\overrightarrow{H_2}$는 또 다른 전류 I_2에 의해 자연적으로 만들어진 것이다. 두 평행 도선 간의 간격이 $r\,[m]$이므로, 전류 I_1이 흐르는 도선에 미치는 외부 자계 $\overrightarrow{H_2}$는 Biot-Savart 법칙 또는 Ampere 주회적분 법칙에서 이미 구한 바와 같다.

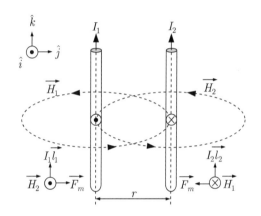

(a) 동일 방향으로 전류 I_1과 I_2가 흐르는 경우

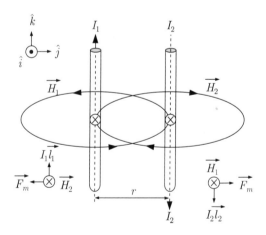

(b) 반대 방향으로 전류 I_1과 I_2가 흐르는 경우

그림 5-12 • 두 평행 도선에 작용하는 Ampere 자기력

그림 5-12(a)에 x축 방향인 $\hat{i}$ 가 지면을 뚫고 나오는 단위 벡터 $\widehat{\odot}$ 의 방향이고, 전류 I_1 이 흐르는 방향을 z축 방향인 $\hat{k}$방향으로 설정했을 때, 전류 I_1 이 흐르는 도선을 관통하는 외부 자계 $\overrightarrow{H_2}$ 는 Ampere 주회적분 법칙으로 부터 다음과 같다.

$$\text{자계} \quad \overrightarrow{H_2} = \frac{I_2}{2\pi r} \widehat{\odot} = \frac{I_2}{2\pi r} \hat{i} \quad [A/m] \tag{5.30}$$

따라서 전류 $I_1 [A]$이 흐르는 도선에 미치는 Ampere 자기력은 다음과 같이 계산할 수 있다.

평행 도선의 Ampere 자기력

$$\overrightarrow{F_m} = I_1 \overrightarrow{l_1} \times \overrightarrow{B_2} = \mu I_1 \overrightarrow{l_1} \times \overrightarrow{H_2} = \mu I_1 l_1 \hat{k} \times \frac{I_2}{2\pi r} \hat{i} = \frac{\mu I_1 I_2 l_1}{2\pi r} \hat{j} \quad [N]$$

$$\tag{5.31}$$

I_1 전류가 흐르는 도선에 발생하는 Ampere의 자기력 방향은 I_1에서 I_2 전류가 흐르는 도선 방향인 $\hat{j}$방향이 된다. 또한, 같은 방법으로 전류 I_1에 의해 자연적으로 형성된 외부 자계 $\overrightarrow{H_1}$ 도 전류 I_2 가 흐르는 도선에 Ampere 자기력을 만들 것이다. 전류 I_2 가 흐르는 도선에 작용하는 외부 자계 $\overrightarrow{H_1}$ 는 (5.30)식 처럼 다음과 같다.

$$\text{자계} \quad \overrightarrow{H_1} = \frac{I_1}{2\pi r} \widehat{\otimes} = \frac{I_1}{2\pi r}(-\hat{i}) \quad [A/m] \tag{5.32}$$

따라서 전류 $I_2 [A]$가 흐르는 도선에 미치는 Ampere 자기력은 다음과 같다.

평행 도선의 Ampere 자기력

$$\overrightarrow{F_m} = I_2 \, \overrightarrow{l_2} \times \overrightarrow{B_1} = \mu I_2 \, \overrightarrow{l_2} \times \overrightarrow{H_1} = \mu I_2 \, l_2 \, \hat{k} \times \frac{I_1}{2\pi r}(-\hat{i}) = \frac{\mu I_1 I_2 \, l_2}{2\pi r}(-\hat{j}) \ [N]$$

(5.33)

여기서, $\widehat{\otimes}$은 책의 지면을 뚫고 들어가는 단위 벡터이며, 전류 I_2가 흐르는 도선에 발생하는 자기력 방향은 I_2에서 전류 I_1이 흐르는 도선 방향인 $-\hat{j}$방향이 된다.

결론적으로, 같은 방향으로 흐르는 전류의 평행 도선에서 Ampere 자기력은 두 도선 간에 상호 인력이 작용하고 있음을 알 수 있다.

② **평행 도선의 자기력(반대 방향의 전류) - 척력**

그림 5-12 (b)는 (a)와 유사하지만 전류 $I_1 [A]$, $I_2 [A]$가 서로 반대 방향으로 흐르고 있고, 이때 두 도선에 미치는 Ampere 자기력을 구하여 보자.

전류 I_1이 흐르는 도선에 미치는 외부 자계 $\overrightarrow{H_2}$는 다음과 같다.

자계 $\qquad \overrightarrow{H_2} = \dfrac{I_2}{2\pi r} \, \widehat{\otimes} = \dfrac{I_2}{2\pi r}(-\hat{i}) \ [A/m]$ (5.34)

여기서, 전류 I_1이 흐르는 도선에 미치는 자계벡터 $\overrightarrow{H_2}$의 방향은 Ampere 오른손 나사 법칙에 따라 지면을 관통하여 들어가는 $\widehat{\otimes}$의 방향이 되고, 따라서 Ampere 자기력은 다음과 같이 계산할 수 있다.

평행 도선의 Ampere 자기력

$$\overrightarrow{F_m} = I_1 \overrightarrow{l_1} \times \overrightarrow{B_2} = \mu I_1 \overrightarrow{l_1} \times \overrightarrow{H_2} = \mu I_1 l_1 \hat{k} \times \frac{I_2}{2\pi r}(-\hat{i})$$

$$= \frac{\mu I_1 I_2 l_1}{2\pi r}(-\hat{j}) \quad [N] \tag{5.35}$$

I_1 전류가 흐르는 도선에 발생하는 Ampere 자기력 방향은 I_1에서 I_2 전류가 흐르는 도선 방향인 $\hat{j}$방향과 반대 방향인 $(-\hat{j})$이 된다. 또한, 같은 방법으로 전류 I_1에 의해 자연적으로 형성된 외부 자계 $\overrightarrow{H_1}$도 전류 I_2가 흐르는 도선에 Ampere 자기력을 만들 것이다. 전류 I_2가 흐르는 도선을 관통하는 외부 자계 $\overrightarrow{H_1}$은 다음과 같다.

자계 $\quad \overrightarrow{H_1} = \frac{I_1}{2\pi r} \widehat{\otimes} = \frac{I_1}{2\pi r}(-\hat{i}) \quad [A/m] \tag{5.36}$

따라서 전류 I_2가 흐르는 도선에 미치는 Ampere 자기력은 다음과 같다.

평행 도선의 Ampere 자기력

$$\overrightarrow{F_m} = I_2 \overrightarrow{l_2} \times \overrightarrow{B_1} = \mu I_2 \overrightarrow{l_2} \times \overrightarrow{H_1} = \mu I_2 l_2 (-\hat{k}) \times \frac{I_1}{2\pi r}(-\hat{i})$$

$$= \frac{\mu I_1 I_2 l_2}{2\pi r}(\hat{j}) \quad [N] \tag{5.37}$$

여기서, $\otimes$은 책의 지면을 뚫고 들어가는 단위 벡터이며, 전류 I_2가 흐르는 도선에 발생하는 자기력 방향은 I_2에서 전류 I_1이 흐르는 도선 방향과 반대 방향인 $\hat{j}$방향이 된다.

결론적으로, 반대 방향으로 흐르는 전류의 평행 도선의 Ampere 자기력은 두 도선 간에 상호 척력이 작용한다.

Ampere 자기력은 나중에 회전에너지 벡터 혹은 토크(Torque)에서 설명할 전기적 에너지가 운동에너지 혹은 회전에너지로 변환할 수 있는 전기 모터(motor)의 근본적인 원리가 되는 매우 중요한 법칙이다.

문제 6

자속밀도 벡터의 세기 $B=30\,[tesla]$인 자계 공간(벡터장)에 길이 $l=2\,[m]$인 직선 도선이 자계의 방향에 대해 수직으로 놓여져 있을 때, 직선 도선에 작용하는 Ampere 자기력을 $F_m=30[N]$ 정도로 만들기 위해 인가되어야 할 전류 $I[A]$를 구하시오.

Solution $\vec{F_m}=I\,\vec{l}\times\vec{B}=IlB\sin\theta\,\hat{u} \quad\Rightarrow F_m=IlB\sin90°=IlB$

$$\therefore\quad I=\frac{F_m}{lB}=\frac{30}{2\times30}=0.5\,[A]=500\,[mA]$$

문제 7

2[A]의 전류가 흐르는 도선이 자속밀도 벡터 $\vec{B}=0.5(\hat{i}+\hat{j})\,[tesla]$의 공간 내에 존재할 때 도선에 작용하는 자기력을 구하시오.(단, 도선의 길이 $l=0.25\,[m]$이고 전류의 방향은 $\hat{k}$ 방향이다.)

Solution $\vec{F_m}=I\,\vec{l}\times\vec{B}=(2\times0.25\hat{k})\times0.5(\hat{i}+\hat{j})=0.25(\hat{k})\times(\hat{i}+\hat{j})=0.25(\hat{j}-\hat{i})\,[N]$

5.5 자기쌍극자

3장에서 배운 전기쌍극자 벡터(electric dipole vector)는 외부 전계로 인한 Coulomb 전기력에 의해 발생된다. 즉, 전자운의 중심이 원자핵으로부터 이탈된 거리 $d[m]$와 원자핵 내의 양성자가 가지는 전하량 혹은 전자운이 가지는 전하량 Q을 곱한 $Qd[C-m]$로 나타내고, 그 방향은 외부에서 인가되는 전계 벡터 $\vec{E}[V/m]$의 방향과 같게 (−)전자로부터 (+)양성자로 향하는 벡터 방향이었다.

자기쌍극자 벡터(magnetic dipole vector)는 전류에 의해 자계가 형성되는 것처럼, 모든 물질을 구성하고 있는 원자는 원자핵을 중심으로 속박전자가 자전과 공전을 하고 있으며, 전자의 공전에 의해 전자의 이동방향의 반대방향으로 전류가 흐른다고 할 수 있을 것이고, 전류(전자의 공전)에 의한 자계가 형성될 것이다.

자기쌍극자 벡터의 세기는 그림 5-13과 같이 전류의 세기 $I[A]$와 전류가 흐름으로써 생성되는 면적 $S[m^2]$의 곱으로 정의하며, 자기쌍극자 벡터의 방향 $\hat{n}$은 폐곡선을 따라 흐르는 전류의 방향을 오른손 나사 법칙에서, 회전하는 4개의 손가락(회전방향)으로 할 때 엄지손가락이 지시하는 방향(직선방향)으로 정의한다. 즉, 단위벡터 $\hat{n}$의 방향은 전류환(電流環, closed loop of electric current)이 이루는 면적 $S[m^2]$에 수직하는 법선 벡터이다. 자기쌍극자 벡터를 $\vec{m}[A-m^2]$으로 표시하고, 이를 수식으로 적어보면 다음과 같다.

$$\boxed{\text{자기쌍극자 정의} \qquad \vec{m} = I\,S\,\hat{n} \quad [A-m^2]} \tag{5.38}$$

자기쌍극자 벡터의 물리단위는 전류 $[A]$와 면적 $[m^2]$을 곱한 $[A-m^2]$이다. 원자핵에 양성자 한 개와 원자핵 주변을 공전하는 전자 한개로 구성된 원자번호 1번 수소(H)의 경우, 자기쌍극자 벡터 $\overrightarrow{m}\,[A-m^2]$은 다음과 같이 나타 낼 수 있다.

수소 원자의 자기쌍극자 (Bohr 자자)

$$\overrightarrow{m} = I\,S\,\hat{n}$$

$$= \frac{\triangle Q}{\triangle t}\,\pi r^2\,\hat{n} \qquad \leftarrow \triangle Q = e,\ v = \frac{2\pi r}{\triangle t},\ S = \pi r^2$$

$$= \frac{e}{\frac{2\pi r}{v}}\,\pi r^2\,\hat{n} = \frac{e\,v\,r}{2}\,\hat{n}$$

$$= u_B\,\hat{n} \qquad [A-m^2]$$

(5.39)

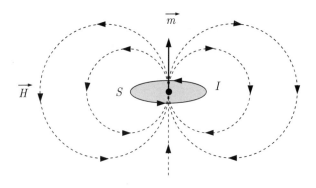

그림 5-13 • 전류방향에 따른 자기쌍극자 방향

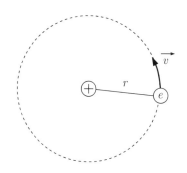

그림 5-14 • 보어(Bohr) 자자(磁子)모델

$\triangle t[\sec]$는 원자핵을 중심으로 1회 공전하는 데 걸리는 시간이며, $\triangle Q[C]$은 1회 공전 시 변화된 전하량이므로 전자 e의 전하량과 같을 것이다. $\triangle t$는 속박전자 e가 공전하는 속도를 $v[m/\sec]$라고 할 때, 다음과 같이 나타낼 수 있다.

전자의 공전 속도 $\qquad v = \dfrac{2\pi r}{\triangle t} \ [m/\sec] \quad \rightarrow \quad \triangle t = \dfrac{2\pi r}{v} \ [\sec]$

(5.40)

수소 원자의 자기쌍극자에서 전류 I는 단위시간 $\triangle t$당 전하의 변화량 $\triangle Q$로 나타낼 수 있을 것이다. 여기서, 반경 $r[m]$은 원자핵과 공전전자 간의 거리를 의미하고, 전자의 전하량은 $e = -1.6 \times 10^{-19}[C]$이다. 수소의 자기쌍극자의 세기를 $u_B[A-m^2]$라고 하는데, 이를 보어(Bohr)의 자자(磁子)라고 한다.

영구자석에서 발생하는 자계 $H[A/m]$는 N극에서 나와 S극으로 들어가는 연속적인 폐곡선이며 회전(回轉)하고 비발산하는 모양을 보이고 있는데, 이러한 자계 H가 방출하는 근본적인 원인은 영구자석을 구성하고 있는 원자의 자기쌍극자 벡터가 일정한 방향으로 정렬함으로써 나타나는 자기쌍극자 벡터의 합에 의해 자계가 발생하는 것이다. 따라서 자기쌍극자 개념은 잔류 자속밀도와 함께 영구자석에서 발생하는 자계 H의 원리를 설명해주는 매우 중요한 개념이자 자계 H와 밀접한 연관성을 가지고 있다고 할 수 있다.

문제 8

권선수 $N=500$이고, 직경이 $10[mm]$인 솔레노이드 coil에 $0.2[mA]$의 전류가 인가되었을 때 솔레노이드의 자기쌍극자 벡터 $\overrightarrow{m}[A-m^2]$의 세기를 구하시오.

Solution 전류환 한 개에 대해 자기쌍극자 한 개가 발생할 것이고, 권선수 $N=500$에 대해서는 500배의 자기쌍극자가 발생할 것이므로, 벡터의 세기는 다음과 같다.

$$m = NIS = NI\pi r^2$$
$$= 500 \times 0.2\,m \times \pi \left(\frac{10\,m}{2}\right)^2 = 2.5\,\pi\,\mu[A-m^2]$$

5.6 자성체 자화

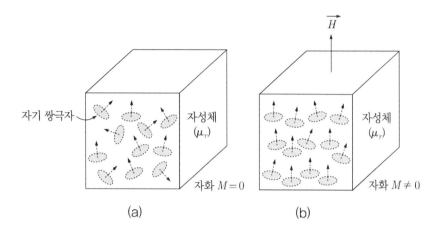

그림 5-15 ● 외부 자계에 의한 자성체의 자기쌍극자 배열과 자화 발생

원자핵 주변을 공전하는 전자의 전류환과 전자스핀(electron spin)에 의해 자기 쌍극자 벡터 $\overrightarrow{m}[A-m^2]$의 세기가 결정되는데, 그림 5-15 (a)와 같이 각각의 자기쌍극자가 가지고 있는 원자핵들이 모여 어떤 물질을 구성할 경우, 자기쌍극자 벡터의 방향은 무질서하게 나열되어 있을 것이다. 하지만, 비투자율 μ_r이 큰 물질인 강자성체는 외부에서 자계 $\overrightarrow{H}[A/m]$를 인가할 때, 그림 5-15 (b)와 같이 자계의 방향에 따라 강자성체의 원자 개개별로 가지고 있는 자기쌍극자 벡터가 외부 자계와 같은 방향으로 배열되는 성질을 가지고 있으며, 이를 정량화하기 위해 자화 벡터 $\overrightarrow{M}[A/m]$을 도입하며, 다음과 같이 정의한다.

자화 벡터의 정의

$$\overrightarrow{M} = \chi_m \overrightarrow{H} = \lim_{\triangle v \to 0} \frac{1}{\triangle v} \sum_{i=1}^{N} \overrightarrow{m_i} = \lim_{\triangle v \to 0} \frac{1}{\triangle v} [\, \overrightarrow{m_1} + \overrightarrow{m_2} + \cdot \cdot \cdot + \overrightarrow{m_N} \,] \quad [A/m]$$

(5.41)

자화 벡터 $\overrightarrow{M}$은 단위 체적 $\triangle v \, [m^3]$당 자기쌍극자 벡터의 합으로 표현되며, 자기쌍극자 벡터가 같은 방향으로 배열될 때, 자화도 벡터의 크기는 커질 것이다. 또한, 자화도 벡터는 외부에서 인가된 외부 자계 $\overrightarrow{H} \, [A/m]$에 비례하는데, 그 비례상수 χ_m을 자화율(magnetic susceptibility)이라 하며, 물질에 따라 그 값이 결정되는 무차원 상수이다. 자속밀도 벡터 $\overrightarrow{B} \, [Wb/m^2]$를 자화 벡터 $\overrightarrow{M} \, [A/m]$로 표현하면, 다음과 같이 나타낼 수 있다.

자속밀도와 자화도의 관계

$$\overrightarrow{B} = \mu \overrightarrow{H} = \mu_0 \mu_r \overrightarrow{H}$$
$$= \mu_0 (\overrightarrow{H} + \overrightarrow{M}) \qquad \leftarrow \quad \overrightarrow{M} = \chi_m \overrightarrow{H}$$
$$= \mu_0 (1 + \chi_m) \overrightarrow{H} \quad [Wb/m^2]$$

(5.42)

비투자율과 자화율 관계 $\quad \mu_r = 1 + \chi_m = \dfrac{\mu}{\mu_0} \quad [X]$ (5.43)

자화율 χ_m 혹은 비투자율 μ_r에 따라 모든 물질을 네 종류의 자성체로 분류할 수 있는데, 그 내용을 간단히 설명하면 다음과 같다.

① 비자성체 $(\chi_m = 0,\ \mu_r = 1)$

자기쌍극자가 존재하지 않는 즉, 물질이 없는 공간을 말하며 진공(眞空)이 바로 그것이다.

② 반자성체 $(\chi_m \simeq -10^{-5},\ \mu_r \simeq 0.99999 \approx 1)$

자화율 상수가 음의 값을 가지는 것으로 이는, 외부 자계에 대해 반대방향으로의 자화 벡터 방향을 가지는 것을 뜻한다. 비투자율 상수의 크기가 거의 1에 가까운 물질이며, 원자핵 주변을 공전하는 궤도 전자와 전자가 자전하는 전자 spin에 의해 발생하는 자기쌍극자가 존재함으로써 외부 자계에 대해 자화가 되긴 하지만, 자화율이 0에 가깝고 자기쌍극자의 방향이 외부 자계에 반대방향으로 형성되는 비자화(非磁化) 물질이다.

반자성체에는 주로 금속계열 물질 중 금(Au), 은(Ag), 구리(Cu), 납(Pb) 등이 있고 그 외에도 비스무트(Bi), 실리콘(Si), 소금(NaCl), 물(Water) 등이 있다. 즉, 이러한 물질은 자체 내에 미약한 자기쌍극자 및 미약한 잔류 자속밀도 때문에 Coulomb 자기력이 발생하지 않는 혹은 영구자석에 전혀 반응하지 않는 물질이다.

③ 상자성체 $(\chi_m = 10^{-3} \sim 10^{-5},\ \mu_r \simeq 1.0001 \approx 1)$

자화율 상수가 양의 값을 가지지만 반자성체처럼 비투자율 상수의 크기가 거의 1에 가까운 물질이며, 원자핵 주변을 공전하는 궤도 전자와 전자가 자전하는 전자 spin에 의해 전기쌍극자가 존재하지만, 외부 자계에 미약한 자화 혹은 자성체가 되지 않는 물질이다.

반자성체와 반대로 상자성체는 자기쌍극자가 외부 자계 H에 대해 같은 방향으로 배열되며 주로 금속계열 물질 중 알루미늄(Al), 티타늄(Ti), 망간(Mn), 백금(Pt), 텅스텐(W), 크롬(Cr), 칼륨(Ka), 팔라듐(Pa) 등이 있다. 상자성체도 반자성체와 같이 물질 내에 미약한 자기쌍극자 또는 미약한 잔류 자속밀도 때문에 Coulomb 자기력이 발생하지 않거나 영구자석에 전혀 반응하지 않는 물질이다.

④ **강자성체** $(\chi_m = 250 \sim 1 \times 10^6 \approx \mu_r)$

자화율 상수가 상자성체처럼 양의 값을 가지지만 그 크기가 250 이상 되는 물질로, 전자 spin이 매우 강하고, 외부 자계에 대해 자기쌍극자 벡터가 규칙적으로 외부 자계 방향으로 배열되어 자화 M이 큰 물질이다. 강자성체는 잔류 자속밀도도 큰 값을 가지고 있어서 영구자석으로 많이 활용되며 철(Fe), 코발트(Co), 니켈(Ni) 및 불순물이 일부 들어간 철 합금 등이 있다.

특히, 강자성체는 **자기이력곡선**(magnetic hysteresis curve) 또는 자화곡선(磁化曲線) 혹은 $B-H$ 곡선을 가진다. 강자성체 물질을 내부 공간이 공기로 차 있는 솔레노이드와 같은 코일이 감긴 공간 안에 넣은 후 코일에 전압을 걸어서 전류를 천천히 증가시키면 코일 내부에 강자성체를 관통하는 자계 H가 형성될 것이고, 인가 자계에 대해 강자성체의 자속밀도의 세기를 측정하여 나타낸 것이 바로 자기이력곡선이다.

자기이력곡선은 그림 5-16에서와 같이 $a \rightarrow b \rightarrow c \rightarrow d \rightarrow e \rightarrow f \rightarrow g \rightarrow b$와 같은 일련의 과정을 거치면서 얻을 수 있는 $B-H$ 관계 그래프를 말한다. 강자성체 물질의 종류마다 다양한 형태의 자기이력곡선이 존재하는데, 외부 자계 H가 0일 때 존재하는 잔류 자속밀도 $B_r [Wb/m^2]$이 영구자석의 특성을 결정짓는 매우 중요한 상수이다.

$a \rightarrow b$ 구간처럼 초기 자계가 0에서 출발하여 천천히 자계의 세기 H를 증가시킬 때 강자성체의 자속밀도의 세기 B가 더 이상 증가하지 않고, 그 크기가 포화(saturation)하는데, 포화하는 최대 자속밀도($B_{\max} [tesla]$)가 존재하며, 이때 최대 자속밀도를 가지는 최대 자계 세기($H_{\max} [A/m]$)가 존재한다.

이어서, $b \rightarrow c$ 구간처럼 자계의 세기를 다시 천천히 줄일 경우(전류를 천천히 줄일 경우) 자속밀도의 세기가 본래 증가하는 $a \rightarrow b$ 특성의 곡선을 따르지 않고, 다른 곡선의 형태를 보이면서 자속밀도는 더 천천히 감소하여 자계의 세기가 0임에도 강자성체가 자화되는 자속밀도 B_r이 발생한다. 즉, 영구자석이 되는 잔류(殘留) 자속밀도 혹은 자발(自發) 자속밀도라고 부르는 B_r(remanence) 점이 존재하는데, 강자성체는 약 $1 \sim 2\,[tesla]$ 정도 범위에 있다.

$c \rightarrow d$ 구간처럼 다시 자계의 세기를 반대방향으로 천천히 증가시킬 경우(솔레노이드 코일에 인가되는 전류를 반대방향으로 천천히 증가시킬 경우) 잔류 자속밀도가 0이 되도록 하는 음의 자계 $-H_c\,[A/m]$가 존재하며, 이를 보자계 (保磁界, coercive magnetic-field)라 한다.

$d \rightarrow e$ 구간처럼 더욱더 자계를 반대방향으로 증가시킬 때 자속밀도의 세기가 증가하지 않고 포화상태($-B_{\max}\,[tesla]$)에 이르게 되며, $e \rightarrow f$ 구간처럼 다시 자계의 세기를 줄일 때 자계가 0(전류를 흘리지 않음)이 되어도 자속밀도 ($-B_r$)가 존재함으로써 자기쌍극자의 방향이 B_r와 완전히 반대되는 잔류 자속 밀도 혹은 자발 자속밀도 $-B_r\,[tesla]$가 존재한다. B_r에 비해 $-B_r$이 되었다는 것은 영구자석의 NS극이 반대방향으로 바뀌었음을 의미한다.

$f \rightarrow g$ 구간은 다시 자계를 증가시키는 구간인데, 잔류 자속밀도를 0으로 만드는 양의 보자계 $H_c\,[A/m]$가 존재하며, $g \rightarrow b$ 구간처럼 더욱더 자계를 증가시키면 다시 자속밀도가 포화가 되는 최대 자속밀도 $B_{\max}\,[tesla]$가 존재하고, 다시 자계를 줄이게 되면 $b \rightarrow a$ 구간이 아닌 $b \rightarrow c \rightarrow d \rightarrow e \rightarrow f \rightarrow g \rightarrow b$ 구간의 $B-H$ 곡선(자기이력곡선)을 얻게 된다.

통상 영구자석을 만들기 위해서는 비투자율 상수 μ_r이 매우 크고 잔류 자속밀도가 매우 큰 강자성체 물질의 자화 과정을 거쳐야만 한다. $B-H$ 곡선으로부터 구간별 그 기울기를 구하면 쉽게 투자율 상수 $\mu\,[H/m]$를 구할 수 있는데, 투자율 상수는 다음과 같다.

$$\text{투자율 상수} \quad \mu = \frac{B}{H} \approx \frac{\triangle B}{\triangle H} \approx \frac{dB}{dH} \tag{5.44}$$

특히 $\triangle B / \triangle H \, [H/m]$는 미분투자율(微分透磁率)이라 하며, $B-H$ 곡선의 기울기가 크다는 것은 μ_r이 큰 것이며, 폐곡선 $B-H$ 곡선의 면적이 크다는 것은 B_r과 $-B_r$의 크기가 크다는 것을 자기이력곡선으로부터 알 수 있으므로, 자성체의 특성을 파악할 수 있는 매우 중요한 곡선이다.

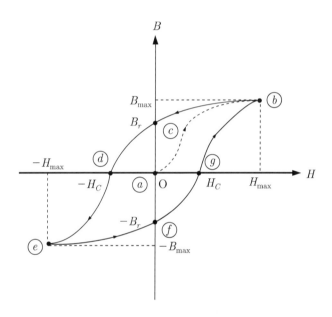

그림 5-16 • 강자성체의 자기이력곡선(자화곡선)

문제 9

비투자율 상수 $\mu_r = 200$이고, 자속밀도 벡터의 세기 $B = 40\pi\mu\,[tesla]$의 자성체에서 자계벡터의 세기 $H\,[A/m]$를 구하시오.

Solution $\quad H = \dfrac{B}{\mu} = \dfrac{B}{\mu_0\,\mu_r} = \dfrac{40\pi\mu}{4\pi\times 10^{-7}\times 200} = \dfrac{1}{2} = 0.5\,[A/m]$

문제 10

자성체의 자화 벡터의 세기 $M = 50\,[A/m]$이고, 비투자율 상수 $\mu_r = 201$일 때, 자계 벡터의 세기 $H\,[A/m]$를 구하시오.

Solution

(1) $M = \chi_m H \quad\Rightarrow\quad H = \dfrac{M}{\chi_m} = \dfrac{M}{\mu_r - 1} = \dfrac{50}{200} = 0.25\,[A/m]$

(2) $H = \dfrac{B}{\mu} = \dfrac{\mu_0(H+M)}{\mu_0\,\mu_r} \quad\Rightarrow\quad H = \dfrac{M}{\mu_r - 1} = \dfrac{50}{200} = 0.25\,[A/m]$

문제 11

자성체의 자화 벡터의 세기 $M = 3\,[A/m]$이고, 자속밀도 벡터의 세기 $B = 4\pi\mu\,[tesla]$일 때, 자계벡터의 세기 $H\,[A/m]$를 구하시오.

Solution $\quad B = \mu_0(H+M) \quad\Rightarrow\quad H = \dfrac{B}{\mu_0} - M = \dfrac{4\pi\mu}{4\pi\times 10^{-7}} - 3 = 10 - 3 = 7\,[A/m]$

문제 12

비투자율 상수 $\mu_r = 400$, 직경이 $6[cm]$인 원형 단면을 가지는 연철심에 코일을 감고, 전류를 흘려서 연철심의 자계 세기를 $H = 200[A/m]$로 했을 때 연철심의 자속밀도 벡터의 세기 $B[Wb/m^2]$와 $[gauss]$를 구하시오.

Solution
$$B = \mu H = \mu_0 \mu_r H = 4\pi \times 10^{-7} \times 400 \times 200$$
$$= 32m\pi[Wb/m^2][tesla] = 320\pi[gauss] \quad \leftarrow [tesla] = 10^4[gauss]$$

문제 13

자계의 세기 $H = 500[A/m]$인 평등자계 속에 단면적이 약 $20[cm^2]$인 자성체를 두었을 때 $\Phi = 20m[Wb]$의 자속이 단면을 통과하였다면, 이 물체의 투자율은 얼마인가?

Solution
$$\Phi = BS = 20m = \mu H S \rightarrow \mu = \frac{\Phi}{HS} = \frac{20m}{500 \times 20c^2} = 20m \ [H/m]$$

5.7 회전에너지(torque)

회전에너지 혹은 토크(torque)라는 것은 어떤 회전 중심축을 갖고 회전하는 물체의 특징을 나타내는 중요한 물리량이다. 회전에너지는 힘 $\vec{F}[N]$과 회전 중심으로부터 힘이 작용하는 곳까지의 거리 벡터 $\vec{l}[m]$의 외적으로 나타내는데, 그 정의는 아래와 같다.

$$\text{Torque 정의} \qquad \vec{T} = \vec{l} \times \vec{F} \ [N-m] \text{ or } [J] \tag{5.45}$$

회전에너지는 힘과 거리의 곱인 관계로 에너지의 단위를 가져야 하고, 대체로 에너지의 단위는 스칼라이다. 그러나 회전에너지는 힘이라는 벡터량과 거리에 방향성을 부여한 거리벡터의 벡터 외적이기 때문에 당연히 벡터가 됨을 주의해야 한다.

그림 5-17에서 회전 중심축으로부터 거리벡터 $\vec{l}[m]$의 크기 l만큼 떨어진 지점에 힘 벡터 $\vec{F}[N]$을 주게 될 때 벡터 외적 연산을 해보자. 그 결과 Torque 벡터 $\vec{T}$의 방향은 그림 5-17과 같이 거리 벡터 $\vec{l}[m]$과 힘 벡터 $\vec{F}[N]$의 외적 연산 결과인 엄지손가락(직선방향)의 방향이 된다. 좀 더 간단하게 어떠한 회전체가 있을 때, 회전하는 방향을 Ampere의 오른손 나사 법칙에서 사용한 네 손가락 방향(회전방향)으로 동일시할 때, 엄지손가락이 지시하는 방향(직선방향)이 회전에너지 벡터 $\vec{T}[J]$의 방향으로 보면 된다.

Torque는 전기에너지를 받아서 운동에너지 혹은 회전에너지라는 동력을 만드는 모터나 자동차의 엔진 혹은 선박을 움직이는 엔진에서 매우 중요하게 다루는 벡터량이다. Torque가 클수록 더 큰 회전력(정확하게 회전에너지)을 얻을 수 있다. 방 혹은 교실마다 설치된 회전문을 고려해보자. 문을 열기 위한 손잡이는 문의 회전 중심축으로부터 최대한 멀리 설치해야 한다. 그 이유는 만약 손잡이를 중심축에 가깝게 놓는다고 생각해보면, 문을 열기 위해 더 많은 힘을 쏟아 부어야 할 것이다.

예를 들어, 같은 회전에너지로서 45도 각도 정도로 문을 열기 위해서는 중심축으로부터 거리 $l[m]$에 힘 $F[N]$을 가하거나, 중심축으로부터 거리 $\frac{1}{2}l[m]$에 두 배의 힘 $2F[N]$을 가해야 한다. 따라서 회전문의 중심에서 최대한 멀리 떨어진 곳에 손잡이를 설치하는 것이 타당하고, 손잡이를 문의 정 가운데 설치하여 두 배의 힘을 투여하는 것은 매우 어리석은 일이다. 이를 수식으로 표현해보면, 아래와 같다.

$$\text{Torque의 정의} \qquad \overrightarrow{T} = \vec{l} \times \overrightarrow{F} = \frac{1}{2}\vec{l} \times 2\overrightarrow{F} \qquad [J] \qquad (5.46)$$

전자기학에서 전기모터의 원리와 토크의 개념은 매우 중요하고 빼놓을 수 없다. 다음 그림 5-18과 같이 자속밀도가 분포하는 공간상에 사각도선이 있고, 사각도선의 중심축으로 회전할 수 있게 기계적으로 만들어 놓았다고 가정하자. 즉, 자속밀도 벡터 $\overrightarrow{B}\,[Wb/m^2]$가 있는 공간에서 사각도선에 전류가 반시계방향으로 흐를 때 Ampere 자기력을 해석하기 위해 사각도선의 각 변을 분류하여 자기력이 어떻게 작용하고 있는지를 검토해보자. Ampere 자기력을 다시 적어보면 다음과 같다.

$$\text{Ampere 자기력} \qquad \overrightarrow{F_m} = I\,\vec{l} \times \overrightarrow{B} = I\,l\,B\sin\theta\,\hat{u} \qquad [N] \qquad (5.47)$$

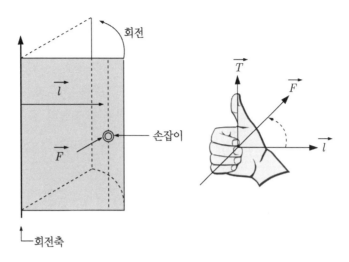

그림 5-17 • Torque의 이해와 방향

여기서, 단위벡터 $\hat{u}$는 벡터 외적 계산 혹은 오른손 나사 법칙으로 결정되는 방향을 가지고, 도선의 길이 벡터 $\vec{l}\,[m]$과 자속밀도 벡터 $\vec{B}\,[Wb/m^2]$에 각각 수직인 Ampere 자기력 방향을 나타내는 벡터이다.

사각도선에 전류 $I\,[A]$가 반시계방향으로 인가되고 있고, 도선의 길이 벡터 $\vec{l}\,[m]$과 자속밀도 벡터 $\vec{B}\,[Wb/m^2]$의 벡터 외적을 고려해 보면 다음과 같다.

①의 구간에서 길이 벡터 $\vec{l}$방향은 z축 $\hat{k}$방향이고, 자속밀도 벡터 $\vec{B}$방향은 y축 $\hat{j}$방향이며 두 벡터가 90도를 이루고 있기 때문에 외적 연산을 해보면, 자기력의 방향은 $-x$축 $(-\hat{i})$ 방향이며 도선의 길이는 $b\,[m]$가 될 것이다.

$$\vec{F_{m1}} = I\,\vec{l} \times \vec{B} = I\,b\,(\hat{k}) \times B\,(\hat{j}) = I\,b\,B\,(\hat{k}) \times (\hat{j}) = I\,b\,B\,(-\hat{i})\ \ [N]$$

②의 구간에서의 길이 벡터 $\vec{l}$방향은 $-y$축 $(-\hat{j})$방향이고, 자속밀도 벡터 $\vec{B}$방향은 y축 $\hat{j}$방향이며 두 벡터가 180도를 이루고 있다. 길이 벡터 $\vec{l}$의 크기 (도선의 길이)는 a가 되지만, 두 벡터의 외적 연산을 하게 되면 0이 된다.

$$\overrightarrow{F_{m2}} = I \vec{l} \times \vec{B} = I a (- \hat{j}) \times B (\hat{j}) = I a B (- \hat{j}) \times (\hat{j}) = 0 \quad [N]$$

③의 구간에서의 길이 벡터 $\vec{l}$ 방향은 $-z$축 $(-\hat{k})$ 방향이고, 자속밀도 벡터 $\vec{B}$ 방향은 y축 $\hat{j}$ 방향이며 두 벡터가 90도를 이루고 있기 때문에 외적 연산을 해보면, 자기력의 방향은 x축 $\hat{i}$ 방향이며 도선의 길이는 $b[m]$가 될 것이다.

$$\overrightarrow{F_{m3}} = I \vec{l} \times \vec{B} = I b (- \hat{k}) \times B (\hat{j}) = I b B (- \hat{k}) \times (\hat{j}) = I b B (\hat{i}) \quad [N]$$

④의 구간에서의 길이 벡터 $\vec{l}$ 방향은 y축 $\hat{j}$ 방향이고, 자속밀도 벡터 $\vec{B}$ 방향은 y축 $\hat{j}$ 방향이며 두 벡터가 0도를 이루고 있다. 두 벡터의 외적 연산을 하게 되면 0이 된다.

$$\overrightarrow{F_{m4}} = I \vec{l} \times \vec{B} = I a (\hat{j}) \times B (\hat{j}) = I a B (\hat{j}) \times (\hat{j}) = 0 \quad [N]$$

결론적으로, 사각도선에서 ①의 구간 및 ③의 구간에서 전류 I와 자속밀도 B에 의한 Ampere 자기력이 작용하고 있고, 사각도선의 중심축으로 회전할 것이 분명하므로 토크를 적용해보면, 중심축으로부터 떨어진 거리 $\frac{1}{2} a[m]$와 Ampere 자기력 $\overrightarrow{F_m} [N]$이 ①의 구간 및 ③의 구간에 작용하고 있다. 이 식은 다음과 같이 나타낼 수 있다.

사각도선의 회전에너지

$$
\begin{aligned}
\overrightarrow{T} &= \overrightarrow{T_1} + \overrightarrow{T_3} \\
&= \overrightarrow{l_1} \times \overrightarrow{F_{m1}} + \overrightarrow{l_3} \times \overrightarrow{F_{m3}} \\
&= \frac{1}{2} a \, \hat{j} \times I b B (-\hat{i}) + \frac{1}{2} a (-\hat{j}) \times I b B \, \hat{i} \\
&= \frac{1}{2} I a b B \, \hat{k} + \frac{1}{2} I a b B \, \hat{k} = I a b B \, \hat{k} = I S B \, \hat{k} \\
&= I S \, \hat{i} \times B \, \hat{j} = \overrightarrow{m} \times \overrightarrow{B}
\end{aligned}
\tag{5.48}
$$

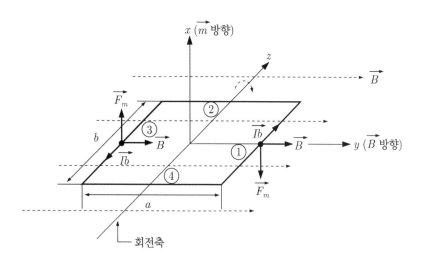

그림 5-18 ● 사각도선의 Ampere자기력과의 회전(전기 모터 원리)

회전축을 가지는 도선에 Ampere 자기력이 작용하는 토크 벡터 $\overrightarrow{T}\,[J]$ 는 그 크기가 전류의 세기 $I\,[A]$ 와 전류환에 의해 결정되는 면적 $S\,[m^2]$ 의 곱의 크기를 가지고 오른손 나사 법칙에 의해 전류환의 면적에 수직으로 나가는 방향을 가지는 자기쌍극자 벡터 $\overrightarrow{m}\,[A-m^2]$ 와 외부에서 인가되는 자속밀도 $\overrightarrow{B}\,[Wb/m^2]$ 의 벡터 외적으로 쉽게 구할 수 있다. Torque를 구하기 위해 Ampere 자기력을 구한다면 Torque 정의식을 이용해 복잡하게 계산하는 것보다, 자기쌍극자 벡터 $\overrightarrow{m}$ 을 구한 다음 외부 인가 자속밀도 벡터 $\overrightarrow{B}$ 와 외적 연산이 더 쉽다.

$$\boxed{\text{Torque 정의} \qquad \overrightarrow{T} = \overrightarrow{m} \times \overrightarrow{B} \qquad [J]} \tag{5.49}$$

또한, 벡터 $\overrightarrow{T}\,[J]$ 의 방향은 자기쌍극자 벡터 $\overrightarrow{m}$ 과 외부 인가 자속밀도 벡터 $\overrightarrow{B}$ 처럼 외적 연산으로 결정되는 방향과 같으므로, 그림 5-19와 같이 Ampere 오른손 나사 법칙을 사용하여 엄지손가락 방향(직선방향)으로 쉽게 찾을 수 있을 것이다.

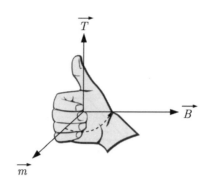

그림 5-19 • Torque 방향 ($\overrightarrow{T} = \overrightarrow{m} \times \overrightarrow{B}$)

문제 14

원점을 중심으로 xy 평면에 배치된 반지름 $r = 10\,[cm]$인 원형도선에 반시계 방향으로 $5\,[mA]$의 전류가 흐르고 있을 때, 자속밀도 벡터 $\overrightarrow{B} = 1.5(\hat{i} + \hat{j})\,[tesla]$가 인가될 경우 원형도선에 작용하는 Torque를 구하시오.

Solution

$$\overrightarrow{T} = \overrightarrow{m} \times \overrightarrow{B} = IS\,\hat{k} \times \overrightarrow{B} = I\pi r^2\,\hat{k} \times \overrightarrow{B}$$

$$= (5m \times \pi \times 0.1^2)\,\hat{k} \times 1.5(\hat{i} + \hat{j})$$

$$= 75\mu\pi\,\hat{k} \times (\hat{i} + \hat{j}) = 75\pi\mu(\hat{j} - \hat{i}) \quad [N{-}m]\,[J]$$

문제 15

다음 그림 5-20과 같이 자계 벡터 $\vec{H}$의 세기가 $10[A/m]$인 자유 공간에 반경 $r = 4[cm]$을 가지는 원형도선의 전류 $I = 100m[A]$가 인가될 때 원형도선에 작용하는 토크 벡터 $\vec{T}[J]$의 세기를 구하시오.(단, torque는 원형도선을 중심으로 회전한다고 가정하라.)

Solution 토크(torque) 벡터 $\vec{T}[J]$의 공식을 사용하여 아래와 같이 나타낸다.

$$\vec{T} = \vec{m} \times \vec{B} \quad \Rightarrow \quad T = mB = ISB$$

$$= I(\pi r^2)\mu H = I(\pi r^2)\mu_0\mu_r H$$

$$= 100m \times \pi(4c)^2 \times 4\pi \times 10^{-7} \times 1 \times 10$$

$$= 64\pi^2 \times 10^{-11} \ [J] \ = 640\pi^2 \ [pJ]$$

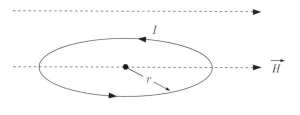

그림 5-20 • 원형도선에 작용하는 Torque ($\vec{T} = \vec{m} \times \vec{B}$)

5.8 유도용량

인덕터(inductor)는 앞서 언급한 솔레노이드 또는 토로이드와 같이 전류를 인가함으로써 발생하는 자계를 효과적으로 생성하는 전기 또는 전자부품의 하나로 전압을 인가함으로써 유전체 내에 전계를 생성하게 하는 capacitor와 상반(相反)된 개념의 전자소자이다.

유전체가 포함된 capacitor에 전압 V를 인가하면, 전계 E와 전하 Q가 생성되고, $\frac{1}{2}QV$에 해당하는 정전에너지 W_e가 생성된다. 마찬가지로 자성체가 포함된 inductor에 전류 I를 인가하면, 자계 H와 자하 Φ가 생성되고, $\frac{1}{2}\Phi I$에 해당하는 자기에너지 W_m이 생성된다. 이를 한 줄로 요약하면 다음과 같이 대칭적으로 배치할 수 있다.

① capacitor − 유전체(ϵ) − 전압 V 인가 − 전계 E 발생 − 전하 Q 생성 − 정전에너지 W_e

$\Updownarrow$

② inductor − 자성체(μ) − 전류 I 인가 − 자계 H 발생 − 자하 Φ 생성 − 유도에너지 W_h

Inductor의 값을 유도용량(誘導容量) 혹은 인덕턴스(inductance)라 하는데 그 값은 다음 식으로 정의한다.

$$\text{유도용량} \qquad L = \frac{\Phi}{I} = \frac{\vec{B} \cdot \vec{A}}{I}$$

$$= \frac{\oint_s \vec{B} \cdot \vec{ds}}{\oint_l \vec{H} \cdot \vec{dl}} = \frac{\mu \oint_s \vec{H} \cdot \vec{ds}}{\oint_l \vec{H} \cdot \vec{dl}} \qquad (5.50)$$

$$= \mu \frac{\oint_s ds}{\int_l dl} = \mu \frac{A}{l} \ [H]$$

유도용량은 인가된 전류 I에 의해 발생하는 총 자속 Φ의 비로 나타낸다. 즉, 투자율 $\mu[H/m]$을 가지는 자성체의 단면적 $A[m^2]$을 자계 $\vec{H}$가 형성하는 길이 $l[m]$ 또는 자성체의 길이 $l[m]$로 나눈 것으로, 이 또한 3장에서 배운 정전용량이 유전율과 capacitor의 구조로 결정되는 것과 유사하다. 즉, 인가된 전압에 따라 정전용량이 변화하지 않는 것처럼 인가된 전류의 값에 따라 유도용량이 변하지 않는다.

$$\text{정전용량과 유도용량의 유사성} \qquad C = \epsilon \frac{A}{d} \quad \Leftrightarrow \quad L = \mu \frac{A}{l} \qquad (5.51)$$

여기서, 투자율 $\mu[H/m]$은 자성체의 비투자율에 따라 결정되는 값으로 어떤 자성체를 사용했는가에 따라 그 값이 달라진다. 같은 구조에서 더욱 큰 유도용량 값을 가지는 inductor를 만들기 위해서는 비투자율 $\mu_r \approx 1$에 가까운 상자성체, 반자성체가 아닌 $\mu_r \approx 1000$ 정도의 강자성체 물질이 삽입된 솔레노이드가 되어야 한다.

유도용량을 가지기 위해서는 전류가 흘러야 하는 도선이 자성체를 감는 구조가 일반적이며, 도선은 주로 구리(Cu)선이 많이 사용되고 자성체로는 철(Fe) 성분이 들어간 철 합금 등이 많이 사용된다. 구리선과 자성체는 전기가 잘 통하는 전도체로 구리선의 접촉에 의한 유도용량 감소가 발생되지 않도록 얇은 플라스틱 재질의 부도체가 코팅(coating)되어 있다. 여러가지 형태의 inductor 유도용량을 구하기 위해서는 다음과 같은 절차에 따라 순차적으로 유도하는 것이 바람직하다.

① 자계 벡터 $\vec{H}$ 도출 : Ampere 주회적분 법칙을 적용

$$\int_l \vec{H} \cdot \vec{dl} = N I$$

② 총자속 Φ 도출 : 자계벡터 $\vec{H}\,[A/m]$로부터 자성체의 투자율 $\mu\,[H/m]$을 곱한 자속밀도 벡터 $\vec{B}\,[tesla]$를 면적분

$$\Phi = \int_S \vec{B} \cdot \vec{da} = \mu \int \vec{H} \cdot \vec{da}$$

③ 유도용량 L 도출 : 총 자속을 전류로 나눈 유도용량 최종 도출

$$L = \frac{\Phi}{I} \ [H]$$

여기서, 유도용량 $L\,[H]$은 그 결과가 투자율 상수 $\mu\,[H/m]$와 길이성분 $l\,[m]$의 곱으로 나타나거나 혹은 투자율 상수 $\mu\,[H/m]$와 면적성분 $A\,[m^2]$의 곱에서 길이성분 $l\,[m]$을 나눈 형태로 나와야 하며, 그렇지 않으면 계산 과정에서 오류를 범한 것이다. Inductor로 많이 활용되고 있는 솔레노이드와 토로이드에 대해 유도용량 $L\,[H]$값을 유도해보자.

5.8.1 솔레노이드(solenoid)

그림 5-21과 같이 비투자율 μ_r과 단면적이 $S[m^2]$인 직선형(直線形)의 자성체에 저항이 매우 작은 도선(구리)으로 N번(권선수) 감은 inductor를 솔레노이드 (solenoid)라고 한다.

솔레노이드 inductor에 전류 I를 인가함으로써 발생하는 자계 벡터 $\vec{H}$는 솔레노이드의 중심을 관통한 뒤 자성체가 아닌 공기 속을 다시 순환하여 돌아오는 형태의 회전형 벡터 모양을 하고 있으며, 어느 곳에서도 연속적인 벡터이다. 따라서 솔레노이드 inductor에서 전류 때문에 발생하는 자계 벡터 $\vec{H}$는 비발산하면서도 회전하는 벡터라고 특징지을 수 있다.

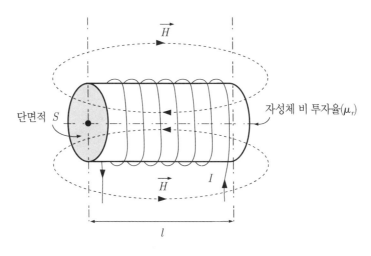

그림 5-21 • 솔레노이드 inductor

솔레노이드 내부에는 비투자율 μ_r이 일반적으로 높은 강자성체 물질을 주로 사용하고 있으므로 자속밀도 계산에서 공기 중에 있는 자속밀도는 일반적으로 무시한다. 솔레노이드 도선에 정전류 $I\,[A]$가 흐르고 있을 때, 솔레노이드 내부의 자계 세기 $H\,[A/m]$와 자속밀도 벡터의 세기 $B\,[Wb/m^2]$ 및 전류 $I\,[A]$에 의해 형성되는 총자속 $\Phi'\,[Wb]$을 구하고, 이로부터 inductor의 유도용량 L을 도출하는 방법은 다음과 같다.

① 자계벡터 $\vec{H}$ 도출

Ampere의 주회적분 법칙으로부터 자계의 세기는 다음과 같다.

솔레노이드 자계 $\quad \oint_l \vec{H} \cdot \vec{dl} \simeq H \times l = NI \quad \Rightarrow \quad \therefore H = \dfrac{NI}{l}\,[A/m]$

$$(5.52)$$

여기서 폐경로를 가지는 자계 벡터 $\vec{H}\,[A/m]$ 내를 지나가는 총전류는 권선수 N번만큼 곱해야 하며, 자계 벡터의 길이는 자성체에 존재하는 자계 벡터 길이 l만을 고려하였다.

Ampere의 주회적분 법칙에 따르면 자계 H의 길이는 자성체에 존재하는 길이 l과 자성체를 관통하여 나온 공기 내에 존재하는 여분의 길이가 모두 더해지는 것이 맞지만, 자성체를 관통하는 실제 자계의 크기는 공기 내에 존재하는 자계의 크기보다 여러 번 중첩되기 때문에 공기 내에 존재하는 자계의 크기보다 상대적으로 값이 매우 크다고 할 수 있다.

또한, 자계 H에 강자성체 투자율 μ의 값을 곱한 자속밀도 B에 있어서 공기 중은 비투자율 μ_r이 1이지만, 강자성체 내부에는 비투자율 μ_r이 공기 중보다 일반적으로 수백 배 이상 크기 때문에 공기 중의 자계는 일반적으로 고려하지 않고, 자성체를 관통하는 자계의 길이 l로 단순화시킨다. 이를 통칭하여 가장자리 효과(edge effect)는 무시한다고 말한다.

② 총자속 Φ 도출

구해진 자계로부터 자속밀도 벡터의 세기 $B[Wb/m^2]$는 다음과 같다.

솔레노이드 자속밀도

$$\overrightarrow{B} = \mu \overrightarrow{H} \quad \Rightarrow \quad B = \mu H = \mu_0 \mu_r H = \mu \frac{NI}{l} \quad [tesla] \tag{5.53}$$

구해진 자속밀도 벡터의 세기로부터 총자속 $\Phi'[Wb]$은 전류 $I[A]$ 하나에 대해 자속 $\Phi[Wb]$가 발생하고, N번의 권선수에 대해서 자속은 N번 누적될 것이므로 총자속 $\Phi'[Wb]$은 다음과 같다.

솔레노이드 총자속

$$\Phi' = N\Phi = N \int_s \overrightarrow{B} \cdot \overrightarrow{ds} = NBS = N\mu HS = N^2 \mu \frac{S}{l} I \quad [Wb]$$

$$\tag{5.54}$$

③ 유도용량 L 도출

총자속으로부터 솔레노이드 inductor 유도용량은 다음과 같다.

솔레노이드 유도용량 $\quad L = \dfrac{\Phi'}{I} = \mu \dfrac{S}{l} N^2 = \mu_0 \mu_r \dfrac{S}{l} N^2 \quad [H]$ $\quad$ (5.55)

식 (5.55)에서 투자율 μ의 물리 단위는 유도용량 $L = \mu \dfrac{S}{l} N^2$에서 보는 바와 같이 유도용량 L에서 면적 S로 나누고 길이 l을 곱한 것과 같으므로 유도용량 L의 물리 단위 $[H]$에 면적 $[m^2]$을 나누고 길이 $[m]$를 곱한 $[H/m]$의 단위를 가지는 것이 당연하다. 여기서, 권선수 N은 물리 단위가 없으므로 논의의 대상에서 제외된다. 이것은 3장에서 배운 평행평판 capacitor의 정전용량 $C = \epsilon \dfrac{A}{l}$에서 보는 바와 같이 유전체($\epsilon$)를 어떻게 설정했는가, 평행평판 면적 (유전체 단면적) A와 평행평판의 간격(유전체 두께) d를 어떻게 설정했는가에 따라 capacitor의 정전용량이 결정되는 것과 유사하게, 솔레노이드 유도용량은 $L = \mu \dfrac{S}{l} N^2$로 나타나는 것처럼 자성체(μ)를 어떤 것으로, 자성체 단면적 S와 자성체 길이 l를 어떻게 설정했는가에 따라 결정된다. 다만, 유도용량의 경우에서 권선수 N의 제곱이 부가적으로 추가된다는 것을 명심한다면, 평행평판 capacitor의 정전용량과 inductor의 유도용량이 매우 유사함을 알 수 있다.

5.8.2   토로이드(toroid)

그림 5-22와 같이 비투자율 μ_r과 단면적이 $S[m^2]$인 환형 자성체에 도선으로 N번(권선수) 감은 inductor를 환형 솔레노이드 혹은 토로이드(toroid)라고 한다. 이는 직선형 솔레노이드를 동그랗게 만든 것에 불과하다.

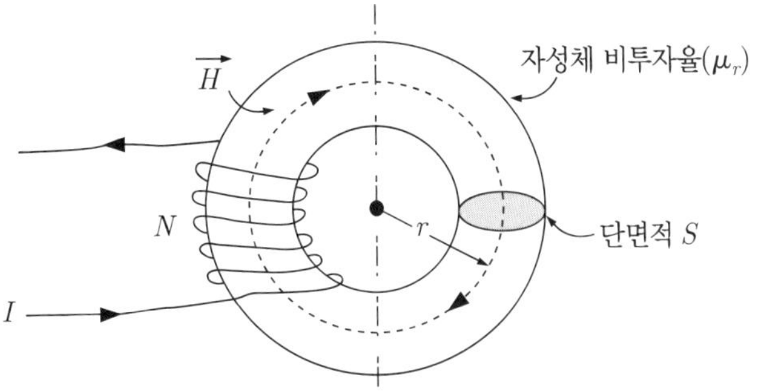

그림 5-22 • 환형 솔레노이드(toroid) inductor

토로이드 inductor에 전류 I를 인가함으로써 발생하는 자계벡터 $\overrightarrow{H}\,[A/m]$는 토로이드를 구성하는 자성체 내부를 관통하는 회전형 벡터 모양을 하고 있으며, 항상 연속적인 벡터이다. 따라서 토로이드 inductor에서 전류 때문에 발생하는 자계 벡터 $\overrightarrow{H}$는 솔레노이드 inductor에서의 자계 벡터 $\overrightarrow{H}$와 같은 비발산하면서도 회전하는 벡터라고 특징지을 수 있다.

토로이드 자성체를 감고 있는 환형 도선에 정전류 $I\,[A]$가 흐르고 있을 때, 환형 솔레노이드 내부의 자계 세기 $H\,[A/m]$와 자속밀도 벡터의 세기 $B\,[Wb/m^2]$ 및 전류 $I\,[A]$에 형성되는 총자속 $\varPhi'\,[Wb]$을 구하고, 이로부터 inductor의 유도용량을 도출하는 방법은 다음과 같다.

❶ 자계 벡터 $\overrightarrow{H}$ 도출

Ampere의 주회적분 법칙으로부터 자계의 세기는 다음과 같다.

$$
\boxed{
\begin{array}{l}
\text{토로이드 자계} \\[4pt]
\oint_l \overrightarrow{H} \cdot \overrightarrow{dl} = H \times 2\pi r = NI \quad \Rightarrow \quad \therefore\ H = \dfrac{NI}{2\pi r}\ [A/m]
\end{array}
}
\tag{5.56}
$$

여기서, 폐경로를 가지는 자계벡터 $\vec{H}\,[A/m]$ 내를 지나가는 총전류는 권선수 N번만큼 곱해야 한다. 여기서, $2\pi r$은 토로이드를 구성하는 자성체의 원주 길이를 의미하는 것으로, 앞서 배운 솔레노이드의 자성체 길이 l과 다르지 않다.

② 총자속 Φ 도출

구해진 자계의 세기로부터 자속밀도 벡터의 세기 $B\,[Wb/m^2]$는 다음과 같다.

$$
\boxed{\;\text{토로이드 자속밀도}\quad \vec{B} = \mu\,\vec{H} \quad\Rightarrow\quad B = \mu H = \mu_0\,\mu_r\,H \\[2mm]
= \mu_0\,\mu_r\,\frac{N\,I}{2\,\pi\,r} \quad [Wb/m^2]\;}
$$

(5.57)

구해진 자속밀도 벡터 $\vec{B}$ 의 세기로부터 총자속 $\Phi'\,[Wb]$는 전류 $I\,[A]$ 하나에 대해 자속 $\Phi\,[Wb]$가 발생하고, N번의 권선수에 대해서 N번 자속 Φ가 누적될 것이므로 다음과 같다.

$$
\boxed{\;\text{토로이드 자속} \\[2mm]
\Phi' = N\Phi = N\int_s \vec{B}\cdot\vec{ds} = NBS = N^2\mu\,\frac{S}{2\,\pi\,r}\,I \quad [Wb]\;}
$$

(5.58)

③ 유도용량 L 도출

총자속으로부터 토로이드 inductor 유도용량은 다음과 같다.

$$\text{토로이드 유도용량} \qquad L = \frac{\Phi'}{I} = \mu \frac{S}{2\pi r} N^2 \quad [H] \qquad (5.59)$$

토로이드 inductor도 솔레노이드 경우와 모든 점에서 유사하게 유도되었고, 단지 다른 점은 솔레노이드의 길이(자성체 길이) $l[m]$를 토로이드의 원주 길이(자성체 길이) $2\pi r[m]$로 바꾼 것밖에 없다.

문제 16

단면적 $S = 25[cm^2]$, 권선수 $N = 500$번을 감은 공심(空心) 솔레노이드에 $50 m[A]$ 전류를 흘렸을 때 솔레노이드 내부에서 측정된 자계의 세기가 $2.5[A/m]$ 정도였다. 이때 이 솔레노이드의 유도용량을 구하시오. 또한 공심 솔레노이드에 비투자율 $\mu_r = 1000$인 철심을 삽입할 때 철심 자성체를 포함한 솔레노이드의 유도용량도 구하시오.(여기서, 공심이라는 것은 심이 없다는 의미로 자성체가 있지 않은 공기만 있는 경우를 의미한다.)

Solution $\quad \Phi = L I\,[Wb] \ \Rightarrow \ L = \dfrac{\Phi}{I} = \dfrac{N B S}{I} = N\dfrac{\mu_0 \mu_r\, H S}{I}$

$$= 500\,\frac{4\pi \times 10^{-7} \times 2.5 \times 25\,c^2}{50\,m} = 25\,\pi\,[\mu H]$$

비투자율 $\mu_r = 1000$인 자성체를 삽입할 경우의 유도용량 값은 μ_r만큼 증가할 것이므로 다음과 같다.

$$L' = \mu_r\, L = 1000\, L = 25\,\pi\,[mH]$$

5.9 Inductor 활용

그림 5-23은 MEMS(Micro Electro Mechanical Systems) 공정으로 만들어진 나선형 inductor(spiral inductor)이다. MEMS는 반도체 가공기술을 이용하여 실리콘, 금속 등을 수 십에서 수 백 마이크로(μm) 크기로 만들어진 초소형 미세 기계구조물을 말한다.

여기서, 사용주파수 범위가 약 $1\,G[Hz]$이상의 초고주파 대역에서 사용 가능한 나선형 inductor의 유도용량을 솔레노이드에서의 유도용량과 같이 취급하면 유사한 값을 추론할 수 있는데, 실제 inductor의 유도용량 값을 구하기 위해서는 벡터 네트워크 분석기(Vector Network Analyzer)를 사용하여 얻어진 S-parameter를 분석함으로써 정확한 값을 추출할 수 있다.

나선형 inductor의 내부면적이 약 $250\,[\mu m] \times 250\,[\mu m]$, 권선수가 약 2.25회 정도이고, 나선형 inductor의 금속의 폭과 간격이 약 $30\,[\mu m]$, 두께가 약 $5\,[\mu m]$일 때 약 $2.5\,[nH]$ 정도의 유도용량을 가진다.

그림 5-24는 초고주파 대역에서 동작하는 고전력 증폭기를 반도체 공정을 이용하여 만든 것인데, 실리콘 기판 위에 MEMS 공정이 아닌 일반적인 금도금(Au-plating) 공정을 하여 제작된 평면 나선 inductor(planar spiral inductor)로 입력과 출력 부분의 정합 회로(matching circuit)로 사용된다.

이러한 반도체 공정으로 만들어지는 inductor의 유도용량 값은 $0.1\,[nH]$ $\sim 10\,[nH]$ 정도가 보통이다. 또한, 반도체 공정으로 만든 반도체칩(semiconductor chip)의 패키징(packaging) 과정에 금선(金線, gold bonding wire)이 많이 사용되는데, 통상 금선의 직경이 약 $25\,[\mu m]$정도인 것이 주로 사용되고, 최근에는 알루미늄선(aluminum wire) 및 은선(silver wire) 등을 시험적으로 사용하고 있다.

그림 5-25는 초고주파 대역에서 동작하는 수동소자(passive element) 즉, 평면 나선 inductor, MIM(metal insulator metal) capacitor, 박막저항(thin film resistor)과 갈륨비소(GaAs) 물질로 구성된 전력증폭기 등의 전력 칩(power chip)이 실리콘 기판 위에 패키징 된 개념도로, 선택적 산화된 다공성 실리콘 층(SOPS, selectively oxidized porous silicon layer)이 포함된 두꺼운 실리콘 산화층 위에 높은 성능의 수동소자들을 반도체 공정을 이용해 집적하여 초고주파 대역에서의 신호 손실을 줄여 고성능의 수동소자들이 동작할 수 있게 하고, 열전도도가 높은 실리콘 위에는 갈륨비소 전력증폭기 등에서 발생하는 고열을 하부 쪽으로 전달할 수 있게 패키징한 구조를 개념도로 나타내고 있다.

특히, 그림 5-26은 실제 약 $25[\mu m]$ 정도의 두께를 가지는 산화된 다공성 실리콘 층위에 만들어진 평면 나선 inductor로 내부 면적이 약 $100[\mu m] \times 100[\mu m]$, 권선수가 약 4.5회 정도이고, 나선형 inductor의 금속의 폭과 간격이 약 $10[\mu m]$, 두께가 약 $5[\mu m]$정도일 때, 약 $5[nH]$ 정도의 유도용량을 가진다.

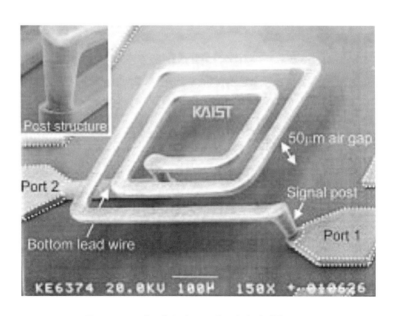

그림 5-23 • 반도체공정으로 만들어진 나선형 inductor

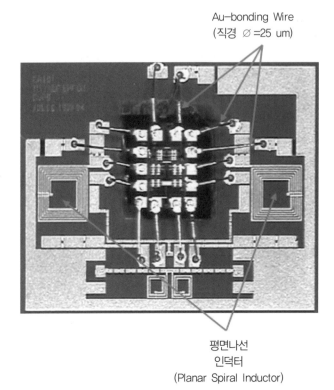

Au-bonding Wire
(직경 ⌀ =25 um)

평면나선
인덕터
(Planar Spiral Inductor)

그림 5-24 • 반도체공정으로 만들어진 평면 나선 inductor

솔레노이드나 토로이드와 같은 inductor 경우는, 자성체에 구리선을 전기 모터 등을 이용하여 기계적으로 감아 만든 것이 대부분이지만, 앞서 언급한 MEMS 공정 혹은 반도체 공정으로 만들어진 초소형 inductor도 많이 사용하고 있다. 다만, 이러한 초소형 인덕터는 자성체 물질을 일반적으로 포함하지 않으며, 자성체를 포함함으로써 높은 유도용량 $\cdot L$ 을 가지는 초소형 inductor에 대한 연구가 필요하다.

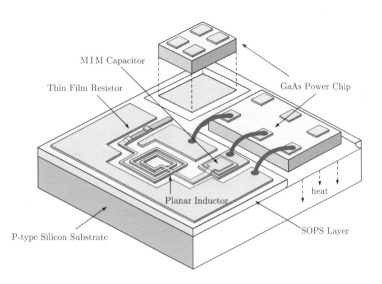

그림 5-25 • 두꺼운 실리콘 산화막을 갖는 실리콘 기판에서의 평면 나선 inductor, MIM capacitor, thin film resistor, power chip packaging 개념도

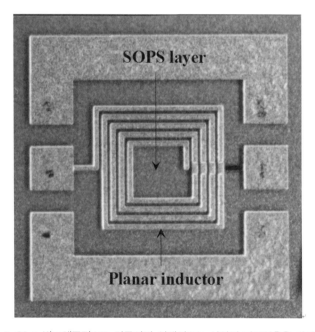

그림 5-26 • 반도체공정으로 만들어진 선택적으로 산화된 다공성층을 가지는 실리콘 기판에서의 평면 나선 inductor

5.10 자기에너지

자성체에 구리도선을 감은 inductor에서 구리도선에 전압 V를 인가하여 구리도선 내에 있는 자유전자(전하)를 움직이는 데 소요되는 미소 전기에너지 또는 전하가 움직인 미소 일에너지 $dW[J]$를 아래와 같이 표현할 수 있다.

$$\text{미소 전기에너지} \quad V = \frac{W}{q} \simeq \frac{dW}{dq} \ [V] \quad \Rightarrow \quad dW = V \, dq \ [J] \qquad (5.60)$$

이때, 미소 전기에너지 dW는 미소 전하 dq를 인가된 전압 V로 이동하는 데 사용된 에너지이다. 여기서, 인가된 전압 V를 6장에서 나올 유도전압에 관한 Faraday 법칙에서 먼저 인용하여 inductor에 전압을 인가함으로써 생성된 미소 자기에너지를 유도하면 다음과 같다.

$$\text{Faraday 법칙} \quad V = \frac{d\Phi}{dt} = L \frac{dI}{dt} \ [V] \qquad (5.61)$$

$$\text{미소 자기에너지} \quad \therefore \ dW = V \, dq = L \frac{dI}{dt} dq = L \frac{dq}{dt} dI = L \, I \, dI \ [J] $$

$$(5.62)$$

위 식에서 inductor에 인가된 총 전기 에너지 혹은 inductor에 저장된 자기에너지(유도에너지)는 다음과 같이 나타낼 수 있다.

$$
\begin{aligned}
\text{자기에너지} \quad W = W_m & \\
&= \int dW \\
&= \int_{I=0}^{I=I} L I \; dI \\
&= \frac{1}{2} L I^2 \qquad \leftarrow \Phi = L I \\
&= \frac{1}{2} \Phi I = \frac{1}{2} \frac{\Phi^2}{L} \quad [J]
\end{aligned}
\tag{5.63}
$$

이렇게 inductor에 전압 혹은 전류를 인가함으로써 공급한 총 전기에너지를 자기에너지 또는 유도에너지라고 말한다. 특히, capacitor에 전압을 공급하여 전하를 저장한 정전에너지 W_e와 구분하기 위해 첨자 $m(magnetic)$을 붙여서 자기에너지 혹은 유도에너지를 W_m으로 표현한다.

자기에너지 $W_m[J]$를 다시 표현하면 다음과 같다.

$$
\begin{aligned}
\text{자기에너지} \quad W_m &= \frac{1}{2} \Phi I & \leftarrow \Phi = \vec{B} \cdot \vec{A} \\
&= \frac{1}{2} (\vec{B} \cdot \vec{A}) I & \leftarrow \vec{A} = \int \vec{ds} \\
&= \frac{1}{2} \int_s \vec{B} \cdot \vec{ds} \; I & \leftarrow \vec{B} = \mu \vec{H} \\
&= \frac{1}{2} \mu \int_s \vec{H} \cdot \vec{ds} \; I & \leftarrow Gauss's \; theorem \\
&= \frac{1}{2} \mu \int_v I \, (\nabla \cdot \vec{H}) \, dv
\end{aligned}
\tag{5.64}
$$

여기서, 자기에너지 $W_m\,[J]$는 벡터의 항등식을 사용하면, 다음과 같이 변환이 된다.

자기에너지

$$W_m = \frac{1}{2}\mu \int_v I\,(\nabla \cdot \overrightarrow{H})\,dv \quad \leftarrow \quad \nabla \cdot (I\overrightarrow{H}) = \nabla I \cdot \overrightarrow{H} + I\,(\nabla \cdot \overrightarrow{H})$$

$$= \frac{1}{2}\mu\left[\int_v \nabla \cdot (I\overrightarrow{H})\,dv - \int_v (\nabla I \cdot \overrightarrow{H})\,dv\right]$$

(5.65)

여기서, 자계에너지 $W_m\,[J]$를 더 전개하기 위해서 Ampere의 주회적분 법칙으로 부터 아래와 같은 수식을 직교좌표계로 적용해보면, Ampere 주회적분 법칙(미분형)을 얻을 수 있다.

Ampere 주회적분 법칙(적분형) $\qquad I = \int_l \overrightarrow{H} \cdot \overrightarrow{dl} = \int_I dI\;\;[A]$

$dI = \overrightarrow{H} \cdot \overrightarrow{dl}$

$\quad = H_x\,d_x + H_y\,d_y + H_z\,d_z$

$\quad = \dfrac{\partial I_x}{\partial x}d_x + \dfrac{\partial I_y}{\partial y}d_y + \dfrac{\partial I_z}{\partial z}d_z \quad [A]$

$\therefore H_x = \dfrac{\partial I_x}{\partial x}\;, \qquad H_y = \dfrac{\partial I_y}{\partial y}\;, \qquad H_z = \dfrac{\partial I_z}{\partial z}$

(5.66)

Ampere 주회적분 법칙(미분형) $\qquad \overrightarrow{H} = \nabla I \;\;[A/m]$ (5.67)

식 (5.67)에서 스칼라량인 전류에 해밀턴 미분 연산자를 취하면 자계 벡터 $\vec{H}$가 됨을 알 수 있다. 이는 3장에서 배운 스칼라량인 전압에 해밀턴의 미분 연산자를 취하면 전계가 되는 것과 유사하다. 즉, Ampere 법칙의 미분형 형태가 전계의 정의 미분형과 매우 유사하다.

$$\text{전계의 정의(미분형)} \qquad \vec{E} = -\nabla V \quad [V/m] \tag{5.68}$$

자기에너지 W_m으로 돌아가서 다시 적어보면, 아래와 같이 나타낼 수 있다.

$$
\begin{aligned}
\text{자기에너지} \\
W_m &= \frac{1}{2}\mu \int_v I\,(\nabla \cdot \vec{H})\,dv \quad \leftarrow \quad \nabla \cdot (I\vec{H}) = \nabla I \cdot \vec{H} + I\,(\nabla \cdot \vec{H}) \\
&= \frac{1}{2}\mu \left[\int_v \nabla \cdot (I\vec{H})\,dv - \int_v (\nabla I \cdot \vec{H})\,dv \right]
\end{aligned}
\tag{5.69}
$$

위의 수식에서 첫 번째 항 $\nabla \cdot I\vec{H}$는 $I\vec{H}$ 벡터에 대한 발산을 의미하는데, $I\vec{H}$는 방향이 자계 벡터 $\vec{H}$의 방향과 같고, 따라서 자계 벡터의 형상과 같은 비발산, 회전하는 벡터일 것이다. 따라서 $I\vec{H}$ 벡터에 대한 발산은 항상 0이 되어야 한다. 왜냐하면, 자계 벡터는 항상 폐곡면이기 때문에 임의의 폐곡면에서 자계 벡터의 들어가고 나가는 벡터의 합이 0이 된다. 즉, 자계 벡터의 발산은 0이다.

$$\text{자계의 비발산} \qquad \frac{1}{2}\mu \int_v \nabla \cdot (\vec{H}I)\,dv = 0 \quad [J] \tag{5.70}$$

383

따라서 inductor 내에 전류를 주입함으로써 발생하는 자기에너지 $W_m[J]$은 $\overrightarrow{H} = \nabla I \; [A/m]$ 수식을 삽입하여, 다음과 같이 나타낼 수 있을 것이다.

$$
\begin{aligned}
W_m &= \frac{1}{2}\Phi I = -\frac{1}{2}\mu\int_v (\nabla I) \cdot \overrightarrow{H}\, dv \\
&= -\frac{1}{2}\mu\int_v \overrightarrow{H} \cdot \overrightarrow{H}\, dv = -\frac{1}{2}\mu\int_v H^2\, dv\, [J]
\end{aligned}
\tag{5.71}
$$

이 식에서, 자기에너지 $W_m[J]$은 (−)값이 나오기 때문에 수식에 오류가 있다. 이를 바로잡기 위해 아래 식처럼 자계의 방향을 180도(π)로 바꿔주는 것이 타당하다.

$$
\overrightarrow{H} = \nabla I \;\; [A/m] \qquad \Rightarrow \qquad \overrightarrow{H} = -\nabla I \;\;\; [A/m]
\tag{5.72}
$$

그러므로 최종 자기에너지 $W_m[J]$과 단위 체적당 자기에너지 $\dfrac{dW_m}{dv}$은 다음과 같다.

$$
\text{자기에너지} \quad W_m = \frac{1}{2}\Phi I = \frac{1}{2}\mu\int_v H^2\, dv \;\; [J]
\tag{5.73}
$$

$$
\text{단위 체적당 자기에너지} \quad \frac{dW_m}{dv} = \frac{1}{2}\mu H^2 \;\; [J/m^3]
\tag{5.74}
$$

이러한 결과는 capacitor에서 보았던 정전에너지 $W_e[J]$, 단위 체적당 정전에너지 $\dfrac{dW_e}{dv}[J/m^3]$ 와 매우 유사하다.

$$\text{정전에너지} \quad W_e = \frac{1}{2}\epsilon \int_v E^2 \, dv \quad [J] \tag{5.75}$$

$$\text{단위 체적당 정전에너지} \quad \frac{dW}{dv} = \frac{1}{2}\epsilon E^2 \quad [J/m^3] \tag{5.76}$$

단위 체적당 자기에너지 또는 유도에너지는 자유공간 혹은 자성체로 채워진 공간에서 단위 체적당 얼마의 에너지가 저장되어 있는가를 나타내는 지표이며, 이는 자계 세기의 제곱에 비례한다. 다른 말로 자유공간에 자계가 존재한다는 의미는 자유공간 내에 에너지가 있다는 것을 의미한다. 에너지보존의 법칙으로 설명하면, inductor 내에 전류를 인가함으로써 전기에너지를 주입하였고, inductor 내부에 자계가 생성되었으며, 이러한 자계가 곧 inductor에 저장된 자기에너지로 표현될 수 있다는 것이다.

결론적으로 전압 V는 capacitor에 전계 E가 발생하면서 정전에너지가 저장되는 것처럼, inductor에 전류 I를 인가하면 자계 H가 발생하면서 자기에너지(유도에너지)가 저장된다고 할 수 있다.

5

문제 17

Inductor에 전류 $3[mA]$를 인가했을 때 inductor에 저장되는 자기에너지(W_m)가 $27[nJ]$이라면, 이때 inductor의 유도용량 $L[H]$을 구하시오.

Solution $\quad W_m = \dfrac{1}{2}LI^2 = 27n[J] \quad \Rightarrow \quad L = \dfrac{2W_m}{I^2} = \dfrac{2 \times 27n}{(3m)^2} = 6[mH]$

문제 18

비투자율 μ_r, 단면적이 $S[m^2]$, 길이가 $l[m]$인 원통형의 자성체에 구리 도선을 N번(권선수) 감은 직선형 솔레노이드에서 자기에너지 $W_m[J]$를 구하고, 이로부터 솔레노이드의 유도용량 $L[H]$을 도출하시오.

Solution Ampere의 주회적분 법칙으로부터 자계의 세기 $H[A/m]$는 다음과 같다.

$$\oint_l \vec{H} \cdot \vec{dl} \simeq H \times l = NI \quad \Rightarrow \quad \therefore H = \frac{NI}{l}[A/m]$$

자기에너지 $W_m[J]$는 다음과 같다.

$$W_m = \frac{1}{2}LI^2 = \frac{1}{2}\mu \int_v H^2 \, dv = \frac{1}{2}\mu(\frac{NI}{l})^2(Sl) = \frac{1}{2}\mu\frac{N^2S}{l}I^2 \quad [J]$$

$$\therefore L = \mu\frac{S}{l}N^2 \ [H]$$

자계 H는 솔레노이드 자성체 내부에만 존재한다고 가정했고, 자계는 상수이기 때문에 자계 H가 존재하는 자성체의 체적은 단면적 $S[m^2]$와 길이 $l[m]$의 곱과 같다. 자기에너지로부터 유도된 유도용량 L은 앞서 구한 솔레노이드 inductor의 유도용량 L과 같음을 알 수 있다.

문제 19

비투자율 μ_r과 단면적이 $S[m^2]$, 길이가 $2\pi r[m]$인 환형 자성체에 구리 도선을 N번(권선수) 감은 토로이드의 자기에너지 $W_m[J]$를 구하고, 이로부터 토로이드의 유도용량 $[H]$을 도출하시오.

Solution Ampere의 주회적분 법칙으로부터 자계의 세기 $H[A/m]$는 다음과 같다.

$$\oint_l \overrightarrow{H} \cdot \overrightarrow{dl} \simeq H \times 2\pi r = NI \quad \Rightarrow \quad \therefore \ H = \frac{NI}{2\pi r} \ [A/m]$$

자기에너지 $W_m[J]$는 다음과 같다.

$$W_m = \frac{1}{2} LI^2 = \frac{1}{2}\mu \int_v H^2 \, dv$$

$$= \frac{1}{2}\mu (\frac{NI}{2\pi r})^2 (S \times 2\pi r) = \frac{1}{2}\mu \frac{N^2 I^2}{2\pi r} S \quad [J]$$

$$\therefore \ L = \mu \frac{S}{2\pi r} N^2 \ [H]$$

문제 20

비투자율 $\mu_r = 4k$인 강자성체를 자화시켜 강자성체에서 자속밀도 $B = 0.2[tesla]$가 나오게 되었을 때, 이 강자성체의 단위 체적당 축적된 자기에너지 $\dfrac{dW_m}{dv}[J/m^3]$을 구하시오.

Solution 단위 체적당 축적된 자기에너지 $\dfrac{dW_m}{dv}$은

$$W_m = \frac{1}{2}\mu \int_v H^2 \, dv \quad \rightarrow \quad \frac{dW_m}{dv} = \frac{1}{2}\mu H^2 = \frac{1}{2}\mu (\frac{B}{\mu})^2$$

$$= \frac{1}{2}\frac{B^2}{\mu_0 \mu_r} = \frac{1}{2}\frac{0.2^2}{4\pi \times 10^{-7} \times 4k} = \frac{100}{8\pi} \ [J/m^3]$$

[Joseph Henry, 1797-1878]

헨리(Joseph Henry)는 미국 뉴욕 주 출생의 물리학자로, 1830년에 스터전(William Sturgeon, 1783~1850)이 발명한 전자기석(電磁氣石)보다 훨씬 강력한 전자기석을 만들었고, 영국의 Faraday와는 독립적으로 1830년 전자기 유도전압에 관한 법칙과 1832년 Faraday에 앞서 전류의 자체유도(自體誘導)를 발견하였다. 아쉽게도 Faraday보다 전자기 유도전압에 관한 법칙을 몇 달 늦게 발표한 관계로 전자기학 분야에서 헨리의 이름이 많이 나오지는 않는다. 그러나 이 두 가지 유도현상의 발견은 전자기학 및 전기기술에 획기적 진보를 가져왔는데, 그 자신도 전자기식(電磁氣式) 전동기와 전신기 등을 고안하였다. 그 후에도 전류계 제작, 방전에 의한 전자기진동 발생 관찰(1842) 등 전자기학 발전에 많은 공헌을 하였다. 1846년 스미스 소니언 연구소 초대 소장이 되어, 재직 중에 전신(電信)에 의한 기상통보의 조직화, 최초의 일기도 및 과학을 기초로 하는 일기예보 방식을 만들고, 태양흑점의 열복사를 관찰하였다. 유도용량의 단위 헨리[H]는 그의 이름에서 차용한 것이다.

1 정전계(시간적 변화가 없는 전계) E와 정자계(시간적 변화가 없는 자계) H는 상호 독립적이고 상대적 물리량이지만, 시변전계(시간적 변화가 있는 전계) E와 시변자계(시간적 변화가 있는 자계) H는 상호 의존적이며 복합적 물리량이다.

[전계와 자계의 상대 관계식]

① 전계와 전압관계식 $\vec{E} = -\nabla V$ $\Leftrightarrow$ $\vec{H} = -\nabla I$ 자계와 전류관계식

② 전압 정의 $V = \int_l \vec{E} \cdot \vec{dl}$ $\Leftrightarrow$ $I = \int_l \vec{H} \cdot \vec{dl}$ Ampere 법칙

③ Gauss 법칙 $Q = \int_s \epsilon \vec{E} \cdot \vec{ds}$ $\Leftrightarrow$ $\Phi = \int_s \mu \vec{H} \cdot \vec{ds}$ 자속 정의

                          $= CV$ $= LI$

④ 정전에너지 $W_e = \dfrac{1}{2}\epsilon \int_v E^2 \, dv$ $\Leftrightarrow$ $W_m = \dfrac{1}{2}\mu \int_v H^2 \, dv$ 유도에너지

⑤ Coulomb 전기력 $\vec{F_e} = Q\vec{E}$ $\Leftrightarrow$ $\vec{F_m} = \Phi \vec{H}$ Coulomb 자기력

[전계와 자계의 상관 관계식]

① Faraday 유도전압 법칙(미분형) $\nabla \times \vec{E} = \mu \dfrac{d\vec{H}}{dt}$

② 변위전류밀도 정의(미분형) $\nabla \times \vec{H} = \epsilon \dfrac{d\vec{E}}{dt}$

5

2 전하와 전압은 전계를 발생시키는 원천이듯이, 자하와 전류는 자계를 발생시키는 원천이다.

① 전하 Q 또는 전압 V $\Rightarrow$ 전계벡터 $\vec{E}$ 발생

② 자하 Φ 또는 전류 I $\Rightarrow$ 자계벡터 $\vec{H}$ 발생

3 Coulomb 자기력은 영구자석에 포함된 각각의 자하에 비례하고, 영구자석간의 거리의 제곱에 반비례하며, 영구자석 사이에 존재하는 자성체의 투자율에 반비례한다.

① Coulomb 자기력 $\quad \overrightarrow{F_m} = \dfrac{1}{4\pi\mu}\dfrac{\Phi_1\Phi_2}{R^2}\hat{a_r} = \Phi_1\overrightarrow{H_2} = \Phi_2\overrightarrow{H_1}\ [N]$

② 투자율 $\quad \mu = \mu_0\mu_r \quad [H/m]$

③ 진공 중의 투자율 $\quad \mu_0 = 4\pi\times 10^{-7} \quad [H/m]$

4 Biot-Savart 법칙은 전류소(電流素) 개념을 도입하여, 도선의 단위길이에 해당되는 자기의 세기 H를 수학적인 수식으로 표현한 것이다.

Biot-Savart 미소자계 법칙 $\quad \overrightarrow{dH} = \dfrac{I\overrightarrow{dl}\times\hat{a_r}}{4\pi r^2} = \dfrac{I}{4\pi}\dfrac{\overrightarrow{dl}\times\hat{a_r}}{r^2}\ [A/m]$

① 유한 직선도선의 총 자계 $\quad H = \dfrac{I}{4\pi a}(\sin\beta_1 + \sin\beta_2)\ [A/m]$

② 유한 환형도선의 총 자계 $\quad H = \dfrac{Ia^2}{2r^3}\ [A/m] \ \leftarrow \ r^2 = a^2 + z^2$

5 Ampere 법칙은 3가지 법칙으로 이루어져 있다.

---

① Ampere 오른손 나사 법칙 - 전류와 자계의 방향에 관련된 법칙으로, 전류 혹은 자계의 방향을 알면 자계 혹은 전류의 방향을 오른손을 이용하여 쉽게 알 수 있는 방법

② Ampere 주회적분 법칙 - 전류는 자계를 선적분 한 것으로, 자계의 물리단위는 $[A/m]$가 된다.

$$\int_l \overrightarrow{H} \cdot \overrightarrow{dl} = \oint_l \overrightarrow{H} \cdot \overrightarrow{dl} = H \times l = I \ \ [A], \quad \overrightarrow{H} = -\nabla I \ [A/m]$$

③ Ampere 자기력 법칙 $\qquad \overrightarrow{F_m} = I\overrightarrow{l} \times \overrightarrow{B} = \mu I\overrightarrow{l} \times \overrightarrow{H} \quad [N]$

---

6 자속밀도벡터 $\overrightarrow{B}$는 투자율과 자계벡터를 곱한 것으로, 자계벡터 모양과 같다. 또한, 자계에 의해 자성체에 발생되는 자기쌍극자와 자화도벡터와 관련있으며, 자속밀도는 자하를 자성체의 단면적으로 나눈 면자하밀도의 물리단위 $[Wb/m^2]$를 가진다.

---

① 자속밀도벡터 $\qquad \overrightarrow{B} = \mu \overrightarrow{H} = \mu_0 \mu_r \overrightarrow{H} = \mu_0 (\overrightarrow{H} + \overrightarrow{M}) \quad [Wb/m^2]$

② 자하(자속) $\qquad \Phi = \int_S \overrightarrow{B} \cdot \overrightarrow{ds} = BS \ [Wb] \ \Rightarrow \ B = \dfrac{\Phi}{S} \ [Wb/m^2]$

---

7 자화율(磁化率) χ_m 혹은 비투자율 μ_r의 크기에 따라 모든 물질을 비자성체, 반자성체, 상자성체, 강자성체 등 4종류로 분류할 수 있다.

비투자율과 자화율 관계 $\qquad \mu_r = 1 + \chi_m = \dfrac{\mu}{\mu_0} \quad [\ ]$

---

8 자기쌍극자벡터(magnetic dipole vector) $\vec{m}$은 속박전자의 자전과 공전에 의한 전류로 발생되는 원자단위에서의 자계와 관련된 것으로, 전류와 전류환이 이루는 면적의 곱으로 나타내며, 그 물리단위는 $[A-m^2]$이다.

$$\text{자기쌍극자} \quad \vec{m} = I\,S\,\hat{n} \quad [A-m^2]$$

9 회전에너지(torque)는 어떤 회전 중심을 갖고 회전하는 물체의 특징을 나타내는 중요한 물리량으로, 힘과 회전 중심으로부터 힘이 작용하는 곳까지의 거리의 벡터곱으로 표현하며, 자기쌍극자와 자속밀도의 벡터곱과 같다.

$$\text{Torque} \quad \vec{T} = \vec{l} \times \vec{F} = \vec{m} \times \vec{B} \quad [N-m],\ [J]$$

10 Inductor는 자성체에 전류를 인가할 수 있는 도선을 감은 것으로, inductor의 크기를 나타내는 유도용량 L은 자성체의 투자율 μ, 자성체면적 A, 자성체 길이 l, 권선수 N으로만 결정되는 것이지, 인가전류 I의 크기에 따라 그 값이 변하는 것이 아니고, inductor에 발생되는 자하 Φ가 변하는 것이다.

$$\text{자하} \quad \Phi = L\,I \ \Rightarrow\ L = \frac{\Phi}{I} = \mu\,\frac{A}{l}\,N^2 = \mu_0\,\mu_r\,\frac{A}{l}\,N^2 \quad [H]$$

11 자기에너지(유도에너지)는 inductor에 인가된 전기에너지를 말하며, 자계와 관련이 있고, 자계가 공간 내에 존재한다면 자기에너지가 있는 공간이라고 할 수 있다.

자기에너지 $\quad W_h = \dfrac{1}{2}\,\varPhi\,I = \dfrac{1}{2}\,L\,I^{\,2} = \dfrac{1}{2}\,\dfrac{\varPhi^{\,2}}{L} = \dfrac{1}{2}\,\mu\displaystyle\int_v H^{\,2}\,dv \quad [J]$

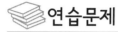연습문제

[Coulomb 자기력]

5-1. 자계의 세기가 $20[A/m]$일 때 $2 \times 10^{-3}[N]$의 Coulomb 자기력이 발생하였다면 자하(磁荷)의 크기는 얼마인가?

Hint Coulomb 자기력 $F_m = \Phi H \Rightarrow \Phi = \dfrac{F_m}{H}$

Answer $\Phi = \dfrac{2m}{20} = 0.1\,m = 100\,\mu\,[Wb]$

5-2. 공기 중에서 $4m[Wb]$의 두 자하 사이에 작용하는 힘이 $10[N]$이라면 두 자하 사이의 거리는 얼마인가?

Hint Coulomb 자기력

$$F_m = \Phi H = \frac{1}{4\pi\mu}\frac{\Phi_1 \Phi_2}{R^2} \Rightarrow R^2 = \frac{1}{4\pi\mu}\frac{\Phi_1 \Phi_2}{F_m} = \frac{4m \times 4m}{4\pi \times 4\pi \times 10^{-7} \times 10}$$

Answer $R = \dfrac{1}{\pi} \approx 0.318\,[m]$

5-3. 비투자율 $\mu_r = 250$, 자속밀도 $B = 0.2[Wb/m^2]$인 자계 내에 $\pi \times 10^{-4}[Wb]$의 자하가 있을 때 Coulomb 자기력을 구하시오.

Hint Coulomb 자기력 $F_m = \Phi H \leftarrow H = \dfrac{B}{\mu} = \dfrac{B}{\mu_0 \mu_r} = \dfrac{0.2}{4\pi \times 10^{-7} \times 250} = \dfrac{2k}{\pi}$

Answer $F_m = \pi \times 10^{-4} \dfrac{2k}{\pi} = 0.2\,[N]$

[자속밀도]

5-4. 단면적 $4[cm^2]$의 철심에 $3\,m\,[Wb]$의 자속을 만들어내려면 $2500[A/m]$의 자계세기가 필요하다고 계산되었다. 이 자계 계산에서 철심의 비투자율은 얼마라고 가정하였는지 계산하시오.

Hint $B = \mu H = \mu_0 \mu_r H = \dfrac{\Phi}{S} \Rightarrow \mu_r = \dfrac{\Phi}{\mu_0 H S} = \dfrac{3\,m}{4\pi \times 10^{-7} \times 2.5\,k \times 4 \times 10^{-4}}$

Answer $\mu_r \approx 2387$

[Lorentz 힘] -(본문 내용에는 없음)

5-5. Lorentz 힘은 전계와 자계가 함께 있는 공간에서 전하량을 가진 대전입자 혹은 이온(ion)이 받는 힘을 말하며, 이 힘은 전계에 의한 Coulomb 전기력과 자계에 의한 Ampere 자기력의 합력(合力)으로 다음과 같이 정의한다. (q : 전하, $\vec{E}$: 전계, $\vec{v}$: 전하의 이동속도, $\vec{B}$: 자속밀도)

$$\vec{F_L} = \vec{F_c} + \vec{F_A} = q\vec{E} + q(\vec{v} \times \vec{B}) = q(\vec{E} + \vec{v} \times \vec{B})$$

여기서, $\vec{F_A} = q(\vec{v} \times \vec{B})$를 Ampere 자기력이라고 하는 이유에 대해 설명하시오.

Answer Ampere 자기력 $\vec{F} = I\,(\vec{l} \times \vec{B})$은 전류가 흐르는 도선의 외부에 자속밀도벡터 $\vec{B}$가 있을 때 도선이 받는 힘이다. 전류 I의 정의는 $I = \dfrac{\triangle q}{\triangle t}$ 이므로, 도선의 길이가 l이므로, 도선을 단위시간으로 나눈 것은 전하가 도선을 움직이는 속력($\dfrac{\triangle l}{\triangle t} = v$)과 같을 것이므로,

$$\text{Ampere 자기력} \quad \vec{F} = I\,(\vec{l} \times \vec{B}) = \frac{\triangle q}{\triangle t}\,\vec{l} \times \vec{B} = q\,\frac{\triangle \vec{l}}{\triangle t} \times \vec{B} = q\,\vec{v} \times \vec{B}$$

로 표현이 가능하다. 다만, Ampere 자기력 $\vec{F} = I\,(\vec{l} \times \vec{B})$ 은 금속과 같은 도전체에서 자유전자의 이동에 따른 전류 즉, 전도전류에 해당되고, $\vec{F_A} = q\,(\vec{v} \times \vec{B})$는 주로 진공에서 대전입자(ion)의 운동과 관련되는 대류전류에 해당되는 차이점을 가지고 있으며, Lorentz 힘은 대전입자의 직선운동을 전계와 자계($H = \dfrac{B}{\mu}$)의 적절한 조절을 통해 회전운동으로 바꾸는 데 이론적 바탕이 되는 힘이다.

5-6. 진공 중에서 $q = 0.2\,[nC]$의 점전하가 전계벡터 $\vec{E} = 3\,\hat{i}\;[V/m]$와 자계벡터 $\vec{H} = \dfrac{300}{4\pi}\,\hat{k}\;[A/m]$ 가 동시에 존재하는 전자계 벡터장(vector field) 내에서 속도 $\vec{v} = 100\,(\hat{i} - \hat{j})\,[km/sec]$로 이동할 때 이 점전하에 작용하는 Lorentz 힘을 구하시오. Lorentz 힘이 초기 전하의 속도 방향 $\vec{v} = 10^5\,(\hat{i} - \hat{j})\,[m/sec]$과 비교하여 그림으로 도시하고, 어떤 형태로 전하의 속도 방향이 바뀌는 지에 대해 예측하시오.

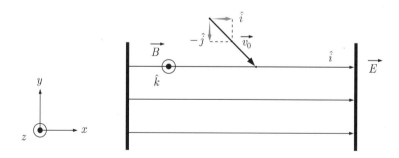

Hint 전속밀도벡터 $\vec{B} = \mu\vec{H} = \mu_0\mu_r\vec{H} = 4\pi\times10^{-7}\left(\dfrac{300}{4\pi}\right)\hat{k} = 3\times10^{-5}\,[Wb/m^2]$ 이므로,

Lorentz 힘 $\quad \vec{F_L} = \vec{F_c} + \vec{F_A} = q\vec{E} + q(\vec{v}\times\vec{B}) = q(\vec{E} + \vec{v}\times\vec{B})$

$$= q\left(\vec{E} + \begin{vmatrix} \hat{i} & \hat{j} & \hat{k} \\ v_x & v_y & v_z \\ B_x & B_y & B_z \end{vmatrix}\right) = 0.2n\left(3\,\hat{i} + \begin{vmatrix} \hat{i} & \hat{j} & \hat{k} \\ 10^5 & -10^5 & 0 \\ 0 & 0 & 3\times10^{-5} \end{vmatrix}\right)$$

$$= 0.2n(3\,\hat{i} - 3\,\hat{i} - 3\,\hat{j}) = -0.6\,n\,\hat{j}\ [N]$$

Answer ① Lorentz 힘 $\vec{F_L} = -0.6\,n\,\hat{j}\ [N]$

$\quad\leftarrow$ $-y$축 방향으로 $0.6n\,[N]$ 의 Lorentz 힘(합력)이 발생함.

② 대전입자(ion)가 A점에서 B점으로 이동하는 즉, 초기 속도방향인 $(\hat{i}-\hat{j})$ 으로 움직이다 가 B점에서 $-y$축 방향으로 $0.6n\,[N]$ 의 Lorentz 힘이 추가로 발생함.

B점에서 C점으로 움직일 때, 좀 더 고려해 보아야 할 것은, 대전입자의 Newton 힘 $\vec{F_N} = m\,\vec{a} = m\dfrac{d\vec{v}}{dt}$, 전계벡터에 의한 x축 방향으로의 Coulomb 전기력, 대전입자의 운동방 향과 속도에 따른 Ampere 자기력의 3가지 힘이 합쳐져서 대전입자의 방향을 결정할 것이다. 그러나, 대전입자의 Newton 힘은 위의 문제에서 등속운동(속도가 시간에 대해 일정)으로 가 속도(속도의 미분)가 0이 될 것이므로, 대전입자에 미치는 힘은 Coulomb 전기력 $\vec{F_{c1}}$ 과 Ampere 자기력 $\vec{F_{A1}}$ 만 고려하면 된다.(등속운동일 때 Newton 힘이 무시되는 것이지, 가속 운동(가속도 $a\neq0$)일 때는 Newton 힘을 고려해 주어야 한다.) 따라서, 구한 $0.6n\,[N]$ 의 Lorentz 힘 $\vec{F_{L1}}$ 에 의해 $-y$축 방향으로 대전입자가 운동을 하여, C점으로 이동하는 것이 타당하다.

C점에서는 Coulomb 전기력 $\vec{F_{c2}}$ 는 $\vec{F_{c1}} = q\vec{E} = 0.6\,n\,\hat{i}$ 과 동일한 힘으로 계속 대전입자에 작용할 것이고, Ampere 자기력 $\vec{F_{A2}}$ 를 알려면 속도 $\vec{v_1}$ 를 먼저 구해야 하는 데, 이것은 초기 속도 $\vec{v_0}$ 의 크기 $v_0 = \sqrt{(10^5)^2 + (10^5)^2} = 10^5\sqrt{2}$ (진공 중에 대전입자가 이동하므로 속도 $\vec{v_1}$ 의 세기 즉 속력은 같을 것이다.)와 앞서 계산된 $-y$축 방향($-\hat{j}$)일 것이므로,

$$\vec{F_{A2}} = q\,\vec{v_1}\times\vec{B} = 0.2\,n\begin{vmatrix} \hat{i} & \hat{j} & \hat{k} \\ 0 & -10^5\sqrt{2} & 0 \\ 0 & 0 & 3\times10^{-5} \end{vmatrix} = 0.2n(-3\sqrt{2}\,\hat{i}) = -0.6\sqrt{2}\,n\,\hat{i}$$

가 되고, C점에서 작용할 Lorentz 힘은,

$$\vec{F_{L2}} = \vec{F_{c2}} + \vec{F_{A2}} = -0.6(\sqrt{2}-1)\,n\,\hat{i} \approx -0.24\,n\,\hat{i}\ [N]$$

으로 $-x$축 방향으로 대전입자의 운동이 되어, 결론적으로 A점→B점→C점→D점을 통과하는 형태로 움직일 것이 예상되고, 연속적인 대전입자의 움직으로 추론해 보면, 시계 방향으로 회전할 것이다.

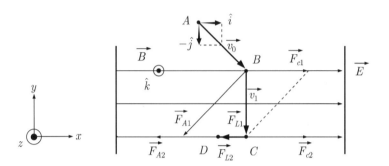

[Biot-Savart 법칙]

5-7. 한 변의 길이가 $l\,[m]$인 정사각형의 도선에 전류 $I\,[A]$가 반시계 방향으로 흐르고 있다면 정사각형의 중심에서의 자계의 세기를 Biot-savart 법칙에서의 유한 직선 도선 공식을 이용하여 유도하시오.

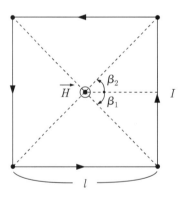

유한 직선도선 중심에서 정사각형 중심까지 떨어진 거리 $a = \frac{1}{2}l\,[m]$ 이고,

$\beta_1 = \beta_2 = 45° = \pi/4$

한변의 유한 직선도선의 자계

$$H_1 = \frac{I}{4\pi a}(\sin\beta_1 + \sin\beta_2) = \frac{I}{4\pi(l/2)} \times (\frac{\sqrt{2}}{2} + \frac{\sqrt{2}}{2}) = \frac{\sqrt{2}\,I}{2\pi l}$$

정사각형의 도선의 총 자계는 한변의 자계의 4배일 것임.

$H = 4H_1 = \dfrac{2\sqrt{2}\,I}{\pi l}\ \ [A/m]$

5-8. 한 변의 길이가 $1[m]$인 정삼각형의 도선에 전류 $I = 50[mA]$가 반시계 반향으로 흐르고 있다면 삼각형의 중심에서의 자계의 세기를 구하시오. 정삼각형 도선이 xy평면 상에 있고, 그림처럼 반시계 방향으로 전류가 흐른다면, 삼각형 중심에서의 자계의 방향은 무엇인가?

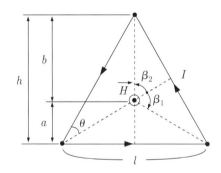
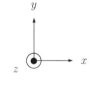

Hint ① 정삼각형에서 정삼각형의 변의 길이를 $l = 1[m]$, 정삼각형을 구성하는 도선의 중심으로부터 삼각형의 정중앙 사이의 거리를 $a[m]$, 삼각형의 높이를 $h[m]$라고 하면, 일단

$$\theta = 30° = \frac{\pi}{6}, \ \sin\theta = \frac{1}{2} = \frac{a}{b} \Rightarrow b = 2a, \ h = b + a = 2a + a = 3a \Rightarrow a = \frac{1}{3}h$$

직각삼각형에서

$$l^2 = h^2 + \left(\frac{l}{2}\right)^2 \Rightarrow h^2 = \frac{3}{4}l^2 \Rightarrow h = \frac{\sqrt{3}}{2}l$$

$$\therefore a = \frac{1}{3}h = \frac{1}{3} \times \frac{\sqrt{3}}{2}l = \frac{\sqrt{3}}{6}[m], \ \beta_1 = \beta_2 = 60° = \pi/3$$

한변의 유한 직선도선의 총 자계

$$H_1 = \frac{I}{4\pi a}(\sin\beta_1 + \sin\beta_2) = \frac{I}{4\pi} \times 2\sqrt{3}\left(\frac{\sqrt{3}}{2} + \frac{\sqrt{3}}{2}\right)$$

② 전류에 대한 자계의 방향은 Ampere 오른손 나사법칙을 이용하여, 2가지 방법 중 하나를 이용하면 된다.

A방법 - 직선도선 1개를 보면 전류의 방향(오른손 엄지손가락, 직선)에 대해 자계방향은 오른손 네손가락(회전) 방향인 z축 방향이 되고, 나머지 2개의 변에 대해서도 동일한 방법으로 해보면 모두 자계방향은 z축 방향 방향이 됨.

B방법(다른 방법) - 전류는 반시계방향(네 손가락, 회전)이므로 자계방향은 엄지손가락 (직선) 방향인 z축 방향이 됨.

Answer ① 자계 세기 $H = 3H_1 = 3 \times \frac{3I}{2\pi} = \frac{9I}{2\pi} = 71.6 \, m \, [A/m]$

$\leftarrow$ 3변의 누적이므로 3배를 곱함

② 자계 방향은 z축 방향($\hat{k}$ 방향)

5-9. 반지름 $a = 3[cm]$의 원형 도선에 전류 $I = 10 \, [mA]$가 흐를 때 원형 도선의 중심축으로부터 $z = 4[cm]$ 되는 점의 자계 세기를 구하시오.

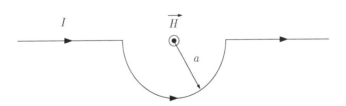

$$\boxed{\text{Hint}} \quad H_a(z=4cm) = \frac{I\,a^2}{2\,r^3} = \frac{I\,a^2}{2\,(\sqrt{a^2+z^2})^3} = \frac{10\,m\,(3c)^2}{2\,(5c)^3} \quad [A/m]$$

$$\boxed{\text{Answer}} \quad \text{자계세기} \ H_a(z=4cm) = \frac{90\,m}{250\,c} = \frac{90\,m}{2.5} = 36\,m\,[A/m]$$

5-10. 다음 그림과 같이 반원형의 도선에 왼쪽에서 오른쪽으로 전류가 흐를 때, Biot-Savart 법칙을 응용하여 반원형 도선의 중심에서의 자계 세기를 구하고, 자계의 방향에 대해서도 설명하시오.

Biot-Savart 법칙에 의하면, 자계의 세기는 전류가 흐르는 도선에서의 미소전류소에 비례하므로, 반원형 도선의 중심에서의 자계 세기는 원형 도선에서의 자계 세기의 절반일 것임.

유한 환형도선의 총 자계 $\quad H_a = \dfrac{Ia^2}{2r^3} = \dfrac{I}{2a} \ [A/m] \ \leftarrow \ r^2 = a^2 + z^2, \ z = 0$

Answer ① 자계 세기 $H = \dfrac{1}{2}H_a = \dfrac{1}{2}\dfrac{I}{2a} = \dfrac{I}{4a} \ [A/m]$

②자계 방향은 오른손 4개(회전) 방향으로 지면을 뚫고 나오는 방향(⊙)임.

[Ampere 법칙]

5-11. 무한직선 도선에 $25[mA]$의 전류가 인가되었을 때 발생하는 자계의 세기가 $0.1[A/m]$가 되는 지점은 도선의 수직으로부터 얼마나 떨어져 있는 지점인지를 Ampere 주회적분 법칙을 이용하여 계산하시오.

Hint Ampere 주회적분 법칙

$$\int_l \overrightarrow{H} \cdot \overrightarrow{dl} = \oint_l \overrightarrow{H} \cdot \overrightarrow{dl} = H \times 2\pi r = I \ [A] \ \Rightarrow \ H = \dfrac{I}{2\pi r}$$

Answer $r = \dfrac{I}{2\pi H} = \dfrac{25m}{2\pi \times 0.1} \approx 39.8 \ [mm]$

5-12. 무한직선도선에 전류가 흐를 때 도선의 수직으로부터 $0.1[m]$ 떨어진 점의 자계의 세기가 $160m[A/m]$라고 하면, 이 무한직선도선의 수직으로부터 $0.4[m]$ 떨어진 점의 자계의 세기는 얼마인가?

Hint Ampere 주회적분 법칙 $\quad H = \dfrac{I}{2\pi r}$

$$H(r = 0.1) = \dfrac{I}{2\pi (0.1)} = 160m, \quad H(r = 0.4) = \dfrac{I}{2\pi (0.4)} = 160m \times \dfrac{1}{4}$$

Answer $H(r=0.4) = 40\,m\,[A/m]$

5-13. 균일 자속 밀도 $B = 4\,[Wb/m^2]$가 존재하는 벡터장에서, 자속밀도의 방향과 30°의 방향으로 놓인 길이 $20[cm]$ 직선 도선에 $500[mA]$ 전류를 흐를 때 직선도선에 작용하는 Ampere 자기력을 구하시오.

Hint Ampere 자기력 $\vec{F} = I\,\vec{l} \times \vec{B} = I\,l\,B\sin\theta\,\hat{n}$ $\Rightarrow$ $F = |\vec{F}| = I\,l\,B\sin\theta$

Answer Ampere 자기력 $F = 0.2\,[N]$

5-14. 자속밀도벡터 $\vec{B} = \hat{i} + 2\hat{j} - \hat{k}\,[gauss]$인 벡터장에 원점으로부터 점 $(2, -1, 3)$방향으로 향하는 도선에 전류 $I = 500[mA]$가 흐를 때 발생되는 Ampere 자기력을 구하시오.

Hint Ampere 자기력 $\vec{F} = I\,\vec{l} \times \vec{B}$ $\leftarrow$ $\vec{l} = 2\hat{i} - \hat{j} + 3\hat{k}\,[m]$, $[gauss] = 10^{-4}[T]$

$$\vec{F} = I\,\vec{l} \times \vec{B} = 500m \times \begin{vmatrix} \hat{i} & \hat{j} & \hat{k} \\ 2 & -1 & 3 \\ 1 & 2 & -1 \end{vmatrix} = 0.5[-5\hat{i} + 5\hat{j} + 5\hat{k}]$$

자속밀도 $1[gauss] = 10^{-4}[Wb/m^2] = 10^{-4}[T]$

Answer Ampere 자기력
$$F = |\vec{F}| = 0.5\sqrt{5^2 + 5^2 + 5^2} = 2.5\sqrt{3}$$
$$\approx 4.33\,[A-m-gauss] = 4.33 \times 10^{-4}[A-m-T] = 4.33 \times 10^{-4}[N]$$

5-15. 무한히 긴 직선도선 A, B에 각각 $100[mA]$, $50[mA]$의 전류가 반대방향으로 흐르고 있을 때, 도선 A로부터 $4[cm]$, 도선 B로부터 $8[cm]$ 떨어진 지점 P에서의 자계의 세기를 구하시오. 또한, 자계의 세기가 0이 되는 지점은 도선 B로부터 도선 A방향으로 몇 $[cm]$ 지점이 될 지도 계산하시오. (단, 두 도선간의 간격은 $4[cm]$이고, 아래 그림은 직선도선의 절단면과 자계 모양을 도시한 그림이다.)

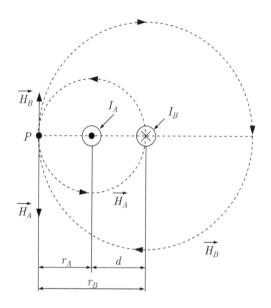

Hint Ampere 주회적분 법칙($H = \dfrac{I}{2\pi r}$)과 Ampere 오른손나사법칙을 이용한 자계의 방향 같이 고려해 보면,

① 점 P에서 전류 I_A에 의한 자계 $H_A = \dfrac{I_A}{2\pi r_A} = \dfrac{100m}{2\pi\,0.04} = \dfrac{10}{8\pi}\,[A/m]$,

   점 P에서 전류 I_B에 의한 자계 $H_B = \dfrac{I_B}{2\pi r_B} = \dfrac{50m}{2\pi\,0.08} = \dfrac{5}{16\pi}\,[A/m]$

② 전류 I_B가 흐르는 도선 B에서부터 도선 A 방향 쪽으로 자계가 0되는 거리를 x 라 할 때, x는 도선 A와 도선 B 사이에 존재하고, 전류 I_B가 전류 I_A에 비해 작으므로, 도선 B쪽에 가까운 곳에 위치할 것이다.(자계 H_B가 자계 H_A와 동일하려면 반지름 r_B가 r_A보다 작아야 함)
   Ampere 주회적분 법칙으로부터 지점 x에 대해 각각 자계를 구해서 같다고 하면,

$$H_A = \frac{I_A}{2\pi(d-x)} = \frac{100m}{2\pi(0.04-x)} = H_B = \frac{50m}{2\pi\,x}\,[A/m] \Rightarrow 2x = 0.04 - x$$

Answer ① $H = H_A - H_B = \dfrac{1}{16\pi}(20-5) = \dfrac{15}{16\pi} \approx 0.298\,[A/m]$

② $x = \dfrac{0.04}{3}\,[m] \approx 1.33[cm]$

5-16. 정자계에서 다루는 자기력(magnetic force)에는 Coulomb 자기력, Ampere 자기력, 전기력과 자기력의 합력으로 표현되는 Lorentz 힘 등이 있을 것이다. Ampere 자기력 $(\vec{F} = I\,\vec{l} \times \vec{B})$이 Coulomb 자기력$(\vec{F} = \Phi\,\vec{H})$과 서로 다르지 않음을 물리단위에서 상호 유사함을 통해 증명하시오.

Hint 전류 $I = \displaystyle\int_l \vec{H} \cdot \vec{dl} = H\,l$, $\Phi = B\,S = \displaystyle\int_s \vec{B} \cdot \vec{ds}$

Answer $F = I\,l\,B = (H\,l)\,l\,\left(\dfrac{\Phi}{S}\right) \;\leftarrow\; l \times l = S\,[m]$, $B = \dfrac{\Phi}{S}\,[Wb/m^2]$

$\qquad = H\,S\,\dfrac{\Phi}{S} = \Phi\,H \;\; [Wb-A/m]$

5-17. 간격 $r = 3[cm]$를 유지하는 무한 평행 직선도선에 $I = 200[mA]$의 전류가 각각 동일한 방향으로 흐르고 있을 때, 간격 $r = 3[cm]$에서 $r' = 5[cm]$로 늘리기 위해 투입되어야 할 단위길이 당 운동에너지 $[J/m]$을 구하시오.

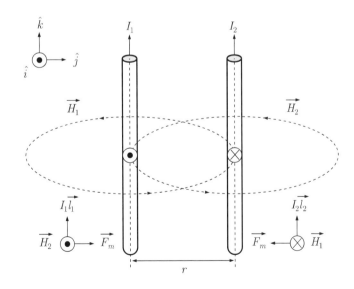

전류가 동일 방향이면 두 도선 간에 인력, 반대 방향이면 척력이 발생한다.

$$\text{Ampere 자기력} \quad F = I\,l\,B = I_1\,l_1\,\mu\,H_2$$

단위길이 당 도선에 작용하는 힘(인력) ← r에 반비례 함수

$$F/l_1 = I_1\,\mu\,H_2 = I_1\,\mu\,\frac{I_2}{2\pi r} = 4\pi \times 10^{-7} \times \frac{(200m)^2}{2\pi}\left(\frac{1}{r}\right) = \frac{8n}{r} = \frac{F}{l}(r)\ [N/m]$$

단위길이 당 투여할 운동에너지 $\dfrac{W}{l} = \displaystyle\int_{r=3c}^{r=5c} \frac{F}{l}(r)\,dr = 8n\int_{3c}^{5c}\frac{1}{r}\,dr\ \ [J/m]$

Answer 단위길이 당 투여할 운동에너지

$$\frac{W}{l} = 8n\int_{3c}^{5c}\frac{1}{r}\,dr = 8n\ln\left(\frac{5}{3}\right) \approx 4.087\,n = 4087\,p\ [J/m]$$

[자기쌍극자벡터]

5-18. 다음 그림과 같이 한변의 길이가 $l = 10[cm]$인 정사각형의 환형 도선에 전류 $I = 25[mA]$가 반시계 방향으로 흐른다면, 정사각형 도선에서 발생되는 자기쌍극자벡터의 세기와 그 방향을 구하시오. 동일한 자기쌍극자벡터의 세기를 가지는 원형도선을 설계하기 위한 원형도선의 반지름을 구하시오. (단, 원형도선의 인가전류는 정사각형의 환형 도선의 2배로 가정하라.)

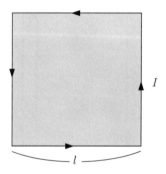

Hint : ① 자기쌍극자 $\vec{m} = I\,S\,\hat{n}\ \ [A - m^2]$

③ $m = I\,S = I\,l^2 = 2I\,\pi\,r^2\ \Rightarrow\ r = \sqrt{\dfrac{l}{2\pi}}$

Answer ① $m = I\,S = 25m \times (10\,c)^2 = 0.25\,m = 250\,\mu\,[A - m^2]$

② 자기쌍극자벡터의 방향은 오른손나사법칙을 이용하여 전류의 반시계 회전방향(네손가락 방향)에 대해 엄지손가락 방향(직선방향)으로 지면을 뚫고 나오는 방향임.

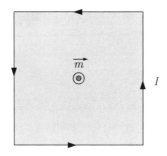

③ $r \approx 1.26\,[cm]$

[자화도 벡터]

5-19. 어떤 자성체에서 자화도 $M = 20\,[A/m]$를 얻기 위한 외부에서 인가해야 할 자계 세기를 계산하시오. (단, 자성체의 비투자율 $\mu_r = 5$로 가정하라.)

Hint 자속밀도벡터 $\vec{B} = \mu\,\vec{H} = \mu_0 \mu_r\,\vec{H} = \mu_0(\vec{H} + \vec{M})$

← 자계벡터 $\vec{H}$와 자화도벡터 $\vec{M}$은 같이 괄호 안에 묶여 있으므로 물리단위가 같아야 한다.

자속밀도 $B = \mu_0 \mu_r H = \mu_0(H + M) \implies M = (\mu_r - 1)H = \chi_m H$

Answer 외부 인가 자계 세기 $H = M/(\mu_r - 1) = 20/4 = 5\,[A/m]$

5-20. 비투자율 $\mu_r = 500$인 자성체의 자속밀도가 $0.05\,[Wb/m^2]$일 때 자성체의 자화도$[A/m]$를 구하시오.

Hint $M = (\mu_r - 1)\,H = (\mu_r - 1)\dfrac{B}{\mu_0 \mu_r} = (500 - 1)\dfrac{0.05}{4\pi \times 10^{-7} \times 500}$

Answer $M \approx \dfrac{0.05}{4\pi \times 10^{-7}} = \dfrac{5}{4\pi} \times 10^5 \approx 0.3978 \times 10^5 = 39.78\,k\,[A/m]$

5-21. 양질의 영구자석을 만들기 위해 필요한 자성체의 재료적 특성에 대해 자기이력곡선을 이용하여 2가지를 논하시오.

Answer 양질의 영구자석을 만들기 위한 자성체가 갖추어야 할 조건은,

① 비투자율 상수 μ_r이 큰 강자성체가 되어야만 외부 인가자계에 대해 자속밀도 B와 자속(자하, 자극) Φ 가 커질 수 있다.

② 비투자율 상수 μ_r가 크다고 하더라도, 자기이력곡선에서 외부 자계 $H = 0$이 되었다고 하더라도 잔류자속밀도 $B_r \approx 0$이 되어버리면, 영구자석이 될 수 없다.

따라서, 양질의 영구자석을 만들기 위해 자성체는 비유전율 상수 μ_r과 잔류자속밀도 B_r이 매우 큰 강자성체가 필요하다.

[회전에너지(torque)]

5-22. 직선도선으로부터 아래 $a = 10\,[cm]$ 되는 위치에 나침반이 있을 때 나침반의 자침에 작용하는 토오크 $[N-m]$를 구하시오. (단, 직선도선에 인가된 전류 $I = 20\,[mA]$, 나침반의 자침 자속 $\Phi = \pm 1\mu\,[Wb]$, 자침 길이 $l = 2\,[cm]$로 가정하라.)

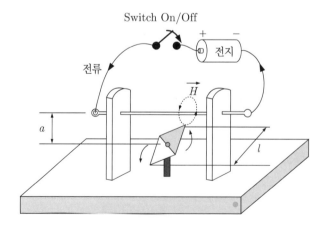

Hint 회전에너지(torque) $\overrightarrow{T} = \overrightarrow{l} \times \overrightarrow{F}$ ← $\overrightarrow{F} = \Phi \overrightarrow{H}$

Coulomb 자기력 $F = \Phi H = \Phi \dfrac{I}{2\pi a}$ ← $H = \dfrac{I}{2\pi r}$: Ampere 자계

$$T = l F = l \Phi \dfrac{I}{2\pi a} = 2c \times 1\mu \times \dfrac{20m}{2\pi \times 10c}$$

← 정확하게는 자침길이의 중심으로부터 자속(자하, 자극)까지의 길이 $\dfrac{l}{2}$과 N극 자하에 작용하

는 Coulomb 자기력 $F_N = \Phi_N H$을 곱한 N극에서의 회전에너지 $T_N = \dfrac{l}{2} F_N = \dfrac{l}{2}\Phi_N H$

$= \dfrac{1}{2} l F$와 S극에서의 회전에너지 $T_S = \dfrac{l}{2} F_S = \dfrac{l}{2}|\Phi_S| H = \dfrac{1}{2} l F$를 각각 더한 $T = \dfrac{1}{2} l F$

$+ \dfrac{1}{2} l F = l F$가 더 올바른 계산 방향이다. $(\Phi = \Phi_N = -\Phi_S = 1\mu[Wb])$

Answer $T = \dfrac{2}{\pi} \times 10^{-9} \approx 0.64 n[N-m]$

[유도용량]

5-23. 반경 $r = 1[cm]$, 길이 $l = 10[cm]$인 원형 단면을 갖는 공심 솔레노이드(solenoid)의 유도
용량을 $5m[H]$로 만들고자 한다. 솔레노이드의 권선수를 몇 회 정도로 하여야 하는가?

Hint $L = \dfrac{\Phi}{I} = \mu \dfrac{S}{l} N^2 = \mu_0 \mu_r \dfrac{S}{l} N^2 [H]$ $\Rightarrow$ $N^2 = \dfrac{L l}{\mu_0 \mu_r S}$, $\mu_r = 1$(공심(空心))

Answer 권선수 $N = \sqrt{\dfrac{L l}{\mu_0 \mu_r S}} = \dfrac{\sqrt{50}}{2\pi} \times 10^3 \approx 1.125 \times 10^3 = 1125$

5-24. 반경 $r = 3[cm]$, 길이 $l = 4[cm]$, 권선수 $N = 1000$회의 솔레노이드(solenoid) 철심에 전류
$I = 100[mA]$가 흐를 때 솔레노이드의 유도용량, 솔레노이드에서 발생되는 자속, 자속밀
도, 자계 세기를 구하시오. 또한, 전류를 $100[mA]$에서 $250[mA]$로 2.5배 증가시켰을 경
우에 솔레노이드 유도용량, 자속, 자속밀도, 자계는 각각 어떻게 변하는지 기술하시오.
(단, 철심의 비투자율은 $\mu_r = 1000$으로 가정하라.)

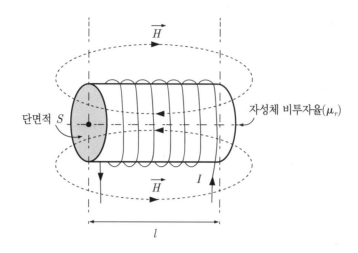

Hint ① 유도용량

$$L = \frac{\Phi}{I} = \mu \frac{S}{l} N^2 = \mu_0 \mu_r \frac{S}{l} N^2 = 4\pi \times 10^{-7} \times 10^3 \times \frac{\pi(3c)^2}{4c} \times (1k)^2 \ [H]$$

② 자하(자속) $\Phi = LI = NBS = N\mu HS = N\mu \frac{NI}{l} S = \mu \frac{S}{l} N^2 I \ [Wb]$

Answer ① 유도용량 $L = 9\pi^2 \approx 88.83 \ [H]$

② 발생 자속 $\Phi = LI \approx 88.83 \times 100m \approx 8.88 \ [Wb]$

③ 자속밀도 $B = \frac{\Phi}{NA} = \frac{\Phi}{N\pi r^2} = \frac{8.88}{1k \times \pi(3c)^2} \approx 3.14 \ [Wb/m^2] = 3.14 \ [T]$

④ 자계 $H = \frac{B}{\mu} = \frac{B}{\mu_0 \mu_r} = \frac{3.14}{4\pi \times 10^{-7} \times 1k} \approx 2.5k \ [A/m]$ 또는

자계 $H = \frac{NI}{l} = \frac{1k \times 100m}{4c} \approx \frac{10^4}{4} = 2.5k \ [A/m] \ \rightarrow \ B = \mu_0 \mu_r H$

⑤ 전류의 증가에 따른 변화 - 유도용량 L은 전류의 함수가 아닌, 자성체 재질(μ_r), 인덕터 구조 (면적 S, 길이 l, 권선수의 제곱 N^2)에 따른 함수이므로, 유도용량은 변화없음. 발생자속은 $\Phi = LI$에 의해 2.5배 증가, 자속밀도는 $B = \frac{\Phi}{NA} = \frac{L}{NA} I$에 의해 2.5배 증가($N$과 A, L은 고정된 상수), 자계는 $H = \frac{B}{\mu}$에 의해 자속밀도 B가 2.5배 증가했으므로 2.5배 증가(μ_0, μ_r은 고정된 상수) 또는 $H = \frac{NI}{l}$에 의해 2.5배 증가(N과 l은 고정된 상수)

5-25. 철심 강자성체의 비투자율 $\mu_r = 1000$, 자성체 평균 길이 $l = 10\pi[cm]$, 철심의 단면적 $S = 25\,[mm^2]$ 인 환형 철심에 도선을 1000회 감은 다음, 전류 $I = 200\,[mA]$를 토로이드 (toroid)에 인가했을 때 철심 내부를 관통하는 자속을 구하시오.

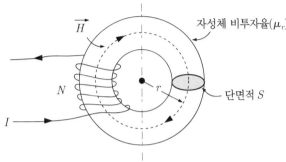

Hint 발생자속 $\Phi = LI = NBS = N\mu HS = N\mu\dfrac{NI}{l}S = \mu_0\mu_r\dfrac{S}{l}N^2 I$

$$= 4\pi \times 10^{-7} \times 1k \times \frac{25\,m^2}{10\,\pi\,c} \times (1k)^2 \times 200m$$

Answer $\Phi = 2 \times 10^{-2} = 20\,m\,[Wb]$

5-26. 철심 강자성체의 비투자율 $\mu_r = 1000$, 자성체 평균 길이 $l = \pi[cm]$, 철심의 단면적 $S = \pi\,[cm^2]$ 환형 철심에 도선을 500회 감았을 때, 이 토로이드(toroid)에서 자속밀도 $0.02\,[T]$을 발생시키기 위한 인가전류를 계산하시오.

Hint 자속밀도

$$\Phi = LI = NBS \;\Rightarrow\; I = \frac{NBS}{L} = \frac{NBS}{\mu_0\mu_r\dfrac{S}{l}N^2} = \frac{B}{\mu_0\mu_r N}l = \frac{0.02 \times \pi}{4\pi \times 10^{-7} \times 1k \times 500}$$

Answer 인가전류 $I = \dfrac{0.02}{0.2} = 0.1 = 100\,[mA]$

5

[자기에너지(유도에너지)]

5-27. $50[mH]$의 유도용량을 가지는 coil에 $I = 2[mA]$의 전류를 인가한 경우, inductor에 축적되는 자기에너지는 얼마인가?

Hint 자기에너지 $W_h = \dfrac{1}{2}\Phi I = \dfrac{1}{2}LI^2 = \dfrac{1}{2}\dfrac{\Phi^2}{L} = \dfrac{1}{2}\mu \displaystyle\int_v H^2 \, dv \quad [J]$

Answer 자기에너지 $W_h = \dfrac{1}{2}\Phi I = \dfrac{1}{2}LI^2 = \dfrac{1}{2} \times 50\,m \times (2\,m)^2 = 100\,n\,[J]$

5-28. 비투자율 $\mu_r = 1000$인 철심에서 자속 밀도를 측정해 본 결과 $B = 10^{-2}[Wb/m^2]$이라고 하면, 이 철심에 저장되어 있는 단위체적당 자기에너지$[J/m^3]$가 얼마인가?

Hint 자기에너지 $W_h = \dfrac{1}{2}\Phi I = \dfrac{1}{2}LI^2 = \dfrac{1}{2}\dfrac{\Phi^2}{L} = \dfrac{1}{2}\mu \displaystyle\int_v H^2 \, dv \quad [J]$

단위체적당 자기에너지 $\dfrac{dW_h}{dv} = \dfrac{1}{2}\mu H^2 = \dfrac{1}{2}BH = \dfrac{1}{2}\dfrac{B^2}{\mu} = \dfrac{1}{2}\dfrac{B^2}{\mu_0\mu_r} \quad [J/m^3]$

Answer 단위체적당 자기에너지 $\dfrac{dW_h}{dv} = \dfrac{1}{2}\dfrac{(10^{-2})^2}{4\pi \times 10^{-7} \times 10^3} = \dfrac{1}{8\pi} \quad [J/m^3]$

5-29. $50[mH]$의 유도용량(Inductance)를 가지는 코일(coil)에 $20[mA]$의 전류를 인가했을 때, coil inductor에 축적되는 자기에너지가 얼마인지 계산하시오. 또한, 자계가 존재하는 coil inductor의 내부 체적이 약 $250[mm^3]$라고 할 때, 자계의 세기를 구하시오.(단, coil 내부에는 자성체가 없다고 가정하라.)

Hint 자기에너지 $W_h = \dfrac{1}{2}\Phi I = \dfrac{1}{2}LI^2 = \dfrac{1}{2}\dfrac{\Phi^2}{L} = \dfrac{1}{2}\mu\displaystyle\int_v H^2\, dv\quad [J]$

① $W_h = \dfrac{1}{2}\Phi I = \dfrac{1}{2}LI^2 = \dfrac{1}{2}\times 50m\times(20m)^2$

② $W_h = \dfrac{1}{2}\mu\displaystyle\int_v H^2\, dv = \dfrac{1}{2}\mu H^2\, V \Rightarrow H = \sqrt{2W_h/(\mu V)}\quad (V : volume)$

Answer ① $W_h = 10\mu\,[J]$

② $H = \sqrt{\dfrac{2\times 10\mu}{4\pi\times 10^{-7}\times 250\,m^3}} = \sqrt{\dfrac{20\mu}{\pi\times 10^{-13}}} = \sqrt{\dfrac{2}{\pi}}\times 10^4 \approx 7.97k\,[A/m]$

5-30. 정전계에서 전하 Q가 존재하면 자연발생적으로 전계 $\vec{E}$가 발생되고, 전계 $\vec{E}$가 공간 내에 존재하면 정전에너지 $W_e = \dfrac{1}{2}\epsilon\displaystyle\int_v E^2\, dv$가 발생한다. 정전에너지는 어떤 에너지로부터 만들어진 것인지 에너지보존의 법칙으로 간결하게 설명하시오. 또한, 정자계에서 자하(자속, 자극) Φ가 존재하면 자연발생적으로 자계 $\vec{H}$가 발생되고, 전계 $\vec{H}$가 공간 내에 존재하면 자기에너지 $W_e = \dfrac{1}{2}\mu\displaystyle\int_v H^2\, dv$가 발생한다. 이 또한, 자기에너지는 어떤 에너지로부터 만들어진 것인지 에너지보존의 법칙으로 간결하게 설명하시오.

Answer ① 정전에너지는 결국 전계에 의해서, 전계는 결국 전하에 의해서 발생되는 데, 전하를 만들어 내기 위해서는 capacitor에 전압을 인가(전기에너지 $W = \dfrac{1}{2}CV^2$)하거나 또는 마찰에너지 혹은 마찰열에 의해 대전체를 만듦으로써 가능하다. 즉, 전하에 의해 생성되는 정전에너지는 전기에너지 혹은 마찰에너지(열 또는 광에너지에 의해서도 전하를 생성하는 것이 가능)가 투여된 것이다.

② 자기에너지는 결국 자계에 의해서, 자계는 자하(자속, 자극)에 의해서 발생하는 바, 영구자석에서의 자하는 강자성체에서 외부 자계인가에 의한 자기쌍극자 발생 및 잔류자속에 의해 발생된 것으로, 외부 인가자계 또한 coil에서 전압을 인가하여 발생되는 전류에 의해 만들어진 것으로 이 또한, 전기에너지가 결국 영구자석의 자하에 의한 자기에너지를 만들어낸 것이다. 결론적으로, 에너지 보존의 법칙은 어떠한 경우에도 항상 성립하고, 또한 성립되어야 한다.

Chapter 06

전자유도와 전자기파

6.1 Faraday 전압법칙

1820년 오스테드(Oersted)는 전류가 흐르고 있는 도선의 주변에 자계가 발생한다는 것을 우연히 발견하였다. 전류가 자계를 형성한다면 반대로 자계가 전류를 만들어낼 수 있지 않을까 하는 관점에서 미국의 과학자 헨리(Joseph Henry)와 영국의 과학자 패러데이(Michael Faraday)는 거의 동시에 자계 H를 통해 전압 또는 전류를 생성할 수 있는 전자유도 실험을 진행하였으며, 1831년 8월 29일 Faraday가 먼저 전자유도(電磁誘導)에 의한 전압발생 법칙을 발표하게 됨으로써 Faraday의 전자유도 전압에 관한 법칙이 공식화되었다.

그림 6-1과 같이 환형 자성체에 각각 한 쌍의 코일(coil)을 감아 1차 측 코일에는 전압을 발생시키는 건전지와 전류를 제어하는 스위치(switch)를 달아놓고, 2차 측 코일에는 긴 금속막대를 연결하여 자계의 발생 여부를 감지할 수 있는 나침반을 배치해놓았다. 1차 측 코일에 스위치 개폐를 반복하면 1차 측 코일에 전류가 흐름으로써 환형 자성체에 자계가 발생 또는 소멸을 반복하는데, 이때 2차 측 코일의 나침반이 금속막대의 Ampere 오른손 나사 법칙에 따르는 자계의 발생방향에 따라 움직이는 것을 관찰할 수 있다.

즉, 스위치(switch)로 전류 인가와 전류 단락을 반복적으로 할 때, 자성체에 감긴 1차 측 코일을 통해 발생한 자계가 2차 측 코일에 유기되고, 2차측 금속막대에 전류가 흐른다는 것이다. 전류가 자계를 만들지만, 자계가 전류를 유도할 수 있다는 사실(가역성)이 Faraday 전자유도 실험을 통해 밝혀진 것이다. 여기서 스위치를 눌렀다 떼기를 반복적으로 할 때만 2차 측 코일에서 전류가 생성됨으로써 나침반이 움직이는 반응을 보였지만, 스위치가 계속 눌러진 상태(정상 전류가 흐르는 상태)에서는 나침반의 움직임이 없고 지구의 지자계 방향으로 나침반이 향하는 정상 상태가 된다는 사실에 유의해야 한다.

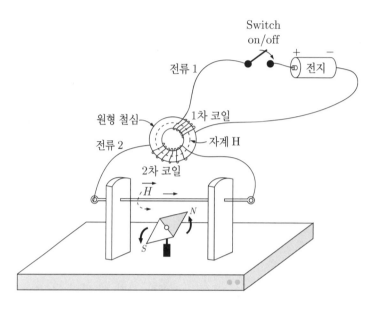

그림 6-1 • Faraday 전자유도 전압발생 실험

즉, 1차 측 코일에서 만들어진 자계 또는 자속의 세기가 시간상으로 변화가 없을 때, 2차 측에 전류 또는 전압이 발생하지 않는다는 것이다. 1차 측 코일에서 발생하는 자계 또는 자속이 시간상으로 변화가 있을 때만 2차 측 코일에 전류를 생성할 수 있는 Faraday 유도 전압 $V[V]$에 관한 법칙을 수식으로 표현하면 다음과 같다.

$$
\begin{aligned}
\text{Faraday 유도 전압} \quad V &= \frac{d\Phi}{dt} = L\,\frac{dI}{dt} \quad \leftarrow \Phi = LI \\
&= \frac{d}{dt} \int_s \overrightarrow{B} \cdot \overrightarrow{ds} \\
&= \frac{d}{dt}\mu \int_s \overrightarrow{H} \cdot \overrightarrow{ds} \quad [V]
\end{aligned}
\tag{6.1}
$$

Faraday의 전자유도 전압법칙을 살펴보면, 2차 측 코일 또는 인덕터(inductor)에 유도되는 자속 $\Phi[Wb]$은 1차 측 코일의 inductor 유도용량(L)에 인가되는 전류(I)의 곱과 같을 것($\Phi = LI$)이고, 이 자속 Φ는 시간에 따른 변화가 있을 때만 2차 측 코일에 전류를 생성할 수 있는 전압이 유도 혹은 발생한다. 만약, 자속 Φ가 시간에 따른 변화가 없으면 유도 전압은 생성되지 않는다는 것이다. 자속의 시간적인 변화 즉, 시간에 따라 자속 Φ가 점점 증가하거나 감소할 때 2차 측에 전류를 발생시킬 수 있는 전압이 생성된다는 것이 Faraday 법칙에서 매우 중요한 점(key point)이다.

다음은 토로이드(toroid)에 1차 측 코일 및 2차 측 코일이 설치되어 있고, 1차 측 코일에 각각 정전류 I와 시간에 따른 전류가 증가하는 시변 전류 $I(t)$, 시간에 따른 전류가 감소하는 시변 전류 $I(t)$가 인가될 때 2차 측 코일에서 발생하는 Faraday 유도 전압이 어떻게 변화하는지 살펴보자.

① 정전류 I

그림 6-2와 같이 토로이드의 1차 측 코일에 정전류 I(시간에 따라 변하지 않고 일정한 값을 가지는 전류)가 흐르면, 토로이드 중심부에 자계 벡터 $\vec{H}$가 Ampere 오른손 나사 법칙에 따른 방향(그림 상에서 시계방향)으로 발생한다. 발생하는 자계 벡터 $\vec{H}$는 이미 5장에서 다루었던 것처럼 다음과 같이 나타낸다.

$$\text{토로이드 자계} \qquad \oint_l \vec{H} \cdot \vec{dl} = H \times 2\pi r = NI \quad \Rightarrow \quad \therefore H = \frac{NI}{2\pi r} \; [A/m]$$

(6.2)

정전류 I에 비례하면서도 시간상으로 변화가 없는 시불변 자계 벡터 $\vec{H}$가 2차 측 코일에 쇄교(interlinkage, 鎖交)할 것이고, 2차 측 코일에 연결된 저항 R 양단 간에 발생하는 전압(차) V는 Faraday 유도 전압법칙에 따라 다음과 같이 기술된다.

$$V = \frac{d\Phi}{dt} = \frac{d}{dt}\int_s \vec{B} \cdot \vec{ds} = \frac{d}{dt}\mu\int_s \vec{H} \cdot \vec{ds}$$

Faraday 유도 전압

$$= \mu\frac{dH}{dt}S = 0 \quad [V]$$

(6.3)

여기서, S는 자계 벡터 $\vec{H}$가 지나가는 토로이드 자성체의 단면적을 말하며, 자계 H는 일정한 값을 가지지만 시간에 변하지 않는 시불변 자계($\frac{dH}{dt}$)이므로, 유도 전압 $V = 0$이 된다.

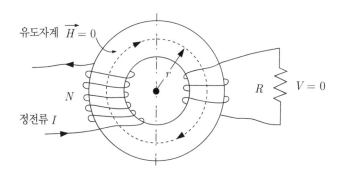

그림 6-2 • 정전류 인가 때 Faraday 전자유도 전압($V = 0$)

② 시변 증가 전류 $I(t) = \alpha t, \, \alpha > 0$

독일의 과학자 렌츠(Lentz)는 코일에 쇄교하는 자속이 증가할 때, 자속의 증가를 방해하는 방향으로의 전류가 생성하도록 전압이 발생한다는 사실을 Faraday 실험을 통해 더욱 정확히 알게 되었다. 반대로, 코일에 쇄교하는 자속이 감소할 때, 이를 증가시켜주는 방향으로의 전류가 생성되도록 전압이 발생한다는 사실도 발견하였으며, 이를 전자유도에서 Lentz 법칙 혹은 Lentz의 관성 법칙이라고 한다.

그림 6-3과 같이 토로이드의 1차 측 코일에 정전류 I가 아닌 시간에 따라

증가하는 시변 전류 $I(t) = \alpha t,\ \alpha > 0$가 흐르면, 토로이드 중심부의 자계 벡터 $\overrightarrow{H}$가 Ampere 오른손 나사 법칙에 따른 방향(그림 6-3에서 시계방향)으로 시간의 증가에 따라서 점점 더 강력한 자계가 발생할 것이다. 발생하는 자계 벡터 $\overrightarrow{H}$는 앞서 언급한 식에서 보는 바와 같이 전류가 증가하면 자계도 증가한다.

$$\text{토로이드 자계} \qquad H(\uparrow) = \frac{N\,I(\uparrow)}{2\,\pi\,r}\ [A/m] \tag{6.4}$$

시간에 따라 증가하는 자계 벡터 $\overrightarrow{H}$가 2차 측 코일에 쇄교할 것이고, 갑자기 증가하는 자계에 의한 자속을 일정하게 유지하려는 관성의 법칙에 따라, 증가하는 자계 벡터 $\overrightarrow{H}$를 감소시키는(방해하는) 방향으로 유도자계 H가 2차 측에 유도된다.

따라서, 그림 6-3과 같은 반시계방향의 유도자계가 생성된다. Ampere 오른손 나사 법칙에 따른 관성의 자계 방향(반시계방향)에 대응하는 시변 전류 $I(t)$가 2차 측 코일에 연결된 저항 R에 흐르게 되고 양단간에 발생하는 전압(차) V라는 Faraday 유도 전압이 발생한다. 즉, 저항의 상단부 + 전압 V_1이 저항의 하단부 − 전압 V_2가 되는 시변 유도 전압 $V(t)$가 발생한다($V_1 > V_2$).

$$
\begin{aligned}
\text{Faraday 유도 전압} \qquad V(t) &= \frac{d\Phi}{dt} = \frac{d}{dt}\int_s \overrightarrow{B} \cdot \overrightarrow{ds} = \frac{d}{dt}\mu\int_s \overrightarrow{H} \cdot \overrightarrow{ds} \\[2mm]
&= \mu\frac{dH}{dt}S = \mu\frac{d}{dt}\frac{N\,I(t)}{2\,\pi\,r}S \leftarrow I(t) = \alpha t \\[2mm]
&= \mu\,\frac{N\,\alpha}{2\,\pi\,r}S \quad \leftarrow \alpha > 0 \\[2mm]
&> 0 \quad [V]
\end{aligned}
$$

$$\tag{6.5}$$

여기서 1차 측 코일에 인가된 시변 전류 $I(t)$가 시간에 대한 1차 함수로 나타나서, 이를 시간에 대해 미분한 2차 측 코일의 시변 유도 전압 $V(t)$는 0이 아닌 일정한 상수 값을 가지게 된다. 만약 1차 측 코일에 인가된 시변 전류 $I(t)$가 시간에 대한 2차 함수로 나타난다면, 2차 측 코일에 유도되는 시변 유도 전압 $V(t)$는 시간에 대한 1차 함수로 나타날 것이 자명하다.

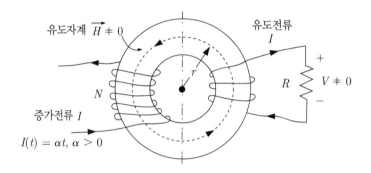

그림 6-3 • 증가전류 인가 때 Faraday 전자유도 전압($V = \mu \dfrac{N\alpha}{2\pi r} S \neq 0$)

③ 시변 감소 전류 $I(t) = \beta(t - t_1),\ \beta < 0$

그림 6-4와 같이 토로이드의 1차 측 코일에 정전류 I가 아닌 시간 $t = t_1$에서 시간에 따라 감소하는 시변 전류 $I(t) = \beta(t - t_1),\ \beta < 0$가 흐르면, 토로이드 중심부에 자계 벡터 $\overrightarrow{H}$가 Ampere 오른손 나사 법칙에 따른 방향(그림 6-4에서 시계방향)으로 시간의 증가에 따라 점점 더 감소하는 자계가 발생할 것이다. 발생하는 자계 벡터 $\overrightarrow{H}$는 앞서 언급된 식에서 보는 바와 같이 전류가 감소하면 자계도 감소한다.

$$\text{토로이드 자계} \qquad H(\downarrow) = \frac{N I(\downarrow)}{2\pi r}\ [A/m] \tag{6.6}$$

시간에 따라 감소하는 자계 벡터 $\vec{H}$가 2차 측 코일에 쇄교할 것이고, 갑자기 감소하는 자계로 인한 자속을 일정하게 유지하려는 관성의 법칙에 따라 감소하는 자계벡터 $\vec{H}$를 증가시키는(방해하는) 방향으로 유도자계 H가 2차측에 유도된다.

따라서 그림 6-4와 같이 시계 방향의 유도자계가 생성되며, Ampere 오른손 나사 법칙에 따른 관성의 자계 방향(시계방향)에 대응하는 시변 전류 $I(t)$가 2차 측 코일에 연결된 저항 R에 흐르게 되고 양단간에 발생하는 전압(차) V의 Faraday 유도 전압이 발생한다. 즉, 저항의 하단부가 $+$전압 V_1이 저항의 상단부가 $-$전압 V_2가 되는 시변 유도 전압 $V(t)$가 발생한다($V_1 > V_2$).

Faraday 유도 전압

$$
\begin{aligned}
V(t) &= \frac{d\Phi}{dt} = \frac{d}{dt}\int_s \vec{B} \cdot \vec{ds} = \frac{d}{dt}\mu\int_s \vec{H} \cdot \vec{ds} \\
&= \mu\frac{dH}{dt}S = \mu\frac{d}{dt}\frac{NI(t)}{2\pi r}S \quad \leftarrow I(t) = \beta(t - t_1) \\
&= \mu\frac{N\beta}{2\pi r}S \quad \leftarrow \beta < 0 \\
&< 0 \quad [V]
\end{aligned}
$$

(6.7)

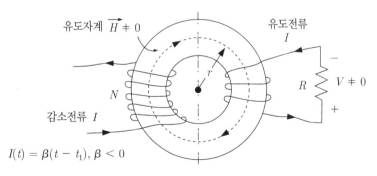

$$I(t) = \beta(t - t_1), \beta < 0$$

그림 6-4 • 감소전류 인가 때 Faraday 전자유도 전압$\left(V = \mu\,\dfrac{N\beta}{2\pi r}S < 0\right)$

결론적으로 1차 측 코일에 인가한 전류가 시간에 대해 일정한 값의 정전류 I, 시간에 따라 전류가 증가하는 시변 전류 $I(t) = \alpha t$, $\alpha > 0$, 시간에 따라 전류가 감소하는 시변 전류 $I(t) = \beta(t - t_1)$, $\beta < 0$의 각각의 경우에 발생하는 유도 전압 $V(t)$에 대한 그래프는 그림 6-5와 같다.

시변 전류 $I(t)$가 증가할 때는 2차 측 코일의 저항에서 발생하는 유도 전압이 양의 값을 가지지만, 시변 전류 $I(t)$가 감소할 때는 2차 측 코일의 저항에서 발생하는 유도 전압이 음의 값을 가지며, 이러한 이유는 자계 H 혹은 자속 Φ를 일정하게 유지하려는 Lentz 관성 법칙에 따른 것이고, 이에 따라 2차 측 코일에 유도 전압 혹은 유도 전류가 발생했다.

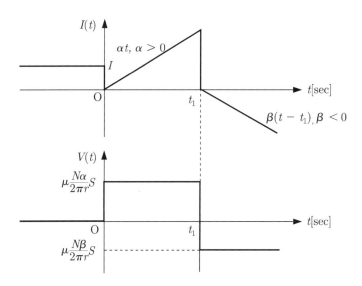

그림 6-5 ● 시변 전류에 대한 Faraday 전자유도 전압

자속의 변화가 있을 때 자속의 변화가 없도록 하는 경향은 다른 말로 자속의 변화가 없도록 균일하게 유지하려고 하는 관성의 법칙에 따라 전자유도의 전압이 발생한다. Lentz의 법칙을 적용한 Faraday 전자유도 전압법칙은 다음과 같다.

$$\text{Lentz의 법칙} \quad V = -\frac{d\Phi}{dt} = -\frac{d}{dt}\int_s \vec{B} \cdot \vec{ds}$$

$$= -\frac{d}{dt}\mu\int_s \vec{H} \cdot \vec{ds} = -L\frac{dI}{dt} \ [V]$$

(6.8)

Lentz의 법칙은 Faraday 법칙에 (−)기호를 더 첨가하면 된다. 또한, 코일의 권선수 N이 증가할수록 자속의 시간적 변화에 따라 유도 전압의 크기가 증가하는데 이를 Neumann(노이만) 법칙이라 하며, 더욱 광의의 개념을 가지고 있는 Faraday 법칙을 수식으로 표현하면 다음과 같다.

Lentz와 Neumann 법칙을 포함한 Faraday 법칙

$$V = -N\frac{d\Phi}{dt} = -N\frac{d}{dt}\int_s \vec{B} \cdot \vec{ds} = -N\frac{d}{dt}\mu\int_s \vec{H} \cdot \vec{ds} = -NL\frac{dI}{dt} \ [V]$$

(6.9)

단위 시간당 자속 Φ의 변화가 많거나, 코일의 권선수 N이 클수록 유도되는 코일 양단간에 유도 전압은 크게 나온다. 여기서 전압이 높다고 높은 전기에너지가 나오는 것이 아니고, 전기에너지의 크기는 자속을 변화시킨 운동에너지에 비례하여 증가할 것이다.

에너지의 변환 효율을 고려한다면 전기에너지의 원천인 운동에너지(발전기의 터빈을 돌리는 증기의 운동에너지)보다 Faraday 법칙으로 발생한 전기에너지가 더 클 수 없다. 운동에너지보다 전기에너지가 더 크게 나온다면 이것은 에너지 보존 법칙을 위배하는 오류를 범한다.

6

Faraday 법칙은 전자기학에서 매우 중요한 의미를 가진다.

자속의 시간적인 변화를 코일에 주게 되면 즉, 영구자석을 코일에서 왔다 갔다를 반복하면 영구자석에서 나오는 자속이 코일에 쇄교되고, 이 쇄교되는 자속의 양이 시간상으로 달라짐으로써 전류를 생성할 수 있는 전압을 만들어낼 수 있는 것으로, 영구자석을 움직이는 운동에너지에서 전압을 생성하는 전기에너지로의 변환이 가능함을 의미한다.

즉, Faraday의 전자유도 전압법칙은 인류(人類)가 전기에너지를 창출하고 이를 이용할 수 있게 해준 역사적인 실험법칙으로 보아야 한다.

이는 전기에너지를 운동에너지로 바꿀 수 있는 모터의 원리인 Ampere의 자기력에 관한 법칙과 반대되는, 전기에너지와 운동에너지 간의 에너지 변환을 나타내는 식임을 알아야 한다. Faraday 법칙에서 발생한 전기에너지 $W(E)$는 운동에너지 $W(D)$에 변환 효율 $f[\%]$을 곱해야 하는데, 변환 효율은 현재 기술로 100(%)보다 작아서 발전소에서 만들어진 전기에너지의 총량이 발전을 위해 공급된 운동에너지보다 항상 작다.

$$\text{운동에너지} \quad W(D) = Fl \quad \Leftrightarrow \quad \text{전기에너지} \quad W(E) = Pt = IVt \qquad (6.10)$$

$$\text{전기에너지} \quad W(E) = Pt = IVt = W(D)f \quad [J] \qquad (6.11)$$

문제 1

Faraday 실험에서 1차 측 코일(coil)에 $0.1[\sec]$동안 전류를 $200\,m[A]$에서 $60\,m[A]$로 줄였을 경우, 2차 측 코일에서 $7m[V]$의 미세한 전압이 발생했다고 할 때, 1차 측 코일의 유도용량 $L[H]$을 구하시오.(단, 1차측 coil에서 발생한 자속이 2차측 coil에 100% 전달되었다고 가정하라.)

Solution Faraday 법칙을 적용하면 다음과 같다.

$$V = L\frac{dI}{dt} \approx L\frac{\triangle I}{\triangle t} = L\frac{200m - 60m}{0.1} = 7m \ \ [V]$$

$$\Rightarrow \therefore \quad L = \frac{7m \times 0.1}{140m} = \frac{1}{200} = 0.005 = 5m[H]$$

문제 2

유도용량 $L = 20\,m[H]$인 공심(空心) 솔레노이드(자성체가 없는 솔레노이드)에 전류 $10\,m[A]$를 인가 중인 상태에서, 비투자율 $\mu_r = 1000$인 철심 자성체를 $0.1[\sec]$ 동안 공심 솔레노이드 내부에 삽입했을 때 자속의 변화에 따른 Faraday 유도 전압을 구하시오.

Solution

$$V(t) = \frac{\triangle \Phi}{\triangle t} = \frac{\triangle L}{\triangle t} I$$

$$= \frac{I}{\triangle t}(L' - L) \qquad \leftarrow L' = \mu_r L$$

$$= \frac{I}{\triangle t} L \,(\mu_r - 1) = \frac{10\,m}{0.1} 20m \,(1000 - 1) \simeq 2[V]$$

6

문제 3

그림 6-6에서 xy 평면상에 놓여있는 반지름이 $r[m]$인 원형 도선이 원점을 중심으로 z축 방향으로 향하는 시변 자속밀도 벡터 $\vec{B} = B_{max} \sin\omega t \; \hat{k} \; [tesla]$가 인가되고 있을 때, 원형 도선에서 발생하는 Faraday 유도 전압 V를 구하시오.

Solution

$$\Phi = B\,S = \vec{B} \cdot \vec{S} = B_{max} \sin\omega t \; \hat{k} \cdot \pi r^2 \; \hat{k} = \pi r^2 \, B_{max} \sin\omega t \; [Wb]$$

$$\therefore \; V = -\frac{d\Phi}{dt} = -\frac{d}{dt} \pi r^2 \, B_{max} \sin\omega t = -\pi r^2 \omega \, B_{max} \cos\omega t \; [V]$$

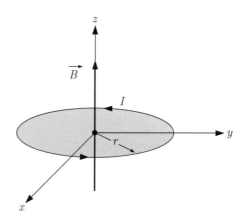

그림 6-6 • 원형 도선에 자속밀도 변화에 따른 Faraday 유도 전압

문제 4

권선수 $N = 1000$이고, coil의 단면적 $S = 10[cm^2]$인 inductor에 $0.2[\sec]$마다 어떤 평등자계 H를 인가하거나 인가하지 않을 때 $20[V]$의 Faraday 유도 전압이 발생하였다면, 평등자속밀도 세기 B를 구하시오.

Solution

$$V = N\frac{\Delta\Phi}{\Delta t} = N\frac{\Delta B\,S}{\Delta t} = 1k\frac{B\,10c^2}{0.2} = 20$$

$$\Rightarrow \quad \therefore \quad B = \frac{20 \times 0.2}{1k \times 10c^2} = 4 \quad [tesla]\,[Wb/m^2]$$

문제 5

인덕터 코일에 흐르는 전류가 $0.5[\sec]$ 동안 $200[mA]$에서 $600[mA]$로 변화시켰을 경우, $80m[V]$의 유도 전압이 발생하였다면, coil의 유도용량 $L[H]$을 구하시오.

Solution

$$V = L\frac{\Delta I}{\Delta t} = L\frac{400\,m}{0.5} = 80m\,[V]$$

$$\Rightarrow \quad \therefore \quad L = \frac{80m \times 0.5}{0.4} = 100\,m\,[H]$$

6

6.2 Maxwell 방정식

정전계에서 다루었던 전계 E의 특성은 양전하에서 나와 음전하로 끝나는 연속곡선이지만 시작과 끝이 만나지 않아 열려 있는 개곡선(open loop)이며, 양전하를 Gauss 면 내에 넣어놓고 전계 벡터 $\vec{E}$에 발산을 적용($\nabla \cdot \vec{E}$)하면 양의 발산, 전하가 없는 영역의 Gauss 면을 취하면 비발산(非發散), 음전하를 Gauss 면 내에 넣어놓고 전계 벡터에 발산을 적용하면 음의 발산 특성이 있고, 전계벡터 $\vec{E}$는 회전하지 않는 비회전(非回轉) 특성이 있다고 하였다.

반면, 정자계에서 다루었던 자계 H의 특성은 재료학적 측면에서 원자핵 주변을 공전하고 있는 전자에 의한 전류환(電流環)과 전자의 스핀(spin) 때문에 자계 벡터 $\vec{H}$와 자기쌍극자 $\vec{m}$이 발생하고, 이러한 자기쌍극자가 같은 방향으로 배열될 때 강자성체의 성질을 갖게 된다고 하였다. Ampere 법칙에 따르면 자계를 일으키는 원천은 결국 인간이 만들어낸 전류 I이다. 자계 벡터 $\vec{H}$는 시작과 끝이 없는 완전한 연속곡선이며 폐곡선(closed loop)인 이유로 어떤 Gauss 면을 취해도 비발산하고 항상 회전하는 특성이 있다.

3장에서 다루었던 정전계(시불변 전계)와 5장에서 다루었던 정자계(시불변 자계)의 발산과 회전을 정리하면 다음과 같다.

$$
\begin{aligned}
&\text{전계 } \vec{E} \ [V/m] \text{ 발산 특성} &&\nabla \cdot \vec{E} > 0 \quad (\text{양의 발산}) \\
&&&\nabla \cdot \vec{E} = 0 \quad (\text{비발산}) \\
&&&\nabla \cdot \vec{E} < 0 \quad (\text{음의 발산}) \\
&\text{전계 } \vec{E} \ [V/m] \text{ 회전 특성} &&\nabla \times \vec{E} = 0 \quad (\text{비회전}) \\
&\text{자계 } \vec{H} \ [A/m] \text{ 발산 특성} &&\nabla \cdot \vec{H} = 0 \quad (\text{비발산}) \\
&\text{자계 } \vec{H} \ [A/m] \text{ 회전 특성} &&\nabla \times \vec{H} \neq 0 \quad (\text{회전})
\end{aligned}
\tag{6.12}
$$

1873년에 영국의 수학자 **맥스웰**(J. C. Maxwell)은 기존에 전계와 자계에 관한 네 가지 법칙들을 조합하여, 2차 미분 방정식 형태의 전자기 파동방정식을 도출하였고, 이 식의 해(풀이)를 도출함으로써 전자기파 존재 가능성을 예견하였다. 이어 15년이 지난 1888년에 독일의 **헤르츠**(H. R. Hertz)가 소형 무선 송수신기를 만들어 실험에 성공함으로써 전자기파를 최초로 만든 사람으로 기록되었고, Maxwell의 예견이 틀리지 않음을 증명하였다. 그 후 1896년 이탈리아의 마르코니(Marconi)는 미국의 기념비적인 발명가 **에디슨**(T. A. Edison)이 만들어낸 3극 진공관의 증폭 효과를 이용하여 유럽에서 미국 간 장거리 무선통신에 성공함으로써 전자기파를 상업화에 이용하였고, 이후 오늘날 급격한 무선통신의 발전이 이루어져 대부분의 사람이 휴대폰 혹은 스마트폰(smart phone)을 가지고 있으며, 무선통신과 전자기파의 홍수(洪水) 속에 살고 있다.

Maxwell은 그동안 전자기학에서 다룬 네 가지 중요 법칙에서부터 전자기파 파동방정식을 도출하였는데, Maxwell이 이용한 네 가지 법칙의 적분형과 미분형을 모두 기술하면 다음과 같다.

① Gauss 전계 발산의 관한 법칙

$$\text{Gauss 법칙(적분형)} \qquad \int_s \overrightarrow{E} \cdot \overrightarrow{ds} = \frac{Q}{\epsilon} \Rightarrow \int_v (\nabla \cdot \overrightarrow{E}) \, dv = \frac{1}{\epsilon} \int_v \rho_v \, dv$$

(6.13)

Gauss 법칙에서 좌변을 Gauss 정리로 면적분은 체적적분으로 바꾸고, 우변의 전하량 $Q[C]$를 체적전하 밀도 $\rho_v \, [C/m^3]$로 적분형으로 바꿔주면, 다음과 같은 Gauss 법칙(미분형) 식을 도출할 수 있다.

$$\therefore \text{Gauss 법칙(미분형)} \qquad \nabla \cdot \overrightarrow{E} = \frac{\rho_v}{\epsilon} = 0 \qquad [V/m^2] \qquad (6.14)$$

　여기서 그림 6-7과 같이 휴대전화가 기지국과 무선통신을 할 때는 휴대전화와 기지국 간의 정보를 담고 있는 전자파가 발생하게 되는데, 전자파가 존재하는 공간에는 독립전하가 존재하지 않는 공간 즉, 체적전하 밀도 $\rho_v = 0$가 된다. 따라서 전계벡터 $\vec{E}$의 발산은 0으로 비발산한다라고 설정할 수 있다. 송신부와 수신부 간의 자유공간은 우리가 사는 지표면 위의 공기가 주로 채워져 있는 비유전율 상수 ϵ_r과 비투자율 상수 μ_r가 거의 1에 가까울 것이다. 또한, 이 자유공간은 전계 벡터 $\vec{E}$와 자계 벡터 $\vec{H}$가 존재하는 벡터장이라고 할 수 있다.

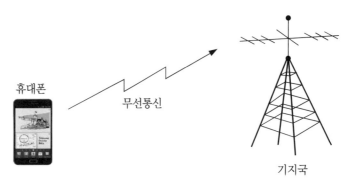

휴대폰

무선통신

기지국

그림 6-7 • 휴대전화와 기지국과의 무선통신 자유공간($\epsilon_r = \mu_r \approx 1$)

② 자계의 연속성 법칙

　자계의 연속성 법칙은 자계가 시작점 및 종점이 없는 항상 회전하는 연속곡선(폐곡선)이므로, 자계의 발산은 항상 0이 된다는 것을 Maxwell이 전자기 파동방정식에 이용하였다.

$$\text{자계의 연속성 법칙} \quad \nabla \cdot \vec{H} = 0 \qquad [A/m^2] \tag{6.15}$$

③ Faraday 전자유도 전압법칙

$$\boxed{\text{Faraday 법칙} \quad V = -\frac{d}{dt}\Phi \ [V]} \tag{6.16}$$

Faraday 전자유도 전압에 관한 식에서 좌변의 전압 V를 전계의 선적분 형태로 변환한 뒤에 Stoke 정리를 적용하여 선적분을 면적분으로 바꿔준다. 자속 Φ를 자속밀도 벡터 $\overrightarrow{B}$의 면적분 형태로 바꿔주고, 자속밀도 벡터 $\overrightarrow{B}$를 투자율 $\mu\,[H/m]$과 자계 벡터 $\overrightarrow{H}\,[A/m]$로 변환하여 전계의 회전을 표시하면 다음과 같다.

$$\boxed{\begin{aligned}
\text{Faraday 법칙(적분형)} \\
V &= \int_l \overrightarrow{E} \cdot \overrightarrow{dl} \\
&= \int_s (\nabla \times \overrightarrow{E}) \cdot \overrightarrow{ds} \\
&= -\frac{d}{dt}\Phi \\
&= -\frac{d}{dt}\int_s \overrightarrow{B} \cdot \overrightarrow{ds} = -\mu\frac{d}{dt}\int_s \overrightarrow{H} \cdot \overrightarrow{ds}
\end{aligned}} \tag{6.17}$$

$$\boxed{\therefore \ \text{Faraday 법칙(미분형)} \quad \nabla \times \overrightarrow{E} = -\mu\frac{d\overrightarrow{H}}{dt} \qquad [V/m^2]} \tag{6.18}$$

정전계에서 전계 벡터 $\overrightarrow{E}$는 비회전하는 특성이 있는데, 코일(coil)에 시간상으로 일정하지 않은 시변 자계 벡터 $\overrightarrow{H}$가 공급된다면, Faraday 유도 전압은 시간에 따라 일정하지 않은 교류(交流) 형태의 시변 전압이 발생하고, 이 교류 형태의 시변 전계 벡터 $\vec{E}$는 회전하는 특성이 있다는 것을 Faraday 전자유도 전압법칙의 미분형 수식에서 알 수 있다. 또한, 이 식은 앞서 밝힌 바와 같이 전계의 회전이 곧 시변 자계와 연관이 있는 것으로 전계와 자계의 상호 연관성 (상관성)을 보여주는 좋은 사례이다.

④ Ampere 주회적분 법칙

$$\text{Ampere 주회적분 법칙(적분형)} \quad I = \int_l \vec{H} \cdot \vec{dl} \ [A] \tag{6.19}$$

Ampere 주회적분 법칙에서 좌변의 전류 I는 전류밀도 벡터 $\vec{J}\,[A/m^2]$의 면적분 형태로 나타낼 수 있고, 전자파가 있는 자유공간(공기가 있는 지구표면)은 무선통신의 송신부와 수신부인 안테나(상부전극)와 안테나(하부전극) 사이의 거대한 capacitor(유전체가 공기)로 취급할 수 있다.

즉, 그림 6-7에서 휴대전화 내에 있는 내장 안테나는 상부전극으로, 전자파가 날아가는 자유공간은 거대한 공기가 채워져 있는 유전체이며 기지국의 안테나는 하부전극으로 모델링하면, 전자파는 거대한 capacitor 사이에서의 변위 전류로 보는 것이 타당하다.

전자파를 발생시키기 위해서는 직류전압이 아닌 교류전압이 인가되어야 하므로, Ampere 주회적분 법칙에서의 전류는 유전체가 있는 공간에서의 변위전류 밀도 $\vec{J_d}\,[A/m^2]$로 적용해야 한다.

우변의 자계벡터 $\vec{H}$의 선적분을 Stoke 정리를 적용하여 면적분 형태로 변환시키면 자계벡터 $\vec{H}$의 회전($\nabla \times \vec{H}$)이 바로 변위 전류밀도 벡터 $\vec{J_d}$가 됨을 알 수 있다.

Ampere 법칙(적분형)

$$I = \int_s \overrightarrow{J} \cdot \overrightarrow{ds} = \int_s \overrightarrow{J_d} \cdot \overrightarrow{ds} = \int_l \overrightarrow{H} \cdot \overrightarrow{dl} = \int_s (\nabla \times \overrightarrow{H}) \cdot \overrightarrow{ds} \quad [A]$$

(6.20)

Ampere 법칙(미분형) $\quad \nabla \times \overrightarrow{H} = \overrightarrow{J_d} = \dfrac{d\overrightarrow{D}}{dt} = \epsilon \dfrac{d\overrightarrow{E}}{dt} \qquad [A/m^2]$

$$\therefore \; \nabla \times \overrightarrow{H} = \epsilon \frac{d\overrightarrow{E}}{dt}$$

(6.21)

Ampere 주회적분 법칙으로부터 단위 시간당 전계 벡터 $\overrightarrow{E}$가 변할 때 자계는 회전하는 관계식을 얻을 수 있다. 즉, 자계 벡터 $\overrightarrow{H}$의 회전은 시변 전계 벡터 $\overrightarrow{E}$로 표현될 수 있다. 특히, Faraday 전자유도 법칙과 Ampere 주회적분 법칙은 전계와 자계가 서로 독립적(獨立的) 관계가 아닌 상호 간에 밀접한 관계가 있고, 자계의 시간적 변화가 전계의 회전을 발생시키고, 전계의 시간적 변화가 자계의 회전임을 알 수 있다.

6

6.3 Maxwell 전자기파

Maxwell은 전자파 방정식을 유도하기 위해 앞 절에서 밝힌 전계 벡터 $\vec{E}$와 자계 벡터 $\vec{H}$의 발산과 회전에 관련된 네 가지 법칙의 미분 방정식을 이용하여 다음과 같은 벡터 연산과정을 하였다.

① 전계의 전자기파 파동방정식

먼저 전계 벡터 $\vec{E}$에 대해 회전과 회전(이중회전)을 취하면 다음과 같은 수식으로 전개할 수 있는데, 자유공간에서의 전계 발산 $\nabla \cdot \vec{E} \; [V/m^2]$은 0이다. 이것은 앞서 밝힌 바와 같이 전자파가 존재하는 안테나와 안테나 사이의 자유공간에서 독립된 전하가 존재하지 않으므로 비발산이다.

전계 벡터 $\vec{E}$의 이중회전

$$\nabla \times \nabla \times \vec{E} = \nabla \times \left(-\mu \frac{d\vec{H}}{dt}\right)$$

$$= -\mu \frac{d}{dt}(\nabla \times \vec{H}) = -\mu \frac{d}{dt}\left(\epsilon \frac{d\vec{E}}{dt}\right) = -\mu \epsilon \frac{d^2\vec{E}}{dt^2}$$

$$= \nabla(\nabla \cdot \vec{E}) - \nabla^2 \vec{E} \qquad \leftarrow \nabla \cdot \vec{E} = \frac{\rho_v}{\epsilon} = 0$$

$$= -\nabla^2 \vec{E} \qquad [V/m^3]$$

(6.22)

따라서 전계 벡터 $\vec{E} \; [V/m]$의 이중회전으로 구해진 전계의 전자파 파동방정식을 표시하면 다음과 같다.

$$\text{전계의 전자파 파동방정식} \quad \nabla^2 \overrightarrow{E} - \mu\epsilon \frac{d^2\overrightarrow{E}}{dt^2} = 0 \qquad [V/m^3]$$

(6.23)

여기서, 전계 E의 전자파 파동방정식의 물리 단위는 단위 체적당 전압 $[V/m^3]$이 되는데, 이는 미분 연산자 ∇^2이 $[1/m] \times [1/m] = [1/m^2]$의 물리 단위를 가지며, 전계 E의 물리 단위가 $[V/m]$이기 때문이다.

② 자계의 전자기파 파동방정식

자계 벡터 $\overrightarrow{H}$에 관해서도 같은 방법으로 만들어낼 수 있는데, 그 과정을 요약하면 다음과 같다. 여기서도 자계의 발산은 자계의 연속적 특성 때문에 비발산한다. 즉 $\nabla \cdot \overrightarrow{H}$ $[A/m^2]$는 0이다.

$$\text{자계 벡터} \; \overrightarrow{H} \text{의 이중회전}$$
$$\nabla \times \nabla \times \overrightarrow{H} = \nabla \times (\epsilon \frac{d\overrightarrow{E}}{dt})$$
$$= \epsilon \frac{d}{dt}(\nabla \times \overrightarrow{E}) = \epsilon \frac{d}{dt}(-\mu \frac{d\overrightarrow{H}}{dt}) = -\mu\epsilon \frac{d^2\overrightarrow{H}}{dt^2}$$
$$= \nabla(\nabla \cdot \overrightarrow{H}) - \nabla^2 \overrightarrow{H} \qquad \leftarrow \nabla \cdot \overrightarrow{H} = 0$$
$$= -\nabla^2 \overrightarrow{H} \qquad [A/m^3]$$

(6.24)

따라서 자계 벡터 $\overrightarrow{H}$에 대한 전자파 파동방정식을 표시하면 다음과 같다.

$$\text{자계의 전자파 파동방정식} \qquad \nabla^2 \vec{H} - \mu\epsilon \frac{d^2\vec{H}}{dt^2} = 0 \qquad [A/m^3]$$

(6.25)

마찬가지로 자계 H의 전자파 파동방정식의 물리 단위는 단위 체적당 전류 $[A/m^3]$가 되는데, 이는 미분 연산자 ∇^2이 $[1/m] \times [1/m] = [1/m^2]$의 물리 단위를 가지며, 자계 H의 물리단위가 $[A/m]$이기 때문이다.

③ 공기중의 전자기파 파동방정식

어떤 도체나 유전체와 같은 물질에서부터 멀리 떨어진 공기 중의 자유공간 전자파를 고려해보면, 우리가 사는 지표면 위의 자유공간에서의 Maxwell 방정식은, 비유전율 상수 $\epsilon_r = 1$이고 비투자율 상수 $\mu_r = 1$ 의 공기가 존재하는 공간이기 때문에 다음과 같다.

$$\text{Gauss 법칙} \qquad \nabla \cdot \vec{E} = 0 \qquad [V/m^2]$$

$$\text{자계 연속성 법칙} \qquad \nabla \cdot \vec{H} = 0 \qquad [A/m^2]$$

$$\text{Faraday 법칙} \qquad \nabla \times \vec{E} = -\mu \frac{d\vec{H}}{dt} = -\mu_0 \frac{d\vec{H}}{dt} \qquad [V/m^2]$$

$$\text{Ampere 법칙} \qquad \nabla \times \vec{H} = \epsilon \frac{d\vec{E}}{dt} = \epsilon_0 \frac{d\vec{E}}{dt} \qquad [A/m^2]$$

(6.26)

이 방정식을 이용해 각각, 다음과 같은 공기가 있는 자유공간에서의 전계 및 자계에 대한 파동방정식을 얻을 수 있다.

$$\text{진공 중의 전계 전자파 파동방정식} \qquad \nabla^2 \vec{E} - \mu_0 \epsilon_0 \frac{d^2\vec{E}}{dt^2} = 0 \qquad [V/m^3]$$

(6.27)

$$\text{진공 중의 자계 전자파 파동방정식} \quad \nabla^2 \overrightarrow{H} - \mu_0 \epsilon_0 \frac{d^2 \overrightarrow{H}}{dt^2} = 0 \quad [A/m^3]$$

(6.28)

여기서, 전계 $\overrightarrow{E}$ $[V/m]$와 자계 $\overrightarrow{H}$ $[A/m]$가 시간 함수를 갖는 $\sin wt$ 라고 하고, 직각좌표계에서 z축 방향으로만 진행하는 전자파라고 가정한다면 전계 $\overrightarrow{E}$ $[V/m]$는 시간 $t[\sec]$와 공간 $z[m]$만의 함수라고 할 수 있을 것이다. 따라서 전계 벡터 $\overrightarrow{E}$를 직각좌표계로 표현하면 아래와 같다.

$$\text{전계 벡터} \quad \overrightarrow{E}(z, t) = E_x(z, t)\hat{i} + E_y(z, t)\hat{j} + E_z(z, t)\hat{k} \quad (6.29)$$

전계의 파동방정식을 풀기 위해, 만약 전계 벡터 $\overrightarrow{E}$가 x축 성분만 있다고 가정한다면, $(E_x(z, t) \neq 0, \ E_y(z, t) = E_z(z, t) = 0)$과 같이 $E_x(z, t)$ 성분만이 있고, 이는 시간 $t[\sec]$와 z 값에 따라 크기가 달라지며 $\sin$파 형태를 보이는 전계 벡터 $\overrightarrow{E}$ $[V/m]$의 가장 단순한 보기가 될 것이다. 이를 수식으로 표현하면 다음과 같다.

$$\begin{aligned} \text{전계 벡터} \quad \overrightarrow{E} &= E_x(z, t)\hat{i} + E_y(z, t)\hat{j} + E_z(z, t)\hat{k} \\ &= E_x(z, t)\hat{i} \quad [V/m] \end{aligned}$$

(6.30)

또한, 전계 벡터 $\overrightarrow{E}$는 시간 $t[\sec]$와 z 값에 따라서만 그 값이 달라지므로, 다음과 같을 것이다.

$$\text{전계 } E \text{미분} \qquad \frac{\partial}{\partial x}\overrightarrow{E} = 0 \ , \ \frac{\partial}{\partial y}\overrightarrow{E} = 0 \tag{6.31}$$

위의 식에서 직각좌표계를 사용하여 전계 벡터 $\overrightarrow{E}$의 발산을 취하면 아래와 같다.

Gauss 법칙(미분형)

$$\begin{aligned}
\nabla \cdot \overrightarrow{E} &= (\frac{\partial}{\partial x}\hat{i} + \frac{\partial}{\partial y}\hat{j} + \frac{\partial}{\partial z}\hat{k}) \cdot (E_x(z,t)\hat{i}) \\
&= \frac{\partial}{\partial x}E_x(z,t) = 0 \qquad [V/m^2] \\
\therefore \ \nabla \cdot \overrightarrow{E} &= \frac{\partial}{\partial x}E_x(z,t) = 0
\end{aligned}$$

$$\tag{6.32}$$

위의 식에서 $E_x(z,t)$는 x에 대한 편미분 결과가 0이라는 것을 앞서 가정 $(\frac{\partial}{\partial x}\overrightarrow{E} = 0)$한 바와 같이 알 수 있다. 또한, 전계 벡터 $\overrightarrow{E}$에 회전을 취하면 다음과 같을 것이다.

Faraday 법칙(미분형)

$$\begin{aligned}
\nabla \times \overrightarrow{E} &= (\frac{\partial}{\partial x}\hat{i} + \frac{\partial}{\partial y}\hat{j} + \frac{\partial}{\partial z}\hat{k}) \times (E_x(z,t)\hat{i}) \\
&= -\frac{\partial}{\partial y}E_x(z,t)\hat{k} + \frac{\partial}{\partial z}E_x(z,t)\hat{j} \quad \leftarrow \frac{\partial}{\partial y}E_x(z,t) = 0 \\
&= 0 + \frac{\partial}{\partial z}E_x(z,t)\hat{j} \\
&= -\mu\frac{d\overrightarrow{H}}{dt} = -\mu\frac{d}{dt}(H_x\hat{i} + H_y\hat{j} + H_z\hat{k}) \qquad [V/m^2]
\end{aligned}$$

$$\tag{6.33}$$

위의 식에서 y에 대해 $E_x(z,\,t)$ 변화가 없으므로, $-\dfrac{\partial}{\partial y}E_x(z,\,t)\hat{k}=0$ 이 되고, 각각의 단위 벡터 성분을 비교해서 정리해 보면 다음과 같다.

$$\text{자계성분}\qquad H_x = 0\ , \qquad -\mu\frac{dH_y}{dt} = \frac{\partial}{\partial z}E_x(z,\,t)\ , \qquad H_z = 0 \qquad (6.34)$$

따라서 전계 벡터 $\overrightarrow{E}$가 x 성분만 존재한다면, 자계 벡터 $\overrightarrow{H}$는 $H_y(z,\,t)$ 성분만이 존재하며, 전계 벡터 $\overrightarrow{E}$와 자계 벡터 $\overrightarrow{H}$는 서로 수직임을 알 수 있다. 자계 벡터 $\overrightarrow{H}$를 수식으로 나타내면 아래와 같다.

$$\begin{aligned}\text{자계 벡터}\qquad \overrightarrow{H} &= H_x(z,\,t)\,\hat{i} + H_y(z,\,t)\,\hat{j} + H_z(z,\,t)\,\hat{k}\\[2mm] &= H_y(z,\,t)\,\hat{j} \qquad [A/m]\end{aligned} \qquad (6.35)$$

④ 전자기파

다음 전계 벡터 $\overrightarrow{E}$에 대한 파동방정식을 다음과 같이 풀어보자. 여기서, 전계 벡터 $\overrightarrow{E}$가 $e^{j\omega t}$ 성분을 가지고 있다고 가정하면 다음과 같다.

$$\text{전계 파동방정식}$$
$$\nabla^2\overrightarrow{E} - \mu\epsilon\frac{d^2\overrightarrow{E}}{dt^2} = \nabla^2\overrightarrow{E} + \omega^2\mu\epsilon\,\overrightarrow{E} = \nabla^2\overrightarrow{E} + k^2\overrightarrow{E} = 0 \qquad [V/m^3]$$

$$(6.36)$$

여기서, k를 파수(wave number)라고 부르며, $k = \omega \sqrt{\mu \epsilon}$ 으로 ∇ 과 같은 물리 단위 $[1/m]$이다. ω를 각주파수라고 부르며, 전자파의 주파수 $f[Hz]$와는 $\omega = 2\pi f$로 표현된다.

$$\text{파수} \qquad k = \omega \sqrt{\mu \epsilon} \; [1/m] \tag{6.37}$$

$$\text{각주파수} \qquad \omega = 2\pi f \; [rad/\sec] \tag{6.38}$$

앞서 가정한 것과 마찬가지로 전계 $\overrightarrow{E} \; [V/m]$가 x 성분만 존재하고, x축과 y축에 대한 변화가 없다고 가정하여 위의 식에 대입하면 아래와 같다.

전계 파동방정식

$$\nabla^2 \overrightarrow{E} + k^2 \overrightarrow{E} = \left(\frac{\partial^2}{\partial x^2} + \frac{\partial^2}{\partial y^2} + \frac{\partial^2}{\partial z^2} \right) E_x(z,t) \, \hat{i} + k^2 E_x(z,t) \, \hat{i} = 0 \qquad [V/m^3]$$

$$\therefore \quad \frac{\partial^2}{\partial z^2} E_x(z,t) \, \hat{i} + k^2 E_x(z,t) \, \hat{i} = 0 \qquad [V/m^3]$$

$$\tag{6.39}$$

$E_x(z,t)$를 z에 대해 두 번의 편미분을 하여 위의 식을 만족하기 위해서는, 다음 수식으로 설정되어야 한다.

$$\text{전계} \qquad E_x(z) = A\,e^{-jkz} + B\,e^{jkz} \qquad [V/m] \tag{6.40}$$

여기서, 시간 t에 대한 성분을 더해주면, 아래와 같은 형태의 전계가 전자파를 형성한다.

전계 함수
$$E_x(z, t) = E_x(z)e^{j\omega t}$$
$$= A\,e^{j(\omega t - kz)} + B\,e^{j(\omega t + kz)} \qquad [V/m] \tag{6.41}$$

마찬가지로, 자계 $\vec{H}\,[A/m]$도 다음과 같은 전계와 유사한 형태일 것이다.

z함수 자계
$$H_y(z, t) = H_y(z)e^{j\omega t} \qquad [A/m] \tag{6.42}$$

이를 앞서 구한 (6.34) 식에 대입하여 정리하면, 아래와 같다.

자계와 전계 관계식

$$-\mu\frac{dH_y}{dt} = \frac{\partial}{\partial z}E_x(z, t)$$

$$-\mu\frac{dH_y}{dt} = -j\omega\mu H_y$$

$$= \frac{\partial}{\partial z}E_x = \frac{\partial}{\partial z}\left\{A\,e^{j(\omega t - kz)} + B\,e^{j(\omega t + kz)}\right\} = -jkE_x(x, t)$$

$$= -jk\left\{A\,e^{j(\omega t - kz)} - B\,e^{j(\omega t + kz)}\right\}$$

$$\therefore \quad H_y(z, t) = \frac{k}{\omega\mu}\left[A\,e^{j(\omega t - kz)} - B\,e^{j(\omega t + kz)}\right] \quad \leftarrow k = \omega\sqrt{\mu\epsilon}$$

$$= \sqrt{\frac{\epsilon}{\mu}}\,\left[A\,e^{j(\omega t - kz)} - B\,e^{j(\omega t + kz)}\right] \quad [A/m]$$

$$= \frac{1}{\eta}E_x(z, t)$$

$$\tag{6.43}$$

6

식 (6.43)에서 전파의 전계 $E_n(z,\ t)$와 자계 $H_y(z,\ t)$의 비를 전자파의 특성 임피던스 $\eta[\Omega]$라고 한다.

특성 임피던스 $\quad \eta = \dfrac{E_x(z,\ t)}{H_y(z,\ t)} = \sqrt{\dfrac{\mu}{\epsilon}} = \sqrt{\dfrac{\mu_0 \mu_r}{\epsilon_0 \epsilon_r}} = 377 \sqrt{\dfrac{\mu_r}{\epsilon_r}}$

$$(6.44)$$

여기서, 복소수 지수함수 e^{jx}의 정의식은 다음과 같다.

복소수 지수함수 $\quad e^{jx} = \cos x + j \sin x$ $\qquad(6.45)$

만약, 전계와 자계의 전자파 함수에서 크기를 나타내는 상수항이 $A \neq 0$, $B = 0$이라고 가정하면 다음과 같을 것이다.

전계 $\quad E_x(z,\ t) = E_x(z)\,e^{j\omega t}$

$\qquad\qquad = A\,e^{j(\omega t - kz)} = E_m\,e^{j(\omega t - kz)} \qquad [V/m]$

$$(6.46)$$

자계 $\quad H_y(z,\ t) = H_y(z)\,e^{j\omega t}$

$\qquad\qquad = A\sqrt{\dfrac{\epsilon}{\mu}}\,e^{j(\omega t - kz)} = H_m\,e^{j(\omega t - kz)} \qquad [A/m]$

$$(6.47)$$

전계 벡터 $\vec{E}$ $[V/m]$와 자계 벡터 $\vec{H}$ $[A/m]$ 형태로 다시 나타내면 다음과 같다.

$$\vec{E}(z,\,t) = E_x\,(z,\,t)\,\hat{i} = E_m\,e^{\,j\,(\omega t\,-\,kz)}\,\hat{i} \qquad [V/m] \tag{6.48}$$

$$\vec{H}(z,\,t) = H_y\,(z,\,t)\,\hat{j} = H_m\,e^{\,j\,(\omega t\,-\,kz)}\,\hat{j} \qquad [A/m] \tag{6.49}$$

또한, 여기서 복소수 지수함수의 실수부를 취하면 다음과 같이 나타낼 수 있다.

$$\vec{E}(z,\,t) = Re\,[\,E_x\,(z,\,t)\,]\,\hat{i} = Re\,[\,E_m\,e^{\,j\,(\omega t\,-\,kz)}\,]\,\hat{i} = E_m\cos\,(wt-kz)\,\hat{i} \qquad [V/m]$$

$$\tag{6.50}$$

$$\vec{H}(z,\,t) = Re\,[\,H_y\,(z,\,t)\,]\,\hat{j} = Re\,[\,H_m\,e^{\,j\,(\omega t\,-\,kz)}\,]\,\hat{j} = H_m\cos\,(wt-kz)\,\hat{j} \qquad [A/m]$$

$$\tag{6.51}$$

그림 6-8은 xz 평면상에서 z방향으로 전파되는 전계의 전자기파를 도시한 그림이며, 그림 6-9는 yz평면상에 z축 방향으로 전파되는 자계의 전자기파를 도시한 그림이다.

6

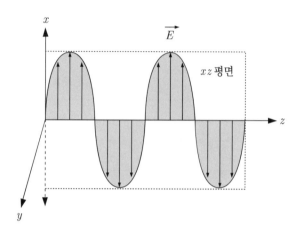

그림 6-8 • 전계의 균일 평면파(xz 평면상에 z 축 방향으로 진행하는 sin파)

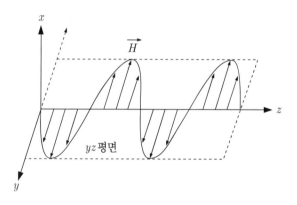

그림 6-9 • 자계의 균일 평면파(yz 평면상에 z 축 방향으로 진행하는 sin파)

$t = 0[\sec]$에서 전계와 자계를 나타내면 z에 대한 cos파 함수로 나타낼 수 있을 것이다. 그림 6-8의 전계와 그림 6-9의 자계를 함께 나타내면 그림 6-10과 같고, 전계와 자계는 항상 90도 각도($\pi/2$)를 이루고 있으며, 이처럼 전계와 자계 각각 크기 및 위상이 모두 같을 때의 전자기파를 **균일 평면파**(uniform plane wave)라 부른다.

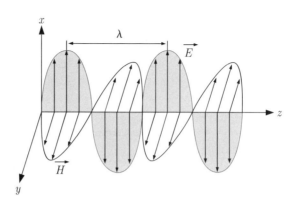

그림 6-10 ● 전계와 자계의 균일 평면파

(전계와 자계가 서로 수직관계로 z축 방향으로 진행하는 sin파)

⑤ 전자기파의 중요 변수

전계와 자계가 서로 직교하며 z축 방향으로 향하는 전자기파에서 중요한 변수들을 열거하면 파장, 전파속도, 특성임피던스, 전자파에너지, 포인팅 벡터 등이 있다.

✔ 파장 $\lambda[m]$

$t = 0[\sec]$이라고 두고, $kz = 2\pi$가 되는 z가 전자파의 파장 $\lambda[m]$가 될 것이다.

$$
\begin{aligned}
\text{파장} \quad \lambda &= \frac{2\pi}{k} = \frac{2\pi}{w\sqrt{\mu\epsilon}} \\[2mm]
&= \frac{2\pi}{2\pi f\sqrt{\mu\epsilon}} \quad \leftarrow c = \frac{1}{\sqrt{\mu_0\,\epsilon_0}} \approx 3\times 10^8\,[m/\sec] \\[2mm]
&= \frac{c}{f\sqrt{\mu_r\,\epsilon_r}} \quad \leftarrow v = \frac{c}{\sqrt{\mu_r\,\epsilon_r}} \\[2mm]
&= \frac{v}{f} \quad [m]
\end{aligned}
$$

(6.52)

여기서, $\omega = 2\pi f [rad/\sec]$를 1초 동안 몇 번 회전하는가를 나타내는 각주파수라고 한다. 또한, 광속(光速) c는 진공 중의 전자파 속도를 나타내는 것으로 다음과 같이 표현한다.

$$\text{광속} \quad c = \frac{1}{\sqrt{\mu_0 \epsilon_0}} = \frac{1}{\sqrt{4\pi \times 10^{-7} \times \frac{1}{36\pi} \times 10^{-9}}} = 3 \times 10^8 \, [m/\sec]$$

(6.53)

✔ 전파속도 $v[m/\sec]$

전파속도(velocity of wave propagation)는 전자파의 이동속도를 나타내며, 매질의 비유전율 ϵ_r과 비투자율 μ_r의 값에 따라 달라지며 진공 중에서는 광속과 일치한다. 전자기파의 전파속도는 공기 중에서 비유전율 ϵ_r과 비투자율 μ_r의 값이 거의 1이기 때문에 광속 c와 거의 유사한 속도로 전파가 된다.

$$\text{전파속도} \quad v = \frac{1}{\sqrt{\mu\epsilon}} = \frac{c}{\sqrt{\mu_r \epsilon_r}} = \frac{3 \times 10^8}{\sqrt{\mu_r \epsilon_r}} \quad [m/\sec] \qquad (6.54)$$

✔ 전자파의 특성 임피던스 $\eta[\Omega]$

전자파의 특성 임피던스(characteristic impedance)는 전계 세기 E에 대한 자계 세기 H의 비를 나타내는 것으로 전계의 물리 단위는 전압을 길이로 나눈 것 $[V/m]$이고 자계의 물리 단위는 전류를 길이로 나눈 것 $[A/m]$과 같으므로 Ohm 법칙을 적용하여 전계 E를 자계 H로 나눈 결과는 전압 V를 전류 I로 나눈 저항값 $[\Omega]$이 된다. 또한, 비유전율 ϵ_r과 비투자율 μ_r의 값이 거의 1인 공기 중의 자유공간에서의 특성 임피던스는 약 377$[\Omega]$의 값을 가진다.

$$특성\ 임피던스 \quad \eta = \frac{E_m}{H_m} = \frac{A}{A\sqrt{\dfrac{\epsilon}{\mu}}} = \sqrt{\frac{\mu}{\epsilon}} = \sqrt{\frac{\mu_0\,\mu_r}{\epsilon_0\,\epsilon_r}} = 377\sqrt{\frac{\mu_r}{\epsilon_r}} \quad [\Omega]$$

(6.55)

✔ 평면전자파 에너지 $W[J]$

전자기파는 자유공간을 관통하여 지나가므로 임의의 폐곡면을 가지는 체적 내에 다음과 같이 전자파의 정전에너지를 구할 수 있는데, 전계와 자계의 관계식에 특성 임피던스를 대입하면 정전에너지 W_e 와 유도에너지(자기에너지) W_m 의 값이 일치함을 알 수 있다.

$$
\begin{aligned}
전자파의\ &정전에너지와\ 유도에너지 \\
W_e &= \frac{1}{2}\epsilon \int_v E_m^{\,2}\ dv \\
&= \frac{1}{2}\epsilon \int_v (\sqrt{\frac{\mu}{\epsilon}}\,H_m)^2\ dv \\
&= \frac{1}{2}\mu \int_v H_m^{\,2}\ dv \ = W_m \quad [J]
\end{aligned}
$$

(6.56)

따라서 임의 공간 내 전자기파가 전계 E 와 자계 H를 동시에 가지고 있으면, 전자기파가 가지고 있는 총 에너지는 정전에너지와 유도에너지의 합으로 표시할 수 있을 것이다.

$$
\begin{aligned}
전자기파\ 에너지 \quad W &= W_e + W_m = 2W_e = 2W_m \\
&= \epsilon \int_v E_m^{\,2}\ dv = \mu \int_v H_m^{\,2}\ dv \quad [J]
\end{aligned}
$$

(6.57)

✔ 포인팅 벡터 $\vec{S}\,[W/m^2]$

포인팅 벡터(poynting vector)는 전자파에서 전계 $\vec{E}\,[V/m]$와 자계 $\vec{H}\,[A/m]$의 벡터 외적(vector product)으로 정의된다. 포인팅 벡터의 방향은 전자파의 이동 방향과 일치하며, 그 물리 단위는 단위 길이당 전압(전계) $[V/m]$과 단위 길이당 전류(자계) $[A/m]$의 곱과 같으므로 단위 면적당 전압과 전류의 곱인 전력 $[V-A/m^2]=[W/m^2]$과 같을 것이다.

$$\text{poynting 벡터} \qquad \vec{S}=\vec{E}\times\vec{H} \quad [W/m^2] \tag{6.58}$$

문제 6

전자파의 자계 벡터 $\vec{H}(z,t)=H_m\cos(wt+kz)\hat{j}=4\cos\left(wt+\dfrac{\pi}{100}z\right)\hat{j}\,[A/m]$인 균일 평면파가

있을 경우, 다음을 구하시오.($\mu_r=\epsilon_r=1$로 가정하라.)

① 파장   ② 주파수   ③ 전파속도   ④ $t=2[\mu\sec]$, $z=25[m]$일 때의 $E_x[V/m]$

⑤ 최대 Poynting 벡터 $\vec{S}$의 세기 $S[W/m^2]$

Solution   ① 파장 $\lambda=\dfrac{2\pi}{k}=\dfrac{2\pi}{\pi/100}=200\,[m]$

② 주파수 $f\lambda=v=c \rightarrow f=\dfrac{c}{\lambda}=\dfrac{3\times10^8}{200}=1.5\,M\,[Hz]$

③ 전파속도 $v=\dfrac{c}{\sqrt{\mu_r\epsilon_r}}=f\lambda=c=3\times10^8\,[m/\sec]$

④ $t=2[\mu\sec]$, $z=25[m]$일 때의 $E_x[V/m]$

$\eta=\dfrac{E_m}{H_m}=377=\dfrac{E_m}{4} \rightarrow \therefore E_m=377\times4=1508\approx1.5\,[kV/m]$

$\vec{E}(z,t)=1508\cos\left(wt+\dfrac{\pi}{100}z\right)\hat{i}=1508\cos\left(2\pi ft+\dfrac{\pi}{100}z\right)\hat{i}$

$\qquad=E_x\,\hat{i}$

$$\therefore \ E_x = 1508 \cos\left(2\pi \times 1.5M \times 2\mu + \frac{\pi}{100}25\right) = 1508 \cos\left(6\pi + \frac{1}{4}\pi\right)$$

$$= 1508 \cos\left(\frac{1}{4}\pi\right) = 1508 \frac{\sqrt{2}}{2} = 754\sqrt{2} \quad [V/m]$$

⑤ 최대 포인팅 벡터 $\vec{S}$의 세기

$$\vec{S} = \vec{E} \times \vec{H} = EH\sin\theta \ \hat{k}$$

$$\rightarrow \quad S_{\max} = E_m H_m = 1508 \times 4 = 6032 \approx 6\,[kW/m^2]$$

문제 7

바닷속의 두 잠수함이 전자파를 이용하여 상호 무선통신(通信)을 한다고 할 때, 전자파의 전파 속도 $v[m/\sec]$를 구하시오. 또한, 전자파의 특성 임피던스 $\eta[\Omega]$도 구하시오.(단, 바닷물의 비유전율 상수 (ϵ_r)는 약 80이고, 비투자율 상수(μ_r)는 1이라고 가정한다.)

Solution 전파 속도 $v[m/\sec]$

$$v = \frac{1}{\sqrt{\mu\epsilon}} = \frac{c}{\sqrt{\mu_r \epsilon_r}} = \frac{3 \times 10^8}{\sqrt{80}} \approx \frac{1}{3} \times 10^8 \quad [m/\sec]$$

특성 임피던스

$$\eta = \frac{E_m}{H_m} = \sqrt{\frac{\mu}{\epsilon}} = \sqrt{\frac{\mu_0 \mu_r}{\epsilon_0 \epsilon_r}} = 377\sqrt{\frac{\mu_r}{\epsilon_r}} = 377\sqrt{\frac{1}{80}} \approx \frac{377}{9} \approx 42\,[\Omega]$$

6

6.4 전자기 상대 법칙

3장의 정전계에서 다루었던 중요한 6개의 물리량 전하(電荷) $Q[C]$, 전계(電界) 벡터 $\vec{E}\,[V/m]$, 전압(電位) $V\,[V]$, 유전율(誘電率) $\epsilon\,[F/m]$, 전속밀도(電束密度)벡터 $\vec{D}\,[C/m^2]$, 정전용량(靜電容量) $C\,[F]$ 등이 5장의 정자계(靜磁界)에서 도입된 6개의 물리량 자하(磁荷) $\Phi\,[Wb]$, 자계(磁界)벡터 $\vec{H}\,[A/m]$, 전류(電流) $I\,[A]$, 투자율(透磁率) $\mu\,[H/m]$, 자속밀도(磁束密度) 벡터 $\vec{B}\,[Wb/m^2]$, 유도용량(誘導容量) $L\,[H]$과 정확히 1:1 대칭이 되는 상대적인 물리량이 된다는 것을 본 절에서 다루고자 한다.

즉, 전하 $Q[C]$가 전계 $\vec{E}\,[V/m]$를 발생하고 Coulomb 전기력 F_e이 발생하듯이, 자하 $\Phi[Wb]$가 자계 $\vec{H}\,[A/m]$를 발생하고 Coulomb의 자기력 F_m이 발생한다.

전계 E를 선적분한 것이 전압 V이듯이 자계 H를 선적분한 결과는 전류 I이다. Capacitor에 전압 V을 인가하여 전하 Q를 충전하는 것처럼 inductor에 전류 I를 인가하여 자하 Φ를 발생시킨다. 전계에 유전율 ϵ을 곱하면 전속밀도 D가 되는 것처럼 자계에 투자율 μ을 곱하면 자속밀도 B가 된다. 이처럼 전계와 자계에서 다루었던 각각 6개 물리량이 상호 상대적으로 대응된다.

$$
\begin{array}{lll}
① \ \text{전하} \ Q[C] & \Leftrightarrow & \text{자하} \ \Phi\,[Wb] \\
② \ \text{전계} \ \vec{E}\,[V/m] & \Leftrightarrow & \text{자계} \ \vec{H}\,[A/m] \\
③ \ \text{전압} \ V\,[V] & \Leftrightarrow & \text{전류} \ I\,[A] \\
④ \ \text{정전용량} \ C\,[F] & \Leftrightarrow & \text{유도용량} \ L\,[H] \\
⑤ \ \text{전속밀도} \ \vec{D}\,[C/m^2] & \Leftrightarrow & \text{자속밀도} \ \vec{B}\,[Wb/m^2] \\
⑥ \ \text{유전율} \ \epsilon\,[F/m] & \Leftrightarrow & \text{투자율} \ \mu\,[H/m]
\end{array}
\tag{6.59}
$$

그동안 정전계에서 배웠던 공식(公式) 혹은 법칙(法則)들을 앞서 언급한 상대적인 물리량으로 대치(代置)하면 자계에서 배웠던 공식 혹은 법칙으로 정확히 변환된다. 이를 전자기 상대 법칙이라 한다.

Gauss 법칙이 자속의 정의식과 상대적인 수식이 되는 것처럼, 전압의 정의가 Ampere 주회적분 법칙에 상대적(相對的) 수식이 된다. 더욱이 전류의 정의식이 Faraday 유도 전압법칙과 연관되는 것은 매우 놀라운 일이다.

결론적으로, 정전계를 통해 배웠던 공식(公式) 혹은 법칙(法則)들을 잘 알고 있다면 그 식에 전자계 상대성을 가지는 6가지 물리량을 대입하여 자계에서 다루었던 중요한 수식들을 도출할 수 있다. 반대로 자계에서 도출된 식들 또한 전계에서 다루었던 중요한 수식들로 변환할 수 있다.

① 전속밀도 정의 $\quad \vec{D} = \epsilon \vec{E} \quad \Leftrightarrow \quad \vec{B} = \mu \vec{H} \quad$ 자속밀도 정의

② Gauss 법칙 $\quad \int_s \vec{D} \cdot \vec{ds} = Q \quad \Leftrightarrow \quad \int_a \vec{B} \cdot \vec{da} = \Phi \quad$ 자속 정의

③ 전압 정의 $\quad V = \int_l \vec{E} \cdot \vec{dl} \quad \Leftrightarrow \quad I = \int_l \vec{H} \cdot \vec{dl} \quad$ Ampere 주회적분 법칙

④ 전류 정의 $\quad I = \dfrac{d}{dt} Q \quad \Leftrightarrow \quad V = \dfrac{d}{dt} \Phi \quad$ Faraday 유도 전압법칙

⑤ 정전용량 정의 $\quad C = \dfrac{Q}{V} \quad \Leftrightarrow \quad L = \dfrac{\Phi}{I} \quad$ 유도용량 정의

⑥ 전계와 전압 관계 $\quad \vec{E} = -\nabla V \quad \Leftrightarrow \quad \vec{H} = -\nabla I \quad$ 자계와 전류 관계

6

⑦ 유전율 상수 $\quad \epsilon = \epsilon_0\,\epsilon_r \quad \Leftrightarrow \quad \mu = \mu_0\,\mu_r \quad$ 투자율 상수

⑧ Coulomb 전기력 $\quad \overrightarrow{F_e} = \dfrac{Q_1\,Q_2}{4\,\pi\,\epsilon\,r^2}\,\hat{a_r} = Q_1\overrightarrow{E_2} = Q_2\overrightarrow{E_1}$

$\quad\quad\quad\quad \Leftrightarrow \quad \overrightarrow{F_m} = \dfrac{\Phi_1\,\Phi_2}{4\,\pi\,\mu\,r^2}\,\hat{a_r} = \Phi_1\overrightarrow{H_2} = \Phi_2\overrightarrow{H_1} \quad$ Coulomb 자기력

⑨ 정전에너지 $\quad W_e = \dfrac{1}{2}\,Q\,V = \dfrac{1}{2}\,\epsilon \displaystyle\int_v E^2\,dv$

$\quad\quad\quad\quad \Leftrightarrow \quad W_m = \dfrac{1}{2}\,\Phi\,I = \dfrac{1}{2}\,\mu \displaystyle\int_v H^2\,dv \quad$ 유도에너지

⑩ 시변 자계의 전계회전 $\quad \nabla \times \overrightarrow{E} = \mu\dfrac{d\overrightarrow{H}}{dt}$

$\quad\quad\quad\quad \Leftrightarrow \quad \nabla \times \overrightarrow{H} = \epsilon\dfrac{d\overrightarrow{E}}{dt} \quad$ 시변 전계의 자계회전

⑪ 전계 파동방정식 $\quad \nabla^2\overrightarrow{E} - \mu\epsilon\dfrac{d^2\overrightarrow{E}}{dt^2} = 0$

$\quad\quad\quad\quad \Leftrightarrow \quad \nabla^2\overrightarrow{H} - \mu\epsilon\dfrac{d^2\overrightarrow{H}}{dt^2} = 0 \quad$ 자계 파동방정식

$$(6.60)$$

6.5 전자기 물리량 관계도

3장의 전계(電界)에서 다루었던 전하(電荷) Q, Coulomb 전기력 F_e, 전계(電界) E, 전압(電位) V, 유전율상수 ϵ, 전속밀도(電束密度) D, 정전용량(靜電容量) C, 전기쌍극자 p, 분극(도) P, 정전에너지 W_e와 관련된 관계식 또는 법칙 등을 열거하면 다음과 같다.

◎ 전하 $\quad Q = \int_s \overrightarrow{D} \cdot \overrightarrow{ds} = C V$

◎ Coulomb 전기력 $\quad \overrightarrow{F_e} = \dfrac{Q_1 Q_2}{4 \pi \epsilon r^2} \hat{a_r} = Q_1 \overrightarrow{E_2} = Q_2 \overrightarrow{E_1}$

◎ 전압 $\quad V = \int_l \overrightarrow{E} \cdot \overrightarrow{dl} = I R$

◎ 전계 $\quad \overrightarrow{E} = - \nabla V$

◎ 전속밀도 $\quad \overrightarrow{D} = \epsilon \overrightarrow{E} = \epsilon_0 \overrightarrow{E} + \overrightarrow{P}$

◎ 전기쌍극자 $\quad \overrightarrow{p} = Q d \hat{n}$

◎ 분극(도) $\quad \overrightarrow{P} = n \overrightarrow{p} = \epsilon_0 (\epsilon_r - 1) \overrightarrow{E}$

◎ 정전용량 $\quad C = \dfrac{Q}{V} = \epsilon \dfrac{A}{d}$

◎ 정전에너지 $\quad W_e = \dfrac{1}{2} Q V = \dfrac{1}{2} \epsilon \int_v E^2 dv = \dfrac{1}{2} \int_v E D \, dv$

5장의 자계(靜磁界)에서 다루었던 자하(磁荷) Φ, Coulomb 자기력 F_m, 전류(電流) I, 자계(磁界) H, 투자율상수 μ, 자속밀도(磁束密度) B, 유도용량(誘導容量) L, 자기쌍극자 m, 자화(도) M, 유도에너지 W_m과 관련된 다양한 관계식 또는 법칙 등을 열거하면 다음과 같다.

◎ 자하(자속) $\Phi = \int_a \vec{B} \cdot \vec{da} = L\,I$

◎ Coulomb 자기력 $\vec{F_m} = \dfrac{\Phi_1\,\Phi_2}{4\,\pi\,\mu\,r^2}\,\hat{a_r} = \Phi_1\,\vec{H_2} = \Phi_2\,\vec{H_1}$

◎ 전류 $I = \int_l \vec{H} \cdot \vec{dl} = \dfrac{V}{R}$

◎ 자계 $\vec{H} = -\nabla I$

◎ 자속밀도 $\vec{B} = \mu\,\vec{H} = \mu_0\,(\vec{H} + \vec{M})$

◎ 자기쌍극자 $\vec{m} = I\,S\,\hat{n}$

◎ 자화(도) $\vec{M} = n\,\vec{m} = (\mu_r - 1)\,\vec{H}$

◎ 유도용량 $L = \dfrac{\Phi}{I} = \mu\,\dfrac{A}{l}\,N^2$

◎ 유도에너지 $W_m = \dfrac{1}{2}\,\Phi\,I = \dfrac{1}{2}\,\mu \int_v H^2\,dv = \dfrac{1}{2}\int_v H\,B\,dv$

3장과 5장을 연결하는 4장 전류에서 다루었던 전류밀도 J, 전도도 σ, 전기저항 R, 전력 P, 전기에너지 W 와 관련된 다양한 관계식 또는 법칙 등을 열거하면 다음과 같다.

◎ 전류밀도 $\vec{J} = \sigma\,\vec{E}$

◎ 전기저항 $R = \dfrac{V}{I} = \dfrac{1}{\sigma}\,\dfrac{l}{A} = \rho\,\dfrac{l}{A}$

◎ 전력 $P = I\,V = I^2\,R = \dfrac{V^2}{R}$

◎ 전기에너지 $W = P\,t = I\,V\,t$

전계를 발생시키는 원천인 전압과 자계를 발생시키는 원천인 전류와의 관계식은 $V = IR$ 의 Ohm 법칙과 전력 및 전기에너지도 전압과 전류가 포함된 관계식이다.

6장의 전계와 자계가 공존하는 전자기파에서 포인팅벡터 $\vec{S}$와 특성임피던스 η가 전계 E와 자계 H의 관계식을 잘 설명해 준다.

◎ 포인팅벡터 $\quad \vec{S} = \vec{E} \times \vec{H}$

◎ 특성임피던스 $\quad \eta = \dfrac{E}{H}$

이와 같이 앞서 언급한 3장 전계, 4장 전류, 5장 자계, 6장 전자기파와 관련된 여러 물리량들의 상관 관계식 혹은 법칙 뿐만 아니라 상호 연관성이 있음을 통찰하기 바란다. 복잡한 상호 관계도를 요약하면 그림 6-11과 같다. 그림 6-11에서 6.4절에서 언급한 자계와 전계의 물리량이 서로 상대관계를 가지도록 배치되어 있음을 유의하고, 쿨롱(Coulomb) 전기력은 전압에 의한 전계가 자유전자에 작용하여 자유전자가 움직이는 원천적인 힘이며, 이로 인해 전류가 형성되고, 전류에 의해 자계가 형성됨을 다시 한번 인지하기 바란다. 또한, Ampere 자기력은 전기에너지에 의한 전기모터(motor)의 기본 원리가 되는 법칙이며, 그림 상에서는 언급하지 않았지만 회전에너지(torque)와 밀접한 연관성이 있음도 알아야 한다. 또한, 전계를 발생시키고 이로 인해 전류와 자계를 발생시키는 전압이 Faraday 전압법칙으로 부터 운동에너지가 변환된 것이며, 에너지보존의 법칙(운동에너지가 전기에너지로 변환)과도 연관이 있음을 통찰하기 바란다.

6

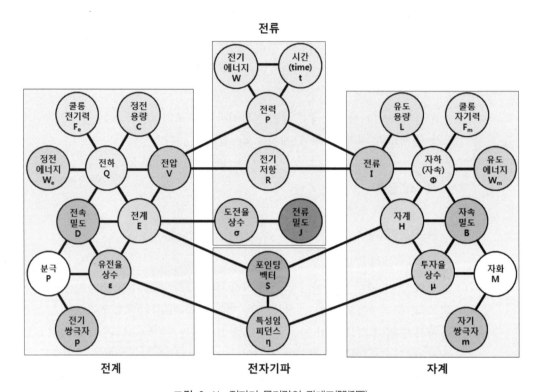

그림 6-11. 전자기 물리량의 관계도(關係圖)

[Maxwell, 1831-1879]

맥스웰(James Clerk Maxwell)은 스코틀랜드의 에든버러 태생인 이론 물리학자이자 수학자이다. 그의 집안 환경은 매우 불우하였다고 전해지고 있으나, 그는 매우 천재적인 수학적 능력을 갖추고 있었다. 그의 가장 중요한 성과는 전기 및 자기 현상에 대한 통일적 기초를 마련한 것이다. 전기와 자기를 단일한 힘으로 통합하여 Newton 역학과 함께 현대 과학 발전의 초석이 되었다. Maxwell 전자기학의 확립은 19세기 물리학이 이룩한 성과로 높게 평가받고 있다. 수학에 뛰어났던 그가 기존에 존재했던 Faraday 법칙, Gauss 법칙, Ampere 주회적분 법칙, 자계의 연속성 법칙 등의 전자기 이론을 수식적으로 정리하여 나타낸 식이 'Maxwell 방정식'이다. 이 방정식은 전자기학의 기초가 되는 전자기파에 대한 미분방정식으로 불리는 볼쯔만(Boltzmann)의 통계역학과 함께 19세기 물리학이 이룬 큰 성과로 높이 평가받고 있다. Maxwell은 전기력과 자기장이 모두 공간에서 빛의 속도로 전파되는 파동으로 기술될 수 있다는 것을 증명하였다. Maxwell은 이를 바탕으로 연구를 계속하여 1864년에 〈전자기장에 관한 역학 이론〉을 발표하여 빛이 전기와 자기에 의한 파동, 즉 전자기 복사라는 것을 증명하였다. Maxwell의 연구 성과는 전자기파의 존재 가능성을 예견하였고, 전자기학의 발전에 큰 영향을 주었다.

6

핵 심 요 약

1 Faraday 전자유도 전압법칙은 외부 자계 또는 자속의 시간적 변화에 의해 coil에서 유도전압이 발생되는 것으로, 운동에너지에 의해 전기에너지를 만들어내는 전기발전의 이론적 근거 법칙이다.

Faraday 유도전압
$$V = \frac{d\Phi}{dt} = L\frac{dI}{dt} = \frac{d}{dt}\int_s \vec{B} \cdot \vec{ds} = \frac{d}{dt}\mu\int_s \vec{H} \cdot \vec{ds} \quad [V]$$

2 Lentz 법칙은 자속의 변화를 방해하는 방향으로 유도전압이 발생된다는 것을 의미하며, 관성의 법칙이라고도 한다. Neumann 법칙은 coil의 권선수 N이 증가할수록 유도전압의 크기가 증가하는 것을 의미하며, Lentz 법칙과 Neumann 법칙은 Faraday 전자유도전압법칙에서 파생된 것이다.

Lentz와 Neumann 법칙을 포함한 Faraday 법칙
$$V = -N\frac{d\Phi}{dt} = -N\frac{d}{dt}\int_s \vec{B} \cdot \vec{ds} = -N\frac{d}{dt}\mu\int_s \vec{H} \cdot \vec{ds} = -NL\frac{dI}{dt} \quad [V]$$

3 Maxwell 미분방정식은 전자기파 파동방정식을 도출하는 데 이용한 네 가지 방정식으로, 전자기학을 구성하는 주요 공식으로 이루어져 있다.

① Gauss 법칙(미분형)　　　　　$\nabla \cdot \overrightarrow{E} = \dfrac{\rho_v}{\epsilon} = 0$　　$[V/m^2]$

② 자계의 연속성 법칙　　　　　$\nabla \cdot \overrightarrow{H} = 0$　　$[A/m^2]$

③ Faraday 법칙(미분형)　　　　$\nabla \times \overrightarrow{E} = -\mu \dfrac{d\overrightarrow{H}}{dt}$　　$[V/m^2]$

④ Ampere 법칙(미분형)　　　　$\nabla \times \overrightarrow{H} = \epsilon \dfrac{d\overrightarrow{E}}{dt}$　　$[A/m^2]$

4 Maxwell 전자기파 파동방정식은 전계 및 자계에 대한 각각 이중회전을 통해 도출한 것으로, 전자기파 파동방정식의 해가 바로 전계와 자계에 대한 전자기파이며, 1888년에 독일의 Hertz의 최초 무선송수신기에 의한 전자기파를 만들어내기 전에 1873년 전자기파의 존재가 능성을 예견한 근거가 되었다.

① 전계의 전자기파 파동방정식　　$\nabla^2 \overrightarrow{E} - \mu\epsilon \dfrac{d^2\overrightarrow{E}}{dt^2} = 0$　　$[V/m^3]$

② 자계의 전자파 파동방정식　　　$\nabla^2 \overrightarrow{H} - \mu\epsilon \dfrac{d^2\overrightarrow{H}}{dt^2} = 0$　　$[A/m^3]$

5 균일 평면파(uniform planewave)는 전계와 자계는 항상 90도 각도($\pi/2$)를 이루고 있으며, 전계와 자계 각각의 크기 및 위상이 모두 같을 경우의 전자기파이다.

6

① 전자기파의 전계벡터　　$\overrightarrow{E}(z, t) = E_m \cos{(wt - kz)}\,\hat{i}$　　$[V/m]$

② 전자기파의 자계벡터　　$\overrightarrow{H}(z, t) = H_m \cos{(wt - kz)}\,\hat{j}$　　$[A/m]$

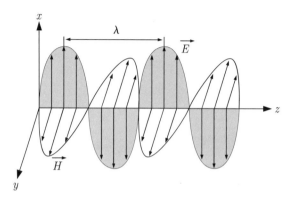

그림 6-10 • 전계와 자계의 균일 평면파
(전계와 자계가 서로 수직이며, z축 방향으로 진행하는 sin파)

6 전자기파의 중요 변수(parameter)들은 파장, 전파속도, 특성임피이던스, 전자기파에너지, Poynting 벡터 등 5개가 있으며, 공기 중에서 전자기파는 거의 광속(光速)으로 진행한다.

① 파장 $\quad \lambda = \dfrac{2\pi}{k} = \dfrac{2\pi}{w\sqrt{\mu\epsilon}} = \dfrac{c}{f\sqrt{\mu_r \epsilon_r}} = \dfrac{v}{f} \quad [m]$

② 전파속도 $\quad v = \dfrac{1}{\sqrt{\mu\epsilon}} = \dfrac{c}{\sqrt{\mu_r \epsilon_r}} = \dfrac{3\times 10^8}{\sqrt{\mu_r \epsilon_r}} \quad [m/\sec]$

③ 특성임피던스 $\quad \eta - \dfrac{E_m}{H_m} = \dfrac{A}{A\sqrt{\dfrac{\epsilon}{\mu}}} = \sqrt{\dfrac{\mu}{\epsilon}} = \sqrt{\dfrac{\mu_0 \mu_r}{\epsilon_0 \epsilon_r}} = 377\sqrt{\dfrac{\mu_r}{\epsilon_r}} \quad [\Omega]$

④ 평면전자기파 에너지 $\quad W = W_e + W_m = 2W_e = 2W_m = \epsilon \displaystyle\int_v E_m{}^2\, dv = \mu \displaystyle\int_v H_m{}^2\, dv \quad [J]$

⑤ Poynting 벡터 $\quad \vec{S} = \vec{E} \times \vec{H} \quad [W/m^2]$

7 Poynting 벡터 $\vec{S}$는 전계와 자계의 벡터곱으로 전자기파의 진행방향을 나타내며, 물리단위는 단위면적당 전력 $[V-A/m^2]=[W/m^2]$으로 단위면적당 투과되는 전자기파의 전력을 의미한다.

8 전자기 상대 법칙은 전계와 자계의 상대를 기본으로, 전계와 자계에서 다루었던 각각의 6개 물리량이 상호 상대적으로 대응이 되고 있다는 것과 이를 바탕으로 전자기학의 중요 법칙들이 상대적 관계를 가지고 있다는 것으로, 전계와 관련된 중요 공식들이 상대법칙을 통해 자계와 관련된 중요 공식들을 쉽게 유도할 수 있다.

[전자기 상대 물리량]

① 전하 $Q[C]$ $\Leftrightarrow$ 자하 $\Phi[Wb]$

② 전계 $\vec{E}[V/m]$ $\Leftrightarrow$ 자계 $\vec{H}[A/m]$

③ 전압 $V[V]$ $\Leftrightarrow$ 전류 $I[A]$

④ 정전용량 $C[F]$ $\Leftrightarrow$ 유도용량 $L[H]$

⑤ 전속밀도 $\vec{D}[C/m^2]$ $\Leftrightarrow$ 자속밀도 $\vec{B}[Wb/m^2]$

⑥ 유전율 $\epsilon[F/m]$ $\Leftrightarrow$ 투자율 $\mu[H/m]$

[전자기 상대 공식]

① 전속밀도 정의 $\vec{D}=\epsilon\vec{E}$ $\Leftrightarrow$ $\vec{B}=\mu\vec{H}$ 자속밀도 정의

② Gauss 법칙 $\int_s \vec{D}\cdot\vec{ds}=Q$ $\Leftrightarrow$ $\int_a \vec{B}\cdot\vec{da}=\Phi$ 자속 정의

③ 전압 정의 $V=\int_l \vec{E}\cdot\vec{dl}$ $\Leftrightarrow$ $I=\int_l \vec{H}\cdot\vec{dl}$ Ampere 주회적분 법칙

④ 전류 정의 $I=\dfrac{dQ}{dt}$ $\Leftrightarrow$ $V=\dfrac{d\Phi}{dt}$ Faraday 유도전압 법칙

6

⑤ 정전용량 정의 $\quad C = \dfrac{Q}{V} \quad \Leftrightarrow \quad L = \dfrac{\Phi}{I} \quad$ 유도용량 정의

⑥ 전계와 전압 관계 $\quad \vec{E} = -\nabla V \quad \Leftrightarrow \quad \vec{H} = -\nabla I \quad$ 자계와 전류 관계

⑦ 유전율 상수 $\quad \epsilon = \epsilon_0 \epsilon_r \quad \Leftrightarrow \quad \mu = \mu_0 \mu_r \quad$ 투자율 상수

⑧ Coulomb 전기력 $\quad \vec{F_e} = \dfrac{Q_1 Q_2}{4\pi\epsilon r^2}\hat{a_r} = Q_1 \vec{E_2} = Q_2 \vec{E_1}$

$\qquad\qquad \Leftrightarrow \quad \vec{F_m} = \dfrac{\Phi_1 \Phi_2}{4\pi\mu r^2}\hat{a_r} = \Phi_1 \vec{H_2} = \Phi_2 \vec{H_1} \quad$ Coulomb 자기력

⑨ 정전에너지 $\quad W_e = \dfrac{1}{2}QV = \dfrac{1}{2}\epsilon \displaystyle\int_v E^2 dv$

$\qquad\qquad \Leftrightarrow \quad W_m = \dfrac{1}{2}\Phi I = \dfrac{1}{2}\mu \displaystyle\int_v H^2 dv \quad$ 유도에너지

⑩ 시변자계의 전계회전 $\quad \nabla \times \vec{E} = \mu \dfrac{d\vec{H}}{dt} \quad \Leftrightarrow \quad \nabla \times \vec{H} = \epsilon \dfrac{d\vec{E}}{dt} \quad$ 시변전계의 자계회전

⑪ 전계 파동방정식 $\quad \nabla^2 \vec{E} - \mu\epsilon \dfrac{d^2\vec{E}}{dt^2} = 0 \quad \Leftrightarrow \quad \nabla^2 \vec{H} - \mu\epsilon \dfrac{d^2\vec{H}}{dt^2} = 0 \quad$ 자계 파동방정식

9 전자기 상대 법칙에서 전기쌍극자와 자기쌍극자, 분극도벡터와 자화도벡터는 서로 상대되는 물리량이 아니다. 상대물리량이 되기 위해서는 물리단위가 상대적이어야 한다.

① 전기쌍극자 $\quad \vec{p} = Qd\hat{n} \ [C\text{-}m] \quad \Leftrightarrow \quad \vec{m} = IS\hat{n} \ [A\text{-}m^2] \quad$ 자기쌍극자

② 분극벡터 $\quad \vec{P} = \epsilon_0 \chi_e \vec{E} = n\vec{p} \ [C/m^2] \quad \Leftrightarrow \quad \vec{M} = \chi_m \vec{H} = n\vec{m} \ [A/m] \quad$ 자화벡터

연습문제

[Faraday 법칙]

6-1. 단면적이 $0.5[m^2]$이고 권선수가 5인 coil에 쇄교하는 1초당 자속밀도 변화가 5×10^{-2} $[Wb/m^2]$일 때 coil 양단에 발생되는 Faraday 유도전압은 얼마인가? 또한, 권선수가 5에서 500으로 100배 증가하였을 경우, 발생되는 유도전압은 얼마인가? (단, coil을 쇄교하는 자속은 균일하다고 가정하라.)

> **Hint** Faraday 유도전압 $V = \dfrac{d\Phi}{dt} = \dfrac{d}{dt}NBS \approx N\dfrac{\Delta B}{\Delta t}S = 5 \times 5 \times 10^{-2} \times 0.5$
>
> → Faraday 유도전압은 권선수 N에 비례

> **Answer** ① Faraday 유도전압 $V(N=5) = 125\,m\,[V]$
>
> ② Faraday 유도전압 $V(N=500) = 125\,m \times 100 = 12.5\,[V]$

6-2. 어떤 coil에 흐르는 전류가 $0.001[\sec]$ 동안에 $100[mA]$가 변했을 때 $5[V]$ 정도의 유도전압이 발생하였다. 이 coil의 유도용량을 구하시오.

> **Hint** Faraday 유도전압 $V = \dfrac{d\Phi}{dt} = L\dfrac{dI}{dt} = \dfrac{d}{dt}\int_s \vec{B} \cdot \vec{ds} = \dfrac{d}{dt}\mu\int_s \vec{H} \cdot \vec{ds}$ $[V]$

> **Answer** 유도용량 $L = V\dfrac{\Delta t}{\Delta I} = 5\dfrac{0.001}{0.1} = 50\,m\,[H]$

6-3. 자속밀도 $B = 0.5[Wb/m^2]$의 균일한 자속밀도가 있는 공간에 권선수 $N=1000$, 반지름 $r=10[cm]$인 원형 coil이 분당 1800회로 회전할 때, 이 코일에서 발생되는 최대 유도전압과 최대 전류를 계산하시오.(단, 이 coil의 저항은 $100[\Omega]$으로 가정하라.)

6

Hint 매분 1800회 회전하면, $1[\sec]$당 $\dfrac{1800}{60} = 30$회 회전, 1회 회전할 때 $\sin$파가 발생.

$$N = 1000, \quad B = 0.5[Wb/m^2], \quad S = \pi r^2 = 10^{-2}\pi[m^2], \quad f = 30[Hz]$$

Faraday 유도전압 $\quad V(t) = \dfrac{d\Phi}{dt} = NBS\,2\pi f\cos(2\pi ft) \leftarrow \Phi(t) = NBS\sin(2\pi ft)$

$$= 1k \times 0.5 \times \pi(0.1)^2 \times 2\pi \times 30 \times \cos(60\pi t)$$

$$= 300\pi^2\cos(60\pi t) \quad [V]$$

Answer ① $V_{\max} = 300\pi^2 \approx 2961[V]$ 　　　　　② $I_{\max} = V_{\max}/R = 29.61[A]$

6-4. 서로 절연되어 있는 폭 $2[m]$의 철길 위를 기차가 시속 $144[km]$의 속도로 달리면서 기차가 지구에서 발생되는 지구의 자속밀도 $B = 0.2 \times 10^{-4}[Wb/m^2]$를 끊는다고 가정하면, 철길 사이에 발생하는 유도전압이 얼마가 될 것인지 계산하시오.

Hint 기차의 속도 $144[km/hour] = 144000/3600 = 40[m/\sec]$

　　$\rightarrow$ 기차가 달림으로써 초당 $2[m] \times 40[m] = 80[m^2]$의 면적변화에 따른 자속의 변화가 발생

　　Faraday 유도전압 $\quad V = \dfrac{\Delta\Phi}{\Delta t} = B \times \dfrac{\Delta S}{\Delta t}$

Answer 유도전압 $V = 0.2 \times 10^{-4} \times 80 = 16 \times 10^{-4} = 1.6\,m[V] \leftarrow$ 매우 작다.

6-5. 2012년에 S사에서 출시된 휴대폰의 경우 충전잭(유선)을 연결하지 않고, 어떤 기기(외부 무선충전기기) 위에 올려놓으면 휴대폰이 자동 충전된다고 한다. 이를 가능하게 할 수 있는 방법에 대해 그림으로 도시하고 논리적으로 설명하시오.

Hint Faraday 유도전압을 이용

Answer 외부무선 충전기기에는 교류전압과 inductor가 내장되어 있어서 교류전압에 의해 발생되는 시변자속 혹은 시변자계가 휴대폰에 내장되어 있는 inductor에 시변자속 혹은 시변자계가 쇄교되어 Faraday 유도전압(교류전압)이 발생되고, 이 교류전압이 AC-DC converter(교류-직류전압변환기)를 통해 휴대폰에 있는 배터리를 충전할 수 있다.

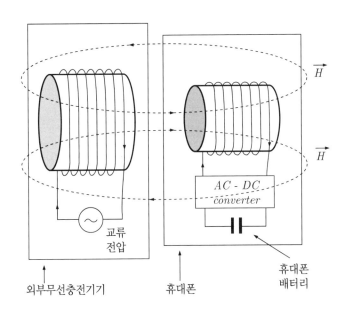

[전자기파]

6-6. 어떤 매질의 비유전율상수 $\epsilon_r = 81$, 비투자율상수 $\mu_r = 1$ 일 때, 특성임피던스와 전파속도를 계산하시오.

Hint

① 특성임피던스 $\eta = \dfrac{E_m}{H_m} = \sqrt{\dfrac{\mu}{\epsilon}} = \sqrt{\dfrac{\mu_0 \mu_r}{\epsilon_0 \epsilon_r}} = 377 \sqrt{\dfrac{\mu_r}{\epsilon_r}}$ $[\Omega]$

② 전파속도 $v = \dfrac{1}{\sqrt{\mu\epsilon}} = \dfrac{c}{\sqrt{\mu_r \epsilon_r}} = \dfrac{3 \times 10^8}{\sqrt{\mu_r \epsilon_r}}$ $[m/\text{sec}]$

Answer ① 특성임피던스 $\quad \eta = 377\,\dfrac{1}{\sqrt{81}} = \dfrac{377}{9} \approx 41.89 \ [\Omega]$

② 전파속도 $\quad v = \dfrac{c}{\sqrt{81}} = \dfrac{3 \times 10^8}{9} = \dfrac{1}{3} \times 10^8 \approx 33.3\,M \ [m/\sec]$

6-7. 주파수 $f = 500[MHz]$를 가진 전자파가 물속을 통과할 때, 그 파장은 공기 중에 비해 어떠한지 설명하시오.(단, 물의 비유전율상수 $\epsilon_r = 81$로 가정하라.)

Hint 전파속도 $\quad v = \dfrac{1}{\sqrt{\mu\epsilon}} = \dfrac{c}{\sqrt{\mu_r \epsilon_r}} = \dfrac{3 \times 10^8}{\sqrt{\mu_r \epsilon_r}} = f\,\lambda \quad [m/\sec]$

$\rightarrow$ 파장 $\lambda = \dfrac{v}{f}$ $\;(f = 500[MHz]$는 동일 $)$

Answer 물속에서는 전파속도가 공기 중의 광속에 비해 $\dfrac{1}{\sqrt{81}} = \dfrac{1}{9}$ 배로 감소하고, 따라서, 파장도 $\dfrac{1}{9}$ 배로 감소함.

6-8. 진공 중을 지나가는 전자파의 주파수 $f = 2[GHz]$ 일 때, 이 전자파의 파장을 구하시오.

Hint 전파속도 $\quad v = \dfrac{c}{\sqrt{\mu_r \epsilon_r}} = c = f\,\lambda \quad [m/\sec]$

Answer 파장 $\quad \lambda = \dfrac{c}{f} = \dfrac{3 \times 10^8}{2 \times 10^9} = 0.15[m] = 15[cm]$

6-9. 소비전력이 $30[W]$인 백열전구(白熱電球)에서 약 $2[m]$ 떨어진 지점에서의 Poynting 벡터 $\vec{S}$의 세기와 전계 벡터 $\vec{E}$의 세기를 구하시오.(단, 백열전구에서 공급된 전기에너지는 모두 광(전자파)으로 100% 방사되었다고 가정하라.)

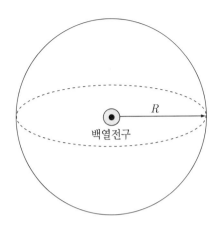

백열전구 R

Hint Poynting 벡터 $\vec{S}$의 크기 단위면적당 입사전력을 가지는 물리량으로 백열전구의 광으로 방출되는 전력(백열전구 소비전력)을 백열전구를 중심으로 반경 R(백열전구로부터 떨어진 거리)을 가지는 구의 표면적 $A = 4\pi R^2 [m^2]$으로 나눈 것과 같다.

$$S = E \times H = \frac{E^2}{\eta} = \frac{P}{A} = \frac{P}{4\pi R^2} \quad \leftarrow \eta = 377 [\Omega] = \frac{E}{H}$$

Answer

① Poynting 벡터 $\vec{S}$의 세기 $S = \dfrac{30}{4\pi \times 2^2} \approx 0.597 [W/m^2]$

② 전계 벡터 $\vec{E}$의 세기 $E = \sqrt{377 \times S} \approx 15 [V/m]$

6-10. 전계 E와 자계 H는 서로 정확히 상대 물리량이듯이 이와 유사하게 전계 및 자계와 관련된 여러 물리량이 상대를 형성한다고 남충모 교수가 주장하고 있다. 다음 보기 중 상대적인 물리량이라고 볼 수 없는 것을 모두 고르고, 물리단위를 통해 그 이유를 설명하시오.

① 전속밀도 $D[C/m^2]$ $\Leftrightarrow$ 자속밀도 $B[Wb/m^2]$

② 정전에너지 $W_e[J]$ $\Leftrightarrow$ 자기에너지 $W_h[J]$

③ 유전율 $\epsilon[F/m]$ $\Leftrightarrow$ 투자율 $\mu[H/m]$

④ 전압 $V[V]$ $\Leftrightarrow$ 전류 $I[A]$

⑤ 정전용량(capacitance) $C[F]$ $\Leftrightarrow$ 유도용량(inductance) $L[H]$

⑥ 전하 $Q[C]$ $\Leftrightarrow$ 자하(자속, 자극) $\Phi[Wb]$

⑦ 전기쌍극자 $p\,[C-m]$ ⇔ 자기쌍극자 $m\,[A-m^2]$

⑧ 분극도 $P\,[C/m^2]$ ⇔ 자화도 $M\,[A/m]$

Answer ⑦ 전기쌍극자 $p\,[C-m]$ ⇔ 자기쌍극자 $m\,[A-m^2]$: 서로 상대적인 물리량이 되지 못한다.

전기쌍극자 $p = Q \times d\,[C-m]$에서 전하 $Q\,[C]$ 대신 자하 $\Phi\,[Wb]$로 대치되는 $[Wb-m]$가 자기쌍극자의 물리량이 되어야 하지만 $m = I \times S\,[A-m^2]$로 그러하지 못하기 때문이다.

⑧ 분극도 $P\,[C/m^2]$ ⇔ 자화도 $M\,[A/m]$: 이 또한, 서로 상대적인 물리량이 되지 못한다.

분극도의 물리량 $P = \dfrac{p}{v} = \dfrac{Q_P}{A}\,[C/m^2]$과 상대가 되기 위해서는 분극전하 $Q_P\,[C]$ 대신 자하 $\Phi\,[Wb]$로 대치되는 $[Wb/m^2]$라는 자속밀도와 동일한 물리량이 되어야 하지만 $M = \dfrac{m}{v} = (\mu_r - 1)H\,[A/m]$로 자계 $H\,[A/m]$와 동일한 물리량이기 때문이다.

※ 비고 : 전하(electric charge) Q의 상대 물리량 자하(磁荷) Φ는 자속(磁束) 혹은 자극(磁極)이라고 한다. 여러가지 용어로 불리고 있다.

6-11. 다음 공식으로부터 알파벳 문자의 괄호 안에 상대 물리량을 기입하여 전자기학의 상대 공식을 완성하시오.

① $Q = C\,V$ ⇔ (Ⓐ) = (Ⓑ) (Ⓒ)

② $V = \displaystyle\int_l \vec{E} \cdot \vec{dl}$ ⇔ (Ⓓ) $= \displaystyle\int_l$ (Ⓔ) $\cdot \vec{dl}$

③ $I = \dfrac{dQ}{dt}$ ⇔ (Ⓕ) $=$ (Ⓖ) $\diagup dt$

④ $\vec{F} = Q\,\vec{E}$ ⇔ $\vec{F} =$ (Ⓗ) (Ⓘ)

Hint ① 전하 $Q\,[C]$ ⇔ 자하(자속, 자극) $\Phi\,[Wb]$

② 정전용량(capacitance) $C\,[F]$ ⇔ 유도용량(inductance) $L\,[H]$

③ 전압 $V\,[V]$ ⇔ 전류 $I\,[A]$

④ 전계 $\vec{E}\,[V/m]$ ⇔ 자계 $\vec{H}\,[A/m]$

Answer Ⓐ Φ Ⓑ L Ⓒ I Ⓓ I Ⓔ $\vec{H}$ Ⓕ V Ⓖ $d\Phi$ Ⓗ Φ Ⓘ $\vec{H}$

저자소개

남충모 | 한국산업기술대학교 전자공학과 교수
cmnam@kpu.ac.kr

전자기학
Electromagnetics

초판 1쇄 발행 2012년 8월 30일
초판 2쇄 발행 2013년 8월 30일

지 은 이 남충모
펴 낸 이 최규학

진　　행 고광노
본　　문 우일미디어디지텍
표　　지 김남우

발 행 처 도서출판 ITC
등록번호 제8-399호
등록일자 2003년 4월 15일
주　　소 경기도 파주시 문발동 파주출판도시 535-7 307호
전　　화 031-955-4353(대표)
팩　　스 031-955-4355
이 메 일 itc@itcpub.co.kr

인　　쇄 예림인쇄
용　　지 신승지류유통

ISBN-13: 978-89-6351-041-5　　(93560)
ISBN-10: 89-6351-041-7

값 25,000원

www.itcpub.co.kr